숫자로 풀어가는

생물학 이야기

론 밀로Ron Milo

롭 필립스Rob Philips

니겔 오르메Nigel Orme (삽화)

김홍표 옮김

CELL BIOLOGY by the numbers

by Ron Milo, Rob Phillips, Nigel Orme(illustrator)

숫자로 풀어가는 생물학이야기

김홍표 옮김

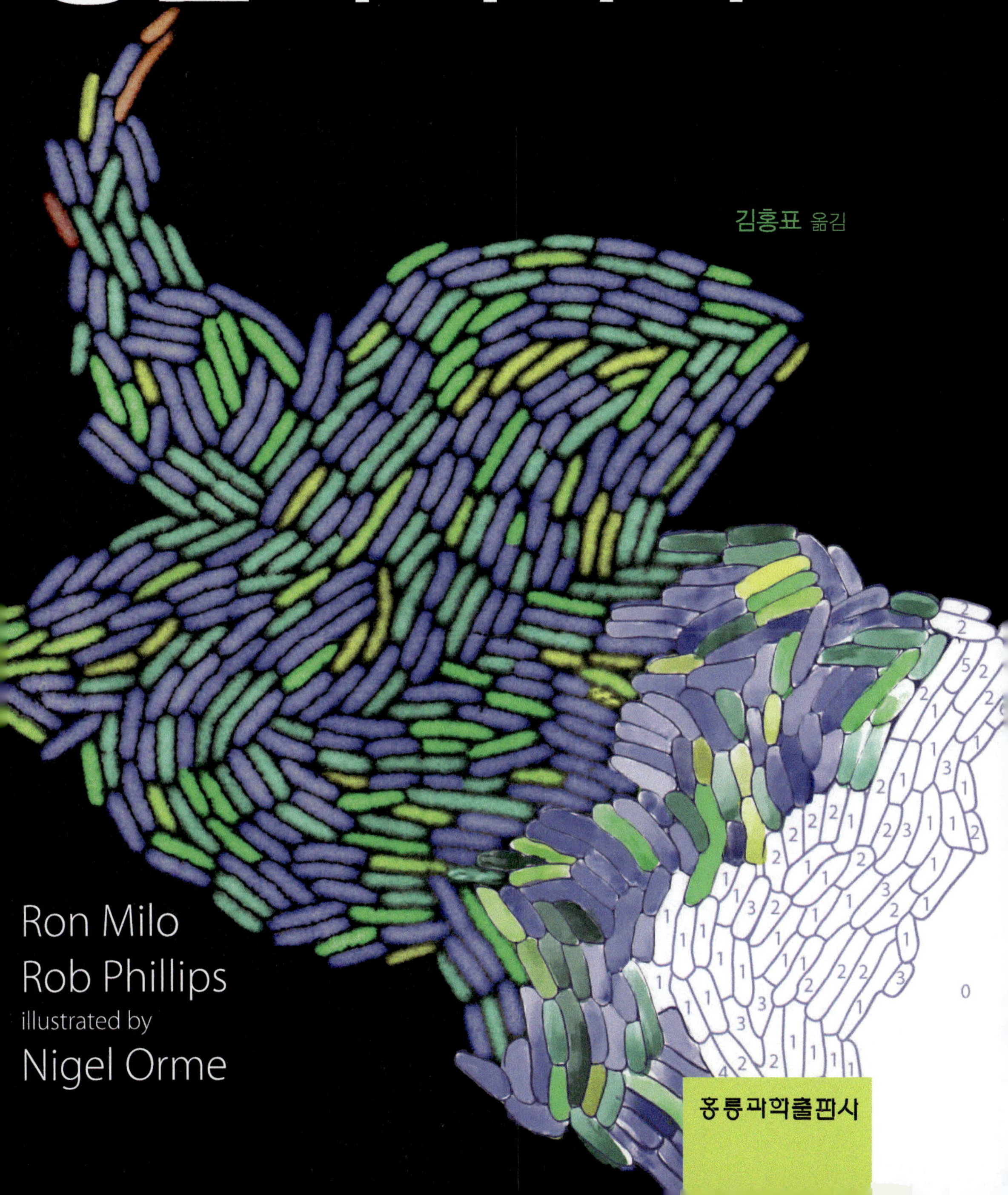

Ron Milo
Rob Phillips
illustrated by
Nigel Orme

홍릉과학출판사

차례

들어가며 ix

감사의 글 xiii

수리 생물학에 이르는 길 xvii

생명의 실체-왜 숫자인가 xvii
생물학적 숫자 xx
주먹구구식으로2) 계산하기 xxi
생물학적 도구함으로서 수치의 계량화 xxiii
산술적 꼼수들 xxiii
큰 숫자들 xxiii
주먹구구 계산의 법칙 xxiv
주먹구구식 계산에서 꼭 지켜야 할 법칙 xxvi
세포 지리학 xxx

제1장 크기와 기하학 3

세포와 바이러스 5
바이러스는 얼마나 큰가? 5
바이러스 6
대장균의 크기와 질량은? 9
출아하고 있는 효모는 얼마나 클까? 12
인간 세포의 크기는 얼마나 될까? 14
광 수용체는 얼마나 큰가? 16
세포의 크기와 형태는 어떤 범위에 있는가? 20
세포 내 소기관 23
핵은 얼마나 클까? 23
세포 내 소포체의 크기는 얼마나 될까? 27
미토콘드리아의 크기는? 30

염록체의 크기는? 32
신경 연접부(Synapse)의 크기는? 35

세포의 빌딩블록 **38**
생화학 분자들의 크기는 얼마나 될까? 38
전령 RNA와 그것을 해독한 단백질 중 더 큰 것은 무엇일까? 41
단백질의 "평균" 크기는 얼마나 될까? 43
중심 도그마 분자 기계의 크기는 얼마? 48
세포막의 두께는 얼마일까? 51
세포의 섬유소 크기는 얼마일까? 55

제2장 농도와 절대 숫자 **63**

세포 만들기 **66**
세포를 구성하는 원소들은 무엇일까? 66
세포의 밀도는 얼마나 될까? 70
주변 환경에 있는 산소와 이산화탄소의 농도는 얼마나 될까? 73
배양액 안에 포함되어야 할 영양소의 양은 얼마나 될까? 78
포화된 세포 배양 조건에서 세균의 숫자는 얼마일까? 81

세포 내 인구조사 **84**
세포의 pH는? 84
세포 내 서로 다른 이온의 농도는 얼마일까? 89
세포 내 자유 대사체의 농도는 얼마나 될까? 92
막에서 가장 풍부한 지질은 무엇일까? 96
세포 안에 들어 있는 단백질은 얼마나 될까? 100
세포 안에 가장 풍부한 단백질은 어떤 것일까? 104
각기 서로 다른 세포가 발현하는 단백질 양의 차이는? 108
세포 골격 단백질의 농도는 얼마일까? 111
세포 내 전령 RNA의 양은 얼마나 될까? 116
단백질과 전령 RNA의 비율은? 119
세포 내 거대 분자의 조성은 어떨까? 124

기제와 신호 **127**
전사인자의 복사본 수는 얼마인가? 127
신호 전달 단백질의 실제 숫자는 얼마나 될까? 130
간상세포에 들어있는 로돕신 단백질의 숫자는 몇 개일까? 137

세포 하나에는 얼마나 많은 리보좀이 있는가? 141

제3장 에너지와 힘 147

생물학이 물리학을 만나다 148

열운동 에너지의 규모는 얼마이며 그것의 생물학적 의미는 무엇인가? 148
수소결합의 에너지는 얼마나 될까? 153
소수성 효과와 결부된 에너지는 얼마나 될까? 156
광합성에서 광자가 운반하는 에너지는 얼마나 될까? 159
두 분자가 만나서 복합체를 형성할 때 엔트로피 비용은? 163
세포 골격 섬유에 적용되는 힘은 무엇일까? 165
세포가 감지할 수 있는 물리적 힘의 한계는 얼마나 될까? 168

에너지 통화와 예산 175

ATP 가수분해에서 얼마나 많은 에너지가 유리되는가? 175
인산기가 전달하는 에너지는 얼마나 될까? 177
포도당이 연소할 때 생성되는 에너지는 얼마인가? 181
세포의 산화환원 전위는 얼마나 될까? 182
막 안팎의 전기 전위차는 얼마나 될까? 188
세포가 소비하는 에너지는 얼마나 되는가? 191
크기와 대사 속도는 무슨 관계가 있을까? 197

제4장 속도와 지속성 201

작은 분자들의 시간 규모 203

세포 내부에서 물질이 확산할 때 소요되는 시간은 얼마일까? 203
효소는 일 초에 몇 회의 촉매 반응을 수행할 수 있을까? 206
온도는 반응 속도와 친화도에 어떤 영향을 미치는가? 211
막 운반 속도는 어떨까? 214
일 초 동안 이온 채널을 통과하는 이온의 수는 몇 개나 될까? 217
물질 대사체의 회전율은? 219

중심 도그마 222

어떤 것이 더 빠를까? 전사 혹은 번역 222
형광 단백질이 가장 밝게 빛나는 데 필요한 시간은? 228
프로테아좀은 얼마나 빠르게 단백질을 분해하는가? 231
RNA와 단백질이 분해되는데 걸리는 시간은? 234

세포 동력학 **239**
세포 내에서 증폭하는 전기 신호는 얼마나 빠를까? 239
분자 모터의 회전 속도는? 244
세포 내 골격을 조립하고 분해하는데 걸리는 시간은? 247
세포 골격 섬유를 따라 움직이는 분자 모터의 속도는? 251
세포는 얼마나 빠르게 움직이는가? 256

세포의 생활사 **260**
세포가 자신의 유전체를 복제하는데 걸리는 시간은? 260
각 세포 주기를 진행하는데 걸리는 시간은? 262
신체 내부에서 세포가 새로운 것으로 대체되는 데 걸리는 시간은? 266

제5장 정보와 시행착오 **271**

유전체 **272**
유전체는 얼마나 클까? 272
생명체는 몇 개의 염색체를 가지고 있을까? 275
유전체 안에는 몇 개의 유전자가 있을까? 279
임의로 선택된 두 사람은 유전적으로 얼마나 비슷할까? 282

돌연변이와 실수 **285**
유전체를 통째로 복제할 때 돌연변이율은? 285
전사와 번역 과정에서 실수가 발생할 확률은? 292
재조합의 비율은? 294

제6장 숫자에 관한 이런 저런 것들 **301**

생명체를 구성하는 세포의 숫자는? **302**
한 세대 당 염색체는 몇 번이나 복제되는가? **307**
유전체 안에 리보좀 RNA의 복제수는? **310**
세포막의 투과율은? **313**
남조세균을 구성하기 위한 광자의 수는? **317**
하나의 바이러스가 침범했을 때 비리온의 숫자는? **320**

나가면서 **323**

찾아보기 **331**

들어가며

> *"지금 당신이 말하고자 하는 것을 측정하고 숫자로 표현할 수 있다면 당신은 그것에 대해 상당히 잘 이해한다고 말할 수 있다. 반대로 측정도 안 되고 숫자로 표현할 수도 없다면 뭔가 부족하고 만족스럽지 못하다고 간주할 것이다. 설령 그것을 지식의 초기 단계라고 할 수 있을지 모르나 그것이 무엇이든 진정한 과학으로 나아가지는 못할 것이다."* 윌리엄 톰슨(켈빈 경)[1)] [대중 강연과 연설], 1권, 전기 단위의 측정, 1883.

숫자에 의존하지 않고도 겔 위의 띠를 볼 수 있는 기술상의 커다란 진보에 대해 전혀 알지 못했다고 해도 캘빈 경은 수리생물학의 장점을 눈치 채고 지나칠 정도로 양적인 측면을 강조했다.

보다 더 수에 초점을 둔 생물학의 인접 과학인 화학과 물리학은 전통적으로 값을 중심에 두었고 양적인 데이터를 모으는데 주력했다. 행성의 움직임을 다루는 천문학적 데이터 혹은 물질의 열, 전기 전도도를 생각하면 거기에는 숫자 자체가 과학의 실제적이고 개념적인 배경의 중심에 있다. 사실 어떻게 그런 값을 가지게 되었는지 설명하다가 엔진이 발명되기도 했다.

마찬가지로 이제 우리는 살아 있는 세포를 설명할 때 중요성을 띠는 숫자에 대해서 명쾌한 의미를 부여할 때가 되었다고 생각한다. 이 책에서 우리는 독자들에게 세포 생물학의 핵심 숫자에 관한 정보를 제공하려고 노력했다. 우리가 생각하는 독자들은 다양할 것이다. 단순히 자신이 관심 있는 주제를 표현하는 최적의 값에 흥미를 보이는 과학자들도 있겠지만 생물학을 처음 배우는 학생을 위한 보조 교재로도 사용될 수 있을 것이다. 지금부터 우리는 생명체의 크기, 농도, 에너지 또는 속도에 관한 정보를 제시할 숫자에 대한 짤막한 질문을 계속해서 던질 것이다.

1) 절대온도의 단위인 켈빈은 그의 이름에서 따온 것이고 그의 이름은 스코틀랜드 글래스고우 대학교 앞을 흐르는 강의 이름이다. 전자기학, 열역학, 지구물리학 등 다양한 분야에서 무수한 업적을 남겼다.

그이 책의 가상적인 독자가 가령 특정 생명체의 유전자 숫자, 전사의 속도에 관심이 있어서 그 쪽을 펼친다 해도 우리가 던질 질문이 매력적이고 흥미롭다고 느끼기를 바란다. 교과서에 있는 무미건조한 표 대신 그 주제에 걸맞을 재미있는 이야깃거리를 찾아내려고도 노력했다. 이 책은 기존의 분자 혹은 세포 생물학 교과서의 정량적인 동반자로 생각한다. 개론이나 아니면 심화 과정에서도 많은 정보를 제공할 것으로 믿는다. 따라서 이 책은 생물학적 실체를 바라보고 조직화하는 방법을 보충하는 정량적 특성을 갖는다. 사물의 수치를 아는 것은 생명체 혹은 그들의 내적인 삶을 '느끼는' 매우 새롭고 강력한 방법임을 우리는 잘 알고 있다. 등이다. 페르미에게서 영감을 받아 우리는 숫자의 자릿수를 다룰 것이고 그것이 생물학적 적합성을 갖도록 노력할 것이다. 또 그런 추상 과정이 생물학적 제반 현상을 이해하는데 도움을 줄 수 있도록 많은 시간을 할애했다.

이 책의 가상적인 독자가 가령 특정 생명체의 유전자 숫자, 전사의 속도에 관심이 있어서 그 쪽을 펼친다 해도 우리가 던질 질문이 매력적이고 흥미롭다고 느끼기를 바란다. 교과서에 있는 무미건조한 표 대신 그 주제에 걸맞을 재미있는 이야깃거리를 찾아내려고도 노력했다. 이 책은 기존의 분자 혹은 세포 생물학 교과서의 정량적인 동반자로 생각한다. 개론이나 아니면 심화 과정에서도 많은 정보를 제공할 것으로 믿는다. 따라서 이 책은 생물학적 실체를 바라보고 조직화하는 방법을 보충하는 정량적 특성을 갖는다. 사물의 수치를 아는 것은 생명체 혹은 그들의 내적인 삶을 '느끼는' 매우 새롭고 강력한 방법임을 우리는 잘 알고 있다.

이 책을 쓰게 된 또 다른 이유는 바로 우리가 연구하고 있는 분야에서 나왔다. 가끔 우리는 시간대, 속도, 에너지 크기 혹은 생물학적 지표를 "빠르고 간편하게" 분석하기를 원한다. 그렇다곤 해도 그 값의 범위나 도출 과정이 합리적이어야 함은 물론이다. 여기서 관건은 신속함이다. 인터넷이나 교과서를 뒤져 생물학적 수치를 찾는 일은 때로 힘이 들고 헛수고를 하기도 한다. 몇 시간이나 뒤져도 아무런 결과도 얻지 못하는 경우가 있다. 또 찾기는 했지만 그런 값이 나오게 된 실험 조건에 관한 단서가 없는 경우도 비일비재다. 그런 값은 믿기도 힘들고 변동 폭도 매우 크다. 우리는 생물학에서 다른 접근을 시도해도 실험적 데이터와 일치하는 결과를 얻을 수 있으리라 확신한다. **그림 P-1**은 20세기 초 매우 다양한 방법을 사용했지만 놀랄정도로 정확히 아보가드로 수에 도달한 예를 보이고 있다. 생물학에서 아보가드로 숫자와 같은 물리 상수를 측정하지는 않지만 동일한 환경조건에서 세포의 특정한 수치를 측정했다면 어떤 방법을 쓰든 일정한 값이 나와야 하는 것이다. 다음 장에서 살펴보겠지만 재현성은 법칙성을 담보하는 중요한 요소다. 그래야만 그 값에서 벗어나는 비정상적인 수치를 이해할 수 있다. 정상 값과 그렇지 않은 값, 두 가지 모두에서 새로운 과학적 발견에 도달할 수 있다.

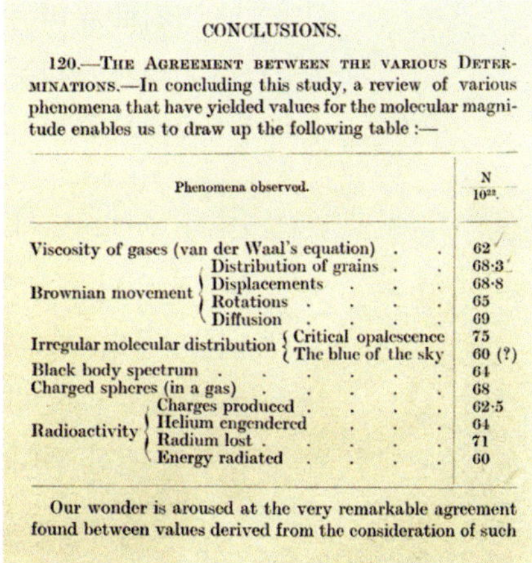
CONCLUSIONS.

120.—The Agreement between the various Determinations.—In concluding this study, a review of various phenomena that have yielded values for the molecular magnitude enables us to draw up the following table :—

Phenomena observed.		$\frac{N}{10^{22}}$.
Viscosity of gases (van der Waal's equation)		62
Brownian movement	Distribution of grains	68·3
	Displacements	68·8
	Rotations	65
	Diffusion	69
Irregular molecular distribution	Critical opalescence	75
	The blue of the sky	60 (?)
Black body spectrum		64
Charged spheres (in a gas)		68
Radioactivity	Charges produced	62·5
	Helium engendered	64
	Radium lost	71
	Energy radiated	60

Our wonder is aroused at the very remarkable agreement found between values derived from the consideration of such

그림 P-1 아보가드로 수를 측정한 몇 가지 방법. 프랑스의 물리학자 종 페린은 그의 책 [원자]에서 "원자의 크기"를 결정하는 다양한 방법에 대해 기술했다. 서로 다른 방법에 의해서 일관된 값에 도달하는데 희열을 느꼈다고 한다.

고등학교에서 물리 혹은 화학 상수를 몇 개 배우는 것과 마찬가지로 우리는 생물학에서 "커닝페이퍼" 비슷한 것을 얻을 수 있으리라 생각했다. 우리는 이 책이 일종의 커닝페이퍼 혹은 두껍고 상세한 과학책의 포켓북이 될 것이라 믿는다. 공학자나 물리학자들이 흔히들 사용하는 것이다. 하버드 대학의 시스템 생물학과 과장인 마크 커쉬너는 지리학을 모른 채로 역사를 공부하는 것이 숫자를 모른 채로 생물학을 공부하는 것과 같다고 말했다. 우리의 목표는 일련의 소주제 하에 편입되는 생물학적 숫자의 지도로써 이 책의 유용성을 부여하는 것이다.

여기서 우리가 특별한 주제의 목록을 제시한 것이 다소 주관적일 뿐 아니라 다른 방식이 없는 것도 아니라는 점을 잘 알고 있다. 그렇지만 우리는 그 주제들이 흥미를 끌 수 있고 또한 충분히 잘 알려진데다 다음 단계로 나아가기 위한 중요한 정보를 담고 있는 첫 단추에 해당하는 것들로 선별했다.

이제부터 살펴보게 될 책의 내용은 생물학적 범주가 아니라 물리적인 다섯 가지 축을 따라서 배치되었다. 첫 장은 이 책의 나머지 장의 기초가 될 방법론을 기술했다. 왜 여기서 기술한 숫자들에 특별한 신경을 쓰고 있는지 또 주먹구구식 어림짐작은 어떻게 할 수 있는지 유효숫자를 다루는 단순한 법칙은 무엇인지를 살펴볼 것이다. 그 다음의 수리 생물학은 세포 생물학에서 물질 및 유기체의 크기를 확인하는 직접적인 방법을 알아보겠다. 다음에는 거기서 발견되는 다양한 조직체의 숫자를 알아볼 것이다. 이런 과정을 통해 우리는 세포 내부에서 진행되는 다양한 생화학적 경로를 이해하는데 생물학적 '인구통계'가 커다란 중요성을 띤다는 사실을 살펴볼 것이다. 세 번째 축은 힘과 에너지의 크기이다. 생물학적 과정의 속도는 이 책의 네 번째 요소이다. 세포 내용물의 양을 측정하는 방법에 대해서도 기술하겠다. 생물학에서와 마찬가지로 우리는 뭔가를 끼리끼리 묶어 분류하는 행위가 자연계의 다양성과는 거리가 있다는 점을 알고 있다. 따라서 마지막 부분에서 우리는 중요하지만 앞에서 다루지 않았던 잡다한 생물학적 소주제를 포함시킬 것이다.

프로젝트가 진행되면서 예상과는 달리 숫자를 결정하는 정확도 면에서 뚜렷한 격차가 있다는 점이 부각되었다. 예를 들면 첫 번째 장은 세포 구성물의 크기를 다룬다. 다양한 현미경 데이터를 이용할 수 있어서 비교적 정확하다고 할 수 있는 분야이다. 두 번째 장은 최근 논문에서야 볼 수 있는 세포의 '인구조사'에 관한 것이고 어렵기 짝이 없다. 형광 현미경 기법에서 드러난 결과를 외삽한 어떤 값은 항체를 이용해서 얻은 수치와 큰 차이가 있다. 세포 안에서 일어나는 과정의 에너지 크기를 다루는 것도 양 자체를 어떻게 정의해야 하는지 불명확한 것들이 한두 가지가 아니다. 여러 논문에서 발취한 데이터들의 이런 불확실성을 어떻게 다루어야 하는지 생각하느라 우리는 상당한 시간을 소모했다. 유효숫자를 다루는 원칙에 대해서는 첫 장에 기술했다. 이 원칙이 생물학 연구자 혹은 학생들 사이에서 일종의 규범이 될 수 있기를 희망한다.

숫자를 가지고 "노는" 여러 접근법은 다양한 소스에서 나왔다. 독자들도 흥미로워할 몇 가지를 소개하겠다. 로렌스 웨인스타인과 존 아담의 [어림짐작법Guesstimation], 존 하테의 두 책, [공 모양 소 다루기], [원통 모양 소 다루기], 리처드 버튼의 [숫자생리학]과 [숫자생물학], 폴 콜린보의 [왜 커다란 맹수는 드물까], 산조이 마하얀의 [길거리 수학], [과학과 공학의 아름다움: 복잡성의 이해]. 피터 골드레히, 데이브 스티븐슨 및 스털 핀니가 제공하는 "물리적 크기의 단위"라는 주제는 정말 재미있다. 이상의 것들은 모두 흥미롭고 그야말로 숫자를 가지고 논다. 어떤 면에서 우리의 소주제는 이상의 책을 본뜬 것이다. 이런 책들에서 받은 영감을 우리가 다시 독자들에게 줄 수 있다면 이 책도 성공한 것이다.

감사의 글

이런 종류의 책을 쓰면서 느끼는 즐거움 중 하나는 우리 동료들과 생산적이고 사려 깊은 상호 작용을 할 수 있다는 점이다. 그 중에서도 오랜 기간 동안 교류해왔던 우리의 그림 작가인 니겔 오르메Nigel Orme를 빼놓을 수 없다. 어떻게 하면 눈으로 보는 것처럼 생물학적 과정을 표현하느냐 깊이 생각하는 것은 곧 생명체가 어떻게 작동하느냐를 밝히는 작업과 다르지 않다는 점을 독자들이 알아주었으면 한다. 이는 언어로 표현해서는 완벽하게 드러나지 않던 자연 체계가 수학적 사고방식을 써서 공식화하면 선명하게 보인다고 자서전에 썼던 다윈의 생각과 일맥상통하는 것이다. 눈에 보이는 언어로 우리의 생각을 빚어나갈 때 비로소 우리는 생물학을 새롭게 이해하는 방식을 배우게 된다. 니겔 오르메는 우리를 깊이 생각하고 보다 나은 표현을 써서 우리가 사는 세상을 잘 이해할 수 있게 도와주었다. 또 이 책이 담아야 할 숫자의 정보가 포함된 다양한 과학적 자료와 논문을 찾느라 헌신한 우리 모란Uri Moran에게도 깊이 감사드린다. 개별 항목과 책 전체의 초고를 만드느라 계속되는 반복 작업에도 결코 피곤해 하지 않았으며 차분하게 자신의 박식함을 우리에게 펼쳐 보였다.

활발한 정신을 가진 많은 사람들이 실제 이 책 전체를 읽고 뭔가를 제안하거나 비평하고 격려해주거나 통찰을 주었다. 올라프 앤더슨, 데이비드 벤미슨, 머저 피아레카-포르날, 이안 부스, 데니스 브레이, 레이첼 프로케이지, 아반티카 랄, 몰리 필립스, 라울 사페쉬카, 케롤리나 트로피니가 그들이다. 그들의 통찰에 기대 우리 책이 변화했고 상당히 개선되었으며 그 작업을 통해 우리도 많이 성장했다. 니브 안토노브스키, 윌프레도 아얄라-로페즈, 우리 바렌홀츠, 빌 브로드허스트, 로버트 엔드리아스, 아렌 바 이븐, 웨인 페저버그, 샤이 푸흐스, 아키라 푸나하쉬, 노리코 히로이, 아안 케이, 스테판 클럼프, 테스야 코바야시, 제니 퀘니, 파트리카 마르스텔라, 스테펜 마틴, 스티브 퀘이크, 도우그 리스, 마아 샤미르, 잔춘 투는 이 책 전반에 걸쳐 중요한 지적을 해 주신 분들이다. 그럼에도 어딘가 사실이 아니거나 논리적이지 못한 잘못이 있다면 그것은 이들이 아니라 전적으로 우리의 잘못이다.

이 책에 기술된 상당량의 정보는 우리 저자 둘이 가르치는 수업에도 등장한 것들이다. 많은 학생들이 우리에게 동기와 피드백을 주었다. 적극적으로 수업에 참여하였고 우리의 의견을 개진하는데 많은 도움을 주었다. 2009년부터 2015년 사이, 칼텍, 콜드 스프링 하버 실험실 및 와이즈만 과학 연구소에서 제공하는 숫자로 보는 세포 생물학 수업에 참여한 학생들에게 고마움을 전한다.

지난 7년 동안 우리 저자 둘이 함께 일할 수 있던 것도 축복이었다. 비록 시차가 10시간이고 거리가 1만 2천 킬로미터 떨어져 있긴 했지만 서로 잘 맞는 정신을 가진 우리가 과학적으로 서로 도울 수 있게 주선해 준 엘리엇 메이어위츠도 고맙다. 존 위덤은 이 프로젝트가 진행되는 내내 도움을 주었고 필요할 때마다 조언을 아끼지 않았다.

이 책이 나오는데 산파 역할을 했던 수리생물학 웹사이트를 운영하느라 필요한 경제적인 지원을 해 준 국립보건원 선도 지원 대서양 지부 및 유럽 연구재단에게도 감사하다. 도나 그리고 뛰어난 지도력을 가진 니엘스 피어스와 프랜시스 아놀드가 이끄는 칼텍의 생물공학과 벤자민 M. 로젠 연구소도 지속적인 지원을 아끼지 않아 이 책의 초고가 인터넷에 무료로 분배될 수 있게 도움을 주었다. 수리생물학 웹사이트 운영에 직접적으로 관여한 전문가들인 폴 요르겐센, 마르크 키쉬너, 다니엘 크라이터, 벤 마크스, 메이슨 미란다, 우리 심호니, 마이크 스프링거, 베키 워드에게도 고마움을 전한다. 또한 이 책의 여행에 동참한 가랜드 과학 출판사에게 깊은 감사를 드린다. 특히 편집자인 서머스 스쿨, 나타샤 울프는 처음부터 끝까지 전문성을 아끼지 않았고 존 머드젝은 이 초고를 흠절 없는, 읽을 만한 책으로 바꾸어 놓았다.

과학적인 조언을 해준 분들도 엄청나게 많다. 신경 연접부의 크기 및 분자 크기의 물리적 한계에 이르는 아주 상세한 부분까지 세심하게 살펴주었다. 야릿 아다모비츠, 노암 아그몬, 아리엘 아미르, 쉬라 암람, 스실릴 아스트, 데이비드 발티모어, 나아마 바르카이, 스톳 바롤로, 마크 바테, 네이썬 벨리바우, 대니 벤-지브, 호워드 베르크, 마이클 클라그, 빌 클레멘스, 아담 코헨, 아텔 코르니쉬-보우덴, 피터 커틴, 단 데이비디, 아비도르 엘다, 유발 하르트, 엘리자베스 하스웰, 피터 헨더슨, 헤르만-게오르그 홀츠휘터, 조 호워드, KC 황, 샬레브 이츠코비츠, 그랜드 젠센, 다이엘 코스터, 에릭 랜더, 미이클 라웁, 훈진 이, 아비 레비, 웬델 림, 제니퍼 리핀코트-쉬바르츠, 제프 마를로우, 월레스 마샬, 사라 마르젠, 마르쿠스 마이스터, 조 메이어로비츠, 리쉬 모하

파트라, 필 몽기오비, 다니엘 이델만, 로니 뉴먼, 톰 오'할로란, 빅토리아 오르판, 린나에 오스트로프, 마이클 페라흐, 마티유 루케스, 짜치 필펠, 라미 푸가치, 토비아스 레이첸바흐, 조엘 로스만, 마이클 루커스, 제임스 사엔즈, 데이브 세비지, 엘리오 샤에흐터, 데크란 쉬레더, 오렌 슐디너, 마야 슐디너, 에란 세갈, 피에르 센스, 조슈아 샤에비츠, 톰 쉬미즈, 토머 슬로미, 알렉스 시갈, 토마스 시멘, 빅터 소우어직, 토드 스퀴어스, 루시아 C. 트래더, 루버르 스트라이어, 아벨 타드모, 아모스 타나이, 단 토우픽, 줄리 테오리오트, 엘리자 토체바, 카챠 텀러, 안토니 반 오이젠, 알렉산더 바르샤브스키, 도우그 비벨, 탈리아 바이스, 어르빈 바이스만, 제레미 영, 요시 요벨, 제시 칼라탄이 그들이다.

그림과 데이터의 사용을 허락해준 기관 및 출판사에도 감사드린다. 미국 과학진보 협회에서 그림 1-16, 2-7, 2-9, 2-18, 2-22, 2-24, 2-27, 3-18, 4-12, 4-37, 4-44, 5-4, 5-10을 얻었다. 미국 화학협회에서 그림 1-25, 미국 물리학회에서 그림 3-2를 얻었다. 그림 2-14는 미국 생화학 및 분자 생물학회, 미국 세포생물학회에서 그림 1-19, 1-23, 미국 미생물학회에서 그림 1-14, 2-34를 얻었다. 시력 및 안과학회에서 그림 2-37, 제네바 학회에서 그림 2-2를 얻었다. 엘제베 출판사에서 그림 1-2, 1-5, 1-22, 1-26, 1-47, 2-21, 2-35, 2-42, 4-2, 4-4, 4-14, 4-16, 4-24, 4-31, 4-34, 4-36, 4-38, 4-39, 4-46, 5-12, 6-2, 6-9를 얻었다. 존 윌리 엔드 선 출판사에서 그림 1-12, 2=38, 2-43, 3-13, 4-18, 4-27, 4-32를, 맥밀런 출판사에서 그림 1-6, 1-24, 1-29, 1-31, 2-13, 2-16, 2-19, 2-20, 2-29, 3-5, 3-10, 3-17, 4-30, 4-41, 5-8, 6-3, 6-4를 얻었다. 미국 학술협회에서 그림 1-3, 1-20, 1-41, 2-6, 2-10, 2-15, 2-17, 2-36, 3-9, 3-19, 6-6을 얻었다. 왕립화학협회에서 그림 4-17, 라커펠러 대학 출판사에서 그림 1-46, 일반미생물학회에서 그림 2-11을, 스프링거 과학 및 사업부에서 그림 1-21, 2-12를 얻었다. 트러스티 런던 과학사 박물관에서 그림 1-15를 얻었다.

과학적인 사실들 말고도 우리는 요람 알트만, 우리 알론, 에프라트 빈야 칼미, 에프라트 코헨, 헤르난 가르시아, 데이비드 굿셀, 알론 길도니, 알렉스 키진, 제인 콘데즈, 로넨 레비, 야엘 밀로, 에라드 누어, 다니엘 라모트, 리차드 세버 및 줄리에 테리오드에게 이런 저런 도움을 받았다.

감사의 글이 가족의 고마움을 언급하는 것은 오래된 전통이다. 그러는 이유가 분명 있을 것이다. 책이 나오려면 글 쓰는 것 외에도 사랑이라는 이름으로 행해지는 일들이 동반되어야 한다. 그렇게 가족의 가치는 모든 것을 넘는다. 부인인 힐라와 아미 그리고 어버이들인, 아다, 이갈 밀로, 리 쿠드립, 밥 필립스, 우리 아이들인 게펜, 야라, 리몬, 몰리 케이지는 언제든 우리 삶에 마술적인 존재들이다.

수리 생물학에 이르는 길

"...시간이 지나면서 나는 수학의 위대한 원리를 그 일부나마 이해할 만큼 최소한의 노력조차 기울이지 않았다는 사실이 두고두고 후회되었다. 수학자들은 뭔가 다른 종류의 감각을 부여 받았음에 틀림없다." [찰스 다윈, 자서전, 1887년]

생명의 실체-왜 숫자인가

이번 장에서 우리는 앞으로 나올 내용에 접근하기 위한 단초를 마련하고자 한다. 지금 여러분이 뭔가 관심이 있는 숫자를 찾고자 하는 열망이 있다면 이 책의 어떤 부분이라도 펼쳐서 그 항목을 찾아보라. 그리고 나중에 이번 장으로 돌아와 다시 읽으면 전반적인 논리를 파악 및 생물학에서 숫자를 다루는 기본 수단에 대한 감을 잡을 수 있을 것이다. 이 책은 약 10^2개의 독립적인 소주제를 다룰 것이기 때문에 생물학의 문제를 정량적으로 접근하는데 관심이 있다면 어디라도 먼저 펼쳐 읽어볼 수 있다. 이 책의 구성은 서로 다른 부류에 속하는 생물학적 숫자를 독립적인 장으로 나누었다. 어떤 것의 크기에서(제1장) 생명체가 정보를 처리할 때 정량적인 법칙에(제5장) 이르기까지 따로따로 살펴보았다. 나머지 것들은 그 중간에 집어넣었다. 첫 장의 목표는 보다 일반적인 것들을 이해하는 것이다. 또 간단한 주먹구구식으로 생물학적 숫자를 다루는, 보다 보편적인 지침을 알아볼 것이다. 그 과정에서 불가피하게 생겨날 수도 있는 불확실성을 어떻게 극복해나갈지도 살펴보겠다. 물리학에서는 추리와 불확정성이 일상적이다. 그러나 생물학적 체계에서 우리도 이런 어지럼증에 좀 적응을 해 나가야 야 할 것 같다.

지금껏 우리가 "숫자로 보는 세포 생물학"이란 이름으로 불러 왔던 생물학적 수리 관계를 살펴보면서 우리는 어떤 전망을 얻을 수 있을까? 이런 질문에 답하기 위해 우리는 여러 방면의 시도를 해보려고 한다. 예를 들어 궁극적인 답변에 도달하기 위해 정량적인 해부를 시도했던 역사적인 실례들을 두루두루 살펴보는 것도 그런 시도에 속한다. 고전적 유전학은 스튜테반트에서 정점을 이루었는데 그는 초파리 유전체의 지도를 그렸다. 호지킨과 헉슬리는 역동적으로 작동하는 신경 펄스를 설명하기 위해 정량적인 규칙을 확립했다. 최근에는 세균의 화학쏠림성에서 배아 발생에 이르기까지 생물학적 정보가 전달되는 과정을 양적인 측면에서 접근하면서 새로운 식견을 얻기도 한다. 오직 열역학으로 설명하는 것을 넘어서 우리는 생물학적 정보를 보다 정교하고 빈틈없이 전달하도록 하는 생물학적 교정의 본성을 다시금 확인할 수 있었다(몇 가지 예는 우리가 함께 쓴 논문에서 찾아볼 수 있다. “생물학에서 숫자를 느끼는 것”, 미과학원 회보, 106, 21465, 2009).

수학적으로 공식화하면 생물학적 현상이 어떤 식으로 작동하는지 매우 확실한 설명이 가능하다는 점이 생물학적 수리학의 두 번째 중요성일 것이다. 특히 생물학적 측정 기법이 발전하고 결과의 재현성이 좋아지면서 데이터의 정확성과 정밀도가 확보되기 시작했다. 이론적인 예상을 넘어서는 새롭고 예상치 못한 새로운 분석이 가능해진 것이다. 나아가 숫자 생물학을 통해 과학자들은 다윈이 스스로 자괴감을 표현한 것처럼 ‘가외의 느낌’을 가질 수 있게 된다. 생물학적인 현상이 보다 실질적인 의미를 지니게 되는 것이다. 다시 말하면 어떤 종류의 과학 분야든 초기 단계에서는 그 분야의 핵심적인 사실을 밝히는데 초점을 맞춘다. 천문학에서 화성이 태양을 한 초점으로 하는 타원형 궤도를 돌고 있다는 핵심적인 사실을 증명하면서 튀코 브라헤는 맨눈과 계산 이상의 것을 사용하지 않았다. 그렇지만 그런 이론적인 토대 위에 새로운 이론을 성숙시키려는 노력이 뒤따르게 된다. 행성의 타원형 궤도를 관찰하게 되면 곧 행성의 궤도가 중력의 제곱에 반비례하는 자연적인 결과에 의한 것이라는 추론이 이어진다. 생물학 분야에서도 정량적인 데이터는 충분히 축적되었다. 이제 사실을 설명하고 생물학적 불규칙성을 수학적으로 표현하는, 무엇보다 절실한 작업을 수행해야 할 때가 되었노라고 믿는다. 이제부터 우리는 이론적 분석의 새로운 무기가 될 수도 있는 생물학적 실재의 개략적인 측면을 제시하려고 한다.

숫자 생물학의 필요성은 지구에 도달하는 외인성 물질을 상상하고 우리가 매일매일 살아가는 삶과 우리 사회에 대한 지식의 범주를 키워갈 수 있다는 점에서도 확인된다. 우리에게 익숙한 외인성 물질 중 가장 유용할 것은 무엇일까? 예컨대, 사람마다 제각기 다른 생각을 할 수도 있겠지만 우리는 통계청의 자료, 즉 수입과 결혼 연령, 교육의 수준과 국가나 사회의 분포와 같은 내용을 확인할 수 있게 되었다. 유엔에서 제공하는 http://unstats.un.org/unsd/

default.him을 살펴보자.

한스 로슬링은 데이터를 조직화하고 예상할 수 있는 범위를 넘어서는 의미를 채굴해 내는 흥미롭고 독창적인 결과를 보여 주었다. 우리의 목표는 통계청이 제공하는 것과 흡사한 세포 통계 자료를 제시하는 것이다. 그렇게 해서 세포의 지리와 경제학에 숨겨져 있거나 예상하지 못했던 의미를 찾아내려는 시도가 비로소 가능해질 것이다.

놀랄만한 식견을 제공하는 한 가지 예를 들어보자. 독자들도 한번 참여해보라. 세포의 실제 일꾼인 단백질의 청사진, 즉 전령 RNA를 생각해보자. 자 이런 질문을 던져보자. 단백질이 더 클까 아니면 그 청사진이 더 클까? 우리의 직관은 이렇게 말한다. 거대한 마천루라 할지라도 그 청사진은 작고 편평한 조감도에 불과하다. 그렇지만 전령 RNA와 단백질에서도 이런 경험적 판단이 유용할까? 여러 분은 둘 중 어디에 끌리는가?, "전령 RNA와 그것이 암호화하는 단백질 중 어느 것이 더 클까?"라는 소주제에서(43쪽) 살펴보겠지만 모든 사람들이 생각하는 것과는 달리 전령 RNA가 훨씬 더 크다. 이런 결론은 청사진을 운반하는 것이 더 쉬운가 아니면 그 암호를 해독하는 기제가 더 쉬운가 하는 질문으로 변형된다.

마지막으로 매일매일 생물학으로 비정상적인 숫자를 발견하는 재미도 이 일을 그만두지 못하게 만드는 힘이 되었다. 측정 기법이 성숙해지고 방법론의 재현성이 좋아지면 그런 비정상적인 숫자를 명쾌하게 설명할 수 있으리라 생각된다. 1950년 대 데이빗 키일링의 연구가 발표되기 전까지는 그 누구도 대기권 내 이산화탄소의 농도에 동의하지 않았다. 키일링은 년 중 내내 계절에 따라 그 농도가 리드미컬하게 계속 변한다는 것을 보여 주었다. 더 나아가 수십 년을 측정해보아도 그 농도는 일관되게 변화하였다. 보다 극명한 예는 계산한 소리의 속도가 실제 측정값과 20 퍼센트의 차이를 보였던 뉴턴에서 찾아볼 수 있을 것이다. 세월이 한참 지나 그런 편차를 단열적인 과정이냐 아니면 등열적인 과정이냐의 문제로 설명할 수 있다고 본 사람은 라플라스였다. 태양계 외부의 행성이 밝혀진 것도 비정상적인 범주에 들어가는 예이다. 이제 사람들은 확신을 가지고 새로운 발견을 위한 도구를 사용하기 시작했다. 생물학에서 발견되는 이런 불규칙성에도 같은 잣대를 들이댈 수 있을 것이다. 대장균 세포가 가진 단백질의 수가 얼마냐 하는 질문에 대해 서로 비슷한 구석이 없는 다른 100가지 답변을 내 놓을 수 있을 것이다. 비정상적인 것을 그렇다고 확신 있게 얘기할 수 있을까? 단순히 비정상적이기 때문에 과학은 "위대한"이라는 용어를 사용하기도 한다. 다가오는 구급차 사이렌 소리의 파장이 변화한다는 것은 도플러 효과라고 잘 알려져 있지만 생물학에서도 헤모글로빈과 반응하는 산소의 결합력이 pH 의존적으로 변한다는 보어 효과도 있는 것이다. 생물학에서 아직 발견되지 않은 이런 효과들은 무척이나 많다. 재현성이 있는 세포의 수학적 성격을 정량적으로 파악하고 그 숫자들이 우리에게 하고 싶은 얘기가 무엇인지 깊이 고민해볼 일이다.

생물학적 숫자

특정한 생물학적 숫자는 결코 쉬운 것이 아니지만 우리는 독자들이 그것에 빨리 익숙해졌으면 한다. 세포 생물학이나 분자 생물학의 특정 주제에 상응하는 숫자를 염두에 두고 인터넷을 뒤지거나 책을 펼쳐보자. 예를 들어 인간의 세포 안에 들어 있는 리보좀의 숫자는 얼마나 될까? 전사인자가 DNA에 결합할 때 반응의 친화도는 얼마나 될까? 화학쏠림성에 관여하는 세포막 수용체의 숫자는 몇 개나 될까? 성장 인자와 결합하는 포유동물 세포의 수용체는 어떤가? 이런 질문에 대한 탐색은 시간이 많이 걸리고 결론이 명확하지 않으며 허탕을 치기도 십상이다. 이런 과정을 거쳐 찾아낸 숫자들이 모두 한 장소에 모여 있다. 생물학적 숫자BioNumbers 웹사이트이다(http://bionumbers.hms.harvard.edu/). 우리가 인터넷에 이런 정보를 제공하기로 한 까닭은 광범위한 생물학적 논문 중에서 정량적인 데이터를 모아 놓으면 독자들이 쉽게 접근할 수 있으리라 판단했기 때문이다. 특히 이 웹사이트에서 볼 수 있는 데이터 일부분은 우리가 손질을 좀 한 것들이다. 일차 자료에 대한 참고 문헌을 제시했고 그 데이터 값이 어떤 방법에 의해 얻게 되었는지도 간단하게 묘사했다.

독자들을 위해 어떤 숫자를 인용할 때에는 참고 문헌을 일일이 연계시켰고 그 숫자들에 생물학적 숫자 등록 번호BNID를 붙였다. 생물학이나 의학에 관한 논문에 따라 오는 PMID라는 숫자처럼 BNID도 독특한 분류 체계가 될 것이다. BNID 103023은 효모 세포에 들어 있는 전령 RNA의 숫자이다. 소주제와 그를 뒷받침하는 데이터는 모두 BNID 체계로 분류되어 있으며 생물학적 숫자 웹사이트에서 찾아볼 수 있다. 또 구글에서 BNID 103023을 치면 효모의 전령 RNA에 대한 특정한 수량을 만나게 될 것이다.

주먹구구식으로[2] 계산하기

숫자 생물학에 나오는 숫자나 이 책 전반에 걸쳐 다루고 있는 소주제는 단순히 숫자 이상의 얘기를 다루고 있다. 그러한 숫자들로부터 우리는 흥미로운 다른 숫자를 연역해 낼 수도 있다. 또 독자들이 알고 있는 다른 숫자를 집어넣어 '순수이성'다운 면밀한 계산을 수행할 수 있다. 우리는 독자들이 스스로 계산을 해 가며 우리의 그것과 비교해 보기를 권장한다. 이것이 우리가 행했던 연쇄적인 계산 방식이며 이를 통해 보다 의미 있는 숫자를 추출해 내기도 했다. 제 4장에서는 염색체 복제 최대 속도를 살펴 볼 수 있다. 그러나 우리는 세균의 유전체 길이와 세포 주기 시간을 고려해서 그 속도를 어림짐작할 수도 있었다. 물론 그런 식의 계산을 어림값이다(말하자면 2배 이상 크거나 작을 수 있다). 그러나 그 값은 측정한 값과 비교하여 수긍할 수 있는 범위 내에 들어온다.

우리가 어림짐작으로 계산해보려고 하는 생물학의 궁금한 숫자들은 꽤 있다. 여러분이 수업하는 도중 특정한 수치 데이터에 접근하기 힘들 때가 있을 것이고 그럴 때 이런 식의 셈법은 꽤나 유용하게 쓰일 수도 있을 것 같다. 실험값의 의미를 보다 명쾌하게 전달해 줄 수 있는 도구가 될 것이기 때문이다. 대략적으로 계산해서 정확한 예측치의 범위를 정해주는 것이다. 어떤 값이 있다고 치자. 우리는 그 값이 가질 수 있는 가장 최저값을 구할 수 있을 것이다. 마찬가지로 최고값을 구할 수 있다고 치자. 그러면 (기하)평균 값은 최저값 x_L, 최고값 x_U을 사용한

$$x_{estimate} = (x_L x_U)^{1/2} \quad (0\text{-}1)$$

가 된다. 물론 이는 추정치가 되겠지만 어쨌거나 우리는 최저, 최고값을 10배 내외에서 산출해 낼 수 있을 것이다. 예를 들어 우리가 점보제트기 날개의 길이를 예측하고 싶다고 해보자. 이렇게 시작한다고 치자. "날개의 길이는 1 미터보다 더 길까?" 그렇다. "5 미터보다 더 길까?" 그렇다. 그렇담 "10 미터보다 더 길까?" 확실치는 않은 것 같다. 여기에서 제트기 날개의 최저값을 5 미터라고 하자. 다른 쪽 극단으로 가보자. "그것은 50 미터보다 짧을까?" 그렇다. 그렇다면 "25 미터보다 더 짧을까?" 그럴 것 같기는 하지만 확신하지는 못하겠다. 이때 50 미터를 제트기 날개가 가질 수 있는 최고 길이라고 치자. 5 미터와 50 미터의 (기하)평균 값을 취하면 $(5\times50)^{1/2}$는 약 15 미터이다.

2) back-of-the-envelope 또는 rules of thumb는 같은 말이다. 주먹구구식 계산이라는 말이다.

좀 더 과감하게 최저값을 10미터라고 하면 평균값은 약 22미터가 될 것이다. 두 가지 경우 모두 어림값은 실제값의 2배 혹은 2분의 1배 사이에 들어갈 것이다. 바로 이런 방식을 생물학에서 사용하는 수치에 적용하겠다는 말이다.

뭔가 영감을 떠 올릴 수 있는 좀 더 복잡한 문제에 도전해보자. 우리 몸속에 있는 원자의 수는 얼마나 될까? 지구에 사는 인간의 숫자와 비슷하게 들리는 10^{10}은 아마도 너무 낮은 수치일 것이다. 10^{20}? 이 수치는 아보가드로의 숫자를 떠올리게 한다. 10^{80}은 너무 많은 것 같다. 아마 우주 전체의 원자 수 정도가 아닐까 싶다. 그렇다면 10^{40}은 어떤가? 그럴지도 모르겠다. 그렇다면 $(10^{20}\times10^{40})^{1/2}$ 값인 10^{30}이 예측값으로 계산된다. 아보가드로 숫자를 이용해 보다 정확한 값을 도출하는 것은 "아보가드로 상수"라는 소주제에서 다루겠다. 그러나 여기서는 위아래로 10배 범위 안에서 그 값을 도출할 수 있다는 얘기만 언급하고 넘어가자. 그러나 어떤 사람들은 10^{20}이나 10^{40}이라는 값을 선호하지 않을 수도 있다. 다시 말하면 앞에서 언급한 수치들은 그다지 큰 영감을 주지 못하는 공허한 값일 수도 있다. 그러나 우리는 앞에서 예를 든 것처럼 너무 크지 않고 너무 작지 않은 값을 구하고자 노력할 것이다. 그러나 놀랍게도 (기하)평균값이 실제값에 근접하는 경우가 많다. 실제로 그런지 시험해볼 수도 있다. 실제 (기하)평균값은 로그 크기에서 산술 평균값을 취하는 것이기 때문이다(크기가 열 배씩 증가하는 지수 단위와 다를 것이 없다). 그러나 우리가 순전히 산술적인 평균값만을 취하게 되면 실제값과 극단적으로 차이가 나는 경우를 종종 보게 된다.

우리의 어림 짐작값이 실제와 얼마나 비슷한지에 대한 검증은 어떻게 해야만 할 수 있을까? 사실 어림값을 사용하지 않는 사람들은 자신이 "틀릴까" 노심초사 하고 있는 것을 보게 된다. "길거리 산수"라는 획기적인 책에서 산조이 마하얀은 이런 종류의 "엄밀함"을 얘기하면서 그것이 실제 수학적 "강시rigor mortis"가 될 위험성에 대해서도 언급했다. 그가 추천한 전략은 근사값을 계속 추론해 가는 것이었다. 실제 예측값이 어떤 의미를 띨 때까지 계속 다듬어 가야 한다는 것이다. 첫 시도가 별 소득 없이 "잘못된" 값을 얻을 수 있다. 그러나 이성적 추론을 계속하다보면 우리의 영감을 이끌어 낼 것이고 의미 있는 크기에 도달할 수 있게 될 것이다. 정확한 계산을 하지 않아도 말이다.

생물학적 도구함으로서 수치의 계량화

앞에서 언급한 것처럼 우리가 관심을 갖는 수량이 어느 정도의 값을 가질지 예측하는 것은 매우 중요한 기법이다. 앞에서 우리는 그런 짐작을 효과적으로 수행할 수 있는 일반적인 법칙에 대해 얘기했다. 여기서는 개념적인 법칙에서 한 걸음 더 나가서 특정한 생물학적 숫자를 빠르고 만족스럽게 접근하는 수학적 법칙에 대해 언급하려고 한다. 아래 제시한 수치를 모두 외울 필요는 없겠지만 그 중 일부는 이미 여러분의 뇌리 속에 박혀 있는 것들도 있을 것이다.

산술적 꼼수들

- $2^{10} \approx 1{,}000$
- $2^{20} = 4^{10} \approx 10^6$
- $e^7 \approx 10^3$
- $10^{0.1} \approx 1.3$
- $2^{1/2} \approx 1.4$
- $0.5^{1/2} \approx 0.7$
- $\ln(10) \approx 2.3$
- $\ln(2) \approx 0.7$
- $\log_{10}2 \approx 0.3$
- $\log_{10}3 \approx 0.5$
- $\log_2 10 \approx 3$

큰 숫자들

- 1년은 $3.1(\pi) \times 10^7$(예, 파이값과 유사한 것은 우연의 일치이다. 외우기 좋다).
- 하루는 약 10^5초
- 1년은 10^4시간
- 아보가드로 상수$\approx 6 \times 10^{23}$
- 인간의 몸을 구성하는 세포의 수$\approx 4 \times 10^{13}$

주먹구구 계산의 법칙

몇 가지 산술적인 법칙이 있어서 우리가 어림값을 계량하는데 도움을 주고 있는 것처럼 우리의 예측 범위를 보장해 줄 물리적인 어림값들도 존재한다. 우리가 좋아하는 기본적인 것들 몇 가지를 소개하겠다. 몇 가지는 그림으로 제시되기도 할 것이다. 이 책 전반에 걸쳐 우리는 "대략"이라는 의미로≈기호를 사용할 것이다. 실제값에서 두 배 이내에 들어갈 경우이다. 기호 ~는 위아래도 10 배 범위 안에 값이 들어올 때 사용하겠다(어떤 값에 비례한다는 의미로도 사용된다). 10 배 안쪽에 들어오면서 우리가 그 수치의 특성에 대해 잘 알고 있다면~대신 ≈를 사용하겠다. 지수를 표현할 때에도 의미 있는 수치만을 사용할 것이다.

- 1 달톤 = 1 그램/몰 ≈ 1.7×10^{-24}그램(**어림짐작 0-1**)
- 1 나노몰은 세균 정도의 부피 안에 분자가 하나 정도 있는 것이다(**어림짐작 0-2**). 효모세포라면 10^1 혹은 10^2개의 분자, 전형적인 포유동물(헬라) 세포 안에는 10^3~10^4개의 분자가 들어 있는 정도가 나노몰이다.
- 1몰은 1 세제곱나노미터당 약 하나의 분자가 있는 셈이다.
- 세포 부피 1 세제곱마이크로미터 안에는 2~4백만 개의 단백질이 들어 있다.
- 세포 내 총 단백질의 1 ppm 농도는 5 나노몰 정도이다.
- 염기 천 개 정도인 DNA 1 마이크로그램은≈1 피코몰이고≈10^{12}개의 분자 $2.4\times10^6/\mu m^3$이다.
- 표준 조건에서 1 몰 농도의 입자는 약 1 나노미터 떨어져 있다.
- 아미노산의 전형적인 분자량은 100 달톤이다.
- 단백질의 질량≈100×아미노산의 수이다.
- 공기의 밀도는≈1 킬로그램/세제곱미터이다.[3]

달톤을 그램으로 환산하기

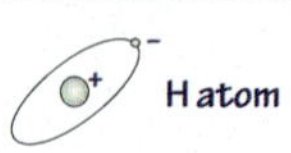

$m_H = 1$ Da

1 g of hydrogen = $N_A \times m_H \Rightarrow m_H = \dfrac{1\,g}{6\times10^{23}} \approx 1.6\times10^{-24}g$

(Avogadro's number: N_A, hydrogen atom mass: m_H)

어림짐작 0-1

3) 세제곱미터는 1000리터이다. 이상기체 22.4 리터는 1몰이다. 공기 1몰의 무게가 대략 29 달톤이므로 1,000리터의 공기는 약 1 킬로그램이다.

대장균에서 나노몰이란?

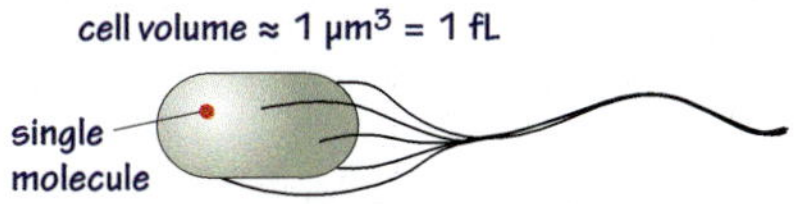

$$c = \frac{1\ \text{molecule}}{1\ \text{fL}} \times \frac{1\ \text{mole}}{6 \times 10^{23}\ \text{molecules}} \times \frac{1\ \text{fL}}{10^{-15}\ \text{L}} = \frac{1}{6} \times 10^{-8}\ \text{M} \approx 1.6\ \text{nM}$$

⇒ rule of thumb: 1 molecule per bacterial volume ≈ 1 nM

어림짐작 0-2

- 물의 밀도≈55몰≈공기압의 약 천배≈1000 킬로그램/세제곱미터
- 50 밀리몰 삼투압≈1 기압(**어림짐작 0-3**)
- 물 분자의 부피≈0.03 세제곱나노미터이다.($\approx$ 0.3 nm)^3
- 아데닌 염기의 부피≈1 세제곱나노미터
- 아데닌 염기의 질량≈600 달톤
- 지질 분자의 질량≈500~1,000 달톤
- 1 $k_BT \approx$ 2.5 kJ/mol≈0.6 kcal/mol≈25 meV≈4 pN nm≈4×10^{-21} J
- 10 배 정도의 농도차이를 유지하는데 드는 에너지는 6 kJ/mol정도이다. [= $k_BT \ln(10) \approx$ 1.4 kcal/mol]
- 막 전위 때문에 순전하net charge가 1인 이온이 세포막을 움직이는데 필요한 에너지는 10~20 kJ/mol이다.
- 정상 생리조건에서 ATP 가수분해에 의해 방출되는 에너지는 20 $k_BT \approx$50 kJ/mol≈12 kcal/mol≈10^{-19} J
- 호흡하는 동안 산소 1 리터가 만들어 내는 에너지는 20 kJ
- 작은 대사체 물질이 1 나노미터를 움직이는데 걸리는 시간은 1 나노초

용질의 농도를 삼투압으로 변환하기

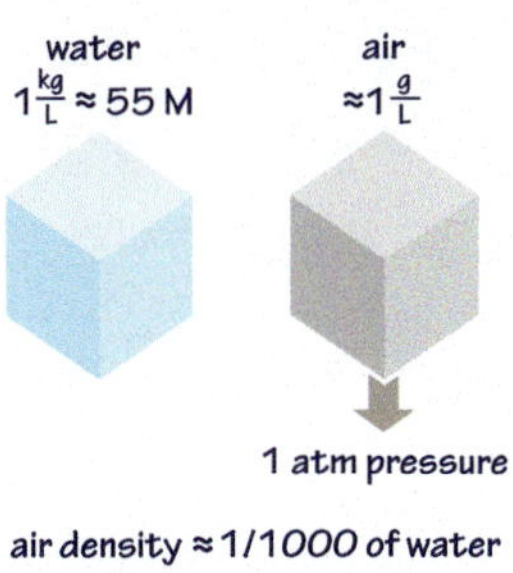

50 mM solute more than surrounding ≈ 1/1000 of water conc. ≈ air conc. ≈ 1 atm osmotic pressure

어림짐작 0-3

- 1 OD_{600}≈리터당 0.5 그램의 세균 세포 건조 중량
- 10^{10}개의 탄소 원자의 부피는≈1 세제곱 마이크로미터

주먹구구식 계산에서 꼭 지켜야 할 법칙

모든 독자들이 스스로 자문해보아야 할 가장 중요한 질문은 이것이다: 이 책에 실제로 등장하는 숫자가 "맞는 것"인가? 본래 변동이 심한 속도, 농도, 크기와 같은 숫자들을 굳이 지정한다는 것은 무슨 의미를 지닐까? 환경적 조건이나 세포 유형에 따라 세포 과정은 매우 들쑥날쑥하다. 반복된 실험을 통해 최근에 밝혀진 사실 한 가지는 비록 단일 클론에서 기원한 세포들일지라도 각 세포마다 차이가 존재한다는 점이다. 따라서 다양성이나 내인적 변동폭이 의미하는 바는 생물학적 특성에 어떤 특정한 값을 지정하는 행위가 잘못 해석될 위험을 내포하고 있다고 볼 수 있다. 이런 위험을 피해가는 방법 중 하나는 특정한 지정값 대신 범위를 설정하는 것이다. 세포가 자라고 있는 환경을 자세하게 기술하는 일도 그것 못지않게 중요하다. 같은 이유로 어떻게 계측을 하고 분석을 했는지도 문제가 된다. 이런 부분은 결론을 이해하는데 혼선을 제공하기도 한다. 교과서나 논문은 간혹 이런 문제를 회피함으로써 문제를 해결하려 하기도 한다. 따라서 우리가 여기서 제시하는 확실한 숫자 어떤 것들은 종종 전체적인 그림을 보여주지 못한다는 점도 얘기할 것이다. 독자들도 주의를 기울여야 하겠지만 우리도 이런 숫자들을 거의 어림값처럼 간주할 것이고 그런 방식으로 논문을 이해할 것이다. 독자들이 논문의 일반적인 의미를 벗어나 숫자를 고려해볼 필요가 있다면 언제나 원본을 대조해 볼 필요가 있다. 이 책에 나와 있는 숫자들 대부분은 편차가 커서 수백 배 차이가 나는 것은 예외가 아니라 일상이다. 우리는 "자릿수order of magnitude"를 아는 것이 매우 유용하다는 것을 이 책 전반에 걸쳐 살펴보게 될 것이다. 그렇지만 내재적으로 변동의 폭이 크다는 점을 늘 생각하고 있어야 잘못된 해석이나 특정 숫자에 대한 과도한 집착을 피할 수 있을 것이다. 다양성(그리고 변이성)은 삶의 고명이다. 그 점은 세포 수준에서도 유지되며 이런 점을 염두에 두고 생물학적 특성을 표현하는 특정 숫자를 대해야 할 것이다.

생물학 분야에서 측정된 값을 몇 개의 자릿수로 표현하는 것이 옳을까? 이런 질문은 사소한 것 같지만 사실 그런 미묘한 부분에 기대어서 분별 있는 숫자를 사용하는 능력을 키울 필요가 있다. 비근한 예를 들어 우리가 세 개의

세포에서 미토콘드리아의 숫자를 20, 26, 34개로 측정했다고 하자. 평균은 26.6666...이다. 그렇다면 이 결과를 가장 잘 표현하는 방법은 무엇일까? 이렇게 분산되어 보이는 숫자들 중 의미가 있는 자릿수는 몇 개나 될까? 아마 수리 소프트웨어는 26.667이라고 표시할 것이지만 그것이 썩 믿을 만 한 것일까?

좀 더 깊이 들어가기 전에 우리는 매우 유용하고 고전적인 주먹구구식 계산 규칙을 제안하겠다. 모든 것을 다 잊었다고 하더라도 이점만은 기억하도록 노력해보자: 생물학에서는 두 자릿수의 의미 있는 숫자를 기록하는 것이 매우 합리적인 선택이다. 자릿수를 모두 기록하는 것이 반드시 정확한 것은 아니다. 두 자리 수를 쓰면 오히려 인위적인 측면을 줄고 의미를 더 정확히 파악할 수 있게 된다. 세 자릿수 이상이면 우리는 좀 더 생각해보고 거꾸로 제거하는 자판을 누르라고 얘기하고 싶다.

본격적으로 얘기를 시작해보자. 유효숫자는 0이 아닌 모든 자릿수의 숫자를 일컫는다. 아래 자릿수 수가 0이 아닌 경우라면 0도 유효숫자가 될 수 있다. 0.00502의 유효숫자는 세 개다. 유효숫자는 정확성에 대한 정보를 제공한다. 맨 마지막의 숫자는 잘못될 가능성이 있음에도 불구하고 여전히 정확한 값에 대한 귀한 정보를 주는 것도 사실이다. 유효숫자를 결정하기 전에 우리는 정밀성(재현성이라고 한다)의 규칙을 떠올릴 필요가 있다. 정밀도는 측정을 여러 번 했을 때 그 값이 반복적으로 나타나느냐를 의미한다. 여기에는 평균과 표준편차가 등장하게 된다. 혼동되는가? 걱정할 것 없다. 이 책을 읽으면서 가끔 위키피디아를 들어가 혼란스런 용어를 환기하자. 그리고 이 책에서도 반복적으로 얘기하도록 하겠다.

앞에서 미토콘드리아 숫자를 셌던 실험으로 돌아가 보자. 계산기에 표시된 표준 편차는 4.0552...이다. 우리가 취해야 할 규칙은 유효숫자의 불확실성을 따지는 것이다. 표준편차 4.0552는 4 근처이고 우리는 예측값을 간단히 26이라고 표현할 수 있다. 아니면 보다 정확하게 26±4라고 쓸 수 있다. 여기서 유효숫자의 맨 끝 숫자는 6이다. 이것은 표준편차(4이다) 자릿수와 같은 위치를 차지하는 값이다. 일 자릿수는 유효숫자로 치지 않는다(가령 123에서 하나의 유효숫자를 120이라고 하듯). 여기서는 유효숫자를 두 개의 자릿수로만 표현한다고 기억하고 너무 꼬치꼬치 캐묻지 말자. 관심이 있는 독자는 수리과학 분야, 도량형 학회가 제출한 전문을 소개한 http://tinyurl.com/nwte415를 참고하기 바란다.

그러나 불행히도 생물학과 관련된 수많은 측정값에 대한 재현성 문제는 깊이 연구된 적이 없다. 정밀성은 여러 번 측정했을 때 변이가 얼마나 되느냐의 문제를, 정확성은 실제값과 얼마나 차이가 나느냐의 문제를 다룬다. 전체적인 차이는 부정확할 수는 있겠지만 정밀성에는 크게 영향을 끼치지 못할 수도 있다. 여러 번의 측정을 통해 정밀성은 확보가 되지만 그것이 정확한 값이냐 하는 문제는 별도의 판단을 필요로 한다. 위키피디아 백과사전을 통해 정밀도와 정확성의 차이를 더 면밀하게 구분할 수도 있겠지만 여기까지만 얘기하자. 생물학 연구가 밝힌 숫자의 재현성 문제가 자주 거론되지 않는 것처럼 유효숫자도 꽤 많은 자릿수 숫자들로 구성되어 있다. 생물학적 실험의 재현성에 비추어보아 의미가 없는 숫자들이 제시된다는 의미이다. 예를 들어 헬라 세포의 부피는 2854.3 세제곱마이크로미터로 되어 있다. 소프트웨어가 정확하게 계산해 주었겠지만 그러나 우리가 알게 된 사실 중 하나는 실제 이 부피 값이 잘못 읽힐 수 있다는 것이었다. 우리가 보기에 너무 정밀도가 높은 숫자 표현은 그 숫자가 의미하는 것이 무엇인지 대략 얼마나 될지 짐작하기 어렵게 만든다.

어림짐작 0-4에 표시한 것처럼 측정값의 의미가 불확실할 때 우리는 개략적인 셈법을 따른다. 다양한 종류의 논문을 읽은 다음 우리는 많은 생물학적 데이터가 2 배 범위 안에서 정확성을 가진다고 느꼈다. 많은 경우 계측의 정확성이 10% 범위 내에 들기도 했지만 변동 폭이 커서 5배 혹은 10배 내외의 값을 가진 것들도 적지 않았다. 정확성이 낮은 것은 일반적으로 재현성이 좋은 측정 수단의 탓이 아니었다. 차라리 그것은 계통적인 차이, 즉 성장 조건이 다르다거나 하는 요인들 때문이었다. 이 책에서 우리는 유효숫자의 자릿수가 많아 오히려 불확실한 수치의 예를 보이려 한다. 우리가 제시하는 주먹구구식 계산 규칙은 어림짐작 0-4에 요약했다. 일종의 흐름도이며 몇 자릿수의 유효숫자가 사용되어야 하는지 생각해보려 한다. 불확실성을 고려하고 어디까지나 추정치일 뿐 정확한 값이 아니라는 의미도 투사해 넣으려 했다. 예를 들어 헬라 세포의 부피를 10%의 오차범위 내에서(생물학 데이터에서는 매우 정확한 범위에 든다) 평균±300 세제곱마이크로미터라고 해보자. 앞에서 얘기한 것처럼 우리는 불확실성을 고려하여 유효숫자 하나를 사용해서 표현했다. 나머지는 모두 0으로 처리했다. 이제 우리는 헬라 세포의 부피가 3,200 세제곱마이크로미터라고 추론해본다(유효숫자가 두 개다). 그러나 만약 그 수치가 두 배 정도의 오차를 가진다고 보면 우리는 헬라 세포의 평균 부피가 3,000 세제곱마이크로미터라고 기꺼이 표현하겠다(유효숫자 한 개).

적절한 유효숫자의 자릿수로 값을 처리하기

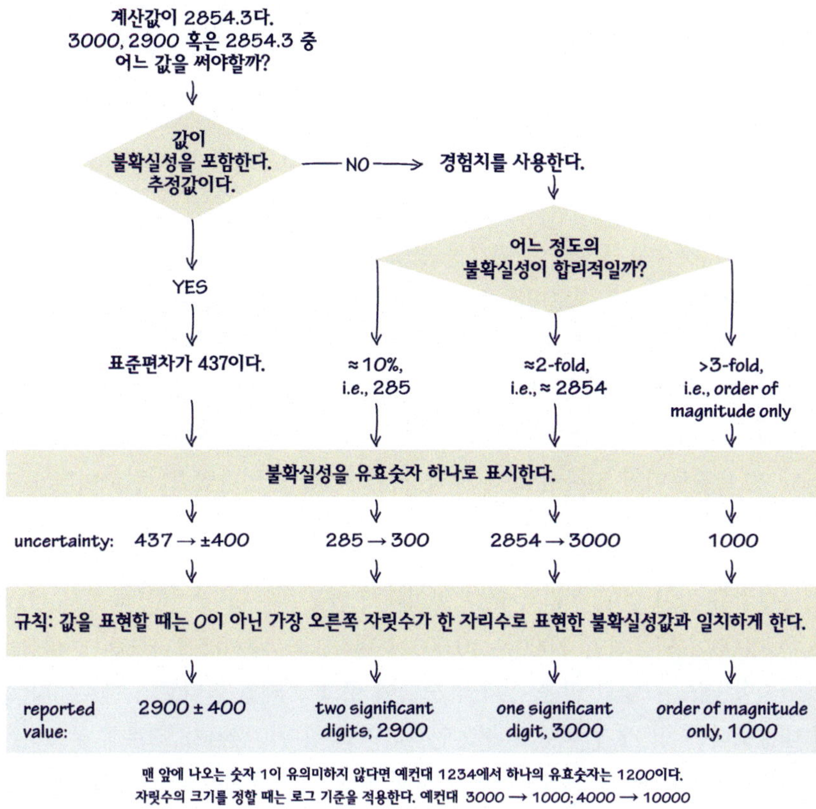

어림짐작 0-4

마지막으로 정확성이 많이 떨어져서 5배 혹은 10배 정도의 차이가 날 수도 있다면 우리는 다른 자릿수 숫자를 써서 1,000 세제곱마이크로미터라고 표현하려 한다. 불확실성을 최대한 반영하는 것이다. 정확도가 떨어지면(세 배 이상) 우리는 단지 대표 자릿수만(천, 만 등) 제시하려고 한다. 나머지 숫자들은 크게 의미가 없다고 생각되는 까닭이다. 여기서 1이라는 숫자가 반드시 1이라는 의미를 가질 필요는 없다. 그 단위수를 대표하는 숫자로 간주하면 된다. 그러나 이런 깎아치기는 혼돈을 불러일으킬 수도 있다. 100이라는 숫자를 보고 이것이 단지 자릿수라고만 생각하겠는가? 이 숫자 어디에도 2배 내외라던가 10% 범위 안에 든다는 것을 짐작할 수 없을 것이다. 이런 불확실함을 상쇄하기 위해 우리는 마지막 유효숫자에 밑줄을 긋기도 한다. 가령 100이면 1과 0이 유효숫자이다. 그러나 100이면 유효숫자는 1 하나이고 100은 그저 자릿수를 표시한다는 의미이다. 이 책은 이런 방식을 고수할 것이다.

따라서 자주 지수승으로(3×10^3) 표시한 숫자를 발견하게 될 것이다. 수학적인 정밀성을 추구할수록 직관적인 의미파악이 힘들어질 수도 있다. 독자들은 0이 항상 정확히 0을 의미하지 않는다는 것을 금방 눈치 채게 될 것이다(밑줄로 특별히 표시하지 않는다 할지라도).

간혹 우리는 불확실성에 대해 언급하지 못할 수도 있다. 원 논문에 전혀 나타나지 않았기 때문이다. 그렇지만 가능한 한 우리는 숫자의 특성을 제시할 것이고 그것으로 독자들이 뭔가를 연역할 수 있기를 바란다. 친구가 길을 가르쳐 주면서 약 20 킬로미터쯤 가다가 좌회전 하라고 했을 때 여러 분이 느끼는 그런 친숙함이 들도록 숫자의 의미를 제시하려고 한다("어디까지나 추정할 뿐 정확하지 않은 셈법"이라는 책에서 빌려온). 22 킬로미터가 지나도 좌회전 하라는 표시판이 나오지 않으면 슬슬 불안해 할 지도 모르겠다. 그러나 20.1 킬로미터 지나서 좌회전 하라는 얘기를 들었다면 21 킬로미터도 지나지 않아 여러분을 심히 불안함을 느낄 것이다.

자릿수를 찾기 위해 우리는 로그 범위에서 반올림을 할 것이다. 따라서 3,000은 1,000이 되겠지만 4,000은 10,000이 된다($\log_{10}4$는 0.5보다 크다). 세상을 인지할 때도 그렇고 많은 수학적 모델이 로그 스케일을 따르기 때문이다(절대값보다는 몇 배가 변했느냐를 인식하려고 한다). 편차가 고르게 분포하는 로그 스케일에서 반올림은 어렵지 않게 해낼 수 있을 것이다. 계산할 때는(곱하기 혹은 빼기) 보다 신중하게 유효숫자를 고려할 것이며 결과값을 표시할 때도 그럴 것이다. 빼기를 하다 보면 맨 앞자리 숫자가 사라지기도 하고 그러면 그 아래 자릿수가 중요한 의미를 띠게 된다. 이런 방식으로 우리는 세포 생물학에서 사용되는 숫자의 정량적인 건전성을 개선시켜나가고자 한다.

세포 지리학

이제부터 얘기할 소주제들은 살아 있는 세포의 여러 가지 특징적인 양상들에 관한 것이다. 이 책에서 우리가 제시하는 막대한 양의 데이터를 한데 어우르는 주제는 한두 가지가 아니겠지만 대부분은 세포에 관한 얘기들이다. 세포의 구조, 세포를 구성하는 분자들, 그리고 그것이 시간에 따라 어떻게 변화하느냐 라는 질문이 주축을 이룬다. 세포의 숫자 세상을 거닐면서 우리는 이 모든 숫자가 서로 깊이 연관되어 있다는 생각을 한다. 예를 들어 세균이 앞으로 나아가면서 편모의 운동 장치가 회전하는 속도를 염두에 둘 때("속도"라는 주제를 다루는 부분에서) 우리는 이 운동을 가능하게 하는 에너지가 막투과 전위차에서("에너지와 힘"이라는 주제에 편입된다) 비롯된다는 것을 아울러 생각한다. 더 나아가 세포의 속도를 결정하는 이들 운동 기제의 회전은 그 자체의 정량적인 측면이기도 하다. 비록 다양한 생물학적 숫자가 서로 연관이 되어 있다고는 하지만 독자들도 새로운 연결망을 찾고자 노력하기를 바란다. 그동안 우리가 미처 눈치 채지 못한 것일 수도 있으며 새로운 식견을 제공할 수도 있을 것이다.

이 책의 나머지 부분에 등장할 세포의 무대에는 세 가지 특별한 모델 세포 유형이 특별히 조명을 받게 될 것이다. 전형적인 세균, 전형적인 효모 세포 및 역시 전형적인 포유동물 세포가 그들이다. 특정 세포와 관련된 데이터를 다룰 때에도 이들 모델 세포의 지침을 참고할 것이다. 다윈도 어리둥절하게 만들었고 "극적으로 완벽한 기관"이라는 말을 들었던, 매우 특화된 광수용체 세포를 소개할 때에도 우리는 표준적인 세균과 효모, 포유동물 세포로 돌아와 서로 비교할 것이다. 그러나 순진하게 표준 세포 모델의 변동성에 기대 안주하지는 않을 것이다. 표준 모델에 입각하여 정량적인 이정표를 세우고 이를 기준으로 양적인 느낌을 선명하게 얻을 수 있도록 노력할 것이다. 바다와 육지로 구성된 지구의 상대적 분포가 우리에게 인상적이듯 세포의 지질학적 특징들도 그러할 것이다.

그림 0-1은 우리가 자주 인용할 표준 세포 세 종류의 대표 값들을 보여준다. **그림 0-2**는 이들 세포와 연관된 분자들의 목록을 제시한다. 이 그림들은 **표 0-1**과 손을 맞잡고 있고 세포를 구성하는 단위들의 크기에 관한 조감도를 확인할 수 있다. 어떤 의미에서 이 책의 나머지 부분은 다음과 같은 질문으로 구성된다: 여기 그림과 표에 제시된 숫자는 어디에서 비롯된 것일까? 이들은 살아 있는 세포의 기능과 어떤 관련을 맺을까? 세포 수준에서 "같다" 혹은 "다르다"는 의미는 무엇인가?

그림 0-1A는 거의 모든 분자 생물학자들의 반려 동물 같은 대장균을 보여준다. 그림 5A는 그들이 가진 분자 목록이다. 효모 세포는 그림 0-2A와 0-2B에 제시되었고 표준적인 세균에서 보이는 복잡성을 훨씬 넘어선다. 세포 내부에 막으로 둘러 싼 구조물들도 눈에 띈다. 효모가 진핵세포 생물학의 대표성을 띠는 이유 중 하나는 이들이 여러 종류의 구획으로 나누어져 있기 때문이다. 핵, 소포체, 골지체 등이 그런 것이다. 게다가 이들의 유전체가 세포 내부

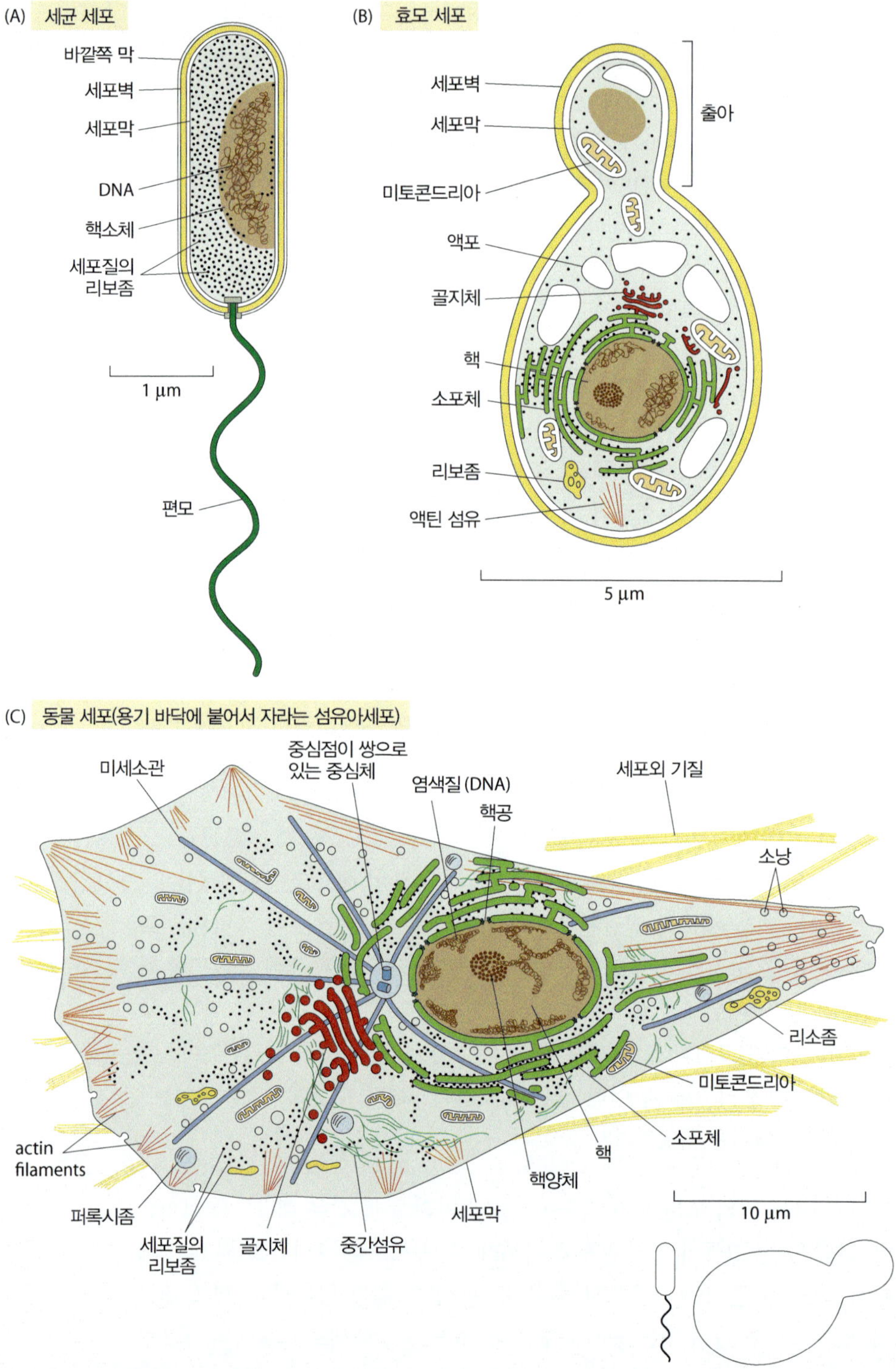

그림 0-1 표준적인 세포. (A) 전형적인 세균인 대장균의 크기와 구성 요소. (B) 출아효모의 크기와 세포 내 소기관 및 분자들. (C) 부착해서 자라는 인간의 세포. 단순화시킨 그림이다. 예를 들어 리보좀 숫자는 실제보다 적게 그렸다. 자를 보면 짐작하겠지만 각 세포의 크기는 서로 다르다(Alberts B [2015] Molecular Biology of the Cell, 6th ed, Garland Science).

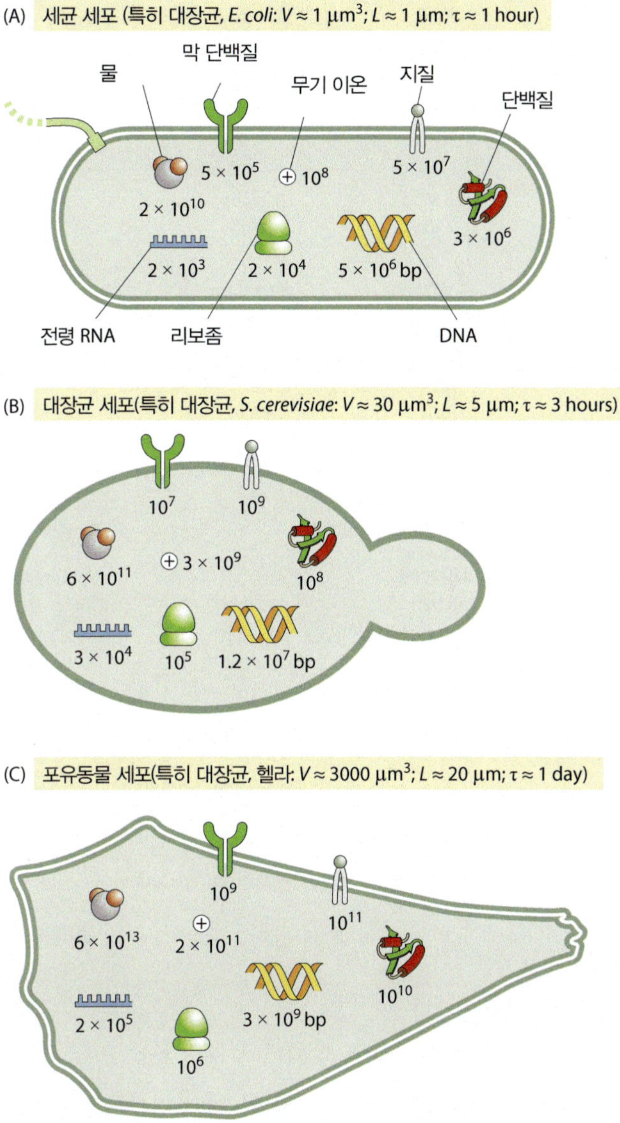

그림 0-2 실험실 혹은 이 책에서 주로 인용할 세 종류의 모델 세포에서 세포 구성 요소의 크기. 세균(대장균), 단세포 진핵생물(출아 효모), 포유동물 세포(부착해서 자라는 헬라세포).

의 핵에 밀집되어 핵소체nucleosome라는 핵단백질과 함께 채워져 있고 이런 양상은 모든 진핵세포에서 발견된다. 세포 구조물뿐만 아니라 이들 유전체 정보가 아주 잘 알려져 있기 때문에 세균의 유전체를 다루는 일과 유사한 방식으로 우리는 이들의 유전체를 변형, 가공할 수 있게 되었다. 표와 그림에서 나타난 것처럼 효모 세포의 성분 목록은 대장균에 보이는 것을(그림 0-2A) 단지 확대한 것처럼 보인다.

특성	대장균	출아 효모	포유동물 세포(헬라HeLa)
세포 부피	0.3–3 μm³	30–100 μm³	1000–10,000 μm³
마이크로세제곱 미터당 단백질 수	2–4 × 10^6		
세포 안 전령RNA의 수	10^3–10^4	10^4–10^5	10^5–10^6
세포 안 단백질 수	~10^6	~10^8	~10^{10}
단백질의 평균 직경	4–5 nm		
유전체 크기	4.6 Mbp	12 Mbp	3.2 Gbp
단백질을 암호화하는 유전자 수	4300	6600	21,000
조절 단백질이 결합하는 영역의 길이	10–20 bp	5–10 bp	
프로모터 길이	~100 bp	~1000 bp	~10^4–10^5 bp
유전자 길이	~1000 bp	~1000 bp	~10^4–10^6 bp (with introns)
세포 당 단백질의 농도	~1 nM	~10 pM	~0.1–1 pM
세포를 통과하는 단백질 확산 시간 ($D \approx 10\ \mu m^2/s$)	~0.01 s	~0.2 s	~1–10 s
세포를 통과하는 작은 물질의 확산 시간 ($D \approx 100\ \mu m^2/s$)	~0.001 s	~0.03 s	~0.1–1 s
전사 시간	<1 min (80 nts/s)	~1 min	~30 min (incl. mRNA processing)
번역 시간	<1 min (20 aa/s)	~1 min	~30 min (incl. mRNA export)
전령RNA의 전형적인 반감기	3 min	30 min	10 h
단백질의 수명	1 h	0.3–3 h	10–100 h
최소 세포분열 시간	20 min	1 h	20 h
리보좀/세포	~10^4	~10^5	~10^6
단백질 상태의 상전이 (활성/비활성)	1–100 μs		
작은 물질이 단백질에 붙어 있는 시간의 단위(확산 한계)	1–1000 ms (1 μM–1 nM affinity)		
전사 인자 단백질이 DNA에 결합하는 시간 단위	~1 s		
돌연변이 속도	10^{-8}–10^{-10}/bp/replication		

표 0-1 대장균, 효모 헬라세포에서 핵심적인 매개변수들. 실험실에서 키우는 세포에서 얻은 값이다(Alon U [2006] Introduction to Systems Biology. CRC Press, BNID 111494).

그림 0-1C와 0-2C는 포유동물 세포의 전형을 보여준다. 세포는 풍부하고 복잡한 이질적 구조로 이루어졌다. 핵은 수십억 개의 염기를 가진 유전체를 가두고 있고 유전자의 전사가 일어나는 곳이며 환경의 변화에 따라 전사 과정을 켜거나 끈다. 세포가 분열하거나 발생하는 동안 늘 일어나는 일이다. 소포체, 골지체등 소기관들은 단백질 가공 및 지질의 합성이 일어나는 장소이다. 미토콘드리아는 세포의 에너지 공장이며 매일매일 우리 체중에 버금가는 양의 ATP를 합성한다. 진핵 세포 안에는 어떤 분자들이 들어 있을까?

전형적인 세균 안에 수백만 개의 단백질이 있고 그것이 수천 개 유전자의 결과물이라는 점을 감안하면 우리는 각 단백질이 10^3개의 복사본을 가지고 있으리라 예상할 수 있다. 그러나 실제 이들 분자들의 분포는 균일하지 않다.

이런 내용은 제2장 "농도와 절대 숫자"를 다루는 부분에서 다시 언급할 것이다. 대장균에 있는 분자 하나의 농도는 얼추 1 나노몰이라는 점은 앞에서 얘기했다. 그렇다면 단백질의 농도는 대략 1 마이크로몰이 될 것이다. "평균" 단백질이라는 개념과 전사 인자를 구분할 것이며 우리는 전사 인자가 단백질 평균 농도보다 훨씬 적다는 사실도 알게 될 것이다. 또 리보좀의 숫자가 왜 그렇게 많은지도 알아볼 것이다. 세균에서 얻은 이런 정보 처리 물질들의 규모가 진핵세포와 같은 세포에서는 어떻게 달라지는지도 보게 될 것이다. 거칠게 말하면 세포 당 물질들의 절대 숫자는 세포의 크기에 비례하여 커질 것이라고 가정할 수 있다. 그런 조건이라면 농도는 세포의 크기와 무관하다.

세균보다 부피가 1,000배가 큰 포유동물 세포를 생각해보자. 첫 번째로 예상할 수 있는 것은 포유동물 세포의 개별 분자 수가 세균보다 1,000배 많을 것이라는 점이다. 그러나 농도는 거의 변화가 없다. 독자들은 이 점을 거의 불변의 법칙으로 여겨도 좋을 것 같다. 세포의 보편적 연기자인 리보좀 혹은 전령 RNA의 전체량은 대체로 세포의 성장 속도에 비례하고 개체수가 두 배가 되는 데 소요되는 시간에 반비례한다. 이 경우 우리는 포유동물 세포가 세균보다 스무 배쯤 더디게 세포 분열한다는 점을 설명해야만 한다. 다른 모델이 필요할 지도 모르지만 분자 생물학(간혹 직관이 들어맞지 않지만)이 도움이 될 것 같다. 골치 아픈 질문을 하나 해 보자. 헬라 세포의 p53과 같은, 포유동물 세포의 대표적인 전사 인자의 개수는 얼마나 될까? 앞에서 살펴본 주먹구구식 셈법에 따르면 세제곱마이크로미터 당 단백질의 숫자는 약 3백만 개이다. 또 포유동물 세포의 부피는 약 3,000 세제곱마이크로미터이다. p53 분자가 특별히 더 많아야 할 이유가 없기 때문에 우리는 그것이 1 퍼센트가 되지 않을 것이라고 생각한다(풍부한 단백질이 아마 이 정도일 것이다). 따라서 그 상한선은 약 천개 당 하나 꼴이라고 가정하자. 뚝딱 계산을 해치우면 3×10^6 proteins/μm$^3\times$3,000 μm^3/1000 proteins/our proteins = 10^7이다. 나중에 다시 확인하겠지만 전사 인자의 숫자는 낮은 쪽 극단에 가까워서 세포 하나당 대략 10^5~10^6개 정도이다. 그러나 이 정도 숫자라도 단서가 전혀 없는 것보다는 훨씬 나은 상황이다. 이런 예측은 "여섯 번째 감각(직감)"을 이용한 가장 단순한 형태의 한 예가 된다. 직감을 이용하여 주먹구구식 계산에 익숙해지면 새로운 방식으로 세포 생물학을 공략할 수단을 하나 더 가지게 되는 셈이다(산조이 마하얀의 책 "길거리 수학"에서 빌려온 말이다).

이 책이 취하고 있는 논리적인 전개 과정은 그림 0-1을 통해 개관할 수 있다. 첫째, 우리는 구조와 크기로부터 얘기를 시작할 것이다. 그 다음 제2장에서는 세포 내부에서 발견되는 핵심 분자들의 숫자를 주의 깊게 살펴보겠다. 이런 숫자들은 서로 밀접하게 관련되어 있다. 리보좀의 숫자가 세포의 크기와 상관성이 있다는 사실이 좋은 예이다. 제3장에서는 구조와 크기를 지탱하는 에너지와 힘의 크기에 대해 알아볼 것이다. 그 뒤를 이어 제4장에서는 시간에 따라 분자와 세포들이 펼치는 역동적인 드라마를 보게 된다. 서로 다른 크기를 가진 위계들의 질서를 살펴보겠다. 이런 질서를 통해 세포의 생존과 복제를 위한 정보가 순탄하게 전달될 것이다. 제5장은 각기 다른 세포 과정을 책임지는 유전 정보와 정보 전달의 정확성을 보는 색다르고 정량적 시각을 제공하리라고 본다. 마지막 장은 그림 0-1을 너머서 세포의 다양함에 초점을 맞춘다. 자칫 소소하다고 생각될 수도 있는 것이지만 다른 장을 특징짓는 단순한 개념적인 측면을 보강해줄 것이다.

크기

CHAPTER 1 크기와 기하학

이 장에서 우리가 다루고자 하는 소주제는 "얼마나 큰가"하는 아주 단순한 질문이다. 집단 유전학 혹은 효소 동력학과 같은 복잡한 문제를 천착하기 전 J. B. S. 홀데인은 매우 흥미로운 책 "적절한 크기란?"을 집필했다. 거기에서 그는 크기가 동물 행동의 기능을 제약하는 핵심적인 요소라고 말했다. 예를 들면 홀데인은 인간이 물에서 나올 때 표면 장력 때문에 대략 1 파운드의 물을 싣고 나올 것이라고 말했다. 그러나 상대적으로 곤충은 훨씬 더 많은 물을 실어 나른다. 체중에 피해 표면적이 훨씬 넓기 때문에 자신의 체중만큼 물을 나를 수 있다. 기능적인 면에서는 더욱 그렇다. 같은 맥락에서 우리는 분자의 크기를 살펴보고 그 과정에서 홀데인이 개괄적으로 설명한 크기의 기능적인 의미를 추출해 낼 수 있기를 바란다.

생물학적 구조물의 크기는 상상할 수 있는 거의 전 영역에 걸쳐 있다. 나노미터 규모인 개별 고분자 물질에서 커다란 바다에 위성처럼 떠 있는 남세균 군락에 이르기까지 다양하다. 생물체들의 크기는 거의 10^{15}에 달하는 편차를 보인다. 이런 차이는 엄청나지만 이 책에서는 주로 **그림 1-1**에서 나타나는 단일 생명체보다 적은 단위를 주로 다루겠다.

생물계를 특성화하고자 할 때 직면하는 역설은 우리가 모델 시스템에 초점을 맞추어 그 한계를 설정해야 한다는 점이다. 때로 너무 개략적으로 접근하다보면 확실하게 말할 수 있는 내용이 줄어들 수도 있다. 그렇기에 우리는 특정한 세포가 가진 내인적 크기를 먼저 얘기하고 그 보다 더 크다거나 작다거나 하는 다양성에 대한 독자들의 관심을 환기시키도록 하겠다. 더 자세한

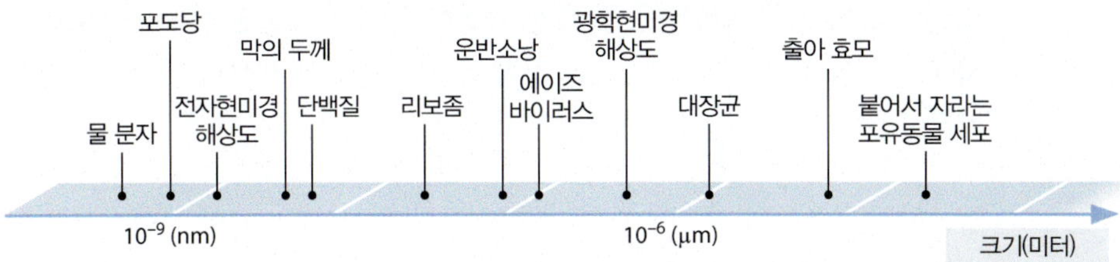

그림 1-1 세포와 관련된 생물학적 실체의 크기 범위. 로그 단위에서 생화학의 너트와 볼트에 해당하는 단일 분자에서 세포 소기관 및 세포의 크기를 표시하였다.

정보가 없는 경우 우리는 모든 세균이 대장균과 비슷하다고 가정하는 것이 이야기를 전개하는데 매우 유용하다는 사실을 알게 되었다. 이런 단순화를 통해 우리는 세균의 전반적인 특성, 특히 크기의 계량화에 관한 일반적인 모습을 그릴 수 있다. 같은 맥락에서 헬라 세포의 부피와 형태에 관한 데이터로부터 포유동물의 세포에 관한 개괄적인 그림을 그릴 수 있다. 여기서 핵심적인 사안은 어떤 규모의 크기로부터 시작하느냐 이다. 외부 환경에 따라 세포의 양적 특성이 변할 때도 마찬가지다. 반으로 나뉘는 분열 단계 혹은 지수 함수적으로 빠른 성장을 하고 있는 세포에 대해서도 최대한 단순화를 꾀할 것이다. 이들도 환경에 따라 "평균적인" 세포의 양상이 변화한다. 생물계의 다양성을 고려할 때 우리가 마지막으로 염두에 두어야 할 것은 세포-세포 간의 편차를 어떻게 다루어야 하는지 혹은 같은 유전적 배경을 가진 개별 세포가 동일한 환경에서 다르게 해동하는 등을 고민해야 한다. 이번 장에서는 세포의 크기와 단백질의 많고 적음을 시작으로 이런 정량적인 접근을 시도해보려 한다.

세포의 모양과 크기는 현기증 날 정도로 다양하다. 겉으로 균일할 것 같은 세균의 세계도 놀랄 만큼 크기와 모양이 여러 가지다. 그렇지만 크기와 모양의 다양성이 세포에만 국한되는 것은 아니다. 진핵세포를 구성하는 세포 내 소기관도 마찬가지로 형태와 크기가 천차만별이다. 미토콘드리아와 엽록체의(아마 핵도[4] 그럴 것이다) 크기는 세균과 흡사하다. 내부 공생을 거쳐 진핵세포에 정착한 세균 선조들이 그 정도 크기였기 때문이다. 세포를 구성하는 고분자들도 작게는 독소와 같은 펩티드에서 커다란 크기의 단백질 기계에(ATP 합성 효소 및 정이십면체인 바이러스의 캡시드 등) 이르기까지 다양하기 그지없다.

기하학적 구조를 생각할 때 우리는 그 구조가 기능과 어떤 연관성을 가지는지에 대해 고민한다. 과연 형태가 기능을 따를 것이냐는 점이 그것이다. 생물학에서 이런 "구조적" 가설의 전통은 현미경의 진보와 구조 생물학의 영역으로 확장되었다. 우리는 종종 특정 과정에 참여하는 물질들의 상대적인 크기에 관심이 있다. 여러 소주제를 통해 우리는 크기와 생물학적 기능에 대해 가능한 연결을 시도하려고 한다.

생물학적 구조물의 크기에 관한 단순한 지식으로부터 미묘한 기능적인 차이

4) 일반적으로 진핵세포의 핵은 미토콘드리아나 엽록체보다 크다. 아마 저자들은 핵이 내부 공생에 의해 만들어졌다고 생각하는 듯하다.

를 추론해 낼 수 있다는 점은 흥미롭다. 예를 들어 숙주세포로부터 바이러스 방출량을 결정하는 것은 무엇일까(감염된 세포가 터지면서 새롭게 만들어진 바이러스가 방출된다. 그 때의 바이러스 숫자)? 어떤 바이러스는 세균을 침범하지만 포유동물을 감염시키는 것들도 있다. 숙주의(세균과 진핵세포) 크기는 1,000배 정도 차이가 나지만 새롭게 만들어지는 바이러스의 밀도는 상대적으로 비슷하다. 다시 말하면 세균의 방출 크기가 100 바이러스라면 진핵세포의 그것은 100,000가 될 것이라고 짐작할 수 있다. 이 장 전반에 걸쳐 우리는 다양한 규모의 크기가 어떤 생물학적 의의를 가지는가 하는 기본적인 주제를 살펴볼 것이다.

직관적인 고분자 세계를 지나 미세 영역을 규정하는 물질계로 들어가면 종종 아보가드로 숫자가 등장할 것이다(이 숫자는 앞에서 언급했다). 아보가드로수는 매우 유용한 상수이며 1그램 무게를 구성하는 수소 원자의 수가 얼마나 되는가로 정의된다. 잘 알다시피 6×10^{23}개이다. 계속해서 우리는 이 상수가 여러 형태로 전환되는 것을 보게 될 것이다.

세포와 바이러스

바이러스는 얼마나 큰가?

절대적인 수라는 측면에서 보면 바이러스는 지구상에서 가장 풍부한 생물학적 실체이다. 현재 추정치는 생물권에 약 10^{31}개의 바이러스 입자가 있다고 말한다. 지구상에 살고 있는 사람의 몸 안에 아보가드로 상수 만큼의 바이러스가 있다고 하면 이 천문학적 숫자의 크기를 짐작할 수 있을까? 달리 비유하면 지구상 모든 인간의 몸을 구성하는 세포 하나하나에 10^8개의 바이러스가 있는 셈이다. 이만큼의 바이러스는 지구상에 존재하는 $4 \sim 6 \times 10^{30}$개의 세균과도 대비가 된다(BNID 104960). 그렇지만 그들의 크기가 극단적으로 작기 때문에 바이러스의 생물량은 세균의 5 퍼센트 정도밖에 되지 않는다. 전체 바이러스의 숫자는 전자 및 형광 현미경 조사 결과 드러난 것이다. 예를 들어 흙이나 바닷물을 취한 다음 전자 현미경으로 관찰하면 바이러스가 세균보다 훨씬 많다(10:1 정도의 비율이다, BNID 104962). 일반 광학 현미경의 관찰도 전자 현미경의 그것을 보충해 준다. 바이러스를 형광 색소로 염색하면 현미경 하에서 그들의 숫자를 직접 세서 그 농도를 계산할 수도 있다 (10^7 바이러스/밀리리터)

바이러스

모든 도메인의 생명체는 바이러스에 감염된다. 담배, 날아다니는 적도의 곤충, 옐로스톤 국립공원의 고세균도 예외는 아니다. 그렇지만 토양이고 해양이고 간에 세균을 침입하는(예컨대 박테이로파지는 문자 그대로 박테리아를 먹잇감으로 삼는다. **그림 1-2**) 바이러스가 가장 양이 많다(BNID 104839, 104962, 104960).

생물계 어디에서나 찾아볼 수 있기 때문에 바이러스는 그들 숙주의 건강뿐만 아니라 영양소 순환의 지구 화학적 주기에도 영향을 끼친다. 예를 들면 매일 20 퍼센트에 달하는 세균(생물량)이 바이러스에 감염된다(BNID 106625). 세균을 먹고 사는 생명체들이 심각한 영향을 받는다는 뜻이다 (BNID 104965).

바이러스는 자신들이 침입하는 숙주보다 훨씬 작다. 사실 처음 발견된 것도 바로 그들 크기가 너무 작았기 때문이었다. 병원균인 세균을 걸러내기에 충분한 여과지를 통과할 수 있으면서도 병원성을 가진 것이 무엇인지 과학자

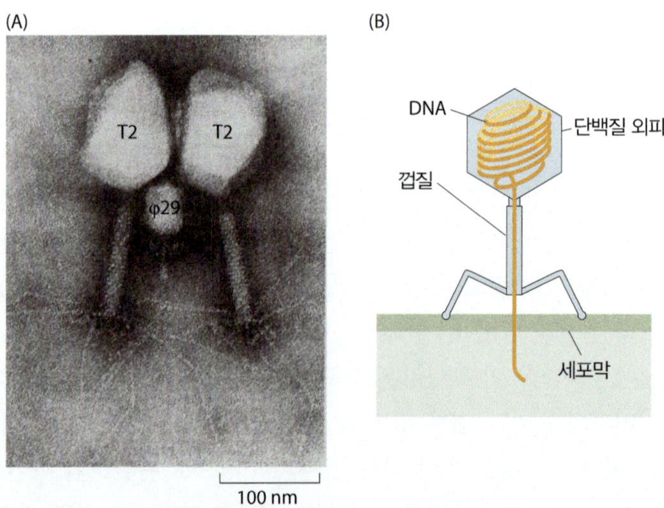

그림 1-2 박테리오파지의 형태. (A) 파이29와 T7박테리오파지의 전자 현미경 이미지. 그림스Grimes S. 등의 논문에서 따온 것이다. Adv Virus Res, 58, 255, 2002. (B) 도식화한 박테리오파지.

들은 궁금해 했다. 세균보다 작지만 병원성이 있는 생물학적 실체가 있을 것이라고 과학자들은 추론했다. 나중에 이들이 바이러스라고 알려졌다.

그림 1-2에서 보듯 바이러스는 대칭적인데다 아름답기 그지없는 생명체이다. 정이십면체 모양을 특징적으로 가지며 모든 구성 요소가 대칭으로 되어 있다(좌우대칭이고 세 면을 따라 대칭이며 정점을 따라 회전하면서 다섯 방향으로 대칭이다. 그림 2). 캡시드라고 불리는 외곽의 단백질 껍질은 동일한 단백질이 반복되어 되풀이되기 때문에 상대적으로 단순한 편이다. 캡시드 안에는 유전 물질이 포함되어 있다. 그것은 DNA일수도, RNA일수도 있다. 또한 가닥이거나 두 가닥이기도 하며 통상적으로 이들의 유전체는 $10^3 – 10^6$개의 염기를 갖는다(BNID 103246, 103073). 몇 가지 흥미로운 예외를 논외로 하면 바이러스 캡시드의 직경은 서로 열배 이상의 차이가 나지 않는다. 작은 바이러스는 몇 십 나노미터의 직경을 갖지만 크다고 해봐야 몇 백 나노

바이러스	크기 (미터)	genome size (nucleotides)	genome type, capsid structure	BNID
돼지 써코바이러스 (PCV)	17	1760	circular ssDNA, icosahedral	106467, 106468
꽃양배추 모자이크 바이러스(CPMV)	28	9400	2 ssRNA molecules, icosahedral	106454, 106455
꽃양배추 모자이크 바이러스(CCMV)	28	7900	3 ssRNA molecules, icosahedral	106456, 106457
φX174(대장균 박테리오파지)	32	5400	ssDNA, icosahedral	103246, 106442
담배 모자이크 바이러스(TMV)	40 × 300	6400	ssRNA, rod shaped	104376, 104375, 106453
소아마비 바이러스	30	7500	ssRNA, icosahedral	103114, 111324
φ29(바실러스 파지)	45 × 54	19,000	dsDNA, icosahedral (T3)	109734
람다 파지	58	49,000	dsDNA, icosahedral (with tail)	103122, 105770
T7 박테리오파지	58	40,000	dsDNA, 55 genes, icosahedral (T7)	109732, 109733
아데노바이러스 (선형 DNA)	88–110	36,000	dsDNA, icosahedral	103114, 103115, 106441
인플루엔자 A	80–120	14,000	ssRNA, roughly spherical	104073, 105768
인간 면역결핍성 바이러스	120–150	9700	ssRNA, roughly spherical	101849, 105769
헤르페스 바이러스	125	153,000	dsDNA, icosahedral	103114, 106458
엡스타인-바 바이러스	140	170,000	dsDNA, icosahedral	103246, 111424
미미바이러스	500	1,200,000	dsDNA, icosahedral	105142, 105143
판도라 바이러스	500 × 1000	2,800,000	dsDNA, icosahedral	109554, 109556

표 1-1 정형적인 바이러스의 크기. 표에 제시한 바이러스는 크기에 따라 작은 것에서 큰 것 순으로 나열했다. 크기에 따라 구분하면 유전체(DNA, RNA, 단일가닥, 이중가닥), 숙주를 기준으로 판단한 생물학적으로 전통적인 분류 방식과 다른 느낌을 얻을 수 있다. 유효숫자는 한 자릿수 혹은 두 자릿수이다.

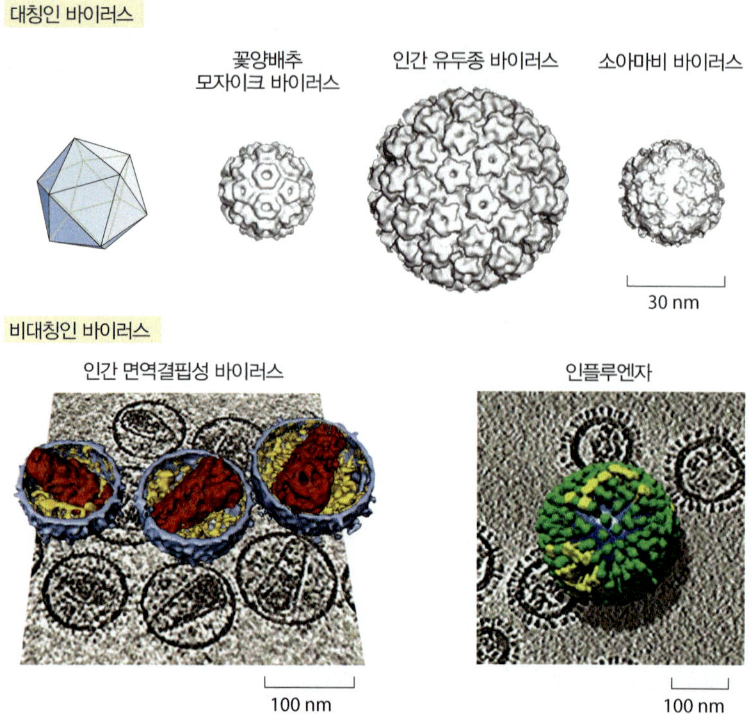

그림 1-3 박테리오파지의 형태. (A) 파이29와 T7박테리오파지의 전자 현미경 이미지. 그림스Grimes S. 등의 논문에서 따온 것이다. Adv Virus Res, 58, 255, 2002. (B) 도식화한 박테리오파지.

미터를 넘지 못한다. 이는 가장 작은 세균 정도의 크기이다(BNID 103114, 103115, 104073). 대표적인 바이러스의 크기는 **표 1-1**에서 볼 수 있다. HIV와 같은 바이러스의 구조는 이중 지질막으로 구성된 외부 덮개가 있다(따라서 막으로 둘러싸인 바이러스라는 말이 등장한다). 바이러스의 크기와 유전체의 크기 사이의 상호작용에 따라 채움 비율이 결정된다. 캡시드의 부피와 바이러스 DNA의 부피 비율이 그런 것이다. 람다 파지의 경우 그 비율이 40%인 반면 HIV는 그보다 10배나 적다(P. K. 프로힛과 동료, 생물리학 저널, 88, 851, 2005).

흥미로운 몇 종의 바이러스는 위에 열거한 바이러스에 비해 대칭성이 떨어진다. 사실 뉴스거리에 자주 등장하는 두 바이러스인 HIV와 인플루엔자는 다소 불규칙한 형태를 띠며 개별 바이러스끼리도 구조가 다르다. **그림 1-3**에 그런 양상을 볼 수 있다. 왜 많은 수의 바이러스가 100 나노미터라는 특징적인 크기를 갖는 것일까? 만일 우리가 캡시드 안의 유전 물질의 농도를 고려한다면(궁금하면 독자들도 연습을 해보라) 세균을 침범한 바이러스의 유전물질의

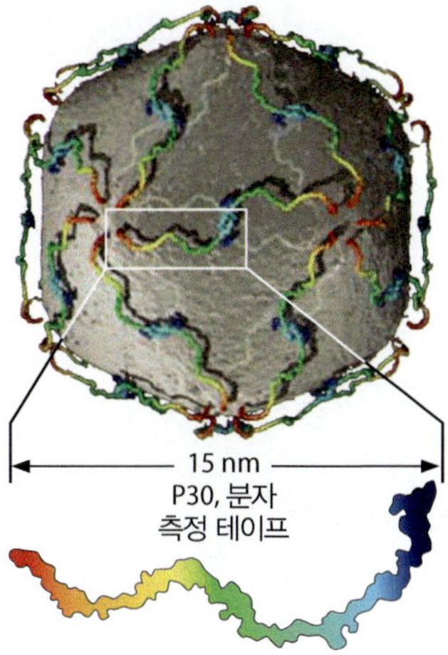

그림 1-4 P30 단백질 이중체. 테이프는 박테리오파지 RPRD1 외피를 만드는 데 일조한다.

부피비가 대략 50 퍼센트라는 사실을 알 수 있다. 게다가 바이러스 DNA가 가끔 구조를 선택하고 결정형을 띠면서 빽빽하게 채워지기도 한다. DNA의 길이는 바이러스가 수용해야만 하는 유전자의 개수와 관련이 있을 것이다. 마찬가지로 바이러스는 자신의 유전 물질을 운반하지만 부피는 최소화하는 크기의 경제학을 선보일 것이다.

바이러스를 만들기 위해 캡시드의 단위체들은 스스로 조직된다. 아마도 하나의 정점을 두고 대칭적인 방향으로 구조화될 것이라고 생각하고 있다. 그렇지만 그 길이를 결정하는 요소는 무엇일까? 바이러스의 전체적인 크기를 결정하기 위해 각 꼭짓점 사이의 길이는 어떻게 결정될까? 한 변의 길이가 아미노산 83개로 구성된 단백질 테이프를 사용하여 적절한 크기의 바이러스가 만들어지기도 한다. 가능한 기전은 **그림 1-4**에 도식화되어 있다. 15 나노미터 길이의 단백질 분자 두 개가 각 변을 구성하면서 직경이 70 나노미터인 박테리오파지의 구조를 만들어낸다.

최근에 발견된 거대한 미미바이러스와 판도라바이러스는 보통의 바이러스보다 열 배는 더 크다(BNID 109554, 111143). 이런 크기의 바이러스가 어떻게 만들어지는지는 아무도 모른다. 이 바이러스는 작은 세균들보다도 훨씬 더 크고 심지어 작은 진핵세포만 하다. 이들이 가진 유전체의 염기는 약 2백만 개나 된다(BNID 109556). 이런 이유로 이들은 바이러스의 다양성과 진화에 대해 우리에게 풀어야 할 어려운 숙제를 던져 주었다.

대장균의 크기와 질량은?

전형적인 세균인 대장균은 분자 혹은 세포 생물학에서 길이를 재는 잣대 역할을 하는 유용한 생명체이다. 광학 혹은 전자 현미경에서 얻은 '주먹구구식' 산법에 따르면 대장균의 직경은 1 마이크로미터, 길이는 2 마이크로미터 그리고 부피는 1 세제곱 마이크로미터(혹은 1펨토리터이다, BNID 101788). 모양은 둥근 실린더(부드러운 원통형, 원통의 양끝이 반구형인)이다. 주어진 직경과 길이를 기준으로 대장균의 부피를 자세히 계산하면 1.3 세제곱 마이크로미터이다(보다 정확히는 $5\pi/12$이다). 이 값과 우리가 주먹구구식으로 계산

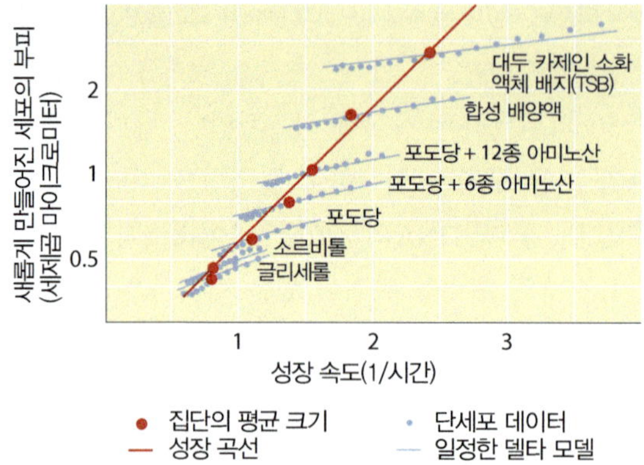

그림 1-5 세포 부피와 성장 속도. 현미경과 미세유체 장치를 써서 다양한 조건에서 세포의 부피를 세포 하나의 수준에서 측정할 수 있다. 세포의 크기는 성장 속도에 비례하여 기하급수적으로 늘어난다. 반면 세포 집단에서는 편차가 존재한다. 단일 세포 수준에서 부피의 차이는 세포 크기 조절을 연구하는 모델로 사용된다(Taheri-Araghi S [2015] Curr Biol, 25, 385).

세대 시간 (분)	세포 한 개의 건조 중량 (펨토 그램 = 10^{-15}그램)
100	150
60	260
40	430
30	640
24	870

표 1-2 세균의 무게와 세포 분열 속도. 세포의 건조 중량은 세대 기준으로 주어졌다. 성장 속도가 증가함에 따라 무게도 기하급수적으로 증가한다(Schaechter M [1958] J Gen Microbiol, 19, 592-606). 세포의 건조 중량은 밀리리터 당 OD460에서 173 마이크로그램으로 계산하였다(BNID 106437). 초기 세균의 생리학 연구에 쓰였던 B/r 균주를 사용했다(Neidhardt FC [1996] E. coli and Salmonella: Cellular and Molecular Biology, vol 1, ASM Press).

한 값이 차이가 있기는 하지만 크게 불편하지 않게 우리가 사용할 수 있는 수준에 속한다. 세균의 질량을 어림할 때 가장 단순한 방법은 대장균이 물과 같은 밀도를 가지며 부피가 1 세제곱 마이크로미터로 가정하는 것이다. 이런 거친 산법에 따르면 대장균의 무게는 대략 1 피코 그램이 된다(10^{-12} 그램).[5] 대개 세포의 3분의 2를(BNID 100044, 105482) 물이 차지하고 다른 구성 요소들, 특히 단백질의 밀도가 물의 1.3배에(BNID 101502, 104272) 달하기 때문에 세포의 부피를 무게로 전환할 때 약 10 퍼센트 정도의 오차가 생긴다.

세균 생리학의 고전적 결과 중 하나는 성장 속도에 따라 세균의 무게가 탄력적으로 변한다는 점을 강조한다. 간단히 말하면 성장 속도는 세포의 크기와 관련이 있다. 배양액의 조성을 변화시켜 성장 속도를 배가시키면 커다란 세포가 만들어진다는 뜻이다. 또한 이 말은 기나긴 실험적 진화 연구에서도 여전히 유효하다. 성장 속도가 빠르면 세포의 부피가 커진다(**그림 1-5**, BNID 110462). 이런 관찰 결과는 우리가 가진 "세포" 신화를 깨부수는데도 도움이 된다. 뭘 잘 몰라서 그러겠지만 사람

5) 물 1그램은 1세제곱센티미터의 무게이다. 1센티미터는 10^4μm이므로 물 1 그램은 10^{12} 세제곱마이크로미터의 무게이다.

들은 간혹 하나의 세포에서 얻은 결론을 다른 세포 혹은 다른 조건에 처한 같은 세포에 적용하려 든다. 자신들의 고전적 연구에서 데니우스와 브레머는 이런 관찰을 체계화했다. **표 1-2**에서 보듯 매 100분마다 분열하는 세포의 건조 중량은 148 피코 그램인 반면 24분마다 분열하는 세포의 무게는 865 피코 그램이었다. 성장 속도에 따라 약 5배의 차이가 난 것이었다. 다른 생명체에서도 이런 경향이 보였다(예를 들어 자라고 있는 효모 데이터는 BNID 105103). 약 70 퍼센트를 차지하는 물의 부피는 0.4~2.5 세제곱 마이크로미터 범위에 있다. 그렇다면 빨리 자라는 세포의 부피가 더 크다는 사실을 어떻게 설명해야 할까? 지금까지도 여기에 대해서는 논란이 분분하다(몰레나와 동료들, MSB, 5, 323, 2009; 아미르 A, 물리학 종설 편지, 112, 208102, 2014). 자원을 배당할 때 이점이 있다는 설명에서부터 60분 안에 DNA 복제를 마치고 분열하는 동안 세포가 내용물을 축적할지 결정하는 과정에서 부차적으로 일어난 일이라고 일축하는 사람들도 있다. 그렇지만 거의 일정하게 "지연되는" 시간과 세포 성장 속도 및 평균 무게 사이의 지수적인 관계는 곰곰이 생각해볼 필요가 있다(아미르 A, 물리학 종설 편지, 112, 208102,

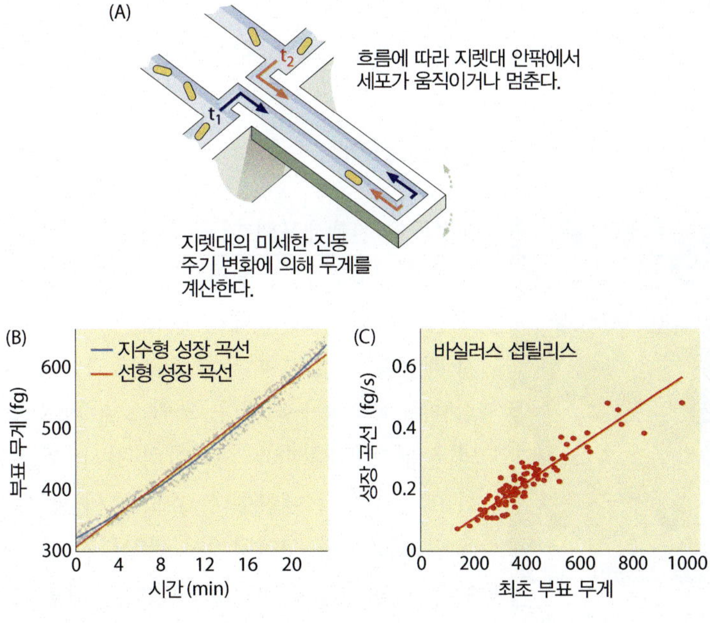

그림 1-6 부력으로 측정한 질량과 단일 세포의 성장 속도를 비교하였다. (A) 고주파수로 진동하는 미소 지렛대를 사용해서 진동하는 주파수 변화를 측정했다. (B) 시간에 따른 측정. 낱개 세포의 무게가 누적된다. (C) 성장 속도와 바실러스 세포의 부력 질량. 예측값과 성장 속도 실제값이 잘 들어맞는다. 세포가 분열하는 동안 이 두 모델의 값은 두 배 차이가 난다. 세포 건조 중량은 부력으로 측정한 값의 네 배이다(Godin M [2010] Nat Methods, 7, 387-390).

2014).

세포의 부피를 측정하기 위해서는 세포가 기계를 지나갈 때 세포 작은 틈새의 저항을 측정하는 유세포분석기(Coulter Counter, BNID 100004) 혹은 서로 다른 조건에서 세포의 길이와 직경을 형광 현미경으로 측정하는 방법이 있다(BNID 106577, 111480). 놀랍게도 영점 조정의 차이 혹은 같은 세포라도 성장 조건의 차이에 따라 이 측정은 큰 오차를 나타내었다. 현미경 지렛대 위에서 세포의 무게를 재는 전례 없이 성공적인 방법이 등장하면서 세포의 중량을 비교적 소상히 알게 되었다. **그림 1-6A**에 보이는 것처럼 유체의 흐름을 따라 세포가 지렛대 좁은 홈통을 왔다 갔다 한다. 이때 세포의 무게에 따른 지렛대의 진동 주파수를 결정하는 것이다. 정확한 주파수의 측정이 가능하기 때문에 펨토 그램 단위의 정확도로 세포의 무게를 잴 수 있다. 흐르는 액체의 방향을 바꾸면 세포가 한 동안 제자리에 머물러 있고 질량이 축적되는 속도를 세포 하나에서 계속적으로 측정할 수도 있다. 처음 이 방법을 적용했을 때 보다 큰 세포가 더 빠르게 축적되는 것을 확인할 수 있었다. 바로 이 관찰에 근거해서 해묵은 세포 생물학의 문제가 다시금 수면으로 떠올랐다. 세포의 성장과 시간이 함수가 선형인가 지수 함수적인가 하는 문제였다. 이와 같은 실험 덕택에 후자 즉 지수 함수적 관계가 여러 가지 종류의 세포 관찰된 결과를 일관성 있게 설명한다는 사실이 밝혀졌다(**그림 1-6B**).

출아하고 있는 효모는 얼마나 클까?

그림 1-7 출아 효모의 전자 현미경 사진(Herskowitz I and Schabtach E).

대장균이 원핵세포의 대표 모델이듯이 출아 효모는 진핵세포의 모델 생명체이다. 맥주와 빵을 만드는 상업적 중요성 때문에 접근이 가능하고 쉽게 배양할 수 있기 때문에 효모는 과학자들이 선호하는 생명체가 되었다. 제임스 A 바르넷은 그의 논문 "미생물학과 생화학의 창시: 효모의 공헌"에서 효모를 예찬했다. 효모는 세균보다 훨씬 크다. 세균보다 현미경에서 관찰하기 좋다는 말이다. 유전체를 손대기도 수월하기 때문에 효모는 생물학 연구의 선두주자가 되었고 1996년에 이르러 과학자들은 이들의 유전체를 완벽하게 해독했다. 유전학자들이 효모를 선호하는 또 다른 이유는 이들이 반수체 및 이배수체, 두 종류의 생활사를 갖기 때문이다. 인간 여성의 난자 세포처럼 반수체 세포는 각 염색체 쌍 중 한 세트만 가지고 있다. 반면 이배수체 세포는 우리 몸의 체세포와 같은 염색체 쌍을 가지고 있다. 반수체는 인간의 성세포인 정자와 난자와 유사하다. 반수체/이배수체가 출아 효모에 공존하기 때문에 과학자들은 쉽게 돌연변이체를 만들 수 있어서 유전자의 효과를 검사하는데 빈번히 사용한다.

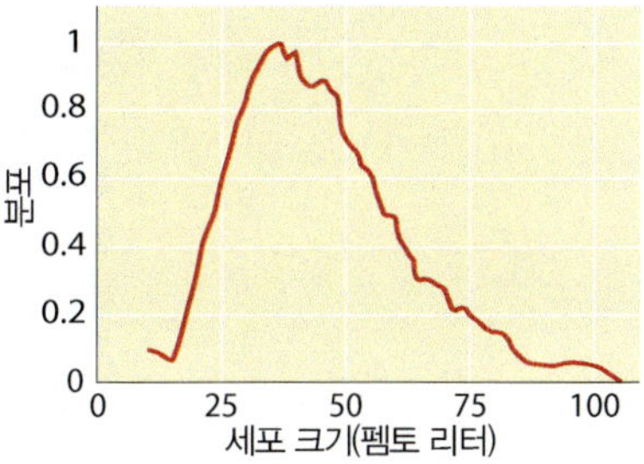

그림 1-8 출아 중인 야생 효모의 세포 크기 (Jorgensen P [2002] Science, 297, 395-400).

효모 세포의 크기를 어림짐작하기 위해 우리는 반수체인 경우 직경이 4 마이크로미터, 이배수체인 경우 6 마이크로미터 정도인 구형이라고 생각한다(**그림 1-7**, BNID 101796). 익숙한 것들로 세균과 효모의 상대적인 크기를 빗대자면 세균은 사람, 효모는 코끼리 정도의 크기에 비유할 수 있다. 세포 부피를 결정하는데 전체 부피의 10 퍼센트를 차지하는 핵도 있다(BNID 100491, 103592). 곧잘 무시하기는 하지만 세포벽의 부피는 전체의 10~20 퍼센트에 이른다(BNID 104592, 104593). 물론 건조 중량을 측정한 것이다. 소포체와 액포도 큰 편에 속하는 소기관이다.

우리가 반복해서 강조하는 정량적인 방법은 세포와 세포의 편차와 그 역할을 서로 다른 환경에 대한 반응, 즉 다른 행동으로 이해하는 것이다. 출아법으로 커다란 효모의 모세포에서 조그만 딸세포를 만들면 전반적인 효모의 크기는 넓은 범위에 걸쳐 있게 되며 중간값 주변에 널리 퍼진 모습을 띤다(**그림 1-8**). 반수체 세포의 중간값은 42±2 세제곱 마이크로미터다(BNID 100427). 다른 표현을 쓰면 25~75 퍼센트 범위에 들어오는 효소의 부피는 30~60 펨토 리터이다. 세포 크기의 중간값은 유전적 혹은 환경적 요소의 영향을 받는다. 이배수체 세포의 부피는 반수체의 거의 두 배인 82 세제곱 마이크로미터다(BNID 100490). 따라서 일반적으로 세포 크기의 중간값은 배수체의 수에 비례한다(DNA의 함량). 효모는 이배수체보다 크게 조작할 수 있어서 이 명제를 실험적으로 검증할 수 있다.

DNA의 용량을 넘어서 세포 부피의 중간값은 어디에 존재하느냐에 따라 같은 효모 종 내부에서도 두 배 이상 차이가 난다. 심지어 공장에 따라서도 차이가 발견된다. 대장균처럼 효모에서도 크기의 중간값은 성장 속도에 따라 달라진다. 환경이 좋고 성장 속도가 빠를 때 세포가 더 크다(BNID 101747).

세포 유형	평균 부피 (μm^3)	BNID
정자	30	109891, 109892
적혈구	100	107600
임파구	200	111788
중성구	300	108241
췌장 베타세포	1000	109227
장 상피세포	1400	111216
섬유아세포	2000	108244
헬라 (자궁경부)	3000	103725, 105879
유모세포(귀)	4000	108242
조골세포	4000	108088
폐 대식세포	5000	103566
심장 근육세포	15,000	108243
거대핵세포	30,000	110129
지방세포	600,000	107668
난세포	4,000,000	101664

표 1-3 인간 세포의 전형적인 평균 부피. 같은 유형의 세포라도 10 배 이상의 차이가 나는 것들이 존재한다(신경 혹은 지방 세포). 반면 부피의 차이가 크지 않은 세포도(적혈구) 있다. 베타 세포의 부피는 뒤에서 조사한 것이지만 상대적으로 포유동물 집단에서 크기의 차이가 나지 않기 때문에 여기에 싣는다.

주변 환경에 반응하여 세포의 크기를 변화시키는 것이 진화적으로 어떤 이점이 있는지 밝히는 것은 흥미로운 주제이다. 특정 유전자가 결핍된 어떤 효모종은 야생종 크기의 40 퍼센트밖에 되지 않는 것도 있다. 또 다른 변이종은 70 퍼센트가 더 크다. 특정한 유전자가 세포의 크기를 조절할 수도 있다는 의미이다. 그렇지만 어떤 유전적 혹은 환경적 변화가 효모에서 세포의 크기를 변하게 할 수 있는지 알지 못한다.

인간 세포의 크기는 얼마나 될까?

가장 최근에 수행된 연구에 따르면 인간은 $3.7 \pm 0.8 \times 10^{13}$개의 세포를 가지고 있다(BNID 109716). 물론 그보다 더 많은 수의 세균도 인간과 함께 살아간다. 세포의 종류는 200가지가 넘고(BNID 103626, 106155) 각기 다양한 기능을 수행한다. 세포의 형태와 크기는 천차만별이다(**표 1-3**). 세포의 형태와 크기는 각 세포의 기능과 긴밀한 관계가 있다. 적혈구는 비좁은 모세혈관 안을 비틀어 들어가야 할 필요가 있어서 크기가 작고 양면이 오목한 판 모양인데다 부피에 비해 표면적이 매우 넓다. 다리에서 뇌로 연결된 신경세포는 안전하게 신호를 전달하기 위해 길이가 1 미터를 넘기도 한다(BNID 104901). 그렇지만 폭은 10 마이크로미터도 되지 않는다. 저장 기능이 있는

그림 1-9 분열하는 헬라세포의 주사 전자현미경 사진. 체세포 분열 중에 찍힌 사진이다. 세포를 잇고 있는 미세소관이 보인다(Gschmeissner S, Photoresearchers, Inc).

지방 세포 혹은 난자는 부피가 매우 크다.

생김새의 차이로 세포를 구분할 수도 있다. 면역계의 임파구는 대개 구형이지만 부착하여 자라는 세포들을 현미경에서 보면 핵이 노른자인 계란 프라이 같다. 다른 유형의 백혈구처럼 구분하기가 무척 어려울 때도 있다. 그럴 때는 분자 표지를 조사해야 한다.

성숙한 여성의 난자는 크기가 가장 큰 세포이다. 직경이 약 120 마이크로미터에 이른다. 크기가 세포에는 근육 섬유 세포도 있다(이들은 융합하여 신시티아를 형성하고 여러 개의 핵이 세포 하나에 존재한다). 거핵구도 크다(골수 세포이며 나중에 혈소판으로 분화한다). 이 두 세포의 직경은 거의 100 마이크로미터다(BNID 106130). 크기는 작지만 적혈구는 가장 수가 많은 세포이다. 양면이 움푹 패인 이 세포는 성숙하면서 핵을 잃어버리고 [6] 미토.ER 직경이 7~8 마이크로미터(BNID 100509), 부피는 100 세제곱 마이크로미터에 이른다(BNID 109891, 109892).

일부 인간 세포주는 실험용으로도 사용된다. 아마 가장 유명한 것이 헬라

6) 핵뿐만 아니라 미토콘드리아, 소포체도 없다. 사실 소기관이랄 만한 것이 없고 세포질 전체가 2억 개의 헤모글로빈 단백질로 꽉 채워져 있다.

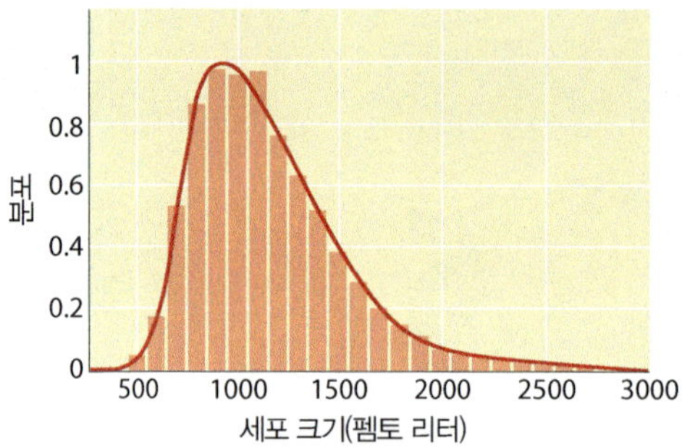

그림 1-10 마우스 임파구세포인 L1210 세포의 크기. 단위는 펨토리터이다(1 fL = 1 세제곱 마이크로미터). (Tzur A [2009] Science, 325, 167-171)

HeLa 세포일 것이다. **그림 1-9**는 분열하는 헬라세포를 보여준다. 이 불멸의 암세포는 영구히 분열하기 때문에 실험을 위해 동물을 희생시켜가며 세포를 분리할 필요성을 줄였다. 또한 헬라세포를 이용하여 세포 신호전달 및 세포 주기 연구가 지속적으로 수행되었다. 어림짐작한 이 세포의 크기는 약 2,000 세제곱 마이크로미터이다(500~4,000 세제곱 마이크로미터 범위에 있다, BNID 100434). 현미경에서 관찰한 다른 세포와 마찬가지로 헬라세포는 세포외 기질에 달라붙고 퍼져서 직경이 40 마이크로미터에 이른다(BNID 103718, 105877, 105878). 그렇지만 높이는 무시할 정도여서 수 마이크로미터이다. 배양기에 세포가 꽉 차면 서로 밀쳐대기 때문에 크기가 20 마이크로미터로 줄어든다. 96개의 구멍이 있는 배양 용기에 약 10만 개까지 세포가 들어찰 수 있다. 세균이나 효모처럼 세포의 평균 크기는 성장 조건에 따라 변할 수 있다. 헬라세포의 경우 처음 배양기에 깔고 나서 사흘째와 칠일 째를 비교하면 세포의 부피가 절반으로 줄어든다(BNID 108870, 108872). **그림 1-10**은 섬세한 현미경 분석을 통해 마우스 임파구 세포주를 분석한 결과이고 포유동물 세포의 다양성을 여실히 보여준다. 중간값은 대략 1,000 세제곱 마이크로미터이고 편차는 300 세제곱 마이크로미터다. 대장균을 사람의 크기라면 헬라세포는 푸른 고래에 해당한다.

각기 다른 세포의 크기를 검사하는 것은 이 책 전반에 걸친 생물학적 숫자에 어떤 전환점을 마련할 수 있다. 예를 들어 확산에 대해 생각할 때 우리는 특별한 분자가 주어진 세포를 관통하여 지나가는 시간의 단위로 간주할 수 있다. 이 시간이 세포의 크기에 의존함은 물론이다.

광 수용체는 얼마나 큰가?

생물학의 매력 중 하나는 생명체가 매우 다양하다는 사실이다. 이런 다양성은 매우 다른 세포가 단세포 생명체 집단 혹은 다세포 생명체에 두루 존재한다는 뜻이다. 앞에서 우리는 가장 중요한 모델 생명체인 대장균, 진핵세포이자 단세포 모델 생명체인 효모를 살펴보았다. 천차만별인 세포 크기로 볼 때

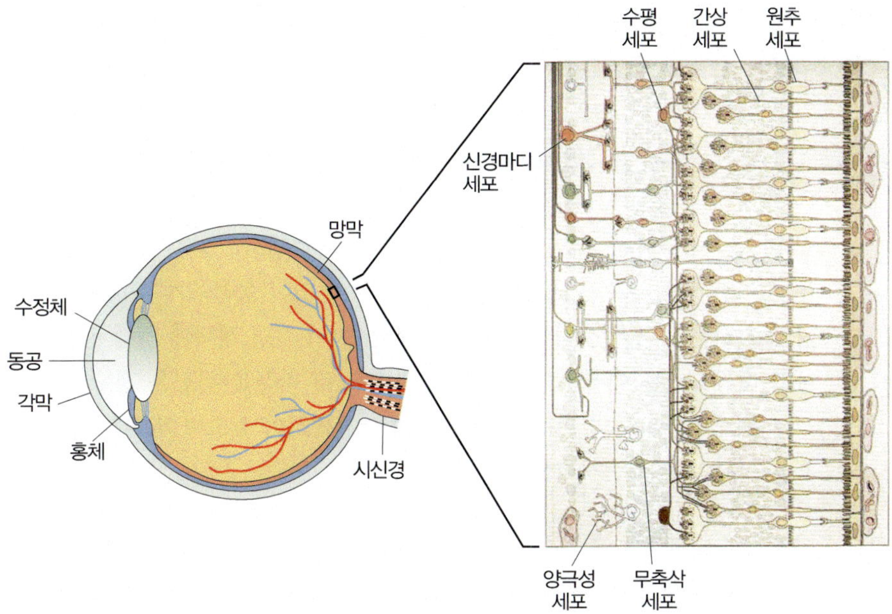

그림 1-11 망막을 여러 각도에서 조망한다. 왼쪽은 안구 전체이다. 확대된 오른쪽 상은 망막에 존재하는 여러 종류의 세포들이다. 광수용체는 빛을 받아 흥분되면 전기 신호를 신경절로 보낸다(Rodieck RW [1998] The first steps of seeing, Sinauer Associates).

(21쪽) 이들 단세포 생명체 자체도 매우 다양하다. 다세포 생명체에서 이들 세포는 다양한 세포들로 분화해 나갔다. 여기서는 우리 인간에게 볼 수 있는 능력을 부여한, 아름답고 철저하게 연구된 세포에 대해 알아보자.

시각만큼 우리 인간을 개별화하는 감각은 없을 것이다. 보는 것은 세계를 둘러싼 정보를 얻는 지배적인 수단이며 시각은 진화의 가장 위대한 발명품 중 하나인 눈을 통해 이루어진다(**그림 1-11**). 눈과 눈을 구성하는 세포는 지난 수세기동안 과학자들을 사로잡은 주제이다. 헤르만 폰 헬름홀츠는 살아 있는 인간의 눈을 연구할 수 있게 검안경을 발명한 사람이다. 다윈과 그의 후계자들은 이런 기관이 진화하게 된 경이로움에 놀라곤 했다. 종의 기원 제6장, "이론화의 어려움"에서 다윈은 "난해함으로 가득한" 또는 "독자들도 똑같이 느낄 것"이라는 표현을 사용했다. 다윈은 "이러한 난해함이 너무 암울해서 혼돈 없이는 생각조차 할 수 없다. 그러나 내가 아는 껏 판단하기로 눈의 종류가 많다는 사실은 명백하고 그것이 실재하든 그렇지 않든 나의 이론을 위협하는 것 같다"고 말했다. 이런 어려움 중 가장 의미 있는 점은 다윈이 눈을 "절대적으로 완벽한 기관"이라고 보았다는 사실이다. 그는 또 이렇게 말했다. "결코 모방할 수 없는 고안품으로서 눈이 각기 다른 거리에 있는 물체에 초점을 맞추거나 각기 다른 양의 빛을 수용하는 것 또는 구형 혹은 색상의 편차를 교정하는 능력이 자연 선택에 의해 형성되었다는 사실이 솔직히 말하건대 무척이나 불합리한 것으로 보인다. 만일 완벽하고 복잡한 눈에서 불완전하고 단순한 눈에 이르기까지 다양한 편차가 존재한다면 변이가 그 생명체의 생존에 이득을 주었다고 말할 수 있을까? 나아가 눈이 아주 느린 변이를 겪었다면 그 변이는 효과적으로 대물림될까? 그것이 문제다. 만약 눈의 어떤 변이 혹은 가공이 변화하는 조건에 있는 동물에게 유용했으리라 상상할 수는 있을 것같다. 완벽하고 복잡한 눈이 자연 선택에 의해 만들어졌다고 수긍하기는 여전히 힘들지만 그렇다고 내 학설을 뒤집을 정도는 아니라고 생각된다.“ 눈의 진화적 역사 자체도 진화하여 왔으며 위에 언급한 내용은 최근의 논문을 정리한 것이다.

이렇게 완벽한 기관을 세포 수준에서 보면 어떨까? 그림 1-11을 보면 다양한 규모에서 인간의 눈을 볼 수 있다. 작동하는 세포를 보면 복잡하고 다윈을 어지럽게 했을 만큼 충분히 특화되어 있다. 그렇지만 여기서 우리는 눈 뒤편에 있으며 100~300 마이크로미터 두께의(BNID 109683) 망막에 초점을 맞춘다. 포유동물의 망막은 두 종류의 광수용체 세포가 있다. 하나는 간상세포 다른 하나는 원추세포이다. 간상세포는 밤의 시각을 담당한다. 그렇지만 원추세포는 세 종류의 색소를 사용해서 색상을 볼 수 있다. 그림 1-11에서 보듯 간상세포와 원추세포뿐만 아니라 망막에는 층을 지지하는 세포들 즉 수평세포, 양극성bipolar 세포 및 무축삭세포amacrine가 있다. 또 신경절 세포는 시상에 맺힌 정보를 뇌로 보내는 기능을 한다. 인간 눈의 놀라운 특성 중 하나는 광수용체가 실제로는 망막의 뒤쪽에 위치하고 있다는 사실이다. 반면 데이터를 처리하는 세포 또는 정보를 뇌로 전달하는 시신경세포는 망막의 앞

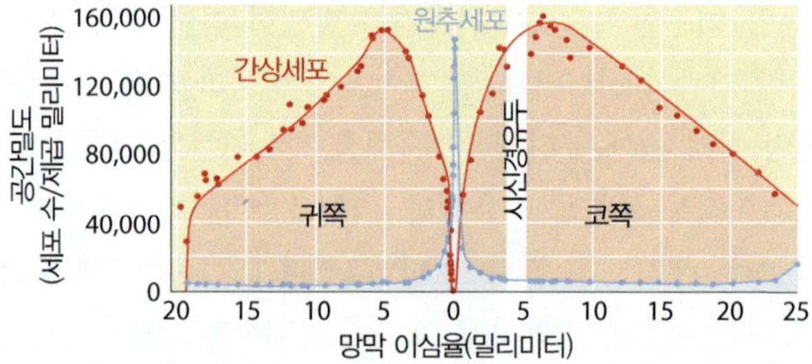

그림 1-12 척추동물 망막에서 간상세포와 원추세포의 분포. 전형적인 밀도가 제곱 밀리미터당 100,000개의 간상세포가 있다면 이들의 부피는 10 제곱 마이크로미터다. 우리가 예측한 값과 거의 같은 값이다(Rodieck RW [1988] The primate retina. In Comparative Primate Biology, Vol 4 [Steklis HD and Erwin J eds], pp203-278, Alan R. Liss Inc).

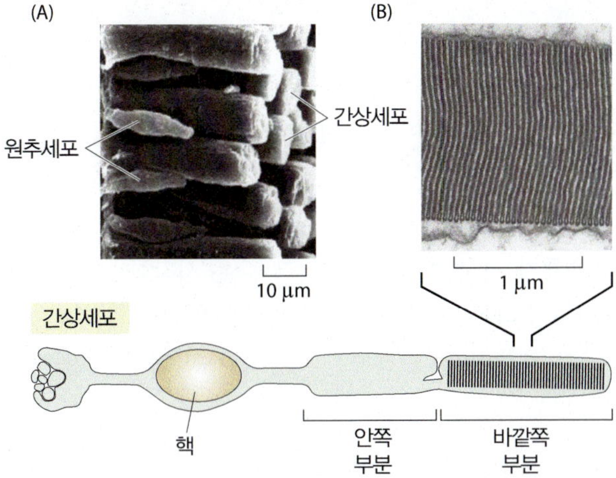

그림 1-13 간상세포와 원추세포의 모양. 광수용체 세포의 핵심적인 해부학적 특성을 볼 수 있다. (A) 주사 전자현미경 이미지에서 샐러맨더 망막의 간상세포와 원추세포의 조직을 엿볼 수 있다. (B) 광수용체 외부의 막 원판을 전자현미경으로 찍은 사진. 간상세포와 원추세포에서 빛을 흡수하는 망막 단백질은 같은 기원의 옵신opsin이다. 간상세포에서는 로돕신이고 원추세포에는 흡수 파장대가 다른 세 종류의 옵신이 있다(Dowling J [2012] The Retina, Belknap Press).

쪽에 포진하고 있다. 따라서 일부 광자는 우리 시상에 도달하지 못한다. 자연계 최고의 설계라는 측면에서 보면 이상한 일이 아닐 수 없다. 사실 오징어나 문어와 같은 두족류에서는 상황이 역전되어 위 두 종류의 세포 위치가 바뀌어 있다. 신경계가 뒤에 있지 앞에 있지 않다는 말이다. 게다가 인간 눈의 구조는 이런 점에서도 최적은 아니겠지만 이상한 점은 그뿐만이 아니다. 그러나 이런 괴이함은 광수용체의 신호를 전달하는 하부 단계에서 대부분 교정된다.

망막에서 간상세포와 원추세포는 균일하게 분포하지 않는다. **그림 1-12**에서 보듯 원추세포는 포베아fovea라 불리는 망막의 중앙부위 혹은 황반에 밀집되어 있어서 분해능을 극대화할 수 있다. 광수용체가 이렇게 모여 있는 것이 어떤 광학 특성을 가지는지 짐작하려면 실제 디지털 카메라와 비교하면 된다. 우리는 이미지 당 천만 개의 픽셀을 지닌 카메라를 사용한다. 광수용체는 하나의 픽셀보다 기능적으로 훨씬 강력하지만 우리 카메라에서 발견할 수 있는 픽셀의 수와 광수용체 세포의 수를 비교하는 작업은 흥미롭다. 인간 각막에서 광수용체의 숫자를 짐작하기 위해 우리는 대강이라도 이들 세포가 차지하는 면적을 알아야 한다. 인간 간상세포의 지름은 2 마이크로미터다(BNID 107894). 빛의 파장의 몇 배에 불과한 크기이다. 잘 포개어져 있다면 우리는 1 제곱 밀리리터 안에 500×500개의 세포를 채울 수 있다. 제곱 밀리리터 안에 약 25만 개의 간상세포가 있다는 말이다. 그림 1-12는 실험값이며 위의 수치와 얼추 일치한다. 눈의 뒤편에 존재하는 광수용체의 전체 숫자를 알기 위해 우리는 2~3 센티미터(그림 1-11, BNID 109680) 지름인 눈동자 반구의 표면적의 값, 10^9 제곱 마이크로미터가 필요하다. 따라서 광수용체의 숫자는 (10^9 제곱 마이크로미터/망막) / (4 제곱 마이크로미터/광수용체) = 2억 개의 광수용체가 각 눈에 존재하고 그 값은 시각화 기법을 통해(BNID 105347, 108321) 우리가 알고 있는 값과 자릿수가 같다. 디지털 카메라가 이 숫자에 이르려면 한참 멀었다. 특별한 적응과 가공 과정을 언급하지 않더라도 우리 눈 안의 세포는 디지털 픽셀이 할 수 있는 능력을 훌쩍 넘어선다.

개별 광수용체의 해부학도 특기할 만하다. **그림 1-13**에서 보듯 간상세포와 같은 전형적인 광수용체 세포의 길이는 100 마이크로미터에 이른다(BNID 108246, 109684). 뿐만 아니라 각 부분의 길이도 매우 특징적이어서 "바깥쪽 분절"의 길이는 대략 25 마이크로미터다(그림 1-13B, BNID 107894, 107895). 여기에서 로돕신 분자가 빛을 흡수한다. 이들 세포의 반대편 끝에는 연접부가 있고 이웃하는 세포와 서로 소통한다. 연접부는 연속적인 신호 전달을 위해 필수적인 구조이며 광수용체가 광자를 감지하는 즉시 가동된다. 그림 1-13에서 알 수 있듯이 광수용체 세포의 바깥쪽 분절은 판막으로 꽉 채워져 있다. 이 판의 두께는 대략 10 나노미터이며 25 나노미터 간격을 두고 포개져 있다. 바깥쪽 분절의 길이가 25,000 나노미터이므로 10^8개의 척추동물 간상세포 각각에 약 1,000개의 판이 들어 있는 셈이다(간상세포 하나에 10^8개의 로돕신 분자가 들어있다. "간상세포에는 몇 개의 로돕신 분자가 있을까" 항목에서 살펴볼 값이다, 142쪽). 또한 1,000개의 층은 광자를 수용하기에 충분한 표면적을 제공하며 따라서 우리 인간의 눈을 "극적으로 완벽한 기관"으로 만든다.

세포의 크기와 형태는 어떤 범위에 있는가?

세포의 형태와 크기는 어지러울 정도로 복잡하다. 앞에서 보았지만 생명체가 어떻게 작동하느냐 하는 문제는 모델 생명체인 대장균, 출아 효모 및 인간의 암세포주 연구를 통해 상당한 식견을 얻게 되었다. 이 연구를 통해 세포의 크기와 형태, 세포 안의 내용물까지 정확한 감을 잡게 된 것이다. 그렇지만 모델 연구에 집착하면서 생명체의 다양성에 대한 편향된 시각이 생긴 것

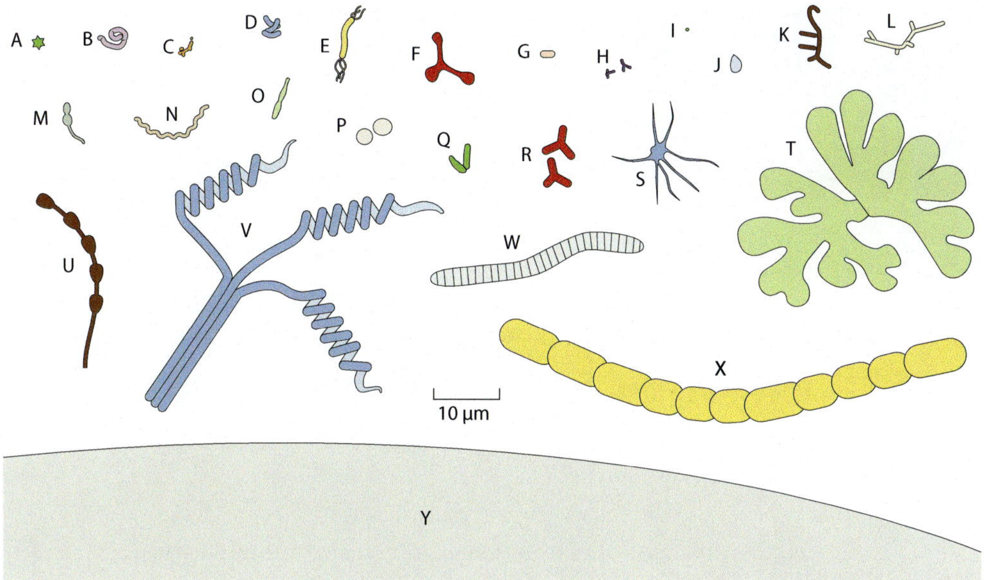

그림 1-14 세균의 모양. 논문에 게재된 현미경 이미지를 바탕으로 그린 것이다. (A) Stella strain IFAM1312, (B) Microcylus, (C) Bifidobacterium bifidum, (D) Clostridium cocleatum, (E) Aquasprillum autotrophicum, (F) Pyroditium abyssi, (G) 대장균, (H) Bifidobacterium sp, (I) 식물 그루터기에 사는 세균의 단면도, (J) Planctomyces sp, (K) Nocardia opaca, (L) 그루터기 세균, (M) Caulobacter sp, (N) Spirochaeta halophila, (O) Prosthecobacter fusiformis, (P) Methanogenium cariaci, (Q) Arthrobacter globiformis의 분열, (R) Alphaproteobacteria 해면에 기생하는 그람 음성균, (S) Ancalomicrobium sp, (T) Nevskia ramosa, (U) Rhodomicrobium vanniellii, (V) Streptomyces sp, (W) Caryophanon latum, (X) Calothrix sp, (Y) 거대 세균 Thiomargarita namibiensis의 일부. (Young KD [2006] Microbiol Mol Biol Rev, 70, 660-703)

도 사실이다. 단순히 말해 단세포 혹은 다세포 생명체의 다양하고 괴상망측한 세포를 열거하는 것 말고는 "세포"의 신화를 불식시키기가 쉽지 않다. 한 종류의 세포에 적용되는 것이 다른 모든 세포에도 그럴 것이라는 게 저 신화의 핵심이다.

여기서 우리는 세포의 크기와 형태의 다양함을 살펴볼 것이다. 미생물 세포의 크기와 형태의 다양성을 대표하는 몇 가지 예는 **그림 1-14**에 정리해 두었다. 이런 이미지들은 우리의 직관을 확신해 준다. 세균은 보통 몇 마이크로미터의 크기지만 거대한 티오마가리타 남비엔시스Thiomargarita nambiensis 때문에 단순화하기가 쉽지 않다. 또한 다윗의 별 모양의 스텔라 휴모사Stella humosa는 단순히 세균이 구균 혹은 간균만이 아님을 증언한다.

세포 다양성의 가장 극적인 예는 아름다우면서도 대칭인 콕콜리투스cocolithosphore목 생명체인 에밀리아니 헉스레이Emiliana huxleyi에서 찾아볼 수 있다(**그림 1-15**). 이들의 외골격은 튀어 나왔고 백악으로 만들어졌다.

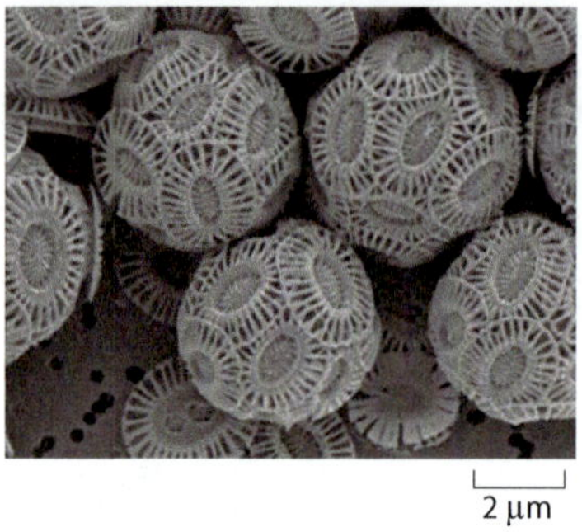

그림 1-15 에밀리아니아 훅슬레이(*E. huxleyi*) 세포 주사 현미경 사진. 견고한 외골격을 볼 수 있다. 내부에 진핵세포 한 개가 들어 있다(제레미 영의 허락을 받아 싣는다).

해양의 바닥에서 우리 발에 밟히는 것들이다. 그러나 이들의 기능적인 역할은 아직도 뚜렷하지 않다. 치장이 많은 원생동물인 옥시크리차(단세포 원생동물, 이들의 다양함과 상대적 크기는 **그림 1-16**)도 있다. 불규칙하게 뻗은 거대한 신경세포는 그 크기가 일 미터가 넘는 것들도 있다(우리 몸 안에). 이렇게 다양한 생명체를 보면서 우리는 형태를 만들어 유지하고 그것이 기능적인 결과로 연결되는 기전이 무엇인지 묻지 않을 수 없다.

세포 형태의 가장 기본적인 측면은 세포 크기일 것이다. 세포의 크기는 마이크로미터가 채 되지 않는 것들도 있지만 몇 미터에 이르기도 한다. 생명체 전반에 걸쳐 세포 크기가 천만 배의 차이가 나는 것이다(**그림 1-17**). 전형적으로 원핵세포는 크기가 몇 마이크로미터 정도지만 더 큰 것들도 있다. 마찬가지로 진핵세포는 5~50 마이크로미터의 크기이지만 그 범위는 더 넓다. 진핵세포의 알(난자)와 신경계의 세포들은 개별 세포가 얼마나 커질 수 있는지

그림 1-16 다양한 원생생물. 자유 생활을 하는 원생 생물의 형태적 다양함을 엿볼 수 있다. 1.5 밀리미터 직경의 핀 머리와 비교했다(Finlay BJ [2002] Science, 296, 1061-1063).

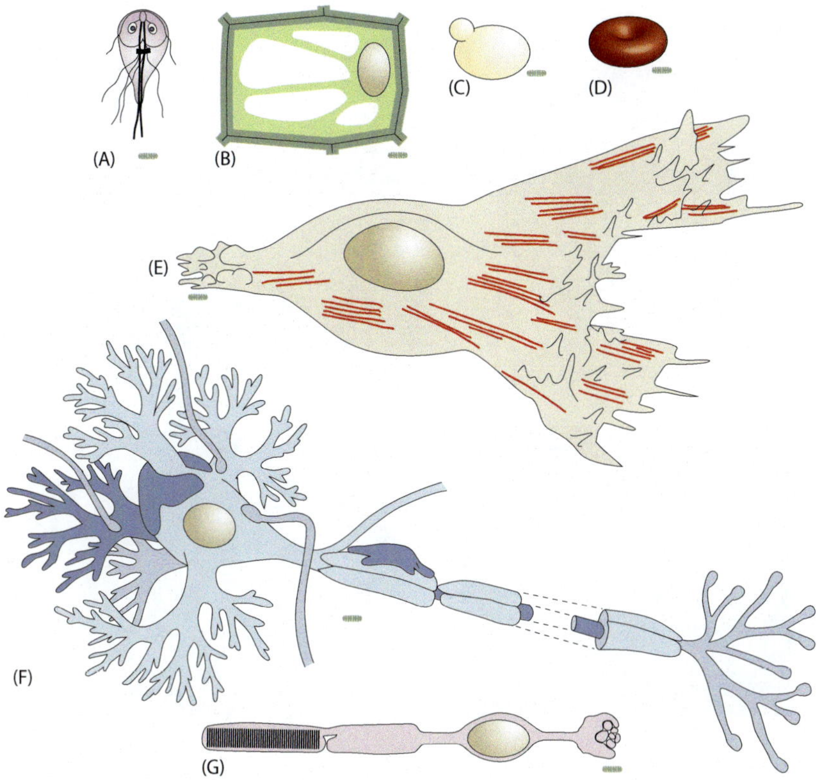

그림 1-17 여러 종류의 세포. 1 마이크로미터 대장균을 자로 사용한다(각 그림 아래 초록색 막대모양). (A) 원생생물 지아르디아 람블리아, (B) 식물세포, (C) 출아효모, (D) 적혈구, (E) 섬유아세포, (F) 진핵세포계 신경세포, (G) 망막의 간상세포

보여주는 좋은 예이다. 다양한 크기와 모양을 가진 세포가 기능적인 의미를 지니는지 그렇게 진화한 내력은 어떤지 이해하는 것은 여전히 우리에게 남은 숙제다.

세포 내 소기관

핵은 얼마나 클까?

진핵 세포의 가장 흥미로운 특성은 각종 구획으로 나뉘어 있다는 점이다. 분자의 구성도 각기 다르고 이온의 농도, 막전위, 심지어 pH도 제각각이다. 특히 이런 구획은 서로 떨어져 있고 주변을 둘러싼 매질에 의해 분리된다(세포

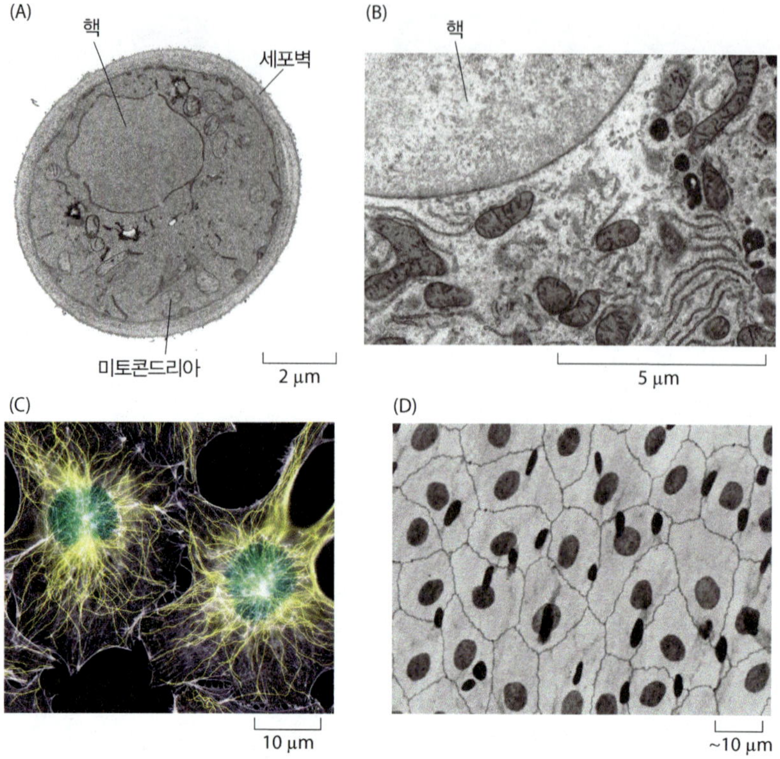

그림 1-18 핵의 크기. (A) 효모의 전자현미경 사진. 핵의 크기는 대략 2 마이크로미터다. (B) 뒤의 간세포에서 핵의 일부를 볼 수 있다. 소포체와 미토콘드리아 그리고 골지체에 둘러싸여 있다. (C) 인간 섬유아세포의 핵은 대략 10 마이크로미터다(초록색). (D) 인간 상피세포의 광학현미경 이미지. 은으로 염색한 어두운 알 모양 구조물이 핵이다. (Alberts [2015] Molecular Biology of the Cell, 6th ed, Garland Science; Fawcett DW [1966] The Cell, Its Organelles and Inclusions: An Atlas of Fine Structure, Saunders WB; Phillips R [2013] Physical Biology of the Cell, 2nd ed, Garland Science)

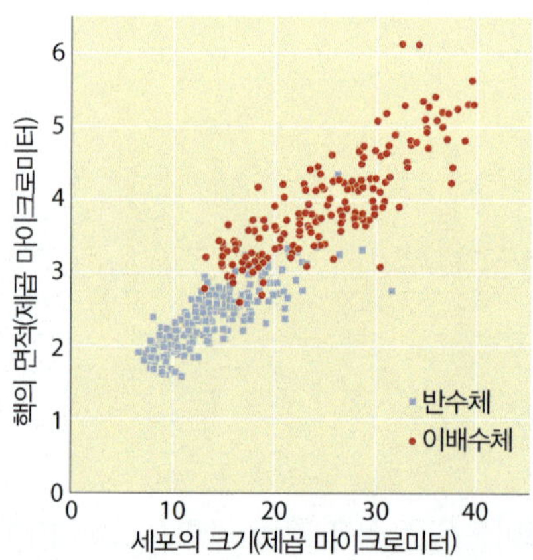

그림 1-19 반수체와 이배체 효모의 핵. 핵의 단면적을 세포 단면적의 크기와 비교했다(Jorgensen P [2007] Mol Biol Cell, 18, 3523-3532).

질 혹은 세포 밖 용액). 이런 분리가 가능한 것은 막 때문이다. 막은 다양한 지질과 단백질로 구성된다. 구획이 서로 다르다면 그 구성 성분이 다르다는 뜻이다. 살아 있는 생명체에서 유전체가 중심적인 역할을 한다면 핵만큼 중요한 소기관도 없을 것이다. 다른 생명체와 차이를 규정하는 염색체 DNA의 집이 곧 핵이다. **그림 1-18**에서 우리는 전자 혹은 광학 현미경으로 핵의 다양한 크기를 엿볼 수 있다. 일반적으로 핵은 2에서 10 마이크로미터 크기를 갖는다. 난자는 예외에 속해서 핵은 어마어마하게 크다.

세포 소기관의 크기도 마찬가지로 다양하다. 앞에서 우리는 효모 세포의 크기가 넓은 범위에 걸쳐 있다는 점을 살펴보았다. **그림 1-19**에서 우리는 반수체와 이배체 효모의 핵의 크기가 얼마나 다른지 알아보겠다. 반수체 효모의 핵의 부피는 3 세제곱 마이크로미터이다(BNID 104709). 12 Mbp(BNID 100459) 크기의 유전체는 핵 부피의 0.3 퍼센트를 차지한다. 염기 한 쌍의 크기가 1 세제곱 나노미터라는(BNID 103778) 사실에 기초해서 어림값을 얻은 것이다. 따라서 유전체 DNA가 차지하는 부피는 0.01 세제곱 마이크로미터다. 이배수체 효모에서도 비슷한 계산을 할 수 있다. 반면 효모 포자의 경우 핵 부피는 훨씬 작아서 0.3 세제곱 마이크로미터이다. 유전체는 핵 부피의 3 퍼센트를 차지한다. 그만큼 유전체 DNA가 잘 싸여 있다는 의미이다. 보다 상위 수준에서 뉴클레오좀에 의한 염색체의 구조를 엿볼 수 있게 한다. 뉴클레오좀에는 147개의 DNA 염기쌍이 8개의 히스톤 단백질 실패를 1.75번 감고 있는 형국이다. 그렇게 만들어진 판의 너비는 약 10 나노미터가 된

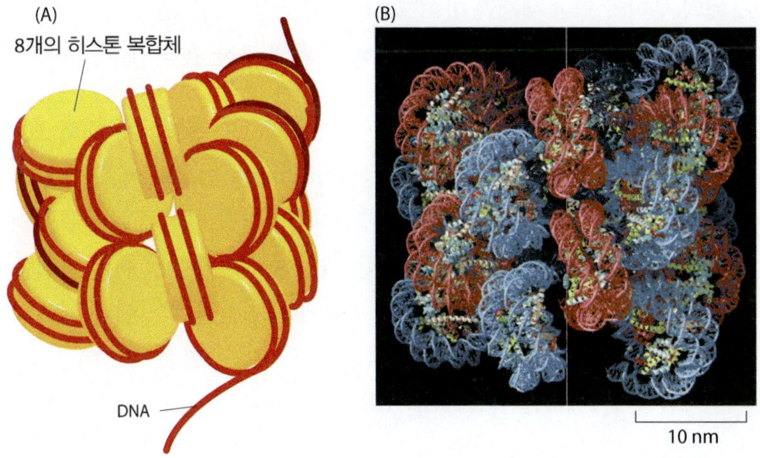

그림 1-20 고도로 압축된 DNA의 구조. (A) 핵소체 여러 개가 감긴 모습. 히스톤 8개 분자는 노란색, DNA는 붉은 색이다. (B) 핵소체의 고해상도 급속냉동 전자현미경 이미지. 히스톤 분자와 서열을 아는 DNA 분자를 분리해서 실험한 것이다(Robinson P [2006] Proc Natl Acad Sci, 103, 6506-6511).

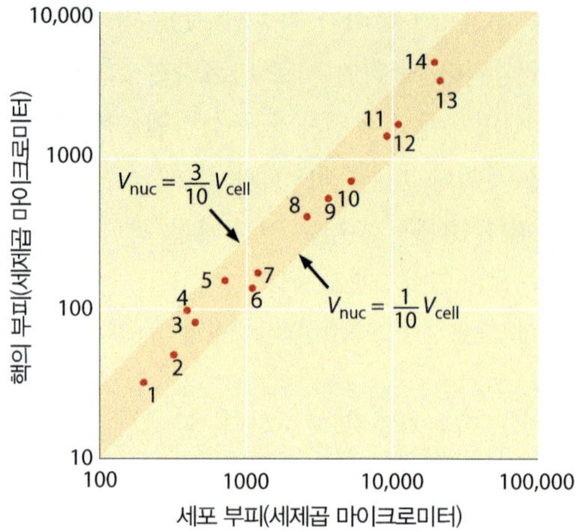

그림 1-21 14종의 피자식물에서 핵의 부피와 세포 부피의 상관성. 1. 애기장대, 2. 소엽, 3. 성 요한의 풀, 4. 병아리콩, 5. 연꽃, 6. 시금치, 7. 닭의장풀과 식물, 8. 아네모네, 9. 달개비, 10. 은방울꽃, 11. 흑백합, 12. 프리틸라리아, 13. 나리, 14. 스프레켈리아(Price JHJ [1973] Experientia 29, 1028-1029).

다(BNID 102979, 102985). **그림 1-20**에서 우리는 이른바 30 나노미터의 섬유 뭉치를 볼 수 있다. 섬유를 따라 우리가 10 나노미터를 횡단하는 동안 대략 여섯 개의 뉴클레오좀을 만난다. 따라서 여기에는 얼추 1,000개 염기의 DNA가 감겨 있다. 효모의 유전체 DNA가 차지하는 부피는 횡단면에 이 구조물의 높이를 곱하여 구할 수 있다.

$$V = \pi(15\ \text{nm})^2 \times (10\ \text{nm}/1{,}000\ \text{bp}) \times (10^7\ \text{bp}) = 10^8\ \text{nm}^3 = 0.1\ \mu^3 \qquad (1.1)$$

효모 핵의 부피가 약 4 세제곱 마이크로미터라고 할 때 DNA가 전체 부피의 2 퍼센트를 차지한다. 앞에서 염기쌍의 부피에 의해 구한 값과 얼추 비슷하다.

효모 말고 다른 생명체에서도 과학자들은 계통적으로 진핵세포 핵의 크기를 연구했다. 식물의 분열조직 세포의(식물의 조직에는 미분화 세포가 있고 거기에서 세포 분열이 일어난다) 평균 직경과 핵의 직경 사이에는 선형의 비례관계가 성립한다고 가정했다. 과학자들은 다양한 식물체에서 이런 가설을 검증하였다(**그림 1-21**). 여기서는 14종의 초본과 속씨식물에서 핵과 세포의 부피를 측정하였다. 병아리 콩, 계곡의 백합이 여기에 포함된 식물이다. 그 관계식은 다음과 같이 표현된다(BNID 107802).

$$V_{nuc} = 0.2\ V_{cell} \qquad (1.2)$$

이러한 결과는 전체 세포에서 상대적인 핵의 크기가 어떻게 조절되는지에

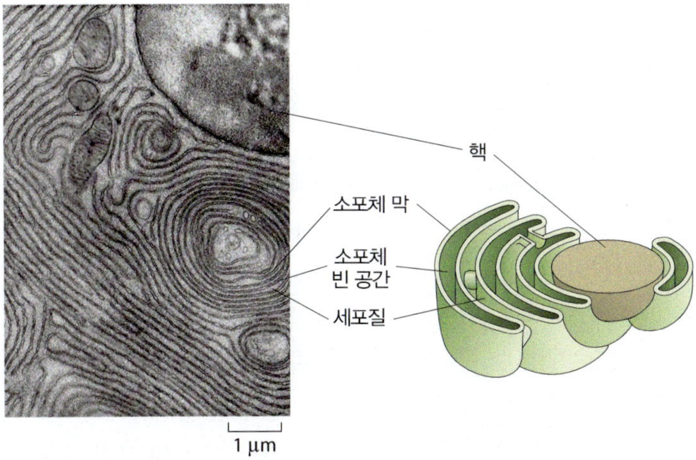

그림 1-22 소포체의 구조. 왼편은 박쥐 췌장 샘꽈리세포의 acinar cell 전자현미경 사진. gor 주위에 잘 발달된 소포체가 보인다. 핵막과 연결된 소포체 막의 구조(Fawcett DW [1966] The Cell, Its Organelles and inclusion: An Atlas of Fine Structure, Saunders WB).

대한 질문으로 이어진다. 염색체가 딸세포로 나뉘어 가는 세포 분열 과정에서 핵은 대대적으로 재배열되기 때문에 이 점은 특별히 신중하게 검토해야 한다. 상대적으로 안정한 비율이라는 것은 일반적인 법칙이라기보다는 관찰의 결과일 뿐이라는 점을 독자들이 상기했으면 한다. 포유동물에서 이 비율은 세포마다 다르다. 예를 들어 아무 일도 하지 않는 임파구에서 핵은 거의 세포 전체를 차지한다. 그렇지만 대식세포 혹은 지방세포에서 그 비율은 상당히 낮다.

세포 내 소포체의 크기는 얼마나 될까?

ER이라고 흔히 불리는 소포체는 진핵세포에서 간혹 가장 큰 소기관이다. **그림 1-22**에서 보듯 소포체의 구조는 단 하나의 연속된 막으로 구성된다. 어떤 때는 이들의 시스터나에와 소포체 관이 세포질 전체에 퍼져 있는 경우도 발견된다. 정교하고 아름다운 구조일뿐만 아니라 소포체는 단백질을 가공하는 단위이며 성숙 과정에서 세포 내 단백질의 약 20~30 퍼센트가 소포체를 지나간다(BNID 109219). 소포체의 의존도가 매우 큰 B 세포는 매일 거의 자신의 무게만큼의 항체를 만들어 분비한다(BNID 110220). 또한 모든 항체의 가공 과정이 소포체에서 진행된다. 세포막을 구성하는 지질 대부분도 소포체에서 만들어진다. 마지막으로 세포 내에서 소포체는 칼슘을 저장하는 곳이다. 따라서 소포체는 세포 내 신호 경로의 교차점에 위치한다고 볼 수 있다.

다양한 역할을 하는 소포체의 활성 및 크기는 세포의 상태에 따라 달라진다.

소포체처럼 소기관의 "크기"에 대해 얘기할 때 그들의 공간적 조감도는 여러 가지 방법을 동원하여 살펴볼 수 있다. 한 가지 방법은 소기관을 구성하는 막의 전체 면적을 세포막의 그것과 비교하는 것이다. 두 번째 방법은 소기관의 부피를 세포 전체의 부피와 비교하는 방법이다. 췌장의 샘꽈리세포를 찍은 전자현미경 사진에서 보듯(그림 1-22) 물결 모양의 소포체 막을 보면 이들의 표면적은 세포막의 그것보다 실제 10~20 배 넓다. 간liver 혹은 췌장pancreas 세포의 서로 다른 소기관에서 막 표면적의 분포를 정량화한 데이터는 **표 1-4**에서 확인할 수 있다. 이 표를 보면 췌장 샘꽈리세포 소포체의 막 표면적이 우세하고(60 퍼센트) 그 다음은 골지와 미토콘드리아가 따른다. 이

막의 형태	전체 세포막에서 차지하는 비율(%)	
	간세포	췌장 외분비세포
세포막	2	5
거친 소포체막	35	60
부드러운 소포체막	16	<1
골지체막	7	10
미토콘드리아 바깥쪽 막	7	4
미토콘드리아 안쪽 막	32	17
핵의 안쪽 막	0.2	0.7
분비 소체막	—	3
리소좀막	0.4	—
퍼록시좀막	0.4	—
엔도좀막	0.4	—

표 1-4 간세포와 췌장 분비샘 세포에서 각종 막의 비율. -는 값을 알지 못한다는 뜻이다(Alberts B [2015] Molecular Biology of the Cell, 6th ed, Garland Science).

세포 구획	전체세포부피에서 차지하는 비율(퍼센트)
세포질	50–60
미토콘드리아	20
거친 소포체	10
부드러운 소포체 및 골지체	6
핵	6
퍼록시좀	1
리소좀	1
엔도좀	1

표 1-5 간세포 내 소기관이 차지하는 비율(Alberts B [2015] Molecular Biology of the Cell, 6th ed, Garland Science).

들 포유동물 세포막은 대개 10 퍼센트 안쪽을 차지한다. 부피로 따지면 소포체가 전체의 10퍼센트를 넘는다(**표 1-5**).

최근 들어 형광 현미경과 단층촬영 전자현미경 기법이 발달하면서 이들 세포 내 소기관의 3차원 구조를 좀 더 명확히 들여다 볼 수 있게 되었다. 이런 연구를 통하여 알게 된 사실은 이들도 몇 가지 기본 단위로 조직화되어 있다는 점이다. 다시 말하면 직경이 30~100 나노미터인 관(BNID 105175, 111388), 소포체 내강에서 보듯(그림 1-22) 내부 공간을 연결하는 판이 그것이다. 미토콘드리아 연구에서 드러난 것처럼 초기 전자현미경의 이미지는 다소 모호했다. 단면에서 각각의 평평한 시스터나에도 관 모양으로 보였기 때문이다. 3차원으로 막을 재구성할 수 있게 되면서 이런 문제점은 해소되었다. 관 구조를 뚜렷하게 볼 수 있었고 이들이 잘려나간 평면 때문에 혼동될 소지를 피할 수 있었던 까닭이다. 이렇게 자세한 구조를 파악하면서 소포체의 기본 골격이 공간적으로 잘 조직화되어 있다는 사실을 확인하게 되었다. 핵 주변에는 판이 우세하고 소포체 주변부로 나오면서 관이 주로 발견된다. 따라서 세포의 다양한 부분에서 실제 소포체의 구조를 잘 "볼" 수 있게 되었다. 막 접점을 통해 소포체는 세포 내 대부분의 소기관과 접촉하고 있다. 예를 들어 미토콘드리아-소포체 접촉 부위는 복잡한 막 단백질로 구성되며 두 소기관 접촉면에 넓게 퍼져 있다. 소포체는 액포, 퍼록시좀 및 세포막과도 연결되어 있다.

그림 1-22 같은 이미지에서 속아 넘어가기 쉬운 측면은 이런 구조가 정적일 거라는 느낌을 준다는데 있다. 사실 세포가 스스로를 재생산하라는 명령이 떨어지면 핵막은 녹아 사라진다. 마찬가지로 소포체도 광범위하게 재배치

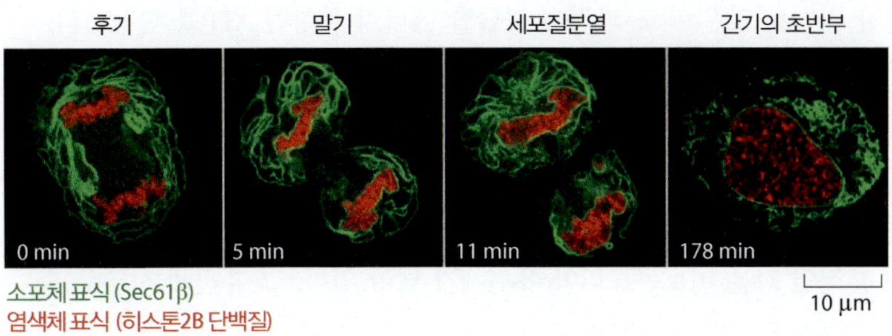

그림 1-23 헬라 세포 주기가 진행되는 동안 관찰되는 소포체의 역동적 모습. 히스톤 2B를 표지한 염색체는 붉은 색이다. 소포체는 녹색이다(Sec61b-GFP). 세포 주기가 진행되는 동안 소포체의 형태를 연속적으로 관찰할 수 있다(Lu L [2009] Mol Biol Cell, 20, 3471-3480).

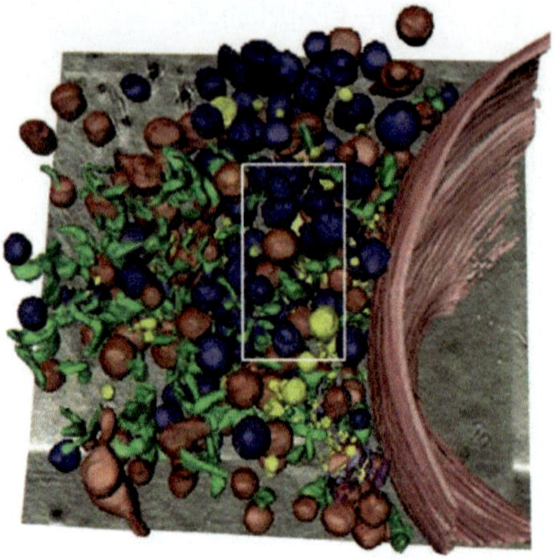

■ 리소좀	13%
■ 미토콘드리아	17%
■ 소포체	3%
■ 소체	2%
외부	65%

그림 1-24 소포체를 확대한 X-선 현미경 사진. 마우스의 선종암 세포 소기관의 모습을 3차원으로 볼 수 있다. 각 소기관이 차지하는 부피의 비율을 숫자로 표시하였다(Schneider G [2010] Nature Methods, 7, 985-987).

되어야 한다. 다음에는 둘로 나뉘고 다시 두 개의 핵을 나누어 가져야 한다. 최근 환상적인 연구에 의해 소포체가 새롭게 구축되는 모습을 실시간 눈으로 볼 수 있게 되었다(**그림 1-23**). 공초점 영상을 3차원으로 쌓으면서 시간에 따른 이들 소기관의 모습을 입체적으로 볼 수 있게 되었다. 이 이미지에서 우리는 간기의 소포체가 망상 구조를 띄고 있는 모습을 볼 수 있다. X-선 관찰로 세포 내 소기관이 뒤엉킨 모습을 좀 더 자세히 보자(**그림 1-24**). 실험 조건에서 마우스 선종 암세포를 재구축한 결과 미토콘드리아와 리소좀의 부피가 소포체의 그것보다 더 우세한 것으로 보인다. 세포질은 전체의 반 정도이고 여기서는 투명하게 보이지만 단면으로 자르면 어두운 2차원 이미지로 나타난다. 이런 입체적 구조를 통해 우리는 다소 신비로운 현미경적 이미지를 현실적으로 볼 수 있을 뿐 아니라 소포체 혹은 다른 소기관의 막이 어떻게 구성되고 세포 주기 동안 어떤 변모를 치르는지 눈으로 볼 수 있다.

미토콘드리아의 크기는?

미토콘드리아는 진핵세포의 에너지 공장으로 유명하다. 막으로 둘러싸인 이 분자 기계는 많은 세포 과정에 공급할 에너지 통화인 ATP를 합성한다. 진핵세포 내 미토콘드리아의 조상이 세균이라는 사실은 이제 기정사실화되었다. 내포 혹은 포식 작용에 의해 세균을 세포 안으로 들이되 파괴하지 않고 평화롭게 공존하는 길을 택했다는 뜻이다. 세균은 영원히 살 집을 얻는 대신 숙주를 위해 에너지 통화를 공급하게 되었다. 미토콘드리아 안에는 과거 세균의 흔적인 작은 미토콘드리아 유전체가 남아 있다. 그 유전체 서열은 숙주보다는 과거 전구체의 그것과 비슷하다.

미토콘드리아의 조상이 어쨌든 이들도 형태와 크기가 무척 다양하다. **그림**

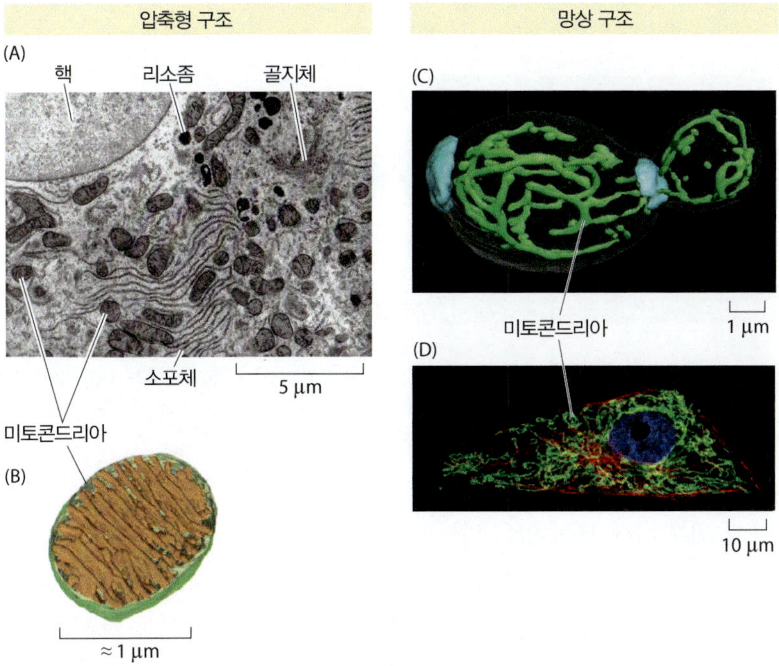

그림 1-25 미토콘드리아의 형태와 크기. (A) 랫 간세포 전자현미경 사진. 미토콘드리아 및 중요한 소기관의 크기와 형태를 엿볼 수 있다. (B) 얇은 판 모양의 미토콘드리아를 전자현미경으로 찍었다. (C) 출아 효모 미토콘드리아의 망상 구조. (D) 캥거루쥐 PtK2 세포 미토콘드리아 망상 구조. 미세소관 튜불린은 붉은 색, 핵은 파란 색이다(Fawcett DW [1966] The Cell, Its Organelles and inclusion: An Atlas of Fine Structure, Saunders WB; Egner A [2002] Proc Natl Acad Sci, 99, 3370-3375; Schmidt R [2009] Nano Lett, 9, 2508-2510).

1-25에 보이는 이미지는 매우 익숙한 것이다. 미토콘드리아의 전형적인 크기는 마이크로미터 정도이고 세균과 비슷한 모양이며 확대된 내부의 공간을 그림 1-25에서 볼 수 있다. 그렇지만 미토콘드리아 형태는 매우 다양하다. 양파 비슷한 모양에서 그림 1-25C와 D에서 보듯 망상 구조를 띠기도 한다. 확장된 미토콘드리아의 구조물이며 산소가 풍부한 환경 혹은 어떤 질병 상태에 이르렀을 때 이상한 모습으로 변하기도 한다. 이렇게 그물망 구조를 갖는 미토콘드리아는 크기가 수십 마이크로미터에 이르기도 한다.

그림 1-26은 교과서에서나 봄직한 미토콘드리아의 전자현미경 사진이다. 거의 실린더 모양의 둥그런 형태를 취하고 있다(원통형의 양끝이 구형이라는 뜻이다). 길이는 얼추 2 마이크로미터 정도이고 세 개의 공간으로 구분되는 두 개의 막을 가진다. 미토콘드리아 외부, 미토콘드리아 외막과 내막, 두 개의 막 사이intermembrane space 공간 그리고 내부인 기질matrix이다. 이런 기본적인 조직화가 달라지면서 미토콘드리아의 형태가 달라진다.

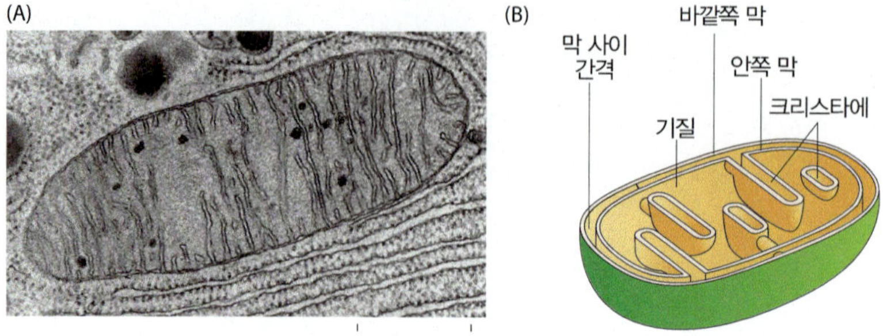

그림 1-26 미토콘드리아의 구조. (A) 박쥐 췌장세포 미토콘드리아의 전자현미경 사진. (B) 미토콘드리아 내막의 3차원 구조. 서로 연결디어 있다(Fawcett DW [1966] The Cell, Its Organelles and inclusion: An Atlas of Fine Structure, Saunders WB).

하나의 세포 안에 들어 있는 미토콘드리아는 몇 개나 될까? 효모의 경우 그 수는 10^1개이지만 포유동물은 10^3~10^4개다. 그렇지만 미토콘드리아 숫자를 세는 일이 매우 까다롭다는 점을 알아야 한다. 미토콘드리아는 가끔 그물 모양이고 잘 구분되지 않는데다 땅콩 모양이기도 하기 때문이다. 예를 들어 에탄올 속에서 자라는 효모는 20~30개의(BNID 103070) 작고 분절적인 미토콘드리아를 갖는다. 반면 동일한 세포가 포도당 배지에서 자랄 때는 그 수가 3개이지만(BNID 103068) 크고 곁가지가 있는 모습의 미토콘드리아를 함유한다. 그러나 모양이 달라진다고 해서 세포 전체에서 차지하는 미토콘드리아의 부피가 크게 달라지지는 않는다. 그렇지만 호흡 과정에 참여하느냐 아니면 발효 중이냐에 따라 미토콘드리아에 대한 요구 사항이 달라지기는 할 것이다.

엽록체의 크기는?

엽록체는 그것을 포함하는 세포의 에너지 경제학에서 매우 필수적인 역할을 담당한다. 미토콘드리아에 비해 덜 알려진 측면이 없지 않지만 엽록체는 보통 미토콘드리아보다 크고 에너지를 포함하는 환원제를 만든다. 이 환원제는 나중에 미토콘드리아에서 분해된다. 엽록체는 무기 화합물(이산화탄소)의 세계와 유기 화합물(탄수화물)의 세계를 잇는 화학적 변환을 수행하는 지구 행성에서 빼놓을 수 없는 존재다. 화학적 전환의 위용은 빠르게 흩어지는 태양 에너지를 매우 안정하면서 장기적인 저장고인 탄수화물로 변환시키는 데 있다. 또한 저장된 에너지를 에너지 통화인 ATP나 NADPH로 변화시킨다. 탄소화합물은 다양한 대사 과정을 거쳐 세포의 생물량을 건설하는데도 사용된다.

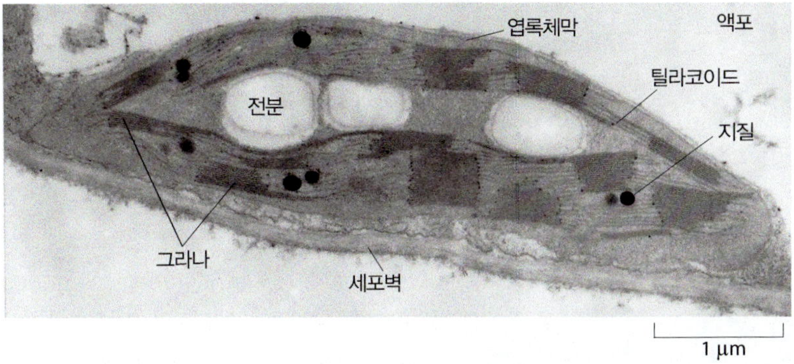

그림 1-27 엽록체의 전자현미경 사진. 광반응은 막에 결합된 틸라코이드에서 진행된다. 여기에는 그라나라 불리는 약 40~60개의 판이 쌓여 있고(BNID 107013) 틸라코이드 막 표면의 50~70 퍼센트를 차지한다(BNID 107016). 각 판의 직경은 0.3~0.6 마이크로미터다(BNIID 107014). 만들어진 탄수화물은 전분 과립에 저장된다. (Alberts B [2015] Molecular Biology of the Cell, 6th ed, Garland Science)

관다발 식물에서 엽록체는 축구공처럼 혹은 렌즈처럼 다양한 형태를 띤다. **그림 1-27**에서 보듯 전형적인 엽록체의 직경은 4~6 마이크로미터이고(BNID 104982, 107012)이고 평균 부피는 20 세제곱 마이크로미터다(옥수수, BNID 106536). 조류의 엽록체는 컵 또는 관 모양이고 어떤 때는 그물망 구조를 이루기도 한다. 미토콘드리아에서와 마찬가지다. 엽록체는 대부분의 세균보다 크지만 그 구성은 무척 균일하다. 탄소 동화라는 기능에만 초점이 맞춰졌기 때문이다. 엽록체 내부에는 막이 쌓여 있어서 일견 포유동물 간상세포에서 보는 막과 비슷한 구석이 있다. 이렇게 많은 수의 막은 빛을 포획하는 장치, 광합성 및 그와 연관된 장치가 빼곡히 들어차 있다. 이 소기관의 나머지 부분은 거의 한 종류의 우점종 단백질인 루비스코가 들어있다. 탄소동화 작용에서 탄소를 고정하는 효소이다. 탄소동화 단계에서 촉매의 활성은 상대적으로 느린 편이다. 따라서 높은 농도를 유지할 필요가 있다.

생명체마다 세포 하나에 들어 있는 엽록체의 수는 천차만별이다. 같은 종에서도 성장 조건에 따라 엽록체의 숫자가 의미 있게 변한다. 조류의 대표 격인 클래미도모나스 라인하드티의 세포에는 오직 컵 모양의 엽록체가 단 한 개 들어 있다. 반면 광합성 하는 식물의(예컨대 애기장대, 밀) 잎에 있는 세포(엽육세포) 하나에 엽록체가 100개 정도 들어 있다(BNID 107030, 107027, 107029). **그림 1-28**은 이끼 세포 안에 포함된 엽록소의 모습을 생생하게 보여준다. 각각의 엽록체는 수십 개에서 수백 개에 이르는 엽록체 유전체가 들어 있다(BNID 107105, 107107, 107108). 엽록체 유전체의 크기는 약 100 kbp이

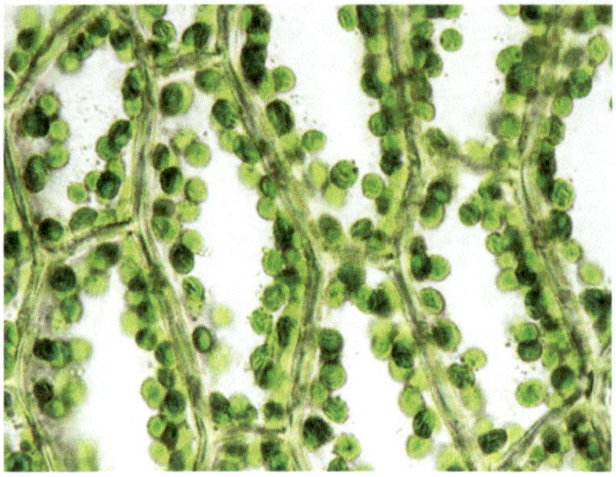

그림 1-28 북미의 삼림, 유럽과 아시아의 습한 삼림이나 이탄지대에서 발견되는 플라기옴늄 이끼의 엽록체. 얇은 판 모양의 세포는 길쭉하고 길이가 80 마이크로미터, 폭이 40 마이크로미터다. 대부분의 식물세포처럼 이들의 대부분은 액포가 차지하고 있고 세포질과 엽록체는 주변부에 밀집해 있다. 너무 강한 빛으로부터 손상을 당하지 않도록 세포 표면에서 세포벽 쪽으로 이동한다 (Wagner R).

다(BNID 105918). 엽록체 유전체가 암호화하는 수천 개의 복사본 유전자와 한 개의 핵 유전체에서 암호화하는 유전자가 어떻게 조화를 이루는지 연구하는 문제는 커다란 도전이 아닐 수 없다. 어떤 경우 루비스코는 엽록체에서 하나 핵에서 하나 발현된 단백질이 화학양론적으로 복합체를 이루기도 한다.

엽록체도 과거에 자유 생활을 하던 생명체가(아마도 광합성 남세균일 것이다) 내부 공생에 의해 비롯되었다는 증거가 엄청나게 많다. 얼추 10억 년 전쯤 숙주가 남세균을 꿀꺽 삼켰을 것이다(BNID 107401). 시간이 경과하면서 처음에는 독자적이었던 세포가 점차 자신의 유전자를 숙주의 핵에게 양도하고 긴밀한 협동체계를 꾸려간 것 같다. 미토콘드리아가 그랬던 것과 비슷한 방식으로 이들 유전체도 크기를 줄여갔다. 처음에는 3,000개가 넘던 유전자 집합은 점차 줄어서 겨우 130개가 현생 식물의 엽록체에 남아 있다(BNID 106553, 106554).

숙주에 먹힌 다음 적응 단계에 있는 생명체는 오늘날에도 발견된다. 이른바 색소체 탈취kleptoplasty라는 과정을 거쳐 와편섬모충류 또는 완보동물이 조류를 섭취하면서도 엽록체는 간직하는 경우가 왕왕 관찰된다. 이렇게 포획된 엽록체는 몇 달 동안 기능을 수행하면서 숙주에게 "태양 에너지"를 공급한다. 삼키는 행위뿐만 아니라 숙주와 소기관 사이의 느린 적응 과정도 관찰이 가능하다. 꽃가루 알갱이 10,000개 중 오직 하나에서만 표지 유전자가 엽록체에서 숙주의 핵으로 옮겨갔다는 실험 결과도 보고된 바 있다(BNID 103096). 이렇게 빈도가 낮다면 결과는 대체 믿을 만 한 것일까? 오직 핵에서만 활성이 있는 약물-내성유전자를 담배 잎의 엽록체로 집어넣는 실험도 수행되었다. 이 변이 식물체의 화분을 정상적인 식물과 수정시킨 다음 약 250,000개의 씨앗을 검사한 결과 그 중 16개가 약물에 내성이 있는 것으로 밝혀졌다. 여기에 눈여겨보아야 할 것이 있다. 바로 엽록체 유전체가 오직 모계를 통해서만 유전된다는 사실이다. 화분은 오직 핵 유전자만 가진다. 따라서 화분을 통해 약물 내성 유전자를 전달하는 유일한 기회는 엽록체 유전체가 핵 유전체로 전달될 때뿐이다. 이 과정의 진행 속도를 측정하면 세포 내 소기관의 유전체가 왜 그렇게 작은지 암시를 얻을 수도 있을 것이다. 소기관의 유전체를 세포의 정보 저장소인 핵 DNA로 옮기는 일이 어떤 선택적 이득이 있는지는 좀 더 연구가 되어야 한다.

정리하자. 엽록체는 아름답지만 복잡한 소기관이다. 이들의 진화적 역사는 유전체 속에 숨겨져 있다. 구조적으로 이들의 중층막 구조는 빛을 포획하는 데 필수적이며 그 에너지를 탄수화물을 합성하는데 사용한다. 이 과정이 지구 먹이 사슬의 핵심을 이룬다.

신경 연접부(Synapse)의 크기는?

지금까지 이 책에서 우리는 개별 세포와 그 안에 들어 있는 소기관의 크기를 알아보았다. 다세포성란 결국 세포 사이의 공동 작업에 다름 아니다. 우리 인간의 다세포성을 가능케 했던 신경계가 바로 그러한 대표적인 예이다. 신경세포 사이의 방대하고 복잡한 연결망에 대한 연구는 이제 시작 단계에 있다. 이웃하는 신경끼리의 상호 작용이 일어나는 곳은 신경연접부synapse이다. 세포 사이의 작은 공간이며 돌기가 튀어나와 입을 맞추는 듯한 모습을 하고 있다. **그림 1-29**와 **그림 1-30**은 각기 신경과 근육 접합부 및 뇌의 신경 연접부를 보여주고 있다. 이러한 신경연접부는 하나의 신경세포에 도달한 정보를 인접한 신경세포에 증폭시켜 전달하는 역할을 한다. 흥미롭게도 신경계

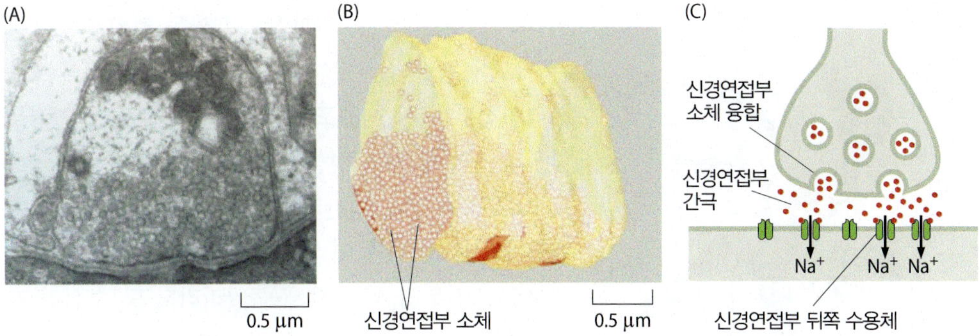

그림 1-29 근신경 접합부의 구조. (A) 신경 말단과 이웃하는 신경 세포와의 연접부. (B) 냉동 전자현미경 이미지를 다시 그렸다. 신경 접합부 앞쪽에 있는 소체에서 신경전달 물질이 분비될 것이다. (C) 신경 연접부의 구조. 연접부 간극, 소체. 실제 크기는 아니다(Rizzoli SO and Betz WJ [2005] Nat Rev Neurosci, 6, 57-69).

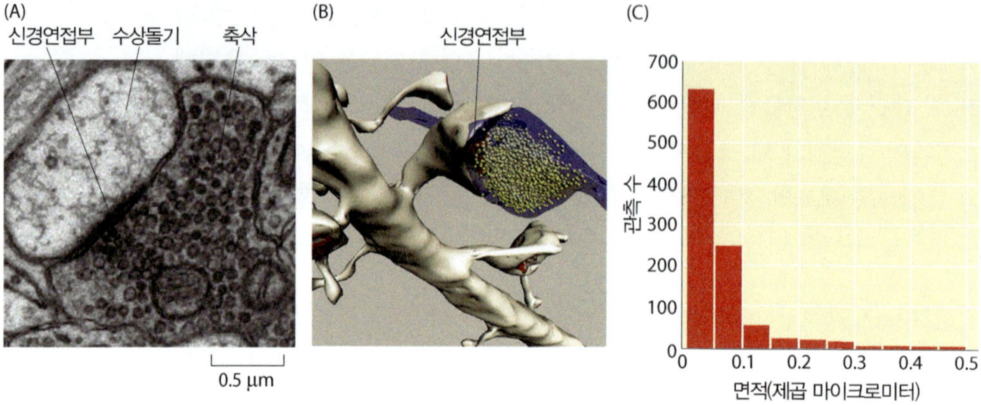

그림 1-30 뇌 신경 연접부의 크기. (A) 축삭과 수상돌기 사이 연접부의 전자현미경 사진. (B) 그림 (A)를 다시 그리고 소체를 표시하였다. (C) 전자현미경 이미지를 통해 측정한 연접부의 크기(Ostroff L).

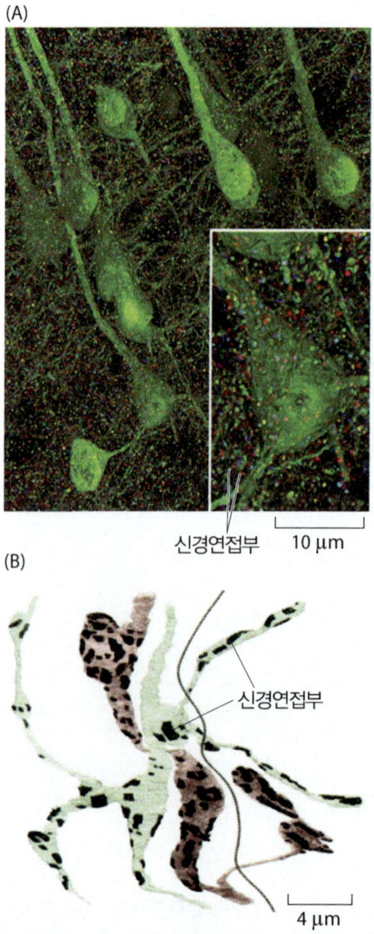

그림 1-31 (A) 마우스 피질 감각세포의 부피. 연접부의 표지자인 synapin을 면역 염색하여 개별 단백질을 점으로 관찰할 수 있다(녹색). (B) 초파리 두 개의 축삭돌기를 다시 그리 연접부 연결을 표시하였다(검은 색 점). 두 개의 세포를 구분하기 위해 서로 다른 색을 사용했다. 두 개의 축삭돌기가 서로 연결되어 있다(Kleinfeld D [2011] J Neurosci, 31, 16125-16138; Rizzoli SO and Betz WJ [2005] Nat Rev Neurosci, 6, 57-69).

에서 정보의 전달은 화학적이기도 하고 전기적이기도 하다. 신경을 따라 활동 전위가 움직일 때는 일시적으로 막 사이의 전위가 음의 값에서 양의 값으로 바뀐다. 이 활동 전위가 신경연접부에 도달하면 소체가 융합하고 곧 이어 화학적 신호를(신경전달 물질) 내보낸다. 이 화학물질은 신경 연접부 건너 이웃하는 세포의 이온 채널 문을 연다. 결과적으로 활동 전위가 이웃하는 세포에 전달되는 것이다. 그림 1-29, 1-30에서 보듯 신경연접부는 신경 세포 축삭의 끝 쪽 부위인 연접부 앞쪽과 신호를 전달 받을 연접부 뒤쪽 사이의 간극으로 이루어져 있다. 인간의 뇌에는 이런 신경 연접부가 대략 10^{13}~10^{15}개 들어 있다고 말한다(BNID 106138, 106693). 전두엽 피질 세제곱 밀리리터 당 수십억 개의 신경연접부가 있는 꼴이다(BNID 109245).

최근 들어 실험 방법이 진일보하면서 시냅스의 크기

를 다시 살펴볼 수 있게 되었다. 볼륨 렌더링이라는 과학적 시각화 기법을 사용해서 신경연접부를 볼 수 있었던 것이다(**그림 1-31**). 이런 기법의 도움으로 우리는 여러 다른 신경세포 연결부의 구조를 다각도로 조명할 수 있었다. 게다가 이미지를 지도화함으로써 신경연접부 주변의 화학 신경전달 물질 다양성도 확인할 수 있다. 세포에 따라 신경 연접부를 구성하는 단백질 목록도 달라진다. 개별 연접부의 크기를 1 마이크로미터 정도의 정사각형에서 관찰하면 대부분의 신경연접부가 그 안에 분포할 것이다. 고전적인 전자현미경과 3차원 단층촬영 기법을 동시에 써서 매우 아름다운 신경연접부 이미지를 얻을 수 있고 소체도 관찰할 수 있다. 단층촬영 기법과 광학, 전자현미경을 동원하여 과학자들은 연접부 소체 뿐 아니라 신경세포 간 풍부한 그물망을 구축할 수 있었다. 그림 1-29와 1-30에서 우리는 다양한 신경세포를 연결하는 마이크로미터 크기의 신경 연접부의 분포를 파악할 수 있다. 그림 1-30C는 뇌 안의 신경 연접부 크기를 정량적으로 표현한 결과이다. 크기를 감 잡기 위해 세균의 부피가 1 세제곱 마이크로미터라는 사실을 상기하자. 신경 연접부는 얼추 세균의 크기와 비슷하다(BNID 111086).

신경 세포의 구조와 기능의 관계를 보다 잘 이해하기 위해서 책을 읽을 때 일어나는 반응을 생각해보자. 첫째 종이에서 반사된 광자를 망막의 광수용체 로돕신이 흡수한다. 그 결과 신경 연접부에서 신경전달 물질이 분비된다. 특히 연접부 소체가 앞쪽 신경세포 막과 합쳐진다(그림 1-29C, 1-30A, 그림 1-29는 사실 광수용체 주변의 연접부가 아니라 근신경 접합부이다). 각 소체마다 10^3~10^4개의 신경전달 물질을 흩뿌려댄다(BNID 108622, 108623, 102777). 일반적인 신경전달 물질은 글루탐산이고 90 퍼센트의 신경 연접부가 이 물질을 사용한다(BNID 108663). 그렇지만 소체에 100~200 밀리몰로 농축된 GABA와 아세틸콜린을 사용하기도 한다(BNID 102777). 소체의 부피가 10^{-5} 세제곱 마이크로미터이므로 어림짐작해서 1 세제곱 마이크로미터에 1 나노몰이면 신경전달 물질 한 분자에 해당한다. 따라서 우리는 각 소체마다 약 1,000개의 신경전달 물질이 있을 것으로 예측한다.

이들 분자들은 연접부 간극을 확산해 나아가며 연접부 뒤편 신경세포의 수용체에 결합한다. 신경세포의 활동 전위 형태로 뇌에서 증폭된 신호는 다시 연접부 소체 융합을 일으키면서 기다리는 다음 신경세포로 전달된다. 소체에서 신경전달 물질의 분비는 10^2~10^4개의 칼슘 이온에 의해 촉발된다(BNID 103549). 소체에서 물질을 분비하는데 소체 당 10^5개의 ATP가 필요하다(BNID 108667). 약 1 밀리 초 안에 연접부는 다시 깨끗해지고 다음 신호를 받을 준비가 된다. 따라서 빠르게 연접부 사이를 비우는 것이 필수적이다. 왜냐하면 신경세포의 점화는 1초에 100번 넘게 일어날 수 있기 때문이다(BNID 107124). 그렇지만 대뇌피질에서 신경의 점화 속도는 초당 평균 1~10회이다(BNID 108670). 신경 연접부 간극에서 신경전달 물질을 비우는 시간은(그림 1-29에는 표시하지 않았다) 곧 어떤 종류의 반사 혹은 신경 활동의 반응 시간이다. 신경 연접부 20~40 나노미터의 거리를 횡단하는데 1 밀리 초가 걸리지 않을 것이라 말할 수 있다(BNID 100721, 108451). "세포 내 확산 속도는 얼마인가?"라는 소주제를(211쪽) 읽은 독자는 이 점을 수긍할 수 있을 것이다. 이 시간을 신경세포 축삭을 따라 활동 전위가 움직이는 시간과 비교하면 흥미로울 것이다. 활동 전위의 이동 속도도 밀리 초 단위이다. "세포 안에서 전기 신호는 얼마나 빠르게 증폭되는가?"에서 다시 다룰 것이다(249쪽).

세포의 빌딩블록

생화학 분자들의 크기는 얼마나 될까?

교과서에서 다루는 생체 분자는 좀 과도할 정도로 핵산과 단백질에 국한된다. 이들이 중심 도그마와 직결된다는 사실을 모르는 바는 아니지만 이들 물질의 이미지는 생화학적으로 매우 왜곡되어 있다. 왜냐하면 중심 도그마라 할지라도 대부분의 핵심 반응에는 주요한 생화학적 연합군인 물, 이온 및 효소 반응을 가능케 하는 조효소들이 빠져있기 때문이다. 게다가 기질 자체도 잊어버리면 안 된다. 단백질과 핵산을 구성하는 아미노산과 염기가 그런 물질들이다. 이들 모두가 활발하게 움직일 수 있는 동력은 작은 탄수화물 분자와 에너지 운반체인 ATP 및 다른 대사체에서 비롯된다. 여기서 우리는 살아있는 세포의 분자 배경이 되는 다양한 생물학적 "너트와 볼트"를 살펴볼 것이다(**그림 1-32**).

아마 생화학적 물질 중에서 가장 중요한 물질은 물일 것이다. 지구 밖에 생명체가 있는지를 탐구할 때 '거기 물이 있을까?'라는 질문은 전혀 이상할 것이 없다: 거기 물이 있을까? 비록 이렇게 묻는 부분적인 이유는 외계 생명체를 뒷받침하는 화학에 대한 인간의 상상력이 빈곤하기 때문이겠지만 우

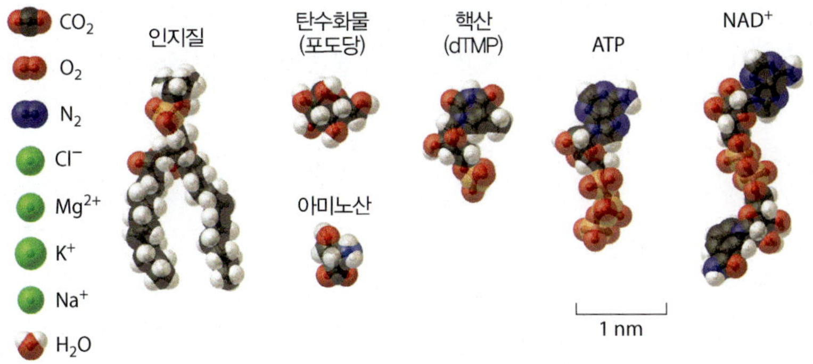

그림 1-32 세포의 기본 구성 요소의 구조.

리가 물에 집착하는 가장 단순한 이유는 그것 없이는 생명체가 존재하지 못하는 까닭이다. 생물학에서 가장 보편적인 표준 자라고 볼 수 있는 물 분자의 크기를 짐작하는 가장 손쉬운 방법은 산소와 수소 원자 결합의 길이가 0.1 나노미터라는(BNID 106548) 사실을 인식하는 것이다. 대칭인 구형이 아니므로 물 분자의 정확한 반지름을 규정하기는 쉽지 않다. 물 분자의 크기를 가늠하는 또 다른 방법은 물의 밀도로부터 평균 간격을 유추하는 것이다. 특히 리터당 물이 55 몰이라는 점을 감안하면 물 분자의 부피는 0.03 세제곱 나노미터이다. 따라서 평균 간격은 0.3 나노미터이다(BNID 106548). 또 물의 분자량이 18 달톤이라는 점도 다른 분자들과 크기를 비교할 때 쓰임새가 있다.

생명은 바다에서 시작했다. 비록 인간이나 식물 혹은 육상 동물들 모두 민물을 마셔야 하지만 생물학적 물은 그 기원이 바다라는 사실을 암시하고 있다. 바다로 뛰어들 때(차갑기도 하다) 첫 느낌은 바닷물이 우리 혀에 짜다는 사실이다. 바다의 염도를 단순히 예측하려면 우선 1 킬로그램의 물이 물 분자 55 몰 정도임을 기억하자(1,000 그램/18 그램/몰). 바닷물은 1몰의 염을 가지고 있다(BNID 100802). 다시 말하면 55개의 분자 중 하나가 이온이라는 뜻이다. 세포 안을 보면 양성자, 나트륨 이온, 칼륨 이온, 마그네슘 및 염소 이온 등 서로 다른 이온을 모두 더하면 바닷물 농도의 4분의 1 정도다. "세포 안에 있는 이온들의 농도는 얼마인가?" 항목에서(91쪽) 살펴볼 내용이다. 이들 이온의 크기는 이온의 반경에 비추어 짐작할 수 있다. 가령 나트륨 이온은 0.09 나노미터, 칼륨은 0.13 나노미터, 마그네슘은 0.07 나노미터이고 염소는 0.18 나노미터다(BNID 108517, 104162, 109742, 109743, 103950). 이 이온 반경 수치는 말하자면 "벗은" 이온 반경이다. 반면 "물" 옷을 입고 수화된 이온 반경은 일반적으로 더 큰 값을 가지지만 대충 0.3에서 0.4 나노미터 영역에 분포한다(BNID 108517). 이온을 둘러싸고 있는 물 분자들은 마이크로에서 나노 초에 이르는 시간대에서 끊임없이 교환된다(BNID 108517). 수화된 이온 및 세포 생화학 물질의 크기를 그림 1-32에서 확인할 수 있다.

핵산이나 단백질을 만들기 위해 분자의 빌딩 블록이 필요하다. 핵산의 구성 요소인 뉴클레오타이드의 평균 분자량은 300 달톤 정도다. 그림 1-32처럼 물과 물리적인 크기를 비교했지만 한편으로 DNA 이중 나선의 반경이 대략 1 나노미터이고 사슬을 따라 염기 사이의 간격이 0.3 나노미터라는 점을 기억하는 것도 좋을 것이다. 무슨 뜻일까? 가령 1만개의 염기를 가진 플라스미드의 둘레는 3000 나노미터이고 직경은 1 마이크로미터 정도가 될 것이다. 플라스미드는 보통 박테리아 내부에 들어 있는 조그만 원형 구조물이라고 얘기하지만 그 물리적인 크기는 다소 애매하다. 사실 플라스미드는 반드시 구부러져야만 세포 안에 간신히 끼어들어갈 수 있다. 단백질을 구성하는 아미노산의 크기도 다양해서 가장 작은 글리신의 분자량은 75 달톤이고 자연계의 가장 큰 아미노산인 트립토판은 204 달톤이다. 이들의 길이는 0.4에서 1 나노미터 사이다(BNID 106983). 개별 아미노산의 평균 질량을 100 달톤이라고 가정하면 크게 틀리지 않고 단백질의 질량을 예측하는 일이 가능하다. 마찬가지로 물과 비교한 상대적인 아미노산의 크기를 그림 1-32에 제시하였다.

핵산과 단백질에 치중하다보면 곧잘 우리는 지질이나 탄수화물이 생체 내에서 아주 중요한 역할을 담당한다는 사실을 잊곤 한다. 지질의 목록을 한꺼번에 검색하는 리피도믹스 기법이 발달하면서 우리는 단백질이 지방산으로 치장되었고 세포막 또는 세포 소기관의 막이 농도가 제각각인 다양한 지방산으로 구성되었다는 사실을 알게 되었다("막에 가장 풍부한 지방산은 무엇인가?" 항목을(99쪽) 참고하자). 단순히 말하면 막을 구성하는 지질의 단면적은 0.25~0.5 제곱 나노미터이고 길이는 2 나노미터다(그림 1-32). 더 일반적으로 지질 사슬의 길이 L은 거기에 포함된 탄소의 숫자를 통해 표현할 수 있다.

$$L = a + b \times n \tag{1.3}$$

여기서 n은 탄소의 개수이고 a, b는 각각 지방산 사슬 바깥쪽 말단 그룹의 크기 및 탄소 원자 당 확장된 길이를 나타내는 상수이다. 지방산의 질량은 700에서 1,000 달톤 사이인 것이 대부분이다.

세포 생명체를 가동하는 에너지는 지금까지 얘기한 것들 말고도 더 있다. 새로운 세포를 만들려면 생물학자들은 다양한 배양액을 준비한다. 그러나 가장 표준적인 성분은 탄수화물인 포도당이다. 화학식이 $C_6H_{12}O_6$인 포도당의 질량은 180 달톤이다. 그림 1-32에서 볼 수 있듯 구조적으로 포도당은 6개의 탄소로 구성된 고리 모양이다. 탄소와 탄소 결합의 전형적인 길이는 0.15 나노미터이므로 전체적인 분자의 크기는 고리의 장축 혹은 열린 형태로 펼쳤을 때 대략 1 나노미터 정도다(BNID 110368, 106979). 탄수화물이 세포 안에 들어가면 이들은 모양새를 바꾸어 핵산이나 아미노산과 같은 생체 물질의 탄소 골격으로 변환된다. 물론 ATP를 만들 때도 사용된다. ATP의 크기도(효과 확산 직경은 1.4 나노미터다, BNID 106978) 다른 생체 분자들과 비교해 볼 수 있다(그림 1-32). ATP는 핵산의 하나이지만 인산기에 의해 에너지를 보급 받으면서 환골탈태했다. 이들의 분자량은 대략 500 달톤이다. 또 다른 에너지원은 전자 공여자인 NADH와 NADPH이다. 이들의 분자량은 얼추 700 달톤이고 길이는 2.5 나노미터 정도다(BNID 106981).

정리하자. 우리가 세포 안의 작은 빌딩 블록 분자들, 예컨대 아미노산, 핵산, 에너지 운반체 등의 크기를 대략 기억하고자 한다면 1 나노미터 정도라 간주하면 꽤 안전할 것이다.

전령 RNA와 그것을 해독한 단백질 중 더 큰 것은 무엇일까?

중심 도그마에서 전령 RNA는 세포의 참된 일꾼인 단백질을 형성하기 위한 일시적 신호다. 머릿속에 연상할 수 있을 단어로 환치하면 전령 RNA는 보다 큰 단백질 기계를 품고 있는 작은 청사진이랄 수 있다. 그러나 실제 크기는 대부분의 사람들이 생각하는 것과 정반대다. RNA를 구성하는 단위체인 핵산의 무게는 330 달톤이고(BNID 103828) 이는 개별 아미노산 평균 무게인 110 달톤의(BNID 104877) 세 배에 해당하는 값이다. 게다가 세 개의 핵산이 한 개의 아미노산을 암호화하기 때문에 단백질을 만들기 위한 청사진의 크기는 그 결과물보다 얼추 10배는 더 무겁다. 산소 결합 단백질인 미오글로빈의 전령 RNA와 그것의 암호를 푼 단백질의 크기는 **그림 1-33**에서 확인할 수 있다. 그림에서 보듯 미시 현미경 세계에서는 청사진(전령 RNA)이 구현된 목적물(단백질)보다 작다는 일상적인 경험은 여지없이 무너지고 만다. 진핵세포에서 새롭게 전사된 전령 RNA 전구체는 인트론이 들어 있다. 이들 때문에 전구체는 가공된 전령 RNA보다 훨씬 무겁다.

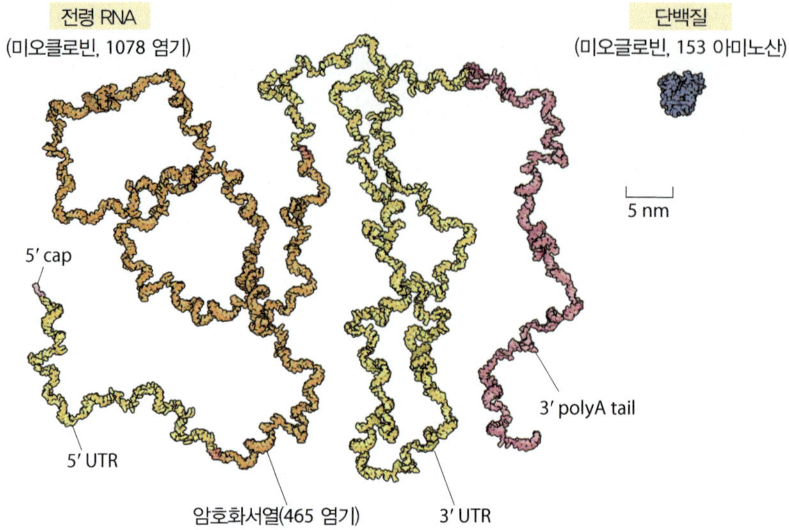

그림 1-33 구형 단백질과 그 단백질의 전령 RNA의 상대적인 크기. 전령 RNA 전사체 옆에 미오글로빈 단백질을 그렸다. 전령 RNA의 암호화 서열 부위는 단백질보다 무게가 열 배는 더 나간다. 미오글로빈 단백질은 푸른 색. 전령 RNA의 5′쪽 머리cap과 3′말단의 다중 아데닌 서열은 보라색이다. 단백질로 번역되지 않는 부위이다(Goodsell D).

단백질과 비교해서 전령 RNA가 처차지하는 공간적 규모는 얼마나 될까? 단백질에 비해 질량이 훨씬 더 많다는 사실은 곧 차지하는 부피도 크다는 뜻이다. 그렇지만 RNA와 단백질은 생김생김이 다르다. 상당수의 단백질은 구형의 구조를 갖는다(“단백질의 ‘평균’크기는 얼마나 될까?”, 45쪽). 반면 전령 RNA는 선형에 가깝고 그 중간에 머리핀 고리 모양 혹은 가짜 매듭 모양이 끼어든다. 그렇지만 전반적으로 확장형인데다 무정형에 가깝다. “실 비슷한” 전령 RNA 골격의 직경은 2 나노미터가 조금 안 된다. 구형인 단백질의 직경 5 나노미터보다(BNID 100481) 적다. 그렇지만 평균 1,000개의(BNID 100022) 염기가 연결된 전령 RNA의 길이는 3,000 나노미터에 이른다(BNID 100023). 전령 RNA의 크기를 예측하는 손쉬운 방법은 RNA가 이중 나선 구조를 취한다고 단순하게 가정하는 것이다. 1000개의 염기를 가진 RNA를 500개 염기쌍의 이중 나선이라고 취급한다는 말이다. 이 이중 나선의 길이는 염기쌍의 길이가 0.3 나노미터이므로 150 나노미터 정도이다. 그렇지만 이 수치는 조금 과장된 것이다. 중간에 가지치기도 하고 고리나 매듭이 있어서 짧아지기 때문에 실제 선의 길이는 이보다 작다. 요즘은 ‘작은 각’ X-선 산란법과 급속 냉동 전자 현미경 기법을 동원하여 커다란 RNA 분자를 볼 수 있게 되었다(**그림 1-34**). 이런 구조물들의 크기를 통계적으로 분석하는 방법은 회전 반경을 측정하는 것이다. 마치 이들 공간이 차지하는 구의 반지름을

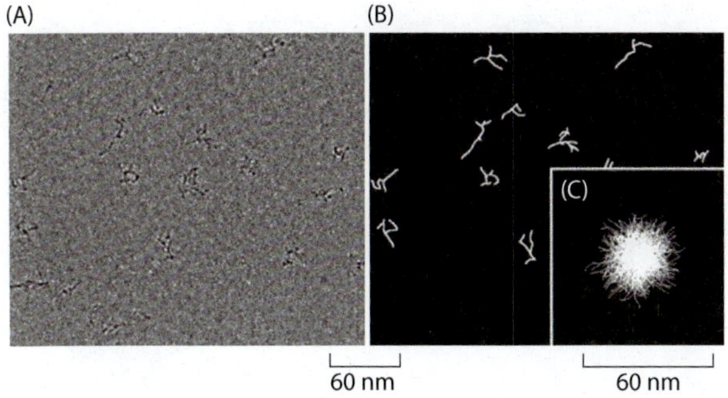

그림 1-34 전령 RNA 결정질 용액의 급속 냉동 전자현미경 이미지. (A) 효모 염색체 12번의 975개 염기를 가진 RNA가 무작위로 배치되어 있다. (B) 이들 분자의 골격만을 따로 떼어 냈다. 삽입된 그림은 100개의 RNA를 중첩한 이미지(Gopal A [2012] RNA, 18, 284-299).

조사하는 것과 흡사하다. RNA의 경우 반지름은 약 20 나노미터이다(BNID 107712). 곧 지름은 40 나노미터이다. 따라서 우리의 직관과 동떨어지지만 무게 비율과 마찬가지로 전령 RNA의 크기는 구형 단백질의 약 10배가 된다.

단백질의 "평균" 크기는 얼마나 될까?

단백질은 종종 세포의 일꾼이라고 불린다. 여러 가지 단백질의 상대적인 크기를 **그림 1-35**에서 느껴보자. 그림에서 볼 수 있는 루비스코는 우리가 선호하는 사례이다. 이 단백질은 대기 중의 탄소를 고정하는 효소이며 명실상부하게 생명체 지구 행성을 지탱하는 역할을 도맡는다. 지구상에서 가장 풍부한 단백질 중 하나인 루비스코는 매년 대기로부터 100기가 톤의 탄소를 고정한다. 차의 배기가스, 제트기 엔진, 공장 및 화석 연료에 기반을 둔 설비에서 나오는 모든 이산화탄소 배출량의 10배에 해당하는 수치이다. 그럼에도 탄소의 수치는 경고 수준으로 올라가고 있다. 왜냐하면 고정된 탄소가 호흡이나 그와 유사한 과정을 거쳐 대기 중으로 다시 유입되기 때문이다. 55 킬로달톤의 루비스코가 수행하는 이런 화학적 고정은 분자량이 0.044 킬로 달톤의(이산화탄소 분자량 44 달톤을 킬로달톤으로 다시 쓴 것이다) 이산화탄소를 기질로 사용한다. 또 생명체 지구를 움직이는 또 다른 거인은 ATP 합성효소이고 그림 1-35에 나와 있다. 미토콘드리아 내막을 장식하는 이 효소의 무게는 500~600 킬로 달톤이고(BNID 106276) 세포의 모든 화학을 가동시키는 힘인 ATP를(507 달톤) 합성한다. 이 분자 공장은 ATP 천지고 하루 미토콘드리아가 생산해 내는 ATP의 양은 거의 신체의 무게와 맞먹는다. 앞으로 살펴볼 "대사체 회전율은 얼마인가?"라는 항목에(228쪽) 비추어보면 ATP의

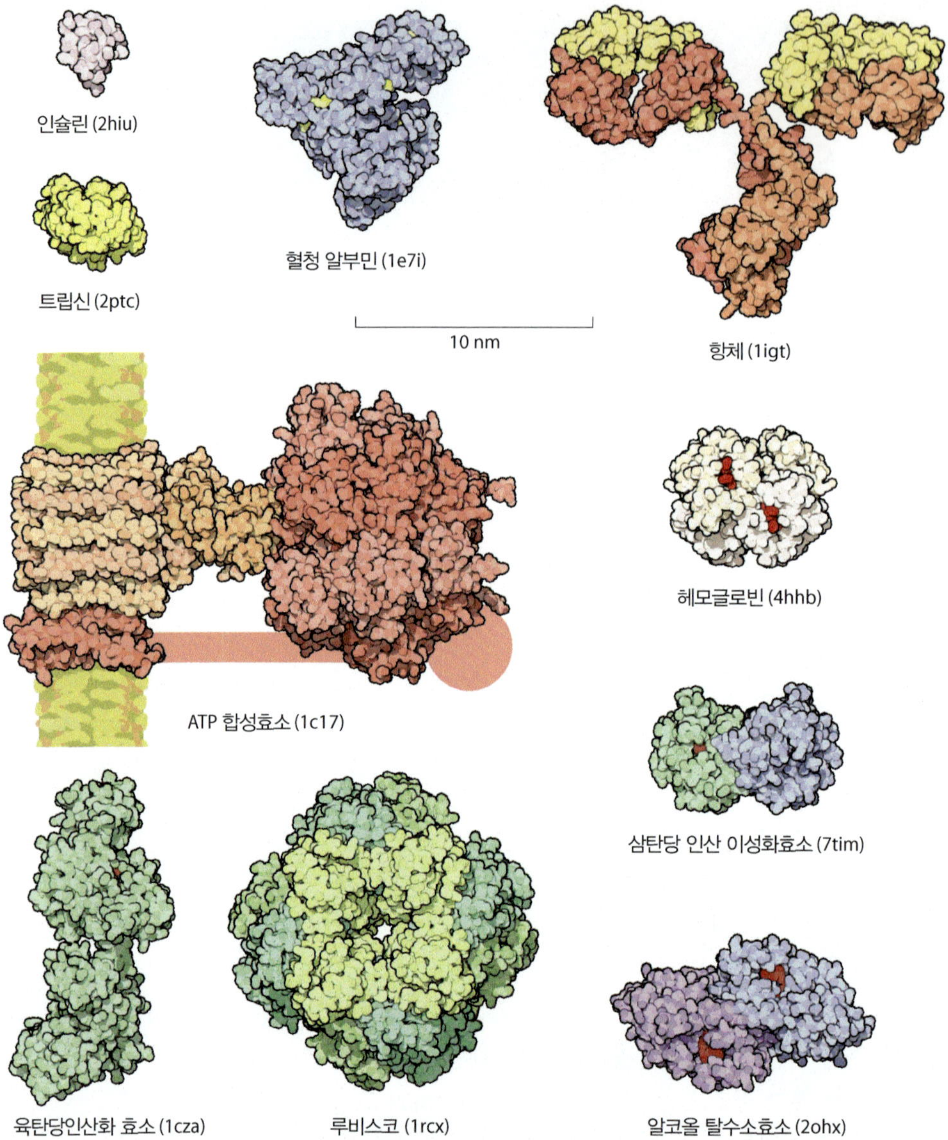

그림 1-35 단백질의 모양. 생물학 교과서에 등장하는 대표 단백질의 크기로부터 기능도 일부 짐작할 수 있다. 면역 기능에 필수적인 항체로부터 루비스코까지 다양하다. 상대적인 크기를 짐작할 수 있도록 동일한 비율로 단백질을 그렸다. 작고 붉은 물체는 단백질의 기질이다. 예를 들어 육탄당 인산화효소의 기질은 포도당이다. ATP 합성효소는 손잡이 구조가 있다고 알려졌지만 자세한 구조를 알려지지 않았다. 괄호한의 숫자는 단백질 데이터베이스 번호이다(Goodsell D).

회전율은 매우 빠르다.

단백질 예컨대 루비스코나 ATP 합성 효소 및 여타 단백질의 크기는 이들이 차지하는 공간을 기하학적으로 측정할 수도 있고 서열의 크기를 계산함으

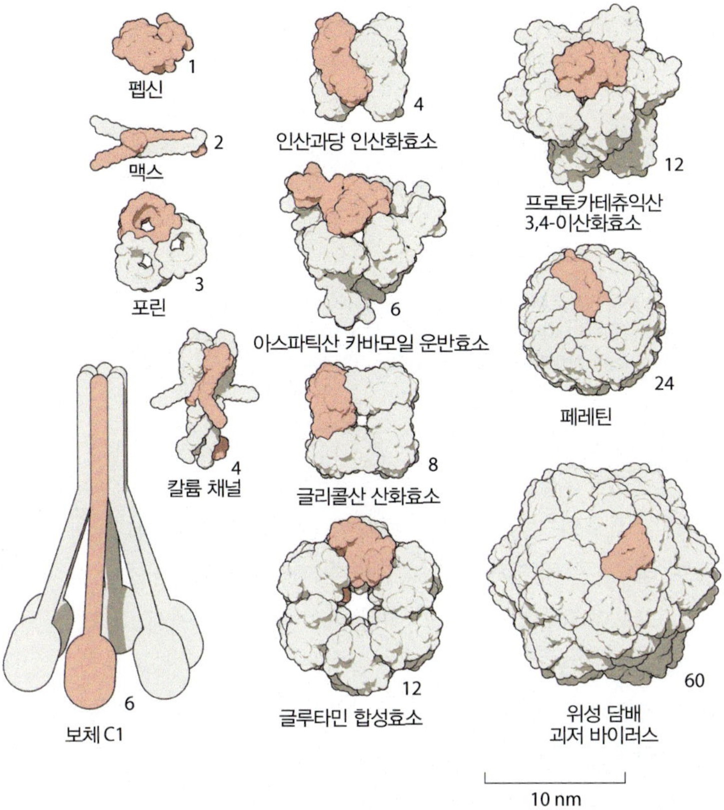

그림 1-36 동일한 단백질이 여러 벌 결합하여 대칭을 이루고 있는 단백질 복합체의 모습. 단위 단백질은 붉은 색으로 표시했다(Goodsell D).

로 예측할 수도 있다. 아미노산의 평균 질량을 100 달톤으로 간주하면 우리는 질량을 단백질의 길이로 환산할 수 있다. 예를 들어 55 킬로 달톤의 루비스코 단량체는 대략 500개의 아미노산으로 구성된 펩티드 사슬이다. 수용성 단백질의 크기와 서열의 크기는 얼추 계량화가 가능하다. 부피는 아미노산의 숫자와 선형 관계이고 직경 혹은 반경은 서열 크기의 3분의 1승이다. 전형적인 수용성 단백질인 루비스코 단량체의 직경은 3~6 나노미터이다(그림 1-35). 루비스코 뿐만 아니라 세포 내 다른 중요한 단백질 크기도 짐작할 수 있다. **그림 1-36**에서처럼 약 절반 정도의 단백질은 동일한 단위체가 서로 대칭적으로 결합하고 있다는 사실이 밝혀졌다. 이런 것들을 동형 이중체라고 부른다. 서로 다른 종류의 단백질이 두 개 붙어 하나의 복합체가 될 경우는 이형 이중체라고 부른다. 가장 흔한 형태는 단백질 두 개 혹은 네 개가 복합체를 이루는 것이다(물론 한 복사본으로만 존재하는 것들도 많다). 동형 이

유기체	단백질 길이 중간값 (아미노산)
인간	375
초파리	373
예쁜 꼬마선충	344
효모	379
애기장대	356
5종의 진핵세포생명체(위)	361
67종의 세균	267
15종 고세균	247

표 1-6 여러 종의 유전체로부터 확보한 단백질 크기의 중간값. 생물학 정보 분석에서 자료를 얻었다(BNID 106444). 본문에서 다루겠지만 단백체 분석에 의해 밝혀진 단백질 양으로부터 이 값을 짐작할 수도 있다(Brocchieri L [2005] Nucleic Acids Res, 33, 3390).

중체가 이형 이중체보다 두 배 정도 흔하다(BNID 109185).

간혹 우리는 효소와 기질의 크기가 너무 달라 놀라기도 한다. 대사 경로를 예로 들면 대부분의 대사체 기질의 질량은 500 달톤 이하이지만 이에 상응하는 효소는 그보다 100배나 무겁기 십상이다. 해당 과정에서 조그만 탄수화물 분자는 에너지를 추출하거나 혹은 생합성을 위한 빌딩 블록을 만들기 위해 가공된다. 여기에 관여하는 단백질은 여럿이고 그림 1-35의 오른쪽 아래편에서 예를 찾아볼 수 있다. 여기서 붉은 색 기질의 상대적인 크기를 가늠할 수 있을 것이다.

생물정보학 수업에서는 유전체 서열로부터 유전자의 평균 크기를 계산한다. **표 1-6**은 다양한 생명체에서 이들 값을 나열하고 있다. 단세포에서 다세포로 옮아갈수록 단백질을 구성하는 아미노산의 개수가 늘어남을 알 수 있다. **그림 1-37A**에서 우리는 대장균, 효모 및 인간 유전체 크기에 따른 단백질 크기의 중간값을 확인할 수 있다. 단백질 크기의 분포를 아는 것이 목적이라면 유전자의 크기에 따른 정의로 충분할 것이다. 그러나 단백질을 합성하는데 소요되는 세포의 재원을 이해한다거나 또는 세포에서 무작위로 선택된 단백질의 평균 길이를 예측하려한다면 우리는 다른 정의가 필요하다. 최근 단백체 분석이 상당히 진행된 덕에 이런 일이 가능해졌다. 이런 질문에 답하려면 가장 풍부한 단백질의 길이가 통계적으로 중요요할 것이다. **그림 1-37B**를 보면 단백질 복사본의 수에 비례하는 단백질의 무게 분포가 달라짐을 알 수 있다. 이런 분포는 무작위로 선택된 유전체가 아니라 세포에서 직접 확보한 자료이다. 단백체에 기초하여 얻은 이런 분포도는 실상 세포의 성장 조건에 따라 달라진다. 이 책에서 우리는 원핵세포의 경우 전형적인 단백질이 300개 그리고 진핵세

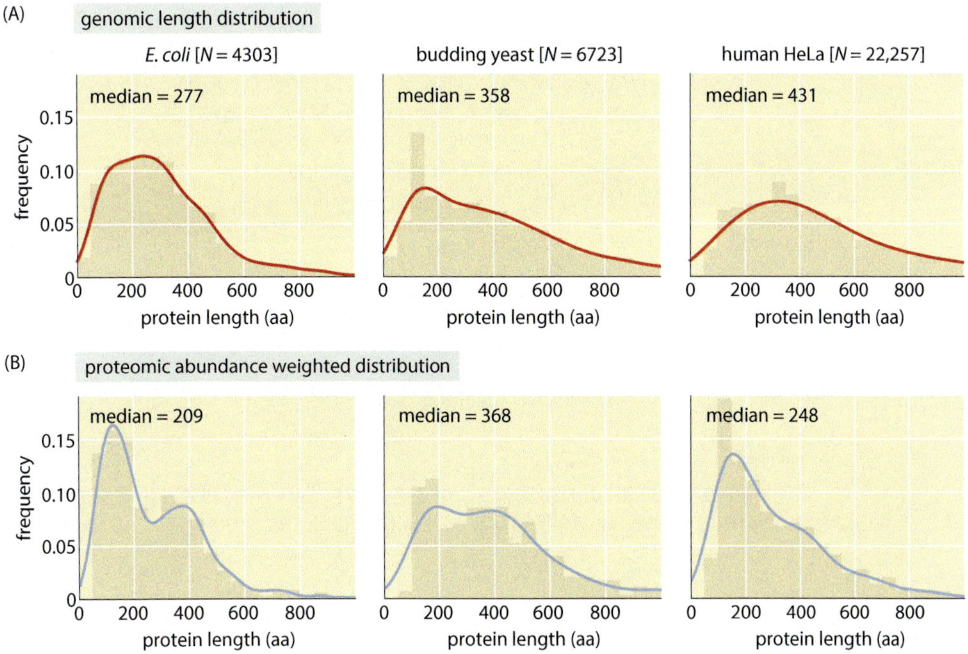

그림 1-37 대장균, 출아 효모, 인간 헬라세포에서 단백질 길이의 분포. (A) 단백질의 길이는 아미노산의 숫자로 표시했다. 유전체 서열 분석에 기초한 것이다. (B) 질량 분석을 통해 확보한 단백질 복제 수를 고려하여 분포도를 그렸다. 이 분포의 가우스 커넬 밀도를 연속선으로 그렸고 가시성을 높인다. 대장균은 M+9 포도당 배지에서 키웠다(Schmidt A [2015] Nat Biotech). 효모는 규정 배지에서 키운 것이다(de Godoy LMF [2008] Nature, 455, 1251-1254; Geiger T [2012] Mol Cell Proteomics, 11, M111.014050).

포는 400개의 아미노산을 갖는다고 간주할 것이다. 일부 과도하게 표현된 바가 있지만 그림 1-37의 분포는 이런 추론이 이치에 맞음을 시사한다.

생물학의 매력 중 하나는 진화가 매우 다양한 기능적 요소를 필요로 하기 때문에 어떤 특성이라도 예외적인 것들이 상존한다는 사실이다(우리가 평균 대신 중간값을 사용하는 이유이기도 하다). 단백질 크기로 말하자면 타이틴titin은 엄청난 예외에 속한다. 타이틴은 인간 근육 내에서 용수철 역할을 하는 다기능 단백질이고 여러 종류의 기능 단위, 즉 접히고 다시 풀리는 부위가 있어서 근육에 탄력성을 부여한다. 타이틴은 33,423개의 아미노산을 가지는 다중 펩티드 사슬이고(BNID 101653) 평균적인 단백질보다 100배나 더 크다. 유전체에서 가장 작은 단백질이 무엇이냐는 아직도 설왕설래하지만 짧은 리보좀 단백질은 보통 아미노산이 100개 정도다.

형광 단백질인 GFP가 부착된 단백질의 위치와 상호작용을 파악하는 연구 방법은 세포생물학 연구에서 매우 빈번하게 사용된다. 단백질의 전형적인 크기

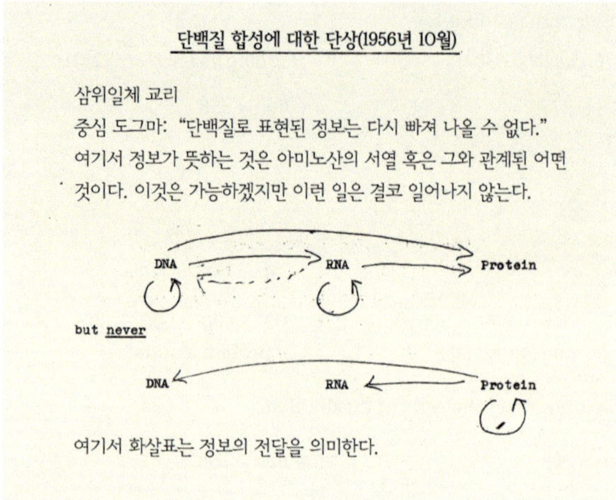
단백질 합성에 대한 단상(1956년 10월)

삼위일체 교리

중심 도그마: "단백질로 표현된 정보는 다시 빠져 나올 수 없다."

여기서 정보가 뜻하는 것은 아미노산의 서열 혹은 그와 관계된 어떤 것이다. 이것은 가능하겠지만 이런 일은 결코 일어나지 않는다.

여기서 화살표는 정보의 전달을 의미한다.

그림 1-39 프랜시스 크릭이 그린 중심 도그마. 논문 초고는 Crick FHC [1958] Symp Soc Exp Biol XII, 139-163에 출판되었다. 그림은 나중에 추가된 것이다(Crick FHC [1970] Matire. 277, 561-563).

를 알고 나면 단백질을 표지한다는 게 어떤 의미인지 다시 생각해볼 준비는 된 셈이다. 형광 GFP 단백질은 238개의 아미노산으로 구성되고 형광 색소 부분은 베타 병풍 구조를 취한다. "형광 단백질 성숙 시간은 얼마인가?" 항목에서(237쪽)에서 살펴볼 것이다. 그 결과 상당수 단백질에 부착된 형광 단백질은 곧 복합체가 된다고 볼 수 있다. 건드리지 않은 원래 단백질의 두 배 크기가 된다는 말이다.

중심 도그마 분자 기계의 크기는 얼마?

중심 도그마를 가공하는 과정에서 DNA에 포함된 유전 정보를 활동적이고 기능을 담당하는 단백질로 변환하는 여행에 참가하는 분자 기계들은 여럿이다. 정보를 한 방향으로 전달한다는 생각은 여러 가지 단계가 병렬적으로 연계되어 일어날 것이라는 프랜시스 크릭의 가설로 연결된다(**그림 1-38**). 처음 제안되었을 당시부터 이 가설은 매우 상세한 부분까지 탐구되었고 이 과정을 담당하는 분자 기제에 대해서도 두루 알려졌다.

중심 도그마를 풀어가는 과정에 참여하는 분자 기제는 RNA 중합효소가 있다. DNA에 함유된 정보를 끄집어 내 단백질 합성에 적당한 형태인 전령 RNA로 만드는 분자들이다. 리보좀은 단백질을 합성하는 보편적인 번역 기계이다. 단백질의 수명은 영구하지 않아서 간혹 그들의 운명은 단백질을 부수는 기제인 프로테아좀에 의해 결정된다. 이러한 거대 분자에 대해 우리가

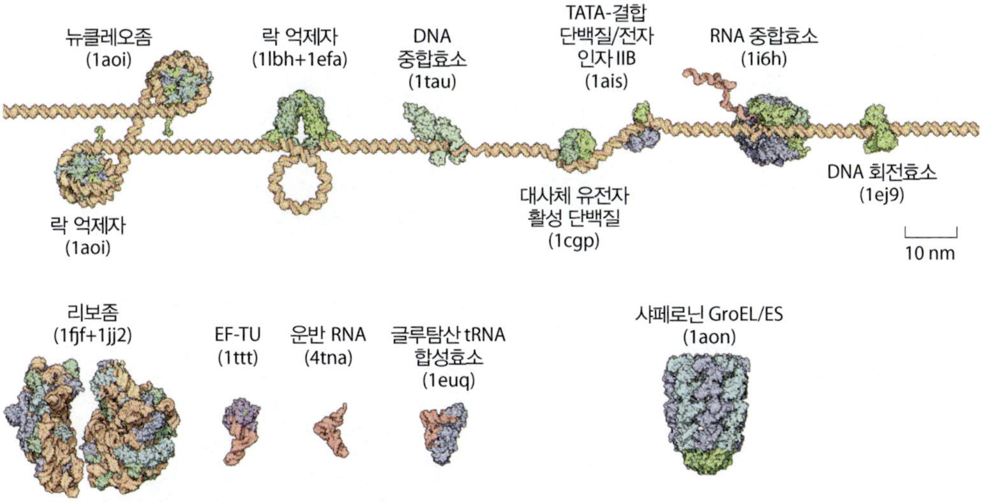

그림 1-40 중심 도그마 기제의 구조. 복제, 전사 및 번역을 담당하는 기제를 DNA의 크기에 비례하여 상대적인 크기를 나타냈다. 괄호 안은 단백질 데이터베이스의 번호이다(Goodsell D).

이해하게 된 지는 삼사십년에 불과하다. 처음 그들의 존재가 예견되기는 했지만 이제는 이들의 구조를 원자 수준에서 다각도로 파악할 수 있다.

그림 1-38에서 보듯 DNA에서 화살표가 그려졌다. 바로 DNA 복제를 의미한다. 복제 과정은 거대분자 복합체인 레플리좀replisome에 의해 수행된다. 대장균의 레플리좀은 몇 종류의 단백질 기계인 DNA 풀기효소(helicase, 52 킬로 달톤, 6개의 단위체로 구성된다. BNID 104931), 프리마아제(65 킬로 달톤, BNID 104932), 그리고 DNA 중합효소로(791킬로 달톤, 여러 개의 소단위체가 복합체를 이룬다, BNID 104931) 구성된다. 이 복합체가 얼마나 경이로운 것인지 알아보기 위해 인간 DNA의 직경이 1미터라고 상상해보자(기질인 DNA와 비교하여 복제 복합체의 실제 크기는 **그림 1-39**에서 볼 수 있다). 이때 레플리좀의 크기는 페덱스 트럭 크기이고 이들은 DNA를 시속 약 600 킬로미터 속도로 움직인다. 유전자 복제 도로의 길이는 400 킬로이고 몇 백 킬로미터마다 한 번씩 운송 오류가 발생한다. 사실 이 트럭은 일 미터를 움직일 때마다 대략 6번씩 배달을 수행한다. 실제 복제가 일어나는 과정에서 실패율은 나중에 시행되는 품질관리(다시 읽고 틀린 부위를 고치는) 덕택에 더 줄어든다. 사실 복제를 100번 하는 동안 한 차례의 착오가 있을 정도로 정교한 분자 기제이다.

전사도 중심 도그마의 핵심 과정이다. 이 과정은 특정 상황에서 어떤 유전자

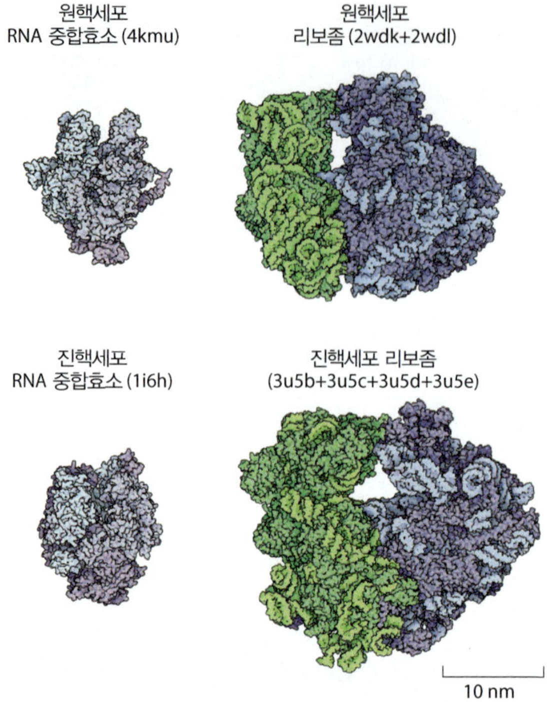

그림 1-41 원핵세포와 진핵세포(효모) 내 RNA 중합효소와 리보좀의 구조. 효모의 리보좀은 3.3 MDa 정도이고 세균의 리보좀은 2.7 MDa이다. 반면 포유동물의 리보좀은 4.3 MDa이다(BNID 111560, 100118). 괄호한의 숫자는 단백질 데이터베이스의 번호이다(Goodsell D).

를 발현할지 그렇지 않을지 "결정을 내리는" 세포의 능력과 결부된다. 전사의 기본적인 기제는 RNA 중합효소 및 이 단백질을 둘러싸는 여러 가지 요소들이다. 그림 1-39에서 보듯 다른 단백질 복합체처럼 전사의 핵심 기제도 약 5 나노미터 정도의 특징적인 크기를 가지며 대장균에서 그 질량은 400 킬로달톤 정도다(BNId 104925, 104927). 여러 생명체들 사이에서 중심 도그마 기제를 비교하는 일은 라이너스 폴링이 말했듯이 "진화의 역사를 간직하는 분자 유물"의 탁월한 사례가 될 것이다. 중합효소가 대표적인 것이며 원핵세포와 진핵세포의 중합효소는 **그림 1-40**에서 비교할 수 있다.

리보좀은 세 종류의 RNA 사슬을 가지며 단백질 개수도 50개가 넘는다(세균은 56종, BNID 100111, 진핵세포는 78~79개, BNID 102492). 아마 중심 도그마 기제 중 가장 많은 연구가 진행된 구조물일 것이다. 리보좀이 왜 중요한지는 여러 측면에서 살펴볼 수 있다. 대장균처럼 빠르게 자라는 생명체에서 리보좀 단백질은 전체 단백질 양의 3분의 1을 넘는다. 생체의학적 관점에서 리보좀은 항체가 공격하는 보편적인 목표물이기도 하다. 진핵세포와 세균의 리보좀 사이에 존재하는 미묘한 차이를 공격하고 번역을 억제해서 세균의 생장을 멈추고자 하는 것이다. 리보좀은 생물학의 혁명을 주도했고 생명의 계통수를 완전해 새롭게 각색했다. 리보좀은 매우 보편적이기 때문에 리보좀 서열을 비교하는 것은 곧 계통수 분석과 맞닿는다. 다른 생명체와 비교하여 특정 생명체의 역사를 엿볼 수 있다는 말이다.

이들의 중심적 역할에 걸맞게 리보좀은 상대적으로 거대 분자 기제이며 직경도 20~30 나노미터에 이른다(BNID 102320, 111542). 대장균에서 리보좀은 7,500개의 아미노산으로(BNID 101175, 110217, 110218) 구성되며 4,600개의 핵산이 부가된다(BNID 101439). 이렇게 전체 무게는 2.7 메가 달톤이고(BNID 106684, 100118, 111560) 만일 리보좀이 순전히 탄소 원자로만 구성되었다면 그 수는 200,000개가 넘는다. 전형적인 아미노산의 무게가 100 달톤이고(BNID 104877) RNA 염기의 무게가 300 달톤이라면(BNID 104886) RNA의 무게가 리보좀의 3분의 2를 차지하는 셈이다. 단백질이 나머지 3분의 1이 된다. 사실 리보좀의 결정 구조를 보면 그 기능을 더 잘 알 수 있다. RNA 영역이 리보좀의 기능을 주로 담당하기 때문에 그 기원은 리보자임으로 소급된다(촉매 활성이 있는 RNA 효소를 일컫는다). 리보좀의 부피는 3,000~4,000 세제곱 나노미터이며(BNID 104919, 102473, 102474) 빠르게 분열하는 세포에서 리보좀이 세포에 꽉 차 있을 것이라고 예상할 수 있다. 급속냉동 전자현미경으로 본 세균의 이미지에서 그 사실을 확인할 수 있다.

중심 도그마에서 덜 중심적인 내용을 살펴보면서 정리하자. 세심한 독자라면 크릭의 노트에 RNA에서 DNA로 점선이 이어졌다는 점을 알아차렸을 것이다. 이 과정은 역전사 효소에 의해 진행되며 에이즈 바이러스의 이 효소는 이형 이중체로 각각 50, 70 킬로 달톤의 무게인 두 개의 펩티드가 결합한 형태다. 이 효소의 중합 속도는 초당 10~100개의 염기이다(BNID 110136, 110137).

세포막의 두께는 얼마일까?

살아 있는 생명체를 정의하는 특성 중 하나는 세포가 외부 환경과 매우 얇지만 복잡하고 이질적인 세포막으로 격리되어 있다는 점이다. 이 막의 형태는 그야말로 무궁무진하고 분자 구성도 복잡하다. 그렇지만 일반적으로 지질 분자와 그 사이사이에 끼어들어가 있는 막 단백질로 구성되어 있다. 사실 막에 끼어 들어간 단백질의 무게를 지질막의 그것과 비교하면 보통 단백질-지질

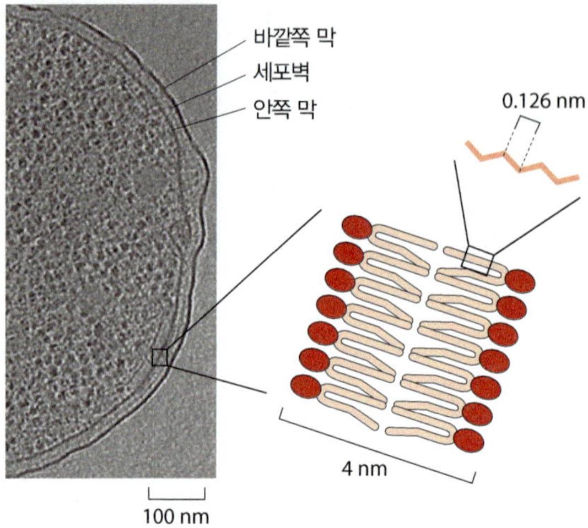

그림 1-42 대장균의 전자현미경 사진. 세포 내부와 외부의 막 및 세포벽을 볼 수 있다. 확대 사진: 지질 이중막. 붉은 원은 친수성 머리 부분으로 극성이 있는 인글리세롤 구조이다. 분홍색 선은 소수성인 탄화수소 골격을 나타낸다. 이 부위는 물이나 전기를 띤 극성 물질을 밀쳐낸다. 머리 한 개당 두 개의 꼬리가 있지만 3개 혹은 4개가 될 수도 있다(Briegel A [2009] Proc Natl Acad Sci, 106, 17181-17186).

의 비는 1이 넘는다(BNID 105818). 이 비율이 외부와 구별되는 세포막에만 국한되는 것은 아니다. 진핵세포 내 소기관을 둘러싼 막들도 마찬가지 경향을 보인다.

중요하지만 세포 직경에 비해 얇기 짝이 없는 막의 두께는 비행기 직경과 동체의 두께와 비슷하다. 막과 세포 직경의 상대적인 기하학적 크기 차이를 일상생활에서 알기 쉽게 하려는 것 이상의 비유는 아니다. 비행기의 경우 외부 덮개의 두께는 1 센티미터 정도이다. 반면 비행기의 전체적인 직경은 5 미터에 이른다. 약 1:500의 비율이다. 생물학적 실체는 어떨까? 고세균 등 일부 예외를 제외하면 세포막의 지질 부위는 극성이 다른 두 지질의 소수성 꼬리 부분이 서로 맞보고 있는 이중막 구조이다(**그림 1-41**). 이 지질막은 자발적으로 형성되며 상대적으로 불투과성이고 세포막 부분을 언급할 때 말했듯이 자가 보수self repair가 가능하다. 지질 분자로 보는 이들 구조의 상대적인 길이는 **그림 1-42**에 나타내었다. 전형적인 팔미틱산을 가진 인지질과 포스패티딜 콜린의 길이는 2 나노미터이다(BNID 107241, 107242). 따라서 지질 이중막의 두께는 전반적으로 4 나노미터 정도다(매우 소수성인 꼬리와 친수성인 머리 부분을 가진 지질이면 3 나노미터, BNID 107247). 2 마이크로미터의 직경인 세균과(상대적으로 큰 세균 혹은 매우 작은 진핵세포가 이 정도

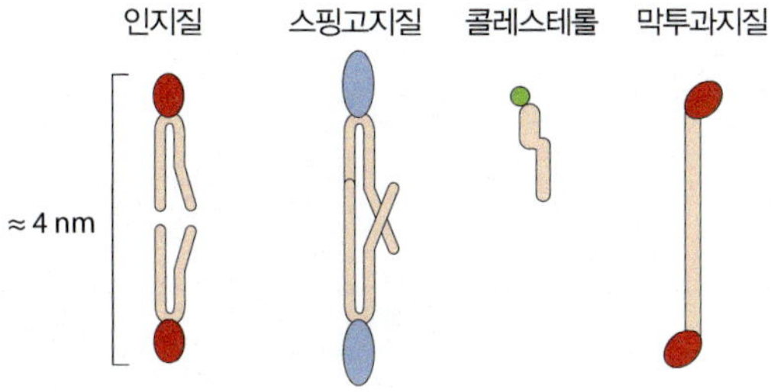

그림 1-43 지질 분자의 상대적인 크기와 모양. 세포막의 구성 요소이다.

다) 4 나노미터의 세포막의 비율은 1:500으로 비행기와 비슷하다. 단백질이나 혹은 지질다당류 때문에 두께가 좀 늘어나기도 한다. 예를 들면 지질다당류를 포함한 그람 음성균의 세포막은 세포 직경의 거의 두 배가 되기도 한다.

[벤 프랭클린은 파도를 잠 재웠다]라는 소책자에서 찰스 탠포드가 생생하게 묘사했듯이 처음 지질의 크기를 어떻게 측정했는지에 관한 얘기는 매우 오래되고 흥미로운 역사를 가진다. 특히 프랭클린이 기름을 사용해 파도를 잔잔하게 했다는 실험 내용으로부터 이야기가 시작된다. 런던 근처의 호수에서 수행된 실험에서 프랭클린은 "차 수저 하나 정도에 불과한 기름이 몇 야드에 걸친 파도를 순식간에 잠 재웠다. 엄청나게 빠른 속도로 펴져나가 호수의 저편까지 잠식해 들었다. 아마 반 에이커쯤 될 호수를 그야말로 유리처럼 잔잔하게 만들었다." 물표면 위에 기름이 에너지 소산 과정을 통해 단일층을 형성하였기 때문에 가능한 일이었을 것이다. 로마 시대의 선원들도 비슷한 방식으로 파도를 잠 재웠다. 거친 바다에 기름을(포경선에서 고래 기름을) 부었던 것이다. 기름막이 흐르면서 에너지가 흩어지고 파도가 움직이는 동안 압축되었다 펴졌다 하게 된다. 프랭클린이 기름 막으로 덮은 호수의 면적은 반 에이커(2,000 제곱미터)와 수저 하나 분량의 기름(5 세제곱 센티미터)를 고려하면 단일 지질막의 두께가 몇 나노미터에 불과하다는 사실을 알게 된다. 분자 수준에서 지질 단일막을 연구한 아그네스 포켈즈가 분자 수준에서 수행한 정확한 측정법을 사용하면 이 두께는 대략 2.5 나노미터가 된다. 레이레흐 경은 "랑뮈어 구유"라는 장치를 사용해 소규모로 프랭클린의 실험을 재현했다. 그는 층을 누르는 작은 철선을 이용해 액체 표면을 덮은 단일막 분자층을 확인할 수 있었다.

세포막의 각 층은 프랭클린, 레이레흐 등이 연구했던 것과 비슷한 특성을 갖는 분자로 구성된다. 세포막은 머리 부분과 탄소 수가 10~20개 정도인 지방

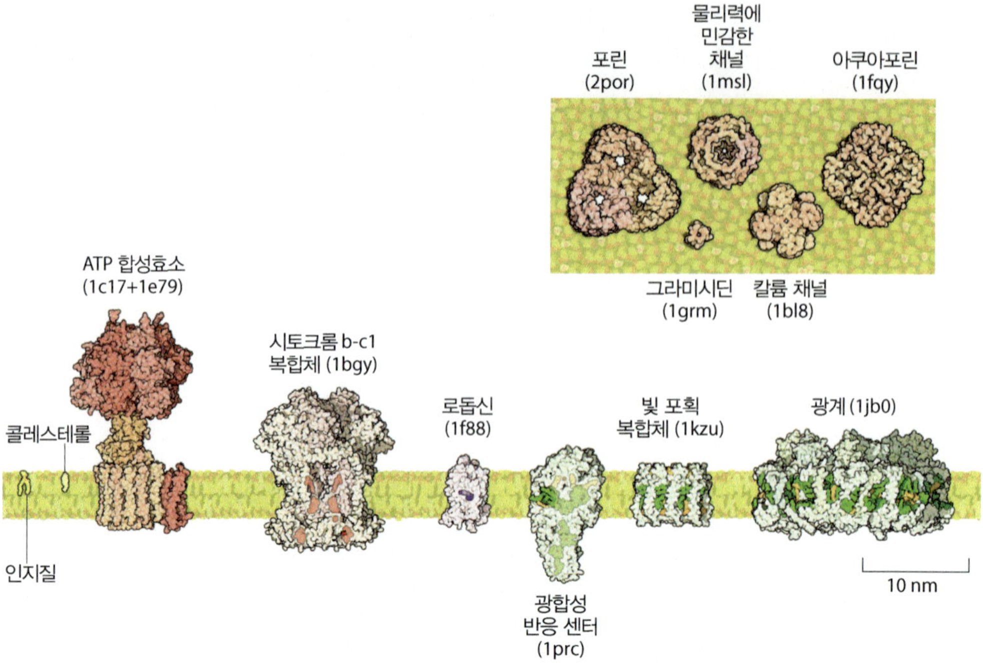

그림 1-44 막의 구성 요소들. 단백질이 막으로부터 벗어난 모습이 역력하다. 막에서 단백질이 차지하는 비율은 실제 세포와 비슷하다(Goodsell D).

산 꼬리 형태인 인지질로 구성된다. 사슬을 따라 탄소 사면체 분자 궤도로부터 연역된 지그재그 모양 탄소-탄소 간 결합의 길이 $l_{cc}=0.126$ 나노미터다(BNID 109594). 따라서 꼬리의 총 길이는 $n_c \times l_{cc}$(여기서 n_c는 지방산 꼬리의 탄소 숫자)다. 두 개의 지방산 꼬리와 인글리셀롤 머리 부분의 길이를 합하면 이중 지질막의 두께는 약 4 나노미터가 된다(BNID 105821, 100015, 105297, 105298).

막 단백질도 그들이 차지해 든 막의 두께와 비슷할 것이라고 짐작할 수 있다. 이온채널이나 펌프와 같은 막 단백질도 약 4 나노미터이고 그들이 차지한 지질과 비슷한 물리적 특성을 갖는다. 가끔 이들 단백질은 막 바깥쪽 공간까지 뻗어 나가기도 한다. 이 여분의 단백질과 탄수화물 솜털이 막의 두께를 최종적으로 결정한다. **그림 1-43**에서 몇 종류의 막 단백질 단면을 관찰할 수 있다. 지질다당류처럼 여분의 성분이 존재하기 때문에 전체적인 막의 폭은 4~10 나노미터 영역에 걸쳐 있다. 막 양쪽으로 튀어 나온 부위를 논외로 한 막의 두께는 전형적으로 4 나노미터다. 세포 소기관의 막도 마찬가지여서 최근 X-선 산란을 통해 쥐의 간세포를 관찰한 결과를 보면 소포체, 골지, 측면

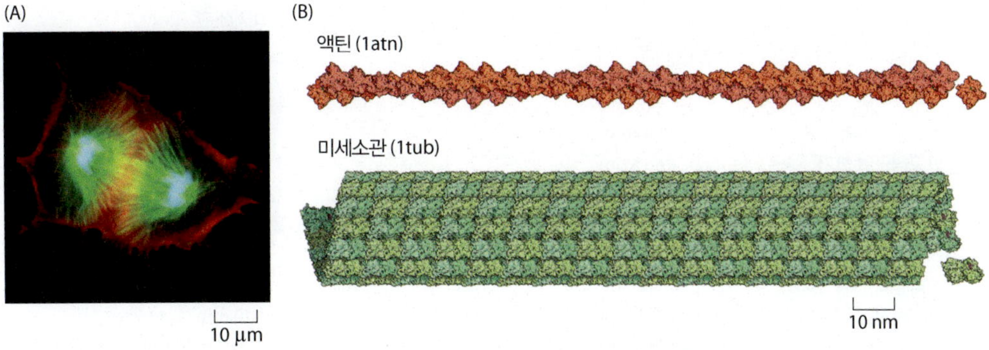

그림 1-45 세포 골격. (A) 상피세포(PtK1)의 형광 이미지. 분열하기 직전의 모습이다. 세포 분열 후기가 시작된 세포를 약 5분 정도 고정했다. 섬유성 액틴은 붉은 색이고 미세소관은 녹색이다. 핵은 파랗다. (B) 액틴과 미세소관의 모식도(Canmann JC and Salmon ED, Univ of North Carolina; Goodsell D).

및 위쪽 세포막의 두께는 각각 3.75±0.04, 3.95±0.04, 3.56±0.06 및 4.25±0.03 나노미터다(BNID 105819, 105820, 105821, 105822). 세포막의 절반은 단백질이 차지한다(BNID 106255). 세포막의 역동적인 생물학과 물리학 연구는 계속되고 있으며 미래의 약물의 작용 기전을 밝히는 중요한 열쇠가 될 것이다.

세포의 섬유소 크기는 얼마일까?

세포 생물학은 시각적인 아름다움을 표방하는 학문 분야이다. 사실 네셔날 지오그래픽과 같은 잡지뿐만 아니라 현미경 제작자들도 아름다운 사진을 두고 경합을 벌인다. 물론 세포 구조 사진들이다. **그림 1-44A**에서 그 예를 볼 수 있다. 이 사진에서 우리는 여러 가지 세포 골격 섬유를 다른 색으로 볼 수 있다(세포를 가로세로로 종횡 무진하는 액틴과 미세소관은 **그림 1-44B**에 도식화했다). 이런 섬유는 세포를 이동시킬 뿐만 아니라 세포 분열 과정에서 염색체를 끌어 다닐 수 있는 분자 고속도로 역할도 도맡는다. 이들 분자 연결망을 구조적으로 볼 수는 없을까? 전형적인 섬유의 크기는 얼마이고 "전형적인" 진핵세포 내부에 이들 분자는 얼마나 있을까?

세포 골격의 크기를 알아보기 위해 우리는 세포 골격 섬유를 구성하는 개별 단위체로부터 계층적으로 살펴보자. 다음에는 개별 섬유의 특징을, 마지막으로 세포 골격 연결망의 구조적 특징과 세포 안에서 포진하는 정도에 대해 알아보겠다. 세포 골격 섬유는 각각이 개별 단위체로 구성되며 그것이 섬유소

	액틴	미세소관
기능	세포이동, 세포질 분열, 근육 수축, 듣기	세포 분열, 세포 내 운반
구성단위	액틴 1분자,	알파 튜불린 +베타 튜불린
구성단위의 무게	≈40 kDa	≈50 kDa
구성단위 크기	5 nm	4 nm (dimer)
전섬유 숫자	2	13 (variable)
단면적,	20 nm^2	200 nm^2
섬유의 직경	6 nm	25 nm
나선의 반복 주기	36 nm	8 nm
지속길이	10 μm	1–10 mm
섬유의 길이	적혈구 표면에서 35 나노미터에서 귀 유모세포의 10–100 마이크로미터	1 마이크로미터가 안 되는 효모에서 100 마이크로미터인 쥐 신경세포, 곤충 정자에서는 1 밀리미터가 넘는다.

표 1-7 주요한 세포 골격. 액틴과 미세소관(BNID 107897).

의 빌딩 블록이다(그림 1-44B). 이 단위체의 특성은 **표 1-7**에 정리했다. 예를 들어 액틴 섬유소를 구성하는 각 단위체의 길이는 약 5 나노미터이고 분자량은 40 킬로 달톤 정도다. 미세소관을 구성하는 튜불린 단위체도 그와 유사하다. 보다 정확히 말하면 튜불린 알파, 베타 단위체가 이당체를 이룬다(각각은 대략 50 킬로 달톤). 튜뷸린 이당체는 크기가 8 나노미터 정도이다. 다른 단백질과 마찬가지로 이들 단백질도 엑스 선 결정법에 의해 구조가 밝혀졌다. 이들 골격 섬유 단위체들은 구형 단백질 정도의 크기를 갖는다.

그림 1-45에서 보다 정확한 구조를 볼 수 있고 전령 RNA 및 단백질 단위체 그리고 액틴 섬유 일부를 함께 보면서 비교가 가능하다. 세포 내에서 실제 활동 중인 액틴 섬유의 1퍼센트가 안 되는 부위가 단량체들이다. 우리가 개별 액틴 단량체를 용액 안에서 섞는다고 가정하자. 이들 단량체는 자발적으로 섞여서 그림 1-44B에서 보는 것과 같은 섬유 구조를 형성할 것이다. 액틴의 경우 이 섬유의 길이는 마이크로미터 정도이고 직경은 6 나노미터다. 매우 가느다랗다는 뜻이다. 마찬가지로 튜불린 단량체도 모여서 구멍 난 관 모양의 섬유를 만든다. 여기에는 보통 13개의 원섬유가 끼어든다. 이때 구멍이 있는 관 구조의 직경은 약 25 나노미터이다. 이 비율의 일상적인 의미를 캐보기 위해 미세소관의 길이를 10 마이크로미터라고 해보자. 직경이 약 50 마이크로미터인 인간의 머리칼과 비교하면 그 길이는 400배인 2 센티미터가 될 것이다. 이렇게 낭창낭창한 구조를 가지기 때문에 미세소관은 역학적으로 매력적인 특성을 갖고 다양한 세포 과정에 참여한다. “세포 골격 섬유에 얼마만큼의 힘을 가할 수 있는가?” 항목에서(172쪽) 더 살펴볼 것이다. 이들 섬유의 탄력성을 나타내는 지표 중 하나는 이들 섬유가 구부러져 있을 때와 죽

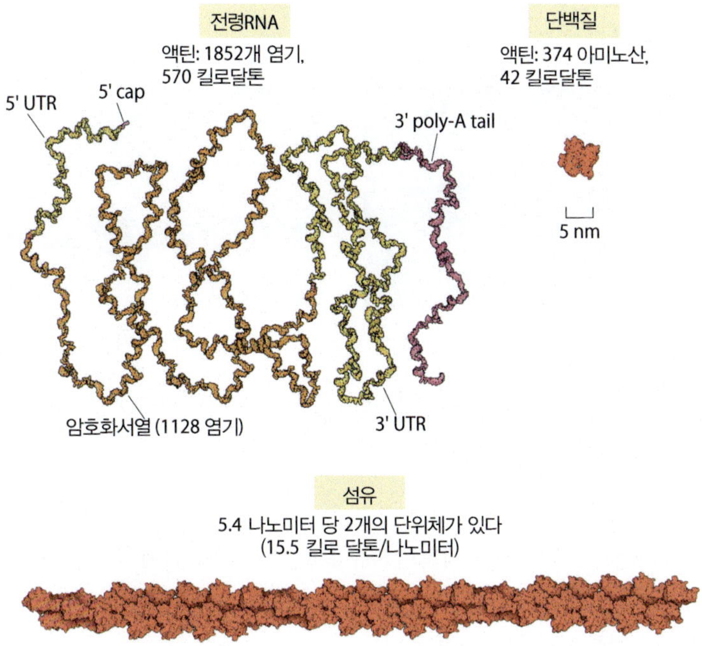

그림 1-46 액틴 전령 RNA, 단백질 및 섬유의 크기. 전령 RNA 옆에 단백질이 놓여 있다. 단위체를 조립하여 액틴 섬유를 만든다(아래). 이 섬유 절편은 실제 지속길이의 1 퍼센트에 불과하다(Goodsell D).

펴져 있을 때 길이를 측정하는 것이다. 열에 의해 움직이는 섬유 양쪽 끝의 향배를 추적하는 물질의 지속 길이를 측정한다.

개별 섬유의 역학적 특성을 측정하는 기발한 방법들이 등장했다. 용액 속에서 열에 의한 자발적 움직임을 측정하는 것부터 섬유의 한쪽 끝에 힘을 가해 구부러지는 정도를 측정하기도 한다. 고전적인 초기 방법은 형광이 표지된 섬유를 현미경으로 관찰하는 것이었다. 섬유가 진동하는 정도는 섬유의 길이와 관련이 있다. 이런 측정법에 따르면 액틴 섬유의 지속persistence 길이는 10 마이크로미터(BNID 106830)이고 미세소관은 1~10 밀리미터이다(BNID 105534).

세포 골격 섬유가 단독으로 존재하는 일은 흔치 않다. 대부분의 세포에서 섬유는 무리지어 행동한다. 아름답지만 아직도 많은 부분이 신비에 싸인 염색체 분리과정이 그 대표적인 예이다. 세포가 분열할 때 미세소관은 방추사를 이뤄 물리적 힘을 제공한다(**그림 1-46A**). 이 그림은 세포 주기의 핵심인 중기metaphase 상태이다. 딸세포로 들어갈 염색체가 미세소관에 의해 일렬로 배치되어 있고 말기에 접어들면 염색체가 완전히 둘로 나뉜다. 방추사 안에

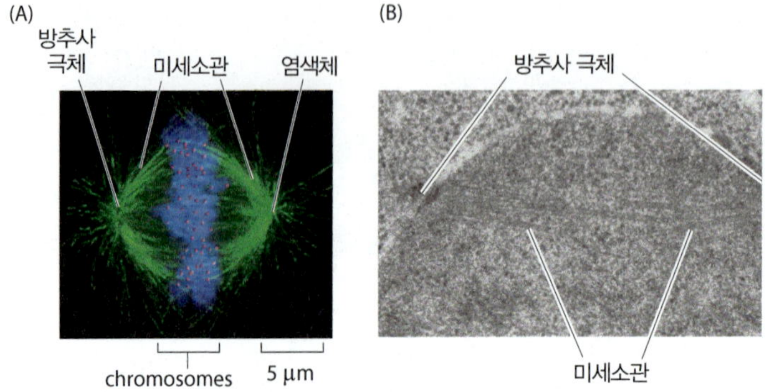

그림 1-47 미세소관과 방추사. (A) 형광 이미지에서 분열하는 인간 헬라세포 내부의 미세소관을 볼 수 있다. DNA는 파란색이고 미세소관을 초록색이며 중심체는 붉은 색이다. (B) 방추사의 전자현미경 모습(Cheeseman I; Winey M [1995] J Cell Biol, 129, 1601-1615).

서 미세소관의 길이 분포는 어떨까? 이 질문에 답하기 위해서는 방추사의 공간적 조직화의 본성이 어떤지 이해해야 하고 염색체가 분리되는 동안 힘이 어디에서 유래하는지도 알아야 한다.

이 질문에 답하기 위한 실험이 여러 차례 수행되었다. 우선 전자현미경 이미지를 통해 개별 미세소관의 길이를 파악할 수 있다. 효모 세포에서 이렇게 측정한 이미지와 미세소관의 분포는 **그림 1-46B**에서 확인할 수 있다. 방추사의 길이는 보통 2 마이크로미터이며 약 50종의 다른 섬유가 평행하게 연결되어 있다. 각각의 길이가 몇 마이크로미터인 미세소관이 분자 모터에 의해 서로 연결되어 있다(BNID 111478, 111479). 그러나 이런 종류의 실험으로

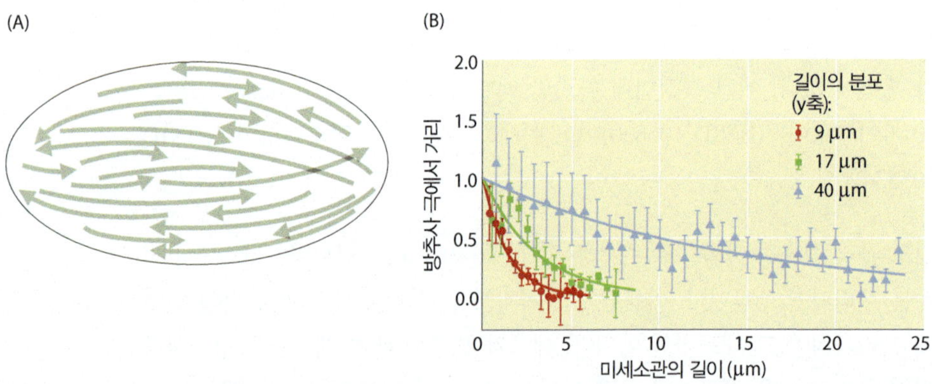

그림 1-48 발톱 개구리 추출물에서 측정한 미세소관 길이. (A) 미세소관 조감도. 방향성은 화살표로 표시했다. 방추사의 끝에서부터 표시한 길이가 다양하다. (B) 방추사의 끝에서부터 거리로 표시한 미세소관 길이의 분포(Brugues J [2012] Cell, 149, 554-564).

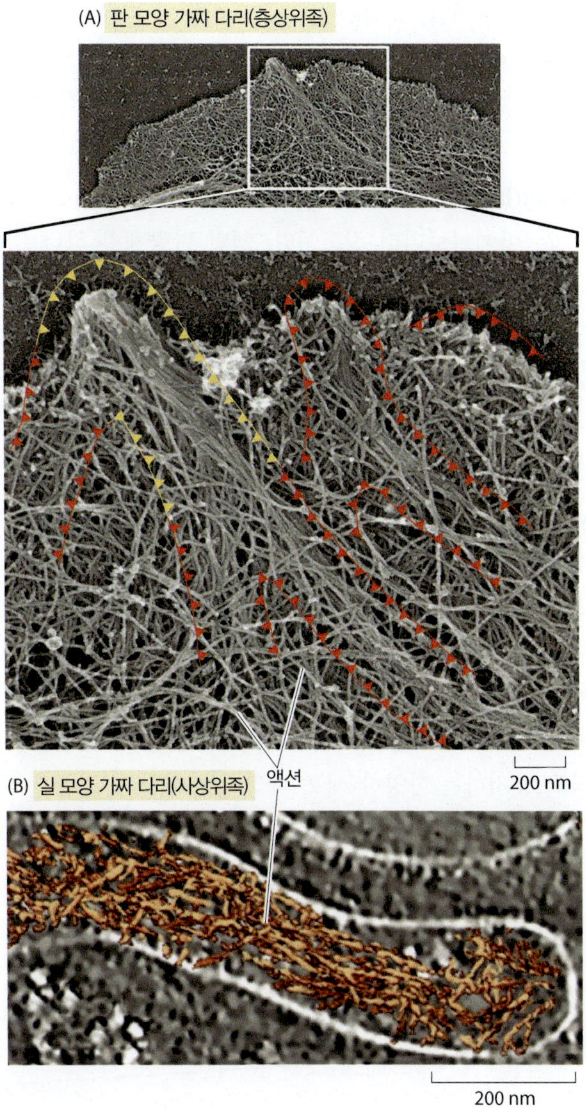

그림 1-49 이동하는 세포 선단의 액틴. (A) 피부세포 선단에서 액틴의 모습 (B) 급속 냉동 전자현미경 이미지에서 살펴 본 위족filopodium의 액틴 분포(Svitkina TM [2003] J Cell Biol, 160, 409-421; Medalia O [2007] Curr Biol, 17, 79-84).

동물세포 방추사를 구성하는 미세소관의 전체 분포를 파악하기는 쉽지 않다. 이런 경우 형광이 표지된 미세소관의 탈중합화 과정을 파악함으로써 다양한 방추사의 길이를 규정할 수 있다. 발톱개구리의 알에서의 방추사의 길이 분포는 **그림 1-47**에 수록하였다.

미세소관이 매우 다양한 역할을 하는 것처럼 액틴도 생물학의 다채로운 세포 과정에 핵심 요소이다. 그 한 예는 세포 이동에 관여하는 섬유의 종합적 특성에서 확인할 수 있다. 피부세포처럼 기어다니는 세포의 움직임은 액틴이 관여하는 두 가지 독특한 과정에 의해 매개된다. 하나는 상대적으로 세포막의 좁은 돌출인 필로포디아(pilopodia, 사상위족)이고 다른 하나는 폭이 넓은 라멜리포디아(lamellipodium, 층상위족)가 그것이다. 피부세포의 이동 속도는 초당 0.25 마이크로미터 정도이다. 액틴 단량체가 하나 결합할 때 액틴 섬유의 길이가 3 나노미터씩 증가한다면 우리는 초당 약 100개의 단량체 액틴이 섬유에 추가될 것이라 추론할 수 있다. 기는 행동은 현미경적 요소로 분해할 수 있고 그림 1-48처럼 전자현미경으로 관찰이 가능하다. **그림 1-48A**에서 우리는 섬유아세포의 막이 벗겨지면서 금속으로 치장한 라멜리포디움 액틴 섬유가 움직이는 모습을 볼 수 있다. 두 번째 예에서는 동일한 섬유지만 금속으로 가공하지 않은 점균류 딕티오스텔리움 필로포디아의 급속냉동 전자현미경의 이미지를 볼 수 있다. 오래된 세포 생물학 책을 열면 세포 골격은 진핵세포에 독자적인 것이라는 설명이 등장한다. 그렇지만 지난 수십 년 간의 발견에 힘입어 교과서는 새로 바뀌었다. 세균도 액틴, 미세소관과 중간섬유 비슷한 세포 골격을 갖는다. 진핵세포의 친척처럼 이들 골격 단백질들도 세포 플라스미드를 격리하거나 세포 분열 과정에 또는 세포의 형태를 결정하고 유지하는 다양한 세포 과정에 참여한다. 각본은 매우 비슷하지만 세균의 세포 골격 섬유는 이들 세포의 크기에 제약을 받는다.

숫자

CHAPTER 2 농도와 절대 숫자

이번 장에서 우리가 눈여겨 볼 이런저런 삽화들은 "얼마나 되나"라는 아주 간단한 질문에 관한 것이다. 예를 들어 세포 하나에 들어 있는 총 전령 RNA 혹은 리보솜은 몇 개나 될까 같은 중요한 문제에 대해 스스로 물어보고 답을 구하려고 한다. 상대적인 값이 아니라 세포 하나에 몇 개의 복사본을 가지는지, 다시 말하면 절대 숫자가 얼마인지 측정한 값들이다. 이런 유의 질문은 연쇄적으로 이온, 대사체, 신호 단백질의 농도 혹은 다른 요소들 가령, 세포 골격 분자의 수가 얼마나 될까 하는 질문으로 이어진다. 이런 모든 질문은 사실 생물학의 중심원리central dogma로 연결되고 세포 내에서 중요한 역할을 하는 분자 목록을 확인하는 기회가 될 것이다. 우리 생각에 세포 내에서 움직이고 뒤섞이는 물질의 농도와 절대 숫자를(**그림 2-1**) 아는 것은 작용 기전을 정성적으로 기술하는 것을 한 단계 넘어서 정량적으로 어떤 일이 발생할지 예측 가능한 모델을 구축하는 토대가 된다. 첨단의 분자 기법을 사용하여 알아낸 세포 내 물질의 전수조사 결과를 자세히 살펴보기에 앞서 우리는 생명을 지탱하는 주요한 에너지와 물질의 변환에 대해 살펴보려 한다. 오늘날 많은 고등학교 학생들은 생물 수업 시간에 광합성 과정에서 탄소가 고정되는 화학 양론적stoichiometric 방정식을 달달 외운다. 그러나 사실 이런 문제는 분자 전수 조사를 통해 서로 접근이 가능하고 과거 "공기화학자 pneumochemist"(문자 그대로 공기를 다루는 화학자)들이 광합성 과정을 거치는 동안 들어가고 나오는 공기의 양을 측정하는 새로운 방법을 발명했던 원리를 설명할 수 있게 될 것이다. **그림 2-2**는 물속에 잎을 집어넣은 다음 광합성을 하는 잎에서 발생하는 "순수한 공기"(산소)의 부피를 힘들게 측정했던 초기의 실험을 상징적으로 보여준다. 초기 화학자들이 수행했던 이런 조

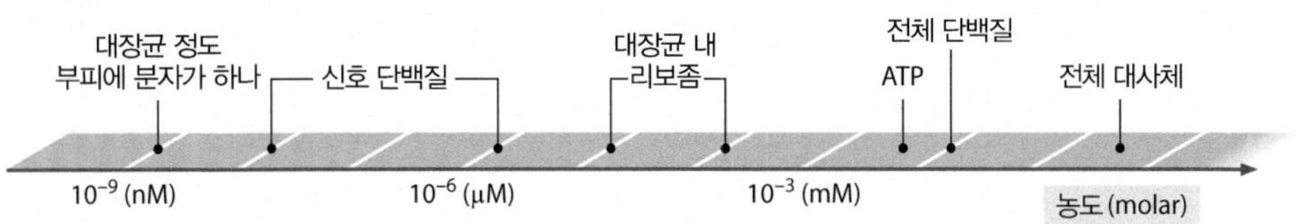

그림 2-1 주요한 생물학적 실체의 농도 범위. 하나의 세포에 오직 한 개만 존재하는 분자에서 엄청난 숫자를 가진 대사체를 선보인다. 특별히 어떤 세포인지 지칭하지 않는다고 해도 대부분의 세포가 이런 범위 내 해당하는 수의 물질을 가지고 있다.

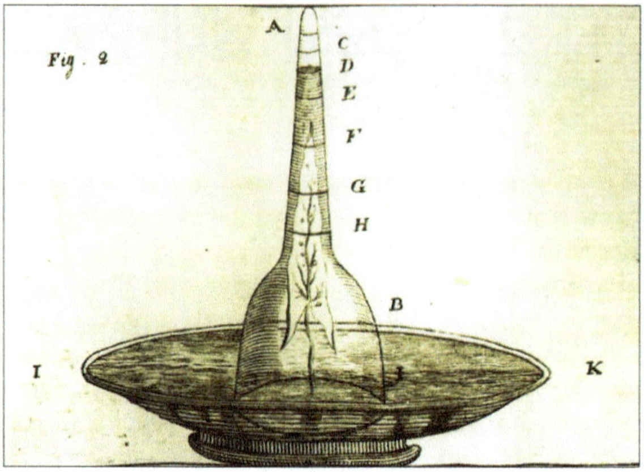

그림 2-2 식물이 흡수하고 내 놓는 가스들을 이해하기 위한 실험장치. 이 장치 덕분에 물속에 들어 있는 식물의 잎 하나가 내 놓는 산소 가스의 부피를 측정할 수 있다. 다양한 성분을 물에 넣어서 산소 생산에 미치는 효과를 확인할 수 있다. 이런 연구는 18세기 중후반에 수행되었으며 소량 존재하는 이산화탄소를 발견하는 쾌거를 이루었다. 알다시피 이산화탄소는 광합성 과정에 사용되는 원재료이다(Farmer, Arch Sci, 2010, 63:185-192).

심스럽고 정교한 계량화는 생명의 비밀을 밝히기 위해 광화학의 기초를 다지고 증명하는 그야말로 핵심적인 과정이었으며 형이상학적 생기론이 판을 치던 상황에서 수행된 실험들이었다.

화학은 서로 다른 형태의 원자와 분자가 벌이는 상호 작용을 연구한다. 폴 에를리히는 "Corpora non agunt nisi ligata"(원소는 다른 것과 연결되지 않으면 아무런 효과를 보이지 않는다)라고 일갈했다. 우리가 이번 장에서 강조하는 점은 그러한 연결이 서로 결합하는 물질의 농도(그리고 친화도)에 절대적으로 의존한다는 사실이다. 헤모글로빈 분자에 결합하는 산소의 양이 바로 그런 예를 보여준다. DNA와 전사 인자가 전령 RNA의 발현을 조절하는 과정에서도 똑같은 이야기를 할 수 있다. 그러나 양적인 조절의 가장 잘 알려진 예를 들자면 락오페론의 억제 단백질인 LacI일 것이다. 잘 알려지지는 않았지만 하나의 대장균 세포에서 이런 전사인자의 복제수는 대략 사중체 10개 정도이다. 이렇게 적은 복제수를 가지는 이유는 흥미롭다. 왜냐하면 적은 숫자를 가지고도 세포-세포 간 차이를 유도할 수 있다는 질문이 즉각 떠오르기 때문이다.

세포 내부의 양적인 측면도 중요하겠지만 표면적이 그리 넓지 않기 때문에 세포막의 양적인 문제도 고려 대상이 된다. 세포막에는 다양한 종류의 막단백질이 울긋불긋 수놓고 이들 단백질은 외부 세계와 세포 사이에 정보를 교환하는 역할을 수행한다. 여기서도 리간드와 세포막 수용체 단백질의 결합은 정량적으로 일어나며 농도에 매우 민감하다. 세포의 부동산인 세포막 표면적은 운반 단백질의 양도 제한한다. 따라서 우리는 대장균의 최대 성장 속도를 제한하는 요소 중 하나가 이들 단백질의 운반 속도일 것이라고 추측할 수 있다. 이런 식의 접근 방식은 분자 생물학 혹은 세포 생물학 분야에서 계속 반복해서 제기될 것이기 때문에 서로 다른 분자 종의 양적인 풍부함에 주의를 기울이려는 시도가 세포에서 그 물질의 기능을 직관적으로 이해하고자 할 때 많은 도움을 줄 것으로 생각한다.

이번 장 전반에 걸쳐 우리는 간혹 세포 내부의 물질 재고량을 넘어서는 또 다른 양적인 문제, 예컨대 포화상태로 배양했을 때 대장균의 숫자가 얼마나 되겠느냐 하는 문제도 언급할 것이다. 이런 숫자가 흥미롭고 또 유용한 한 가지 이유는 이것들이 미생물 세포 과정의 가장 중요한 요소를 우리에게 말해주기 때문이다. 세포배양 튜브 안에서 우리는 세포의 성장에 관한 식견을 얻을 수 있다. 예를 들어, 탄소원을 포함한 배양액이 들어 있는 5 밀리리터 튜브 안에 세균 하나를 집어넣고 몇 시간이 지나면 이 튜브 안에는 10억 개의 세균이 득시글거리게 된다. 배양 용기 안에 있는 분자 구성성분이 어떻게 복잡한 생명체가 될 수 있었을까? 이런 세포를 구성하는 단백질, 핵산, 당, 지질의 상대적인 농도는 얼마나 될까? 이런 단순한 생장 실험을 통해 우리는 다양한 세포들의 화합물과 거대복합체를 전수조사할 수 있다. 비록 세포의 종류는 다르지만 여기서 우리는 몇 가지 어림짐작해서 손쉽게 경험 법칙을 이끌어 낼 수 있다. 예를 들자면, 튜브 안 물질 무게의 약 30%는 건조 중량이고 그 중의 반(50%)은 탄소가 차지한다. 세균 1 세제곱 마이크로미터 안에 들어 있는 탄소의 무게는 $100 \sim 200 \times 10^{-15}$ 그램이다. 분자량이 12 달톤이므로 탄소는 10^{-14} 몰이다. 아보가드로 숫자를 기억하는가? 그러므로 10^{-14} 몰은 탄소가 10^{10}개가 된다. 일장에서 이미 얘기했지만 이런 것이 어림짐작 경험 법칙이다.

우리가 선택한 삽화들은 포괄적이라기보다는 특이한 것들이다. 어떤 분자가 더 주도적인 역할을 하는지 우리가 쉽게 이해할 수 있느냐하는 점이 선택의 기준이 되었다. 예를 들자. 어떤 세포 안에서 가장 풍부한 단백질은 무엇이냐(혹은 상위 10개), 또 그 이유는 무엇일까? 루비스코rubisco라는 단백질은 무기 탄소를 포도당과 같은 유기물질로 전환하는데 없어서는 안 될 분자이고 종종 "지구상에서 가장 풍부한 단백질"이라고 한다. 또 이 단백질은 농업 생산성을 결정하는데 중요하기 때문에 많은 사람들의 관심을 끈다. 그러나 우리는 루비스코에 관한 얘기가 다소 과장되었다는 점을 말하고 싶다. 인간이나 가축이 가진 단백질의 약 3분의 1을 차지하는 콜라겐collagen의 숫자가 사실 더 많기 때문이다. 마찬가지로 지구상 생명체의 다양성에 기여하는 역할을 감안할 때 리보솜이 생명계의 가장 보편적인 특성이라 아니할 수 없다. 특히 빠르게 분열하고 있는 세포에서는 더욱 그렇다. 한편 우리는 세포 생체량의 많은 부분을 차지하는 분자들이 어떤 것인가라는 문제를 살펴보면서 세포에 대한 직관을 얻을 수 있을 것이다.

세포 만들기

세포를 구성하는 원소들은 무엇일까?

지구상에 존재하는 생명체와 관련한 가장 흥미로운 화학적 비대칭성은 세포의 구성 성분과 지구의 구성 성분이 서로 다르다는 점에서 비롯된다. 세포가 가동하는 풍부하고 다양한 대사 경로 덕택에 생명체의 화학은 대개 탄소, 산소, 질소, 수소로 이루어진다. 이런 기본 단위가 또한 세포 건조 중량의 대부분을 차지한다.

대장균 건조 중량의 면면을 보면 질소 원자 한 개당 산소는 대략 2개, 수소는 7개 그리고 탄소는 4개꼴로 구성되어 있다. 따라서 경험적 화학 구성비는 대략 C_4:H_7:O_2:N_1이다. 탄소를 기준으로 다시 비율을 조정하면 C_1:$H_{1.77}$:$O_{0.49}$:$N_{0.24}$이다(BNID 101800). 절대 숫자를 보면 중간 크기의 대장균 하나에는 약 10^{10}개의 탄소가 있다(BNID 103010). 지구상에 존재하는 인구 숫자에 거의 맞먹는 값이다. 그러나 그 숫자는 고성능 컴퓨터 칩에 들어 있는 트랜지스터의 숫자보다 적다. 출아 중인 효모의 비율도 비슷해서 C_1:$H_{1.61}$:$O_{0.56}$:$N_{0.16}$이다(BNID 101801). 인간의 신체에는 몇 개의 원자가 있을까? 이렇게 대답할 지도 모르겠다. “상황에(가령 체중) 따라 다르다고.” 그러나 **어림짐작 2-1**에 표시한 것처럼 우리는 어림 숫자를 선호한다. 성인 한 명의 체중은 대략 100 킬로그램보다는 적고 인체를 구성하는 원소의 평균 질량은 10 달톤이다. 그러면 대강의 수치가 나온다. 인간의 신체 안에는 10,000 몰 만의 원소, 숫자는 10^{27}~10^{28}개이다. 우리는 재미삼아 바나듐 한 분자를 기준으로 인체의 상대적 구성비를 계산해보았다. 이른바 “인간의 상대적 조

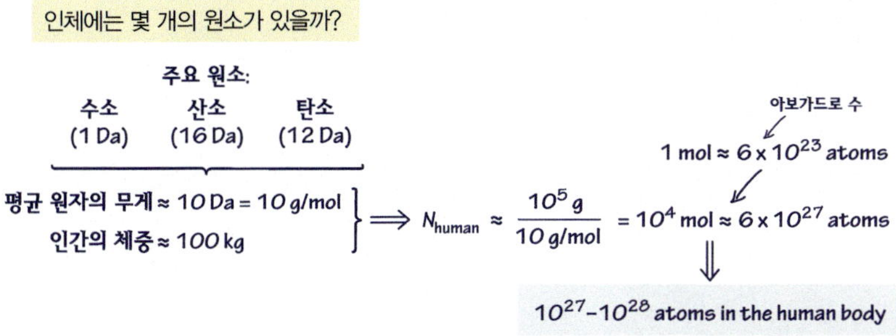

어림짐작 2-1 인간의 신체에 포함된 원소의 어림값. 신체를 구성하는 주요 원소의 질량과 인간의 체중을 바탕으로 쉽게 계산이 가능하다.

성비"라고 부르는 것이다(BNID 111243).

$$H_{2.5E9}O_{9.7E8}C_{4.9E8}N_{4.7E7}P_{9.0E6}Ca_{8.9E6}K_{2.0E6}Na_{1.9E6}S_{1.6E6}Cl_{1.3E6}$$
$$Mg_{3.0E5}Fe_{5.5E4}F_{5.4E4}Zn_{1.2E4}Si_{9.1E3}Cu_{1.2E3}B_{7.1E2}Cr_{98}Mn_{93}Ni_{87}Se_{65}Sn_{64}I_{60}Mo_{19}Co_{17}V$$

위에서 말했듯이 지각 혹은 해수의 구성 성분과 세포의 구성 성분을 비교하는 것은 흥미로운 일이다(BNID 110362, **그림 2-3**). 놀랍게도 탄소나 수소 등 생명체에서 핵심적인 역할을 하는 주요 성분들은 지각에 별로 없다. 양으로 보면 탄소는 지각에서 고작 17번째이다. 수소는 그보다 좀 더 많아서 10번째로 풍부한 원소이다. 이는 지각의 주요 성분인 산소(60.5%)나 규소(20.5%), 알루미늄(6.2%) 함량에 턱없이 모자란다. 공기 중에서 탄소를 함유하는 주요한 분자는 이산화탄소이고 고작 400 ppm 정도 밖에 되지 않는다(인간의 활동 덕분에 이 책을 쓰고 있는 순간에도 이 값은 역동적으로 변하고 있다). 따라서 이런 희소한 자원을 추출해내기 위해 이 순간에도 우리는 식물에 물을 뿌려대고 있다. 이산화탄소를 들여보내는 주된 통로인, 잎에 있는 작은 구멍인 기공을 통해 식물은 물을 잃는다. 이런 현상을 통해 인간이 사용하는 물의 약 3분의 2가 소모된다(BNID 105887). 초기 지구의 대기에는 수소가 많았지만 시간이 지나는 동안 상당 부분을 우주에 돌려보냈다. 수소가 가볍기 때문이다. 특히 대기 상층부의 온도가 높기 때문에 지구의 중력이 끌어당기고 있음에도 불구하고 수소는 쉽게 대기권을 떠난다. 이런 현상은 오늘날에도 지속되고 있으며 대기로부터 초당 약 3 킬로그램의 수소를 잃어버린다(BNID 111477).

세포를 구성하는 거대 분자를 살펴보면 원소의 구성에 대한 단서를 얻을 수 없을까? 어림짐작 말고 우리가 알고 있는 세포의 구성을 통해 원소의 비율을

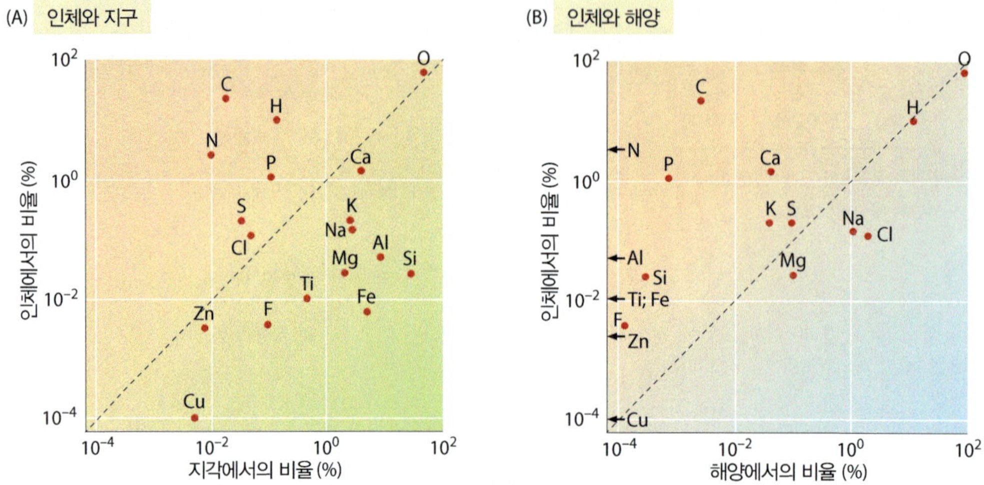

그림 2-3 인체와 지구(A), 인체와 해양(B)의 원소 구성 비율. 질량비율을 기준으로 따진 것이다. 인체에서 최소한 1 ppm 이상인 원소들만 고려 대상으로 삼았다. x축 최소 기준 값보다 더 농도가 낮은 것들은 화살표로 처리했다.

추론할 수 있을까? 세균의 55%는 단백질이고 핵산은 20%, 지질 10% 그리고 나머지가 약 15%이다(질량을 기준으로 할 때 그렇다, BNID 101436). 질량비를 따지면 단백질과 핵산은 약 3:1이다. **어림짐작 2-2**에서 우리는 이들 주요한 두 성분을 이용해서 세포를 구성하는 원소 구성을 간단히 계산할 수 있다.

하나의 핵산은 인산(PO_4), 리보오스($C_5H_8O_2$) 골격 그리고 염기($\sim N_5C_5O_1H_6$, 다섯 염기 중 구아노신을 택했다)로 구성된다. 따라서 핵산의 총 화학적 구성은 $P_1N_5O_7C_{10}H_{14}$이고 질량은 약 350 달톤이다(BNID 104886). 아미노산은 펩티드 결합-RC(O)NH- 골격에 인접한 탄소에 첫 번째 그룹이(R) 결합한다. 평균 세 개의 탄소, 산소 하나, 수소 6개로 구성되기 때문에 원소 구성은 $N_1C_5O_2H_8$이 되고 분자량은 110 달톤이다(BNID 104877). 우리가 세포 성분 중 단백질과 핵산에 초점을 맞춘다면 이제 우리는 세포의 전반적인 구성을 예측할 준비가 된 셈이다. 바로 이 순간 세균에 들어 있는 단백질의 총 무게가 핵산보다 세 배쯤 더 무겁다는 사실만 떠올리면 된다. 핵산은 아미노산보다 평균 세 배 정도 질량이 더 나가기 때문에 핵산은 결국 아미노산 열 개에 해당하는 무게를 갖는다. 따라서 열 개의 아미노산과 하나의 핵산을 화학 양론적으로 계산하면 $10\times(N_1C_5O_2H_{8,}) + 1\times(P_1N_5O_7C_{10}H_{14}) = (C_{60}{:}O_{27}{:}H_{94}{:}N_{15}{:}P_1)$이다. 질소 원자를 기준으로 다시 정리하면 $C_4{:}H_{6.3}{:}O_{1.8}{:}N_1$이며 이는 경험치인 $C_4{:}H_7{:}O_2{:}N_1$에 근접한 수치이다. 이런 추정 값은 세포 질량의 10 퍼센

세포의 구성 요소들

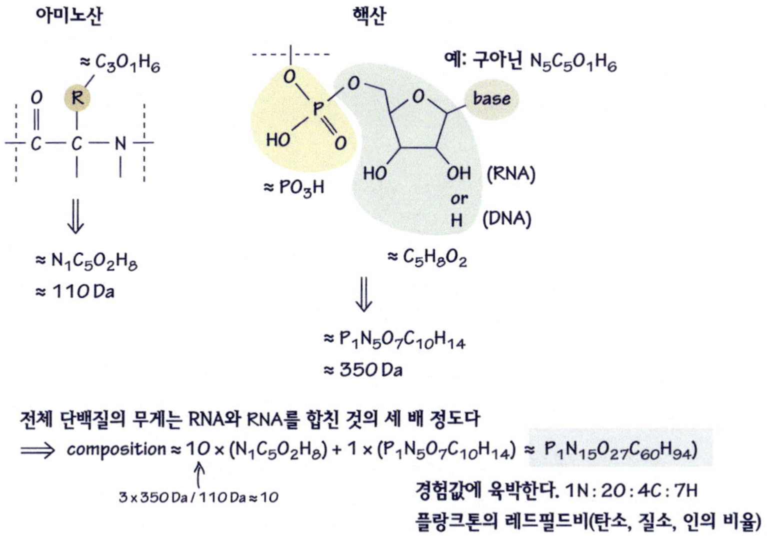

어림짐작 2-2 세포 내부의 원소 구성비를 주먹구구식으로 계산하기. 이 계산에 사용된 요소는 단백질의 구성 성분인 아마노산과 RNA, DNA의 구성 요소인 핵산뿐이다.

트를 차지하는 또 다른 요소인 지질을 포함하면 실제에 더욱 가까울 것이다. 지질 분자는 대부분 지방산으루 구성되며 수소 원자의 수가 탄소의 그것보다 두 배나 많고 산소는 거의 없다. 따라서 지방산을 계산에 집어넣으면 수소의 비율이 올라가고 상대적인 산소의 비율이 떨어지면서 실험적으로 측정한 생물 질량 비율에 더욱 가까워진다. 이미 그 비율이 알려진 뭔가를 어림잡아 계산하려할 때의 핵심은 세포의 구성을 결정하는 주요한 생물학적 요소에 대해 우리가 이해하는 방식이 타당한가 아닌가에 있다.

왜 이런 특별한 요소들이 생물학적 기능을 담당하도록 선택되었을까? 왜 탄소는 생명의 기본 단위가 되었을까? 이런 질문에 대한 답은 상당히 잘 알려져 있다(R. J. P. 윌리엄스와 J. J. R. 프로스토 다 실바, 원소의 생화학, 옥스퍼드 대학 출판부, 2001; R. W. 스터너와 J. J. 엘저, 생태의 화학 양론, 프린스턴 대학 출판부, 2002). 생명을 이루는 원소의 화학 양론 분야는 매우 흥미로운 내용들이 가득 숨어 있다는 사실만 지적하고 얘기를 정리하도록 하자. 예를 들어 인phosphate 대신 주기율표 한 주기 아래 존재하는 비소를 쓰는 세균이 캘리포니아 모노 호수에 기거한다는 사실이 저명한 논문에 발표되기도 했다. 그렇지만 좀 더 면밀하게 연구를 진행한 결과 이들 세균은 비소 중독에 매우 저항성을 가지기는 하지만 여전히 인을 필요로 하는 것으로 드러났다. 원 논문에 대한 논박을 거듭하면서 과학계는 원소의 특성이 어떻게 생명의 진화를 제약하는가에 대한 관심이 지대해졌다.

세포의 밀도는 얼마나 될까?

생물학적 물질의 밀도는 실험실 튜브 안에 세포가 내려앉거나 배양기에 부착시켜 세포를 키울 때 혹은 생물학자들이 매일 원심 분리할 때 그런 기법들을 가능하게 하는 물리적 성질이다. 세포와 그들이 들어 있는 수용성 매질 사이의 밀도가 차이나기 때문에 우리는 역상 현미경 하에서 세포를 선명하게 관찰할 수 있다. 실험실 밖에서도 밀도는 매우 중요한 물리적 특성이다. 예를 들면 플랑크톤은 밀도 차이를 활용하여 어두컴컴한 심해로 가라앉는 대신 햇볕이 잘 드는 해수면 가까이에 자리 잡을 수 있다. 생물학자나 생화학자들이 매일매일 밀도를 이용해 분리 작업을 수행하면서도 **표 2-1**에서 제시한 물질의 밀도에 대해 거의 언급하는 법이 없다는 사실은 놀랍기만 하다.

서로 다른 세포 소기관이나 세포의 밀도가 다른 이유는 무엇일까? 밀도의 차이는 대개 물의 함량과 건조 중량의 비율에 바탕을 두고 있다. 물과(기본 단위인 1 그램/밀리리터 혹은 킬로그램/세제곱미터와 같다) 비교한 단백질의 밀도는 대략 1.3~1.4 정도이다(BNID 104272, 101502). 물의 밀도를 1로 정의하면 단백질과 물의 상대적인 비율에 따라 세포의 상대적인 밀도는 1~1.3 사이에 들어간다. 지질은 밀도가 낮아 물 바로 아래지만 거의 1에 육박한다(BNID 108142). 높은 쪽 극단에 있는 물질은 전분 과립(대략 1.5) 혹은 핵산이며(1.7) 이들 물질이 많은 경우 전체적으로 밀도가 높아진다.

밀도를 알면 밀도구배에 기초한 원심 분리를 수행할 때 찾고자 하는 물질의 위치를 파악할 수 있다. 실험실에서 높은 쪽에서 낮은 쪽으로 범위에 있는 밀도의 경사를 만들고자 할 때는 설탕을 사용한다. DNA를 분리할 때는 전통적으로 염화세슘을 사용해왔다. 질량을 부피로 나눈 것이 밀도이지만 용액 속에서 하전을 띨 경우 밀도는 물질을 둘러싼 물 층의 두께에 의해 좌우된다. 이때 우리는 유효 밀도라는 용어를 사용하며 이 값은 결합수, 다시 말하면 염류의 농도에 따라 달라진다(BNID 107858).

원심분리하는 동안 물질의 침강속도는 스베드베리Svedberg 단위를 사용하며 리보솜이나 리보좀 RNA를 묘사하는 70 S, 23 S가 바로 그것이다. 23 S 리보좀 RNA는 정상 밀도에서 속도가 23×10^{-12} 미터/초 일 때 침강한다. 초

대상	밀도	BNID
물로 둘러싸이지 않은 DNA	2.0	107858, 111208
RNA	2.0	111208
7몰 세슘클로라이드 용액 안의 DNA	1.7–1.8	107857
염색질	1.4	106492
단백질	1.2–1.4	104272, 111208
엽록체	1.1–1.2	106492, 109442
포유동물 바이러스	1.1–1.2	106492, 106494, 109442
미토콘드리아	1.05–1.2	106492, 106494, 109442
간세포	1.05–1.15	106494, 109441
적혈구	1.1	101502, 109441
대장균	1.08–1.10	103875, 102239, 110096
출아 효모	1.08–1.10	106439
골격근 세포	1.06	111214
신경연접부 소체	1.05	101502
헬라세포	1.04–1.08	109441
섬유아세포	1.03–1.05	101502, 106494, 109441
막(단백질 포함)	1.02–1.18	106492, 106494, 109442
인지질(+ 콜레스테롤)	1.01	108142
지방세포	0.92	111213

표 2-1 물과 비교했을 때 생물학적 요소들의 밀도. 단위는 그램/밀리리터, 1,000 킬로그램/세제곱미터다. 밀도가 줄어드는 순서로 배치했다. 따로 언급하지 않으면 이들 값은 설탕이나 피콜 용액에서 얻은 것이다(72쪽).

고속 원심분리기가 가속되면 1백만 g값을 낼 수 있으며 이에 비례하여 침강 속도는 초당 23×10^{-6} 미터 혹은 1 밀리미터/분까지 올라간다. 침강속도는 물질의 밀도, 크기 혹은 모양에 따라 달라질 수 있다. 비슷한 모양과 밀도를 가진 물질의 침강 속도는 분자량의 제곱근으로 계산된다. 따라서 이 경우 분자량은 침강 속도의 제곱이다. 23 S와 16 S 리보솜 두 소단위의 질량비는 얼추 $(23/16)^2$이고 대략 2 정도이다. 이 값은 실제 이들 소단위의 실제 질량인 0.9, 0.5 메가달톤 값으로부터 유추할 수 있다(BNID 110972, 110967). 임상에서 적혈구의 침강 속도는 염증의 척도도 사용된다. 10 밀리미터/시간보다 침강 속도가 크면 침강 속도를 늘리는 요소인 피브리노겐이 많다는 의미이며 일반적으로 염증 상태에 접어들었다고 판단한다.

세포 구성 성분 중 가장 풍부한 물질은 물이다. 그렇지만 정확히 얼마나 많을까? 만약 다세포 생명체의 조직을 검사한다면 조직이 마르기 전과 후의 무게 차이를 측정하여 물의 함량을 쉽게 알아낼 수 있다. 세포에서도 그런 방식을 사용할 수 있을까? 마르기 전과 후, 세포 주변에 전혀 물이 없다고 확신한 채 세포의 무게만을 측정할 수 있을까? 심지어 원심분리를 끝낸 후에도 세포 덩어리 주변에서 물을 완전히 제거할 수 없기 때문에 건조 중량을 확실히 알기 어려운 점이 있다.

이때 방사성 동위원소가 구세주로 등장했다(케일리 등 1991). 처음 세포 덩어리에서 트리튬 ^{3}H으로 물을 측정한다. 여기서 얻어진 값은 세포 내부와 세포 집단에 있는 전체의 물의 양을 의미한다. 표지는 가능하지만 절대 세포 안으로 들어가지 않는 가용성 물질, 예컨대 ^{14}C-이눌린 혹은 ^{3}H-PEG의 방사능을 측정해 세포 외부에 있는 물의 양을 측정한다(원심분리한 대장균 세포 덩어리 부피의 약 25~35 퍼센트에 해당한다). 그 두 값의 차이가 세포 내부에 들어있는 물의 양이다. 이런 방법으로 측정한 세포 내 물의 양은 출아 중인 효모와 적혈구는 60~65 퍼센트, 대장균과 아메바는 70 퍼센트, 쥐의 근육과 돼지 심장 조직은 80 퍼센트에 육박한다(BNID 105938, 103689). 건조된 물질들이 밀도를 결정하는 요소이기 때문에(단백질은 1.3정도다) 세포의 특징적인 밀도는 약 1.1로 떨어진다(BNID 103875, 106439, 101502). 이런 특징적인 분획 때문에 부피당 건조 중량은 약 300~500 밀리그램/밀리리터이다(BNID 108131, 108135, 108136). 그렇지만 천천히 자랄 때 그 값은 더욱 커진다. 바짝 건조한 씨앗도 물보다 가볍다. 수중에서 자라기 때문에 물에 뜨는 식물의 조직은 주변의 물보다 밀도가 낮아야 한다. 물보다 낮은 밀도를 갖게 되는 이유는 조직에 공기를 채워 넣기 때문이다. 일부 세균은 주변 매질보다 더 낮은 분자량을 갖는 용질을 함유하기도 한다(예컨대 분자량이 23인 나트륨 대신 분자량 18인 암모니아). 작은 갑각류인 요각류들이 그런 전략을 취한다.

인간의 몸은 60 퍼센트가 물이다(40 퍼센트가 세포 내에, 간질액에 15 퍼센트, 5 퍼센트는 혈청이다, BNID 110743). 잊고 물을 마시지 않았을 때 탈수되는 경험은 누구나 해보았을 것이다. 그렇지만 일부 세포는 물의 양이 줄어도 잘 견딘다. 예를 들어 쥐의 간세포는 세포 내 물의 양이 25 퍼센트 줄어도 포도당 대사 속도가 변하지 않는다. 세포 외액의 삼투압을 조절하면 간세포 내에서 물을 제거할 수 있다. 아르테미아brine shrimp 새우는 극단적인 예를 보여준다. 이들이 사는 물의 염도는 매우 높지만 새우가 가진 피낭은 물의 양이 2 퍼센트가 될 때까지도 상처 없이 버틸 수 있다. 그러나 물 함량이 37 퍼센트(최대로 수화되었을 때의 절반 정도이다) 정도라면 정상적으로 행동할 수 있다. 이들이 물의 손실을 견디는 까닭은 아르테미아 새우가 두 종류의 물을 세포 안에 가두기 때문이라고 한다. 쉽사리 움직이는 일반적인bulk 물과 세포 구성 성분과 결합하고 있는 '결합수'이며 적절한 기능을 수행하는데 필요한 용매로 작용한다.

주변 환경에 있는 산소와 이산화탄소의 농도는 얼마나 될까?

우리가 호흡하는 공기의 20 퍼센트가 산소라는 사실은 누구나 잘 안다. 최근 이산화탄소의 양은 400 ppm을 넘어섰다. 최근 수백만 년 내 최대이고 인간 활동의 결과이다. 이런 대기 가스의 조성은 식물이나 동물의 생활에 매우 중요한 의미를 띤다. 그러나 생물학적 반응은 액상 매질에서 일어나기 때문에 오히려 이런 무기 물질의 용해도가 관건이 된다. 매일매일 살아가는 세포가 수용액 상에서 마주치는 산소와 이산화탄소의 농도는 얼마일까?

살아있는 생명체는 네 가지 주요한 원소로 구성된다. 탄소, 산소, 질소, 수소이다. 인체에서 이들의 무게는 보통 때 96 퍼센트에 이르고 건조 중량의 87 퍼센트이다. 앞에서 이미 살펴본 바 있다. 세포 환경에서 이들 성분의 양은 종종 공급이 제한된다. 예를 들어 물에 녹는 산소의 양은 고작 10 ppm정도밖에 되지 않는다. 질소와 탄소는 무기물질인 이산화탄소와 질소 가스 형태로 매여 있다. 따라서 세포는 사용 가능하지 않은 이들 물질을 어떤 식으로든 수급을 해야 하고 쓸 수 있는 형태로 전환해야 한다. 북쪽 지방에 사는 사람들은 눈이라는 말에 본능적인 반응을 보이지만 물과 공기는 누구에게나 같은 의미일 것이고 너무나 풍부한 실체이기 때문에 쉽게 망각된다.

탄소는 산화된 형태인 이산화탄소로부터 $(CHOH)_n$인 탄수화물로 환원되어 생물권으로 편입된다. 이것이 탄수화물의 일반적인 구성이고 생물권 대부분을 차지하는 세균과 식물 세포벽의 일차적인 구성 성분이다. 이런 과정은 식물이나 조류 및 독립영양 세균 일부에서 탄소 고정이라는 말로 불린다. **그림 2-4**에서 보다시피 공기와 평형 상태를 취하고 있을 때 물에 녹는 이산화탄소의 양은 10 마이크로몰이다(BNID 108697). 세균 정도 부피의 물 안에 10^4개의 이산화탄소 분자가 녹아있다는 말이다. 이 값은 세균을 구성하는 탄소의 수가 10^{10}이라는 수치와 비교해야 한다. 산소의 용해도도 상당히 낮아 100~300 마이크로몰이다(BNID 109182, 기체의 용해도는 온도에 따라 변한다). 물에 녹는 산소의 용해도는 이산화탄소의 50분의 1이다. 공기 중 산소는 이산화탄소보다 500배 풍부하지만 수용액에서 산소/이산화탄소의 비율은 500이 아니라 10이다. 정의 상 그림에 보이는 단위인 밀리그램/리터는 질량 면에서 1 ppm에 해당한다. 따라서 산소와 이산화탄소의 희소성은 몇 밀리그램/리터 혹은 단순히 ppm으로도 표현된다. 이산화탄소의 또 다른 특성은 중성 상태에서 이 가스가 물에 녹았을 때 중탄산 이온으로(HCO_3^-) 변한다는 사실이다. pH가 7일 때 무기탄소 중 물에 녹은 이산화탄소보다 중탄

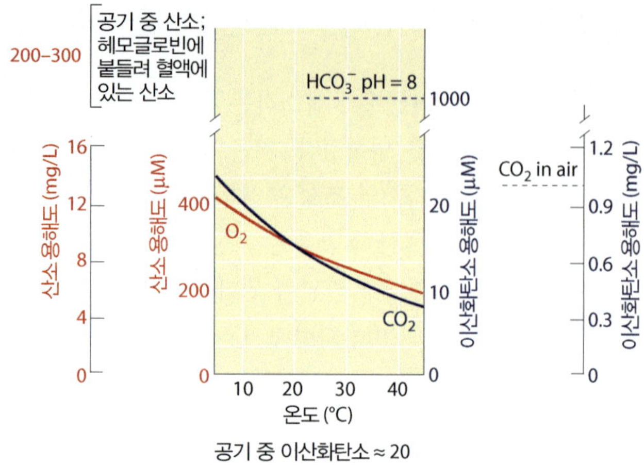

그림 2-4 산소와 이산화탄소의 용해도와 정상 공기 조건에서 온도 의존성. y축의 값은 두 가스의 온도 의존성을 비교하기 쉽게 주어졌다. 산소의 농도 단위가 10배 많음을 주목하자. 공기 중 산소의 농도는 이산화탄소의 그것보다 500배 높지만 물에의 용해도는 50분의 1이다. 온도가 올라가면 두 가스의 용해도는 떨어진다. 온도가 올라가면 이산화탄소 이용률이 산소보다 빠르게 줄어든다. pH 6~10 범위에서 중탄산 이온은 가장 양이 많은 무기 탄소이다. 혈중 산소는 대부분 헤모글로빈에 의해 운반된다. 그 양은 공기 중에 있는 산소의 농도와 비슷하다. 이는 헤모글로빈 없이 운반될 수 있는 양의 50 배에 해당한다. 그래프는 담수에 녹는 값이며 바닷물에서 이 용해도는 20~30 퍼센트 정도 줄어든다. 헨리의 법칙에 근거해서 그래프를 직접 그렸다.

산 이온이 10배가 더 많다. 바닷물처럼 pH가 8이 되면 중탄산 이온의 수는 이산화탄소보다 100배나 더 많다. 이런 값은 세포가 이용할 수 있는 무기 탄소를 고려할 경우 중요한 요소가 된다. 또 이런 전수조사census는 바다에 녹아 저장된 탄소의 양을 계산할 때 혹은 조직에서 우리 세포에서 혈액으로 빠져나온 무기탄소가 폐로 운반되는 양을 계산할 때 중요한 요소임은 물론이다. 이산화탄소와 중탄산 이온의 상호 전환은 탄산 탈수소 효소에 의해 촉진된다. 보다 양이 많은 중탄산 이온에서 희소한 이산화탄소를 재빠르게 뽑아내는 효소이다.

수생 환경에서 산소의 농도가 낮고 확산 속도가 느리기 때문에 산소를 이용하여 대사를 하는 생명체의 생태 지위가 제한된다. 질소와 인을 포함하는 비료가 대량 바다로 몰려들면 플랑크톤이 엄청난 속도로 자라나 용존 산소를 싹쓸이 해버리는 부영양화 같은 환경적 문제가 바로 그런 예이다. 산소의 공급이 제한되면서 멕시코 만에 광범위한 '죽음의 지대'를 만들었다. 코네티컷의 면적에 필적하는 넓이이다(**그림 2-5**). 죽음의 지대에 녹아 있는 산소의 양은 산소 호흡을 하는 일부 생명체에게는 부족하지만 탄소를 고정하는 개체에게는 너무 많을 수도 있다. 그림 2-4에서 언급했지만 용해도는 온도 의존

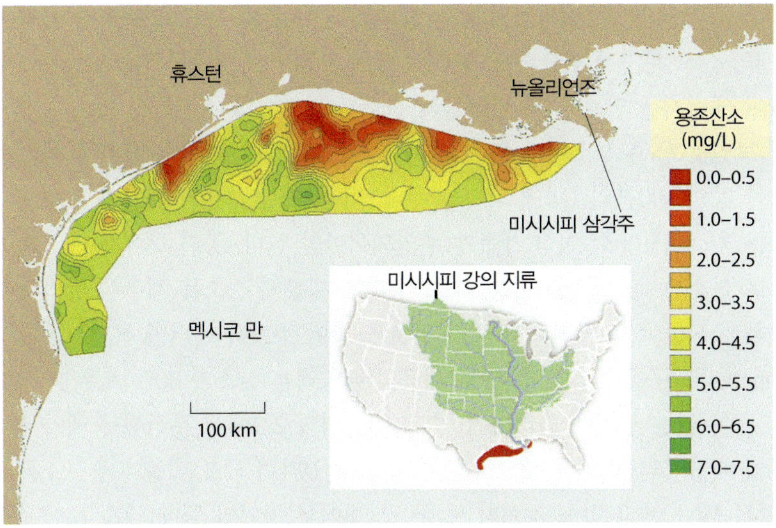

그림 2-5 미시시피 강에서 흘러온 비료 때문에 생긴 멕시코 만의 죽음의 지대. 용존 산소의 양이 2 밀리그램/리터보다 적은 죽음의 지대는 여름에 바닷물이 저산소 상태로 접어들면서 그 넓이가 확장된다. 물고기들이 질식해서 죽어간다. 그 면적은 13,000 제곱킬로미터에 이를 정도다. 코네티컷 넓이이다. 산소로 포화된 정상 바닷물의 산소 농도는 7~9 밀리그램/리터이다. 그림 1에서 보듯 1 밀리그램/리터는 ppm에 해당한다. 멕시코만 일부 지역에는 검사 기관이 없기 때문에 데이터가 없는 곳도 있다(그림은 NOAA의 것을 빌려왔다).

적이다. 온도가 올라가면 산소보다 이산화탄소가 상대적으로 더 빨리 줄어든다(그림 2-4). 이런 선택적 압력이 C4 식물의(옥수수나 사탕수수) 진화를 이끈 상황이 조성되기도 했다. 탄소 고정을 위해 C4 식물은[7] 이산화탄소를 효과적으로 농축시키는 기제를 발달시킨 개체들이다.

해양 환경에서 발견되는 저산소 상태의 의미를 실험실에서 살펴보려면 밤새 배양한 세균을 생각해보면 된다. 적은 수에서 시작해서 포화상태까지 자라면 호기성 세균 OD_{600}값이 1에 이를 정도로 입추의 여지없이 자라난다(세균 천억에서 1조 개에 이르는 양이다. '포화 배양계에서 세균 세포의 숫자는 얼마나 될까?'에서(80쪽) 살펴볼 예정이다). 이들 세균의 성장을 제한하는 요소는 배양액에 존재하는 포도당의 양이다(중량으로 쳐서 0.2 퍼센트이고 10 밀리몰에 해당한다). 이런 상황에서 산소의 필요량을 계산하는 간단한 방법을 **어림짐작 2-3**에 표시했다. 합리적인 시나리오에 따르면 포도당의 반 정도가 생물량을 구축하는데 사용되고 나머지 반이 에너지로 쓰인다(세포 배양액에 포함된 포도당 중 생체량을 만드는데 사용되는 비율은 대략 50 퍼센트이다,

7) 이산화탄소를 고정하는 최초의 화합물이 네 개의 탄소를 가졌기에 저런 이름이 붙었다. 이산화탄소의 농도가 낮고 건조하며 기온이 높은 환경에 적응한 결과라고 생각한다. 옥수수, 억새, 기장 등이 C4식물이다.

BNID 105318). 호흡 과정의 화학 양론을 잠시 살펴보자. 포도당 한 분자 당 6개의 산소 분자가 필요하다. 따라서 닫힌 계라면 5 밀리몰의 포도당을 산화하여 에너지를 얻는데 30 밀리몰의 산소가 필요하다는 계산이 나온다. 앞에서 보았듯 용존 산소의 농도는 수 백 마이크로몰 수준이다. 따라서 이는 필요한 양의 100분의 1밖에 되지 않는다. 어림짐작 2-3에서 계산한 것처럼 산소는 최소한 100회 이상 새롭게 주입되어야만 한다. 공기 중에서 배양액 안으로 산소가 녹아들어가야 한다는 말이다. 새롭게 산소를 채우는 방법은 격렬하게 흔들어 주거나 혹은 공기 방울을 넣어 주거나 아니면 특별한 송풍기 impeller 도구를 사용해야 한다. 세균의 배양액은 산소가 20% 혹은 10 밀리몰 들어 있는 공기에 둘러싸여 있다. 어림짐작 2-3에서 분석했듯 배양 용기 안에 배양액의 몇 배에 해당하는 빈 공간이 있다면 세포 배양계에 산소를 공급하는데 문제가 없을 것이다. 물론 잘 저어서 공기가 물에 계속 녹아 들어가게 해야 한다. 포도당이 생물량으로 전환되는 과정을 다시 주먹구구식 계산을 해보자. 1 그램의 세포 건조 중량 당 1 그램의 산소가 만들어진다(물론 대부분 이산화탄소의 형태이다). OD_{600}의 값이 1이면 대략 세균 1 그램/리터를 의미하고 그 정도 양의 세균이 1 그램 혹은 30 밀리몰의 산소를 필요로 한다는 결론에 다다른다.

성장에 충분한 산소를 공급하기 위해 빈 공간은 얼마나 필요할까?

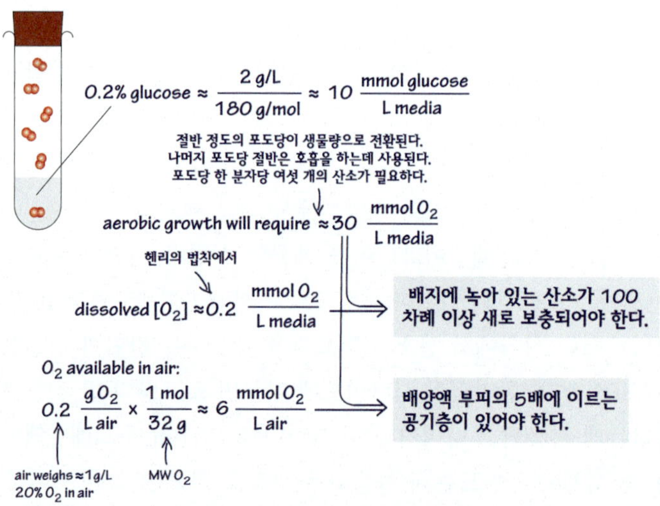

어림짐작 2-3 액체 배양액 안에서 세균이 자라는데 필요한 산소의 양 및 배양액 내 공기가 채워진 공간

세포에 꼭 필요로 하지만 공급이 제한되는 것은 산소만이 아니다. 질소는 대기 가스의 80 퍼센트를 차지하지나 매우 반응성이 적어서 거의 대부분 질소 분자 형태로만 존재한다. 전자 받개로 질소를 사용하는 탈질산화 반응을 매개하는 세균들이 질소를 만들어 낸다(생물권이 지구를 형성하는 또 하나의 예이다). 대기 중의 질소를 생화학에서 사용할 수 있도록 만들기 위해서는 매우 에너지가 많이 드는 과정이 불가피하다. 질소를 암모니아, 질산, 아질산으로 변환시키는 것이다. 질소를 고정하는 이런 단세포 세균은 콩과 식물의 뿌리에 공생체로 존재한다. 질소를 고정할 수 있는 효소는 단 한 가지뿐이다. 바로 질소고정효소라nitrogenase 불리는 것이다. 이 효소는 산소에 매우 민감하기 때문에 주변에 산소가 있으면 작동하지 않는다. 이런 이유로 미생물계는 특별한 세포인 이형세포heterocyst가 필요하다. **그림 2-6**에 나타나 있듯이 이형세포는 질소 고정이 일어나는 장소이다. 전 지구적 규모에서 질소 고정의 주기는 인간에 의해 늘어났다. 질소 비료를 만드는 하버-보쉬 과정을 공장에서 수행할 수 있었기 때문이다. 앞에서 말했지만 이런 공장제 질소 고정을 통해 환경의 부영양화가 심해지기도 했다. 인간이 생물지구학에 직접적으로 개입하여 변화를 이끌어내는 행위는 한편으로 인간 주도의 거대한 실험이 생물계에 전반적인 영향을 주는 극명한 예이다.

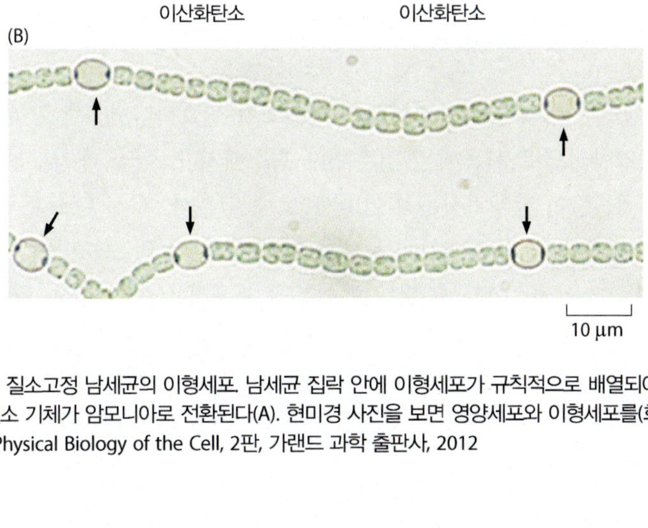

그림 2-6 질소고정 남세균의 이형세포. 남세균 집락 안에 이형세포가 규칙적으로 배열되어 있고 여기에서 질소 기체가 암모니아로 전환된다(A). 현미경 사진을 보면 영양세포와 이형세포를(화살표) 볼 수 있다. Physical Biology of the Cell, 2판, 가랜드 과학 출판사, 2012

배양액 안에 포함되어야 할 영양소의 양은 얼마나 될까?

당연하다고 생각하지만 사실을 알고 보면 설명이 잘못된 경우가 간혹 발견된다. 전 세계적으로 세균을 배양하는데 사용하는 가장 보편적인 배양액을 들라면 아마도 LB 배지일 것이다. 호기심 많은 학생들은 이 말의 기원이 발명자인 루리아Luria와 버타니Bertani라고 얘기할 것이다. 그럴싸하기도 한 이런 유의 설명은 '잘 알려진' 것이다. 그러나 주세프 버타니는 이렇게 말했다. "사실 그것은 용원성 액체lysogeny broth의 약자이다." 대장균에 기생하는 박테리오파지의 용원성 과정을 연구하기 위해 만들어진 배지라는 것이다. 인간 발명품에 대해 이런 얘기가 드물지 않다는 사실은 우리가 오래된 진화적 발명품의 기원과 목적을 설명할 때 얼마나 주의를 기울여야 하는가를 시사적으로 말해준다.

LB 배지의 대부분은 효모 추출액과 질소 공급원인 트립톤이고 나머지는 미량 성분들이다. 이들이 세균의 빠른 성장에 필요한 빌딩 블록을 제공해준다. 효모 추출물을 이용한다는 점에서 자동적으로 우리는 생산품 배치를batches 만든 시기에 따라 영양소 함량의 차이가 클 것이라고 예상할 수 있다. 배지의 구성 성분이 들쭉날쭉하다면 생리적이고 정량적인 실험을 수행할 때 실망스런 결과가 초래될 수도 있다. 원래 LB 배지에 포도당이 포함되어 있지만 실험실에서 액체 배지를 만들 때는 포도당이 없는 것으로 치고 거기에 리터당 1~4 그램(0.1~0.4 퍼센트) 정도를 첨가해주고 따로 기록한다. 세균을 빨리 증식시키려 할 때 이 배지는 특히 효과적이다. 그렇지만 초적합 배양액이라고 부르는 보다 특화된 혼합배지를 사용할 때도 있다. 여기에 포도당이 첨가되면 이화작용억제 초적합 배양액이라고 부른다. 좀 더 인상적인 이름으로 불리는 배지들도 끊이지 않고 등장한다. 수퍼부로쓰Super Broth 혹은 엄청난 브로쓰Terrific Broth 등이 그런 것이다.

세균의 생리를 파악하면서 정확성과 정밀도가 필요하다면 규정[8] 배지가 사용된다. 일반적으로 사용되는 것은 M9 최소배지다. 이런 배지로부터 얼마나 많은 생물량이 만들어지는지 어떻게 알 수 있을까? 우선 탄소 공급원부터 생각해보자. 세균의 최소배지에는 보통 리터당 2 그램의 포도당이 들어간다. 중량으로 0.2 퍼센트이다. 배지를 녹이는데 사용하는 물의 양은 1,000 그램이다(효모를 키울 때는 탄소 공급원의 양이 더 늘어나 통상적으로 2 퍼센트

8) 실험자가 모든 영양소의 정보를 알고 조절할 수 있는 배지이다. 동물의 혈청은 훌륭한 배지 조성물이지만 그 안에 들어 있는 영양소의 종류와 정확한 양은 잘 모른다.

이다). 호기성 세균의 증식에서는 탄소의 절반 정도가 생물량으로 전환된다. 약 0.5 그램의 세포 건조 중량당 1 그램의 포도당이 소모되는 것이다(BNID 105318). 나머지는 호흡이나 탈탄산 반응을 거쳐 이산화탄소로 유리된다. 또는 다른 대사 과정을 거쳐 초산의 형태로 유실되기도 한다. 흥미로운 점은 정상적인 대사 경로를 더 지나가 초산과 같은 물질을 만들어 다시 배지로 되 보내는 과정이 진화적으로 어떤 의미를 지니는가 이다. 이 부분은 여전히 논쟁 중이며 많은 연구가 진행되고 있다. 다시 숫자로 돌아가자. 리터당 2 그램의 포도당 중 절반은 세포의 건조 중량으로 전환된다. 이제 우리는 포도당의 양과 OD값, 세포의 수, 세포당 원소의 수를 쉽게 계산할 수 있게 되었다. 세포의 수와 1 OD_{600}값 사이의 관계는 1 OD_{600} 단위가 리터당 0.5 그램의 세포 건조 중량으로 치환될 수 있다(BNID 107924). 따라서 우리는 0.2 퍼센트의 포도당이 2 OD_{600}이 될 것이라고 기대할 수 있다. 요새는 광학 밀도를 측정하기 위해 석영 시험관을 쓰는 대신 시료를 지나는 광선의 길이가 2분의 1 혹은 3분의 1 정도인 판 판독기를 사용한다. 따라서 OD값이 석영 시험관을 쓰는 경우보다 적게 나타난다. 세포의 숫자가 궁금하다면 OD_{600}값이 1인 경우 대장균의 수는 10^9개라는 사실을 상기하자(BNID 106028, 100985, 출아 중인 효모는 10^7 정도이다, BNID 100986, 106301). 1 세제곱 마이크로미터 부피의 세포 하나에는 10^{10}개의 탄소가 들어 있다. 따라서 OD_{600}값이 1인 배양액 1 밀리리터에는 10^{19}개의 탄소 원자가, 1 리터의 배지에는 10^{22}개의 탄소가 들어 있다고 어림잡아 말 할 수 있을 것이다. 결국 최소배지에 리터당 2 그램의 포도당은 10 밀리몰이고 그 중의 절반 정도가 생물량으로 전환된다는 것이 얼추 맞아 떨어지는 셈이다. 기계가 읽은 OD값을 세포 숫자로 전환하는 방식에 대해서는 할 말이 더 있다. 우선 이런 값은 비교적 정확성이 떨어진다는 점이다. 서로 다른 성장 조건에 따라 세포 집단의 크기는 다섯 배까지 차이가 날 수 있다. 물론 그 숫자는 클 수도 작을 수도 있다. 그러나 세포의 건조 중량을 고려할 때는 비교적 일관된 전환이 가능하다. 따라서 세포의 수가 필수적인 것이 아니라면 건조 중량을 선호하게 된다. 사소한 것이기는 하지만 분광광도계가 OD값이 1 이상일 때는 직선성을 보이지 않는다는 점도 주의해야 한다. 사실 OD_{600}값이 0.1 부근에서 가장 믿을 만한 값을 얻을 수 있다.

세포 생물량을 어림잡을 때 탄소를 사용하는 것은 타당할까? 비교를 위해 세포가 만들어질 때 필요한 산소 요구량을 생각해보고 그것이 어떻게 산소의 이용률과 관계가 되는지 살펴보자. 호흡할 때는 1 그램의 세포 건조 중량당 약 1 그램의 산소가 필요하다(BNID 105317). 산소는 배양 용기의 배양액이 없는 빈 공간에서 유래한다. "환경에서 이용 가능한 산소와 이산화탄소의 양은 얼마나 될까" 항목의 어림짐작 2-3에서 살펴보았듯이(71쪽) 용존 산소의 양은 매우 적다. 따라서 격렬하게 섞어 주지 않으면 세포의 증식이 타격을 받을 수도 있다. 그렇다면 배양 용기의 빈 공간의 크기는 얼마나 되어야 할까? 1 그램의 세포 건조 중량을 얻기 위해 산소 1 그램이 필요하다. 1 리터 부피의 공기의 무게가 1 그램 정도이고 산소는 그 중 5분의 1 정도이니까 5리터의 공기가 필요하게 된다. 이는 실제 미생물학 실험에서 경험적으로 얻은 수치와 비슷하다. 배양액을 제외한 배양 용기의 빈 공간은 배양액의 5~10배 정도이다.

이와 비슷한 방식으로 우리는 질소, 인 혹은 다른 거대영양소를 분석할 수 있다. 이런 데이터는 배지의 특정 성분이 과도하게 들어가거나 혹은 모자라서 증식이 억제될 때 요긴하게 사용할 수 있을 것이다. 위의 **어림짐작 2-4**에서 우리는 질소를 예로 들어 어림값을 계산해 보았다. 질소는 보통 암모니아 형태로 공급된다. 배지를 만들 때 주요 구성 성분은 엄격하게 조절이 되지만 철이나, 구리 같은 미량 원소들은 소홀하게 취급되기도 한다. 그렇지만 이들 미량 원소는(**그림 2-7**) 생장에 필수적인 성분들이다(대장균 하나당 각각 10^5개의 철, 아연, 칼슘 원자가 필요하고 10^4개 정도의 구리, 망간, 몰리브덴, 세슘이 필요하다. BNID 108825, 108826). 정제수를 이용해 배지를 만들 때 쓰는 플라스틱 용기나 유리 튜브가 간혹 불순물로 이런 미량 원소들을 포함하

표준 광학밀도optical density에 이르기까지 필요한 질소의 농도는?

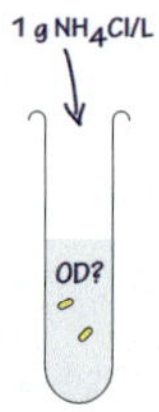

M9 배지에서 유일한 질소원인 염화암모늄의 농도 / 질소의 분자량

$$\text{이용 가능한 질소} = 1\ \text{g NH}_4\text{Cl/L} \times \frac{14\ \text{g N/mol}}{53\ \text{g NH}_4\text{Cl/mol}} \approx 0.26\ \text{g N/L}$$

염화암모늄의 분자량

$$\text{이론적인 세포의 숫자} = \frac{0.26\ \text{g N/L}}{0.2\ \text{g N/g cell dry weight}} \approx 1\ \text{g cell dry weight/L}$$

질소는 세포 건조 중량의 20 퍼센트를 차지한다.

$$OD_{\text{nitrogen limited}} = \frac{1\ \text{g cell dry weight/L}}{0.5\ \dfrac{\text{g cell dry weight/L}}{OD_{600}\ \text{unit}}} \approx 2\ OD_{600}\ \text{units}$$

1 OD_{600} is ≈0.5 g cell dry weight/L

어림짐작 2-4

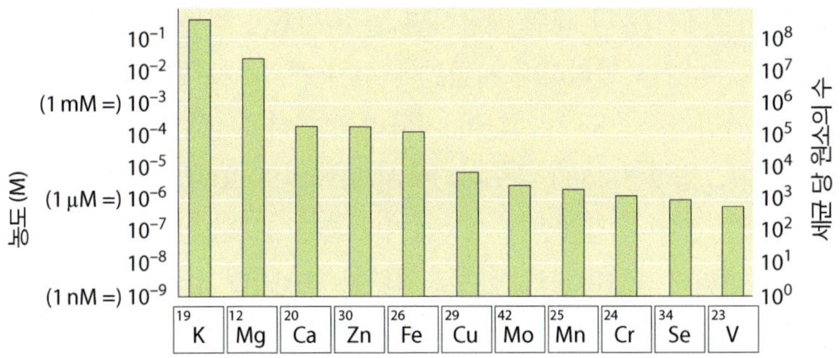

그림 2-7 LB 배지 혹은 포도당 최소배지에서 자라는 대장균 세포에 들어 있는 금속의 양을 질량 분석기로 분석했다. 대장균이 필요로 하는 금속의 농도와 실제 숫자를 표시했다. 세 번 별도로 수행한 실험의 평균값이다. 로그 스케일에서 표준 오차는 너무 작아 잘 보이지도 않는다(C. E. 오우텐, 사이언스, 292, 2488, 2001).

고 있다. 이런 불순물들은 얼마까지 허용되어야 할까? 세균 하나에 포함된 10^5개의 철은 100 마이크로 몰에 해당하는 양이고 세포가 포화되었을 때는 배양액 전체 부피의 1,000분의 1을 차지한다. 그렇다면 물속에 0.1 밀리몰의 철이 있으면 충분할 것이다. 실제로 수돗물 안에는 필요로 하는 것보다 100 배나 더 많은 1 몰 정도의 철이 들어 있다. 그러나 정제수를 쓸 때 미량 원소를 첨가할 경우 세균의 증식이 늘어나는 것을 확인할 수도 있을 것이다.

지금까지는 현대 분자 생물학의 발전에 지대한 공헌을 해 온 세균의 얘기를 했다. 그렇지만 생물학을 의학적으로 적용하기 위한 진핵 세포 배양의 성장 조건에 대한 연구도 마찬가지로 계속 되어 왔다. 이 분야의 선구자 격에 해당하는 과학자는 아마도 해리 이글 박사일 것이다. 앞에서 얘기한 LB 배지와 같이 포유동물의 세포를 배양하기 위해선 동물의 혈청, 배아 추출물을 다양하게 첨가했다. 초기 헬라 세포를 배양할 때는 닭의 혈청과 소 태아의 추출물, 인간 제대혈의 혈청을 섞어서 사용했다. 이글의 실험 결과는 포유동물 세포가 직접 합성할 수 없는 필수 아미노산의 필요성을 밝힌 것이었다. 요즘에는 일상적으로 사용하는 이글 배지의 조성은 진화 과정에서 생합성 능력을 상실한 필수 아미노산과 세균이 합성하는 비타민의 요구량을 정확히 규정한다.

포화된 세포 배양 조건에서 세균의 숫자는 얼마일까?

액체 배지에서 놀라운 속도로 자라는 세균을 보고 난 뒤 생기는 한 가지 의문점은 세포가 언제 그리고 어떻게 분열을 중지할지 아느냐 하는 점이다. 대부분의 실험실에서는 밤 새워 배양하면 얼추 세포가 더 이상 분열하지 않는 단계에 다다른다. 15 밀리리터 시험관에 수천 개의 세포를 떨어뜨리면 세균들은 밤새 자란다. 약 8~12시간이 지나면 투명하고 맑던 배지가 포화상태로 접어든다(**그림 2-8**). 600 나노미터에서 광학밀도로(OD_{600}) 측정한 세포의 전형적인 값은 2이다. 검량선을 사용하거나 혹은 **표 2-2**의 전환 상수를 쓰면 OD값은 밀리리터 당 10^9개의 세포로 치환된다(BNID 104831). 이 조건에서 세포는 배양액 부피의 약 0.1 퍼센트를 차지한다. 세포 사이의 간격은 얼추 10 마이크로미터이다. 고농도이긴 하지만 환경에서의 그것에 비하면 그렇게 높다고 할 수 없다. 동물의 대장과 같은 곳은 그보다 농도가 10배나 더 높다(BNID 104951, 104952, 102396). 불개미의 장에서 극도로 밀집한 세균의 모습을 **그림 2-9A**에서 볼 수 있다. **그림 2-9B**는 황의 산화 과정을 통해 에너지를 뽑는 공생체들과 함께 내부 생태계를 구성하는 심해 관벌레의 모습이다. 이들 공생체들은 태양 에너지를 추출하는 생물학적 과정과 전혀 무관한 방법으로 에너지를 얻는다. 사실 많은 생물학자들은 한천 배지에서 매우 높은 농도로 세균을 배양한다. 해양의 침적토에서 볼 수 있는 세균의 농도도 대충 포화된 배양 조건일 때의 수와 비슷하다(**그림 2-10**).

바이오테크놀로지 산업의 역군인 세균을 배양하기 위해 적정 농도와 한계를 다각도로 연구한 사실은 놀랄만한 일이 아니다. 수득율이라고 불리는, 성장 마지막 단계에서 세포의 농도는 산업적 적용을 위한 매우 중요한 경제적 의미를 띤다. 따라서 산업체가 사용하는 발효기 안에서 성장의 최적 조건을

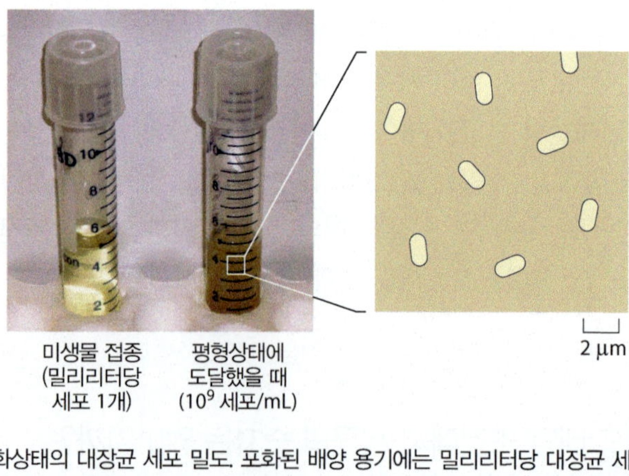

그림 2-8 포화상태의 대장균 세포 밀도. 포화된 배양 용기에는 밀리리터당 대장균 세포가 10^9개 들어 있다. 세포 사이의 평균 거리는 10 마이크로미터다. 이 조건에서 특징적인 농도를 보기 쉽게 그렸다. 실제 3차원을 2차원으로 단순하게 그린 것이지만 10 마이크로미터 두께의판에 세포가 회전하고 있다고 보면 되겠다. 현미경에서 볼 때 초점이 맞는 부위인 일에서 몇 마이크로미터 두께를 광학깊이라고 부른다. 광학깊이는 배율에 따라 달라진다.

생명체	(cells/mL)/OD_{600}	CDW/OD [(g/L)/OD_{600}]	세포 건조 중량 1 그램에 해당하는 탄수화물의 무게	세포 건조 중량 1 그램이 차지하는 부피	BNID
세포 수	0.6–2 × 10^9	0.3–0.5	0.17–0.55	1.3–2.8	106578, 107919, 107924, 109835, 108126-8, 108135
세포 건조 중량	0.8–3 × 10^7	0.5–0.6	0.45	2	106301, 100986, 100987, 102324, 107923, 108131

표 2-2 광학밀도를 세포 숫자로 변환하기. CDW는 세포 건조 중량이다. 회수율은 소비한 탄수화물의 양으로 CDW를 나눈 값이다. 전체적인 무게의 균형은 이렇다. 전체 탄수화물의 양에 소비한 산소의 양을 더한 값은 생물량에 배출된 이산화탄소의 양을 합한 것과 같다. 이러한 값은 성장 조건에 따라 달라진다(탄소원 같은).

찾고 최대 수율을 갖게 하는 노력은 불가피하다. 놀랍게도 리터당 건조중량 200 그램까지 세균을 배양할 수 있다(BNID 104943). OD값이 수백에 맞먹는 수치다. 대장균 세포의 70 퍼센트가 물이라면(BNID 100044) 얼마나 많은 세균이 발효기에 들어찼는지 미루어 짐작할 것이다. 사실 이때 세포 사이의 간격은 몇 마이크로미터도 되지 않는다. 이 정도라면 그야말로 세포가 입추에 여지없이 위아래로 가득 차 있는 셈이다. 이런 고농도 배양을 가능하게 하기 위해 발효투석법이 개발되었다. 반투과성 막을 경계로 세포를 분리하여 저분자량의 배설물을 배양액으로부터 계속해서 제거하는 방법이다. 동시에 신선한 영양소를 산소와 함께 공급해준다.

이런 고밀도 배양은 유용할까? 우리는 특정한 유전자를 여러 벌 만드는데 관심을 기울인다. 세포를 변환하거나 특정한 유전자의 존재를 실험실에서 확인하는 일은 쉽다. LB 배지가 5 밀리리터 들어 있는 관에 세균을 집어넣고 밤

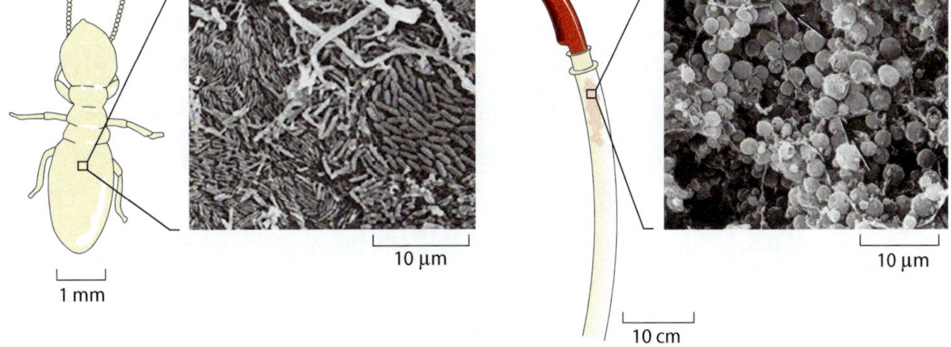

그림 2-9 다세포 생명체에서 함께 사는 세균. (A) 흰개미 내장의 투과 전자현미경 이미지. (B) 홍합과 관벌레인 갈라파고스민고삐 수염벌레*Riftia pachyptila* 영양체 안의 그람 음성균 공생체(Breznak JA and Pankratz HS [1977] *Appl Environ Microbiol*, 33, 406-426; Cavanaugh CM [1981] Science, 213, 340-342).

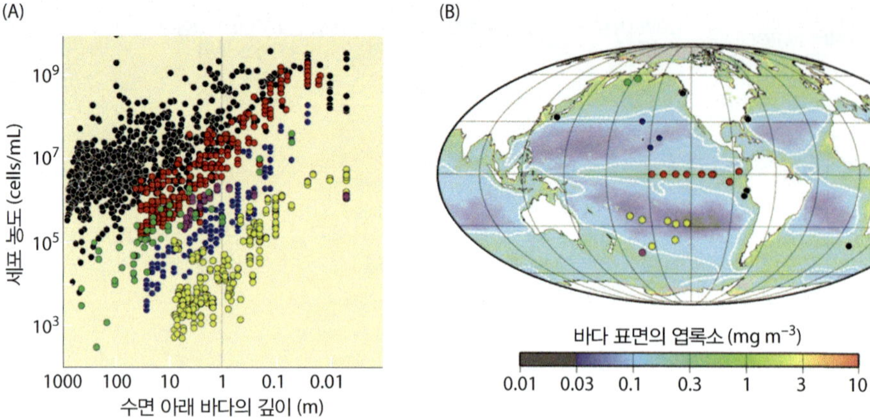

그림 2-10 해저 퇴적물의 세포 수. (A) 깊이에 따른 세포의 숫자. (B) 연구에 사용된 퇴적물을 채취한 장소. 해수면의 클로로필a 농도는 광합성의 일차적 생산성을 의미한다(Kallmeyer J [2012] Proc Natl Acad Sci, 109, 16213-16216).

새워 배양한다고 치자. 거기에는 약 10^{10}개의 세포가 들어있다. 세균에 몇 개의 유전자 복사본이 들어 있는 플라스미드를(세포당 100~1,000개의 플라스미드) 발현한다면(BNID 103857, 103860) 배양 용기에는 최대 10^{13}개의 유전자 복제본이 있을 것이다. 이는 우리 인간의 몸에서 분리할 수 있는 특정 유전자 복제본의 수에 버금가는 양이다.[9]

세포 내 인구조사

세포의 pH는?

수소이온은 세포의 삶에서 결정적인 역할을 한다. 예를 들어 수소 이온 농도의 변화는 단백질의 측쇄의 하전과 긴밀하게 연관된다. 이 하전 상태는 곧바로 효소의 활성에 영향을 줄 뿐 아니라 단백질의 접힘 상태 및 위치 선정에도 관여한다. 게다가 ATP를 만들어 세포 과정에 에너지를 공급하는 ATP 합성효소는 막을 경계로 수소 이온 농도 차이에 기초하여 가동된다.

수소 이온이 풍부하기 때문에 여러 화합물의 하전 상태는 다음과 같이 pH와

9) 대장균의 유전자 조작을 통해 인간의 인슐린을 만드는 예를 생각해볼 수 있을 것이지만 정량적으로 비교하기는 힘들어 보인다.

관련된다.

$$pH = -\log_{10}([H^+]/1\ M) \quad (2.1)$$

꺽쇠로 표시한 것은 수소 이온의(H^+, 보다 정확히 말하면 하이드로늄 이온 H_3O^+, 간과하기 쉽지만 기능적으로 보다 중요한 준델$H_5O_2^+$, 아이겐$H_7O_3^+$ 양이온이다) 농도(보다 구체적으로 활성)이다. 다음에는 조심스럽게 수소 이온의 농도를 "표준 상태"의(합의된 농도인 1 몰이다) 농도로 나뉜다. 로그는 단위가 없는 양이기 때문이다. 다음부터는 종종 이 단계를 그냥 넘어가기도 할 것이다.

흔히 정수 7은 물의 pH로 우리 뇌리에 박혀 있다. 그렇지만 7이라는 값이 특별할 일은 없다. 물은 대략 중성인 pH 7의 값을 갖지만 정확한 수치는 온도, 이온 강도 또는 압력에 따라 달라진다. 세포 안의 pH는 얼마나 될까? 분자 혹은 세포를 기술하는 다른 매개변수들처럼 그 답은 생리학적 조건 또는 세포 내부의 어떤 부위를(세포 내 특정 소기관) 측정하느냐에 따라 달라진다. 이러저런 변수가 있지만 pH에 관해 거칠게라도 일반화하는 것이 생각을 전개하는데 도움이 될 것이다.

대장균 세포질의 pH는 7.2에서 7.8 정도다(BNID 106518). 이 pH값은 능동적이기도 하고 수동적이기도 한 기제를 이용해서 얻은 값이다. pH 범위가 4.5에서 9 사이인(BNID 106518) 인간의 소화기관에서 대장균이 군집을 이루는 능력을 감안하여 pH 값을 얻었기 때문이다. 이 정도의 pH를 유지하는 수동적인 기제라 함은 대장균 세포의 완충 능력을 일컫는 것이다. 완충능력은 pH 값을 1 만큼 떨어뜨리는데 필요한 강산의 양을 말한다. 세포 내부의 전형적인 완충능력은 pH 단위 당 10~100 밀리몰이다(BNID 110750, 110755, 107126-107130). 우리 식으로 말하면 세제곱 마이크로미터 당 천만에서 1억 개 정도의 양성자를 집어넣어야 한다는 뜻이다. 또한 pH가 1만큼 떨어졌을 때 세포 1 세제곱 마이크로미터 크기의 공간에 들어있는 분자들이 양성자를 천만~1억 개 내 놓아야 한다는 뜻이기도 하다. 완충능력의 크기는 세포 내 대사체의 양에 의해 결정된다. 다시 말하면 pH 변화는 양성자 이온의 흡수 혹은 방출을 초래한다. 그런 방식으로 외부의 pH 변화를 상쇄한다. "세포 내 자유 대사체의 양은 얼마인가?" 항목에서(90쪽) 살펴보았던 내용이다. 세포 내부에 존재하는 주요한 대사체는 글루탐산, 글루타치온과 인산이다. 이런 대사체들의 농도는 밀리몰 범위에 있다. 박테리아 정도의 부피 안에

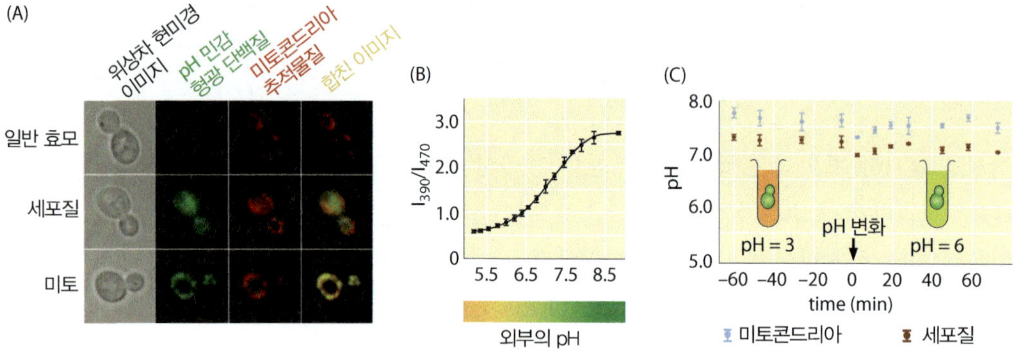

그림 2-11 pH 민감성 형광 단백질을 이용해서 세포 내 pH를 측정했다. (A) 위상차 현미경 및 형광 현미경 이미지. (B) 다른 두 파장대(390, 470 나노미터)에서 강도의 비율을 얻어 pH를 보정하는데 쓴다. (C) 형광 탐침을 사용, 시간에 따른 pH를 측정했다(Orij R [2009] Microbiology, 155, 268-278).

수백만 개의 물질이 들어 있다는 의미이다. 특정 물질의 pKa값은 어떤 pH에서 그 물질의 양성자 결합 상태가 변화하느냐를 칭하는 값이며 양성자를 흡수하거나 방출한다. 인산이나 글루타치온은 중성에 가까운 pH가 7 부근에서 이런 변화가 생긴다. 중성 영역에 pKa가 있으면 이들 대사체는 쉽게 pH 변화를 상쇄할 수 있다. 양성자 농도를 조절하는 능동적인 기제는 ATPase와 같은 운반 단백질을 이용하는 방법이다. ATP가 가수분해 되면서 동력을 받고 이들 효소는 기울기를 거슬러 양성자를 밖으로 퍼낸다. 세포는 이런 방식으로 에너지를 써서 세포 안의 pH를 조절한다.

포도당 배지에서 빠르게 증식하는 출아효모 내부의 pH는 7 근처이다. 그러나 휴지기에는 5.5 정도로 감소한다(BNID 110927, 107762, 109863). **그림 2-11A**에서 보듯 이 값은 pH에 민감한 형광 단백질을 써서 얻은 것이다. 두 개의 상이한 파장에서 단백질이 방출한 빛의 세기 비율을 검사하면 pH를 계산할 수 있다(**그림 2-11B**). 효모는 외부의 pH가 약한 산성일 때 활발히 자란다. 효소 세포 안으로 물질을 운반하는 단백질은 종종 양성자를 함께 운반해오기 때문에 외부의 pH가 세포 안보다 약간 낮은 환경을 선호한다(BNID 109863). 과도한 양의 양성자를 액포로 보내는 일도 세포질의 pH를 7 근처로 유지하는데 중요하다. 이 과정을 통해 액포의 pH는 5.5~6.5 정도의 산성으로 유진된다. 위와 같은 형광 단백질을 써서 효모 미토콘드리아의 pH를 측정하면 7.5이다. **그림 2-11C**는 외부의 산성도가 다양하게 변한다 해도 효모 내부의 pH가 거의 일정하게 유지된다는 사실을 보여준다. 다른 실험에서는 외부의 pH 변화를 측정함으로써 세포 내부의 pH가 매우 역동적으로 조절된다는 사실을 보고했다(BNID 110912). 이런 차이가 어디에서 유래하는지 지

pH 7일 때 세균 세포 안의 수소 이온의 수

부피 1 세제곱 마이크로미터는 10^{-15}리터다.

pH ≈ 7

$$pH = -\log_{10}([H^+]/[1M])$$

$$\Downarrow$$

아보가드로 수

$$[H^+] = 10^{-pH}M = 10^{-7}M = (10^{-7} \times N_A)\ \frac{ions}{liter}$$

$$\Downarrow$$

$$N_{H^+} = 10^{-7} \times 6 \times 10^{23}\ \frac{ions}{liter} \times 10^{-15}\ \frac{liter}{cell} = 60\ \frac{ions}{cell}$$

세포 당 60개의 양성자 혹은 같은 수의 수산 OH^- 이온

어림짐작 2-5

금 한창 연구 중이다. 이렇게 pH에 민감한 표지자를 사용함으로써 헬라 세포의 세포질과 핵의 pH가 약 7.3, 미토콘드리아는 약 8.0, 소포체는 7.5, 그리고 골지는 6.6 정도라는 사실이 알려졌다(BNID 105939, 105940, 105943). 뇌에서 근육에 이르는 포유동물의 조직의 pH는 6.5에서 7.5 사이를 오간다(BNID 110768, 110770, 110771).

교과서 연습 문제에 등장할 정도로 수소 이온은 어디에나 있다지만 세포 내 양성자는 매우 적은 편이다. 이를 알아보기 위해 부피가 약 1 세제곱 마이크로미터이고 pH가 7 정도인(BNID 107271, 107272) 세균이나 미토콘드리아에 얼마나 많은 이온이 있는지 살펴보자. 어림짐작 법에서 우리는 1 나노 몰은 세균의 부피 안에 분자가 1개 정도라는 사실을 짐작한다. 따라서 pH가 7이라는 말은 10^{-7} 몰(혹은 100 나노몰)이고 결국 세균 하나 당 100개의 양성자가 존재한다고 볼 수 있다. 이를 **어림짐작 2-5**에서 구체화했다. 이는 동일한 세포 부피 안에 약 100만 개의 단백질이 있다는 사실과 극명한 대조를 이룬다. 각 단백질은 이온화할 수 있는 그룹이 몇 개씩 있고 그 분자의 pKa는 7 부근이다(따라서 수소 이온을 얻거나 방출할 수 있다).

이렇게 적은 수의 양성자를 가지고 세포는 하이드로늄 이온을 포함하는 수많은 반응들을 어떻게 수행하는 것일까? 이 질문에 답하기 위해 우리는 활성 부위가 반응에 필요한 전하를 찾는데 얼마나 시간이 걸리는지 생각해야 한다. 여기에는 두 가지 핵심 요소가 있다. 하나는 대사체와 아미노산 측쇄가 많아서 세포의 완충 능력이 매우 뛰어나다는 사실이다. 다른 하나는 각기 다른 물 분자 사이에 전하가 왔다 갔다 하는 시간의 반응 시간에 비해 매우 짧다는 점이다.

각 세포에 100개의 양성자 모두가 거대 분자들의 전하를 변화시키는데 사용될 수 있다 해도 pH는 여전히 크게 변하지 않을 것이다. 세포 안의 단백질 혹은 대사체(ATP)에 존재하는 수백만 개의 그룹이 pH가 변하자마자 이온을 방출하면서 pH 변화를 상쇄할 것이기 때문이다. 따라서 반응이 진행될 때마다 100개의 이온은 금세 새롭게 만들어진다. 따라서 양성자의 수보다 수백 수천 배에 이르는 반응이 문제없이 이루어질 수 있는 것이다. 이것이 바로 세포의 완충 능력이다. 그러나 반응에 필요하지만 드물기 짝이 없는 양성자를 어떻게 찾아낼까? 하이드로늄 이온의 반감기는 엄청나게 짧아서 약 1 피코 초다(10^{-12}초, BNID 106548). 이 정도의 시간대라면 그야말로 물은 이 분자에서 저 분자로 "퐁퐁" 뛰어다니는 모양새가(그로투스Grotthus 기제라고 한다) 된다. 따라서 전체적인 유효 확산 속도는 매우 큰 편이어서 초당 7,000 제곱 마이크로미터다(BNID 106702). 이 수치는 대부분 세포 대사체 물질의 확산 속도보다 훨씬 크다. 하이드로늄 이온의 반감기와 확산 속도는 이들 이온이 세포 내 어디에나 있다는 의미로 간주할 수 있다. 매초마다 평균 10^{12}개의 물 분자가 한번쯤은 이온화될 수 있는 것이다. 대장균 세포 하나에는 약 10^{11}개의 물 분자가 들어 있다. 따라서 초당 10번쯤 물 분자가 한번쯤 이온의 "세례"를 받는 셈이다. 따라서 세포 하나에 100개의 이온이 있다면 모든 분자는 일 초에 1,000번쯤 이온이 된다. 찰나에 불과한 순간이긴 하지만 말이다. 그 결과 양성자가 필요한 효소 혹은 어떤 반응은 그들 주변을 둘러싼 물에서 언제든 많은 이온을 확보할 수 있다. 세포 어딘가에서 이온이 중화되기 전에 그것을 이용할 수만 있다면 충분히 가능한 일이다.

상대적으로 일정한 pH를 맞추는 과제는 세포 내부 대사체의 역동적인 양상을 고려하면 이해하기 쉽다. 해당 과정에서 대사되는 포도당을 생각해보자. 이 과정에서 기질 수준 인산화라 불리는 내부 전자의 재배치가 일어나 하전을 띠지 않은 부위를 탄산기로($COOH^-$) 바꾼다. 이때 밀리몰 범위의 대사체에서 양성자가 빠져나온다. 이런 중간 대사체의 농도가 1 밀리몰 증가하면 세포 당 약 10^6개의 양성자가 방출되는 것이다. 이 정도면 세포 내부의 pH를 3까지 떨어뜨릴 수 있다! 위에서 언급한, 대사체 농도 변화에 수반되는 완충 능력이 없다면 그럴 수 있다는 말이다. 이는 단순히 한 가지 예에 불과하지만 세포 내 수소 이온의 농도가 얼마나 철저하게 조율되는지를 반영하기에 부족함이 없다.

세포 내 서로 다른 이온의 농도는 얼마일까?

생물학을 처음 접하는 학생들은 세포 기능을 수행하는데 필요한 거대 분자를(단백질, 핵산, 지질 및 탄수화물) 주로 소개 받는다. 헌데 뭔가 미진한 느낌이 드는 까닭은 세포 안에 수많은 이온이 있고 이들 이온이 없다면 세포가 아예 기능을 못하기 때문이다. 세포 안에서 이들 이온이 하는 일은 다양하다. 전기적 통신에(나트륨, 칼륨, 칼슘이온) 사용되기도 하고 광합성이나 인간의 호흡 전반에 걸쳐 금속단백질(어떤 연구에 따르면 단백질의 25 퍼센트 가량이 이 집단에 속한다고 한다)[10] 내부의 이온은 조효소로 작용하기도 한다(망간, 마그네슘, 철 이온). 또한 신호 전달이나 근육의 활동(칼슘), 막을 사이에 두고 막 전위를 유지할 때도 이온이 사용된다. 특히 막 전위는 ATP 합성효소가 에너지를 만들 때도 사용된다(양성자, 나트륨 이온).

포유동물 세포 및 세포 사이의 수용성 용액 안의 이온 전하 목록을 표 2-12에 수록했다(각각 왼쪽, 중간 그래프). 모세혈관 벽을 경계로 조직과 분리된 혈장 용액, 체액의 구성도 볼 수 있다. 이 그림을 보면 전체 양이온의 농도와 전체 음이온의 농도가 정확히 같다는 사실이 분명해진다. 이것이 전기적 중성의 법칙이다. 상대적으로 사소한 변이는 "생물학적 막 사이의 전기 전위 차이는 얼마인가?"라는 항목에서(196쪽) 살펴볼 것이다. **그림 2-12**는 또한 혈장의 이온 구성이 세포 사이의 그것과 유사함을 보여준다. 그렇지만 세포 내부의 이온 구성은 세포 밖과 크게 다른 점을 발견할 수 있다. 예를 들어 세포 안에서 우세한 것은 칼륨 이온이고 나트륨 이온에 비해 농도가 열 배 이상이다. 세포 밖에서는 상황이 뒤바뀌어서 나트륨이 우세하다. 이런 차이는 채널이나 펌프를 통해 세밀하게 조절된다. 좀 더 살펴보자.

이온 채널은 막을 사이에 둔 전압, 리간드이 농도 혹은 막 장력과 같은 외부 요인에 의해 열리거나 닫히는 수동적인 장벽이다. 그렇지만 펌프는 양성자 혹은 ATP 형태로 에너지를 써서 농도 기울기를 역행하여 이온을 운반한다. 이런 막 분자 기계 덕택에 농도 차이가 수십 수백 배 차이가 유지되기도 한다. 칼슘은 극단적인 경우인데 세포 밖의 농도가 세포 안보다 1만 배 정도 높다(**표 2-3**). 세포 내부의 칼륨, 염소, 마그네슘 이온 농도는 높게 유지된다. 특히 마그네슘은 대개 ATP, 리보좀 또는 거대 분자, 대사체에 묶인 채로 존재하기 때문에 자유롭게 활보하는 마그네슘의 농도는 훨씬 적은 편이다. 표

10) 예를 들어 본문에 등장하는 질소고정효소도 철과 몰리브덴 금속을 가지고 있다. 헤모글로빈도 금속을 포함하는 단백질이다.

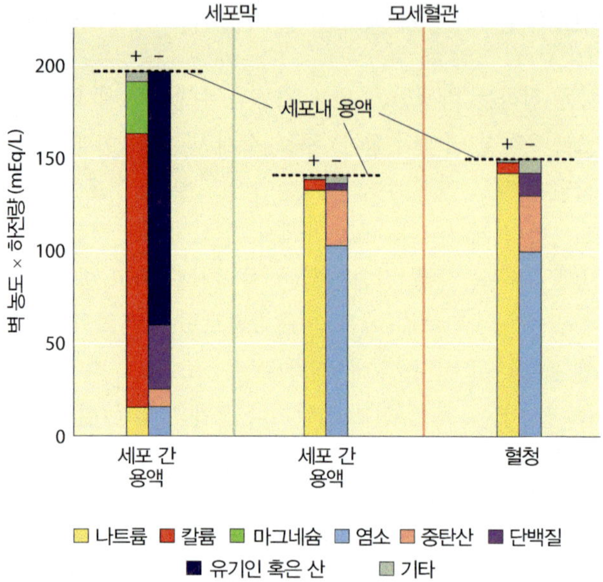

그림 2-12 포유동물 생명체의 이온 구성. 뚜렷한 세 부위에서 측정했다: 세포 내부(세포질), 세포와 세포 사이(간충액), 그리고 조직 밖의 혈장. y축은 농도의 단위. Eq는 equivalent이고 이온 농도에 하전을 곱한 값이다. 이 단위를 사용하면 특정 부위의 전체 양이온과 음이온 양을 쉽게 알 수 있다. 그림에서는 명확하지 않지만 세포 내부와 간충액에서 전체 용질의 농도(전하를 고려하지 않은 전체 양이온과 음이온 동도의 합)는 같다. 두 장소가 삼투압의 균형이 맞았다는 뜻이다(Anderson O [2013] Cellular elelctolyte metabolism. Encyclopedia of Metalloproteins, Kretsinger RH ed, pp580-587, Springer; BNID 110754).

2-3에서 우리는 대장균, 효모 및 포유동물 세포에서 발견되는 몇 가지 전형적인 이온의 농도를 알 수 있다. 꼭 필요하지만 독성이 있는 몇 가지 금속 이온은 특히 면밀하게 조절된다. 그렇지만 성장에 필수적인 칼륨은 삼투압에 의해 조절되기도 한다. 나트륨과 같은 이온은 상대적으로 느슨하게 조절된다. 이 표에서 볼 수 있는 특징적인 점은 양이온의 종류가 음이온보다 훨씬 많다는 사실이다. 단순한 이온들 사이에서 이런 불균형이 있는 이유는 무엇일까? 많은 수의 대사체나 거대 분자는 전기적으로 음성이다. 음성인 인산은 대사체 및 DNA에, 탄산기는 산성인 아미노산에 달라붙어 있다. 가장 풍부한 자유 대사체가 글루탐산임을 상기하자. 그 외 다양한 대사체 정보는 "세포 내 자유 대사체의 농도는 얼마나 될까?"라는 항목에서(90쪽) 살펴보겠다.

칼륨은 보통 동물이나 식물 세포에서 평형 상태에 가깝다. 세포 내부의 농도가 외부에 비해 10~30배 높다는 점을 감안하면 평형은 어떻게 이루어질까? 막을 사이에 두고 이 정도의 농도 차이가 있지만 전기 전위의 차이는 없다고(막의 양편에 반대 이온이 있어서 전하의 균형을 이루고 움직이지 않는다고)

이온 농도 (mM)	해수	대장균	효모	포유동물 세포 (심장 혹은 적혈구)	혈청	BNID
K^+	≈10	30–300	300	100	4	104049
Na^+	≈500	10	30	10	100–200	104050
Mg^{2+}	≈50	30–100 (bound); 0.01–1 (free)	50	10 (bound) 0.5 (free)	1	104983, 100770, 101953
Ca^{2+}	≈10	3 (bound);100 nM (free)	2 (bound)	10–100 nM (free)	2	100130, 110746, 111366
Cl^-	≈500	10–200 media dependent		5–100	100	105409, 110744
BNID	106594	105926, 107033, 107114, 111425	107752	103966, 107187	105409	

표 2-3 해수, 세균 세포, 효모, 포유동물 및 혈액의 이온 농도. 농도의 단위는 밀리몰이다. 한 자리의 유효숫자를 갖는다. 별 언급이 없으면 농도는 자유롭거나 결합한 상태이거나 상관없이 전체 이온을 의미한다. 세포 유형 혹은 삼투압 또는 외부 pH에 따라 이 값은 크게 변할 수 있다. 나트륨 이온의 농도는 특히 측정이 어렵다. 세포에 이온이 달라붙거나 잡혀 있기 때문이다. 대부분의 마그네슘 이온은 ATP나 다른 세포 성분과 결합하고 있다. BNID 104083, 107487, 110745, 110754)

가정해보자. 칼륨이온이 농도가 낮은 쪽으로 즉, 세포 안에서 밖으로 확산해 나가면 곧바로 전체 하전이 양으로 변하면서 전기 전위가 생긴다(막 양편의 이온 농도 차이에 비하면 전체 하전량의 변화는 미미하다. "막 양편의 전기 전위차는 얼마일까?" 항목에서(196쪽) 다루겠다). 전위차는 그 효과가 정확히 확산 속도와 균형을 이룰 때까지 증가할 것이다(평형에 도달한다). 이런 종류의 평형은 전기화학적 평형이라고 한다. 사실 이런 평형 분포로부터 우리는 세포가 전기적으로 음의 전위를 가지고 그 양이 얼마일지 추론할 수 있다. 단순히 세포 밖으로 양성자를 내보낸다는 점에서 우리는 세포막을 사이에 두고 전압차는 양(바깥)에서 음(세포 내부)의 양상을 띨 것이라고 예측할 수 있다. 이 예측의 양적인 측면은 "막 양편의 전기 전위차는 얼마일까?" 항목에서(196쪽) 살펴보겠다. 위에서 언급한 농도는 절대 정적인 것이 아니다. 생명체마다 다르고 환경 및 생리적 조건에 따라 변화한다. 이러한 수치의 의미를 파악하려면 우리는 신경과학을 들여다보아야 한다. 예를 들어 활동 전위가 진행되거나 완료되었을 때 전하의 밀도는 얼마나 다를까? 위에서 살펴보았듯 이온 채널이 열리는 것은 전하에 대한 막의 투과성이 일시적으로 변하는 것과 같다. 잠깐 투과성이 변하면 이온은 막을 통과하여 몰려든다. 자세한 사항은 "초당 이온 채널을 통과할 수 있는 이온의 수는 얼마일까?"라는 항목에서(226쪽) 살펴보겠다. 그렇지만 얼마만큼의 이온이 몰려야 전체 농도에 영향을 줄까? 근육이 수축하면서 탈분극이 일어날 때 근육세포의 직경은 약 50 마이크로미터이다. 간단히 예측해보아도(BNID 111449) 탈분극에 의한 세포 내부 전하의 변화는 10^{-3} 퍼센트 정도면 된다. 상대적으로 조금만 전하가 움직여도 기능에 커다란 영향을 줄 수 있는 것이다.

세포 내 자유 대사체의 농도는 얼마나 될까?

세포 내부의 주요 성분들은 단백질, 핵산, 지질, 탄수화물이겠지만 그것 말고도 핵심적인 기능을 하는 작은 분자들이 더 있다. 이런 분자들은 다양한 계열의 분자들로 한데 뭉뚱그려 얘기할 수 있지만 대체로 분자량이 1,000 달톤 이하인 것들이다. 최근 세균에서 이런 대사체 성분들을 측정하였으며 **표 2-4**에 수록되어 있다. 아마도 대사체들의 가장 익숙한 역할은 중합체를 구성하는 빌딩 블록일 것이고 이들은 세포 고분자의 주요 구성 성분이 된다. 그렇지만 대사체들이 관여하는 반응의 폭은 매우 넓다. 또한 대사체들은 에너지 원료, 활동의 조절 물질, 신호 전달자, 전자 주개 혹은 pH나 삼투압을 조절하는 기능도 하고 있다.

대사체 재고의 농도는 고분자를 만들 수 있는 재료에 대한 큰 그림을 그릴 수 있게 해 주기 때문에 중요하다. 또한 이런 재고분은 어떤 것이 가장 풍부한 물질인지 그들이 관여하는 반응이 특이적인 것이든 아니든 무엇인가에 대한 식견을 제공한다. 일부 대사체들의 농도는 측정하기가 쉽지만 매우 어려운 것들도 있다. 그러나 질량 분석기가 발달한 덕분에 세포 대사체 농도를 포괄적으로 파악하는 작업이 가능해졌고 그 자세한 내용을 표 2-4, **그림 2-13**에서 확인할 수 있다. 포도당이 포함된 M9 배지에서 증식하고 있는 대장균에서 가장 풍부한 대사체들 목록들이다. 칼륨이나 염소 이온과 같은 단순한 이온들은 따로 얘기하도록 하겠다. 농도 말고도 중요한 요소는 이들 대사체들의 순환에 관한 것이다. 나중에 "대사체 및 운반 RNA의 순환은 어떠한가" 항목에서(쪽) 다시 다루도록 하겠다.

대장균 대사체 분자들 목록을 보면 두드러진 분자들이 몇 개 보인다. 아미노산인 글루탐산이 단연 1등이고 농도가 거의 100 밀리몰에 이른다(그림 2-13). 우리의 기억과 직관은 농도보다는 절대 숫자에 더 민감하다. 어떤 물질의 농도가 1 나노몰 정도라면 대장균에 그 물질이 한 개 정도 있다는 말이다. 따라서 100 밀리몰이라면 대장균 하나에 10^8개의 글루탐산 분자가 존재한다는 의미이다. 이 정도의 양에 걸맞는 단백질의 수는 얼마나 될까? 만약 단백질이 평균 300개의 아미노산으로 구성되어 있다면 10^8개의 글루탐산은 3×10^5개의 단백질로 치환된다. 이 값은 대략 세포 하나에 들어 있는 단백질 3×10^6의 10 퍼센트에 이르는 양이다(BNID 100088). 이런 차이는 생화학에서 자주 사용되며 '표준 조건'으로 치부하는 1 몰 농도가 열역학적 계산값 일 뿐 실제와 동떨어진 게 아닌가 하는 생각이 들게 한다. 간혹 표준 농도는 세

metabolite	mM	metabolite	mM
glutamate	96	*S*-adenosyl-L-methionine	0.18
glutathione	17	phosphoenolpyruvate	0.18
fructose 1,6-bisphosphate	15	threonine	0.18
ATP	9.6	FAD	0.17
UDP-*N*-acetylglucosamine	9.2	methionine	0.14
hexose-P	8.8	2,3-dihydroxybenzoicacid	0.14
UTP	8.3	NADPH	0.12
GTP	4.9	fumarate	0.11
dTTP	4.6	phenylpyruvate	0.090
aspartate	4.2	NADH	0.083
valine	4.0	*N*-acetylglucosamine-1P	0.082
glutamine	3.8	serine	0.068
6-phospho-D-gluconate	3.8	histidine	0.068
CTP	2.7	flavinmononucleotide	0.054
NAD	2.6	4-hydroxybenzoate	0.052
alanine	2.5	dGMP	0.051
UDP-glucose	2.5	glycerolphosphate	0.049
glutathionedisulfide	2.4	*N*-acetylornithine	0.043
uridine	2.1	gluconate	0.042
citrate	2.0	malonyl-CoA	0.035
UDP	1.8	cyclic AMP	0.035
malate	1.7	dCTP	0.034
3-phosphoglycerate	1.5	tyrosine	0.029
glycerate	1.4	inosine diphosphate	0.024
coenzyme A	1.4	GMP	0.024
citrulline	1.4	acetoacetyl-CoA	0.022
pentose-P	1.3	riboflavin	0.019
glucosamine-6-phosphate	1.2	phenylalanine	0.018
acetylphosphate	1.1	aconitate	0.016
gluconolactone	1.0	dATP	0.016
GDP	0.68	cytosine	0.014
acetyl-CoA	0.61	shikimate	0.014
carbamyl aspartate	0.59	histidinol	0.013
succinate	0.57	tryptophan	0.012
arginine	0.57	dihydroorotate	0.012
UDP-glucaronate	0.57	quinolinate	0.012
ADP	0.55	ornithine	0.010
asparagine	0.51	dAMP	0.0088
2-ketoglutarate	0.44	adenosine phosphosulfate	0.0066
lysine	0.40	myo-inositol	0.0057
proline	0.38	propionyl-CoA	0.0053
dTDP	0.38	ADP-glucose	0.0043
dihydroxyacetone phosphate	0.37	anthranilate	0.0035
homocysteine	0.37	deoxyadenosine	0.0028
CMP	0.36	cytidine	0.0026
isoleucine + leuicine	0.30	$NADP^+$	0.0021
deoxyribose-5-P	0.30	guanosine	0.0016
AMP	0.28	adenine	0.0015
inosine monophosphate	0.27	deoxyguanosine	0.00052
PRPP	0.26	adenosine	0.00013
succinyl-CoA	0.23		
inosine triphosphate	0.20	Sum	231
guanine	0.19		

표 2-4 가장 풍부한 세포 대사산물의 세포 내 농도. 포도당을 제공하여 빠르게 자라는 대장균 시료를 질량 분석기를 이용해 측정했다(Bennett BD [2009] Nat Chem Biol, 5, 593-599).

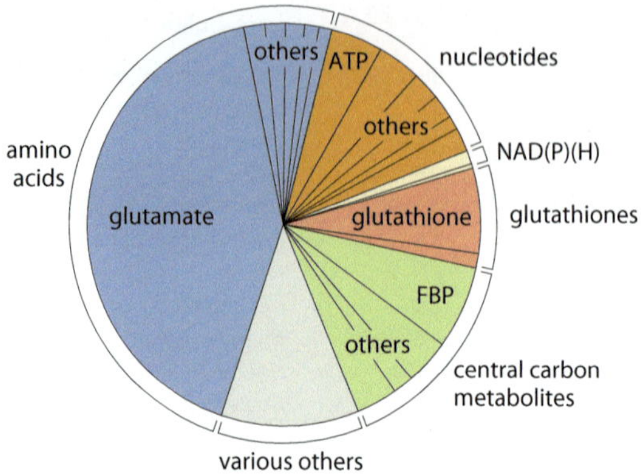

그림 2-13 포도당 배지에서 자라는 대장균 세포 내 자유 대사체 구성. 기능적인 역할에 따라 색상을 선택했다. 대사체의 양이 적은 경우 "other"(기타)를 사용했다. "기타 여러 가지various others"는 어디에도 소속하지 않은 대사체들이다. UDP-N-Ac-glucosamine이 그런 예이다. FBP: fructose 1,6-bisphosphate. (Bennett BD [2009] Nat Chem Biol, 5, 593-599)

포 전체의 질량에 맞먹기도 한다. 글루탐산은 음으로 하전된 세포 내에서 가장 풍부한 물질이다. 이들 음전하 물질은 대부분 양으로 하전된, 칼륨 이온에 상응하여 균형이 유지된다. 세포 내 칼륨의 농도는 대략 200 밀리몰 정도이다.

두 번째로 많은 대사체는 세포의 산화환원 전위를 조절하는 글루타치온이다. 이들은 황-황 결합을 만들거나 부서뜨리면서 단백질의 구조에 영향을 끼친다. 이쪽은 "세포의 산화 환원 전위는 무엇인가"하는 항목에서(쪽) 좀 더 자세히 다루겠다. 세 번째로 풍부한 대사체는 과당 1,6-이인산이고 해당 작용의 주요한 매개체이다. 세포 내 주요한 에너지원인 ATP는 네 번째로 풍부한 대사체이기도 하다. 대사체의 특정한 역할을 떠나서 생각해보면 이들의 농도가 매우 폭 넓은 범위에(10^{-1}~10^{-7} 몰) 걸쳐 있다는 점이 눈에 뜨인다. 우리의 주먹구구 산법에 따르면 1 나노몰은 대장균 세포 하나에 대사체 분자 하나가 있다는 것이다. 10^8개의 글루탐산이 있는 반면에 그보다 백만 배나 적은 100개의 아데노신 핵산도 존재한다.

표에서 보듯 자유 대사체의 총 농도는 250 밀리몰 수준이다. 이 수치는 어떤 의미를 지닐까? 우리가 짐작할 수 있는 대사산물 생산의 극명한 예를 들자면 효모가 우리의 기호식품인 에탄올을 만들어내는 것일 것이다. 포도당을 에탄올로 전환시키는 발효과정을 거쳐 효모는 맥주와 와인을 만든다. 소모하는 포도당 한 분자당 발효는 2~3 분자의 ATP를 만들어낸다. TCA 회로를 거쳐

발효 중인 효모 배양액의 알코올 농도

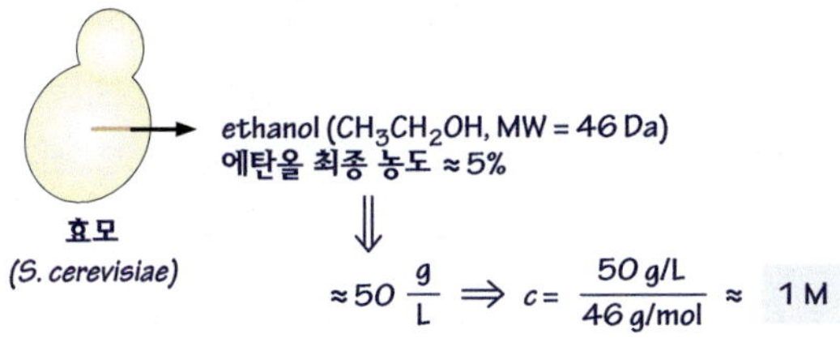

어림짐작 2-6

만들어내는 약 30개 가량의 ATP와 비교하면 턱없이 적은 수치이다. 그렇지만 양조장의 효모는 산소가 있을 때조차 발효를 선호한다. 효모가 이런 이상한 행동을 하는 이유는 생태적으로 자신과 겹치는 지역에 거주하는 다른 생명체들이 별로 좋아하지 않는 부산물을 만들면서 경쟁력을 확보할 수 있기 때문이다. 그렇다면 우리는 효모가 이런 방식을 통해 효과적으로 자신의 근처에 다른 세균이 살지 못하게 할 것이라 짐작할 수 있다. **어림짐작 2-6**에서 보듯 발효와 관련된 이런 추론을 숫자로 환원할 수 있다. 아마 실험적으로도 증명이 가능할 것이다. 맥주의 알코올 농도는 약 4 퍼센트이고 와인은 12 퍼센트 정도다. 따라서 에탄올을 농도는 각각 40 그램/리터 또는 120 그램/리터이다. 에탄올CH_3CH_2OH의 분자량이 46이므로 알코올 농도가 5퍼센트라면 대략 1 몰이다. 대부분의 세균은 이렇게 높은 농도의 알코올을 견디지 못한다(K. Tamura 등, FEMS Microbiology Letters, 99, 321, 1992). 세포막의 유동성fluidity을 변화시키고 세포 내부의 물질에도 영향을 미치기 때문이다(에탄올은 작은 분자여서 막을 투과해 들어갈 수 있다). 양조장의 효모는 고농도의 알코올 및 낮은 pH에 적응할 수 있다. 다 세균들이 좋아하지 않는 환경이다. 발효 단계가 어느 정도 완료되면 효모는 호흡을 통해 경쟁자가 없는 에탄올에서 여분의 에너지를 뽑아낼 수 있다. 바로 이런 방식이 효모가 증식하기 위해 선택한 멋진 전략이다(J. Piskur et al, Trends in Genetics, 22, 183, 2006). 그러나 효모 생존 전략에 관한 이런 식의 추론에 대한 반론도 만만치 않다(D. Molenaar et al, Mol Syst Biol, 5, 323, 2009). 직접 만들지는 않지만 다른 효모가 만든 에탄올을 잠식하는 "교활한" 돌연변이체가 나타나 집단 내에 파급될 수 있다는 얘기다.

다시 대사체의 농도를 나타내는 표로 돌아가자. 세포 내에 특정 대사체가 아주 풍부하게 존재하는 반면 왜 일부 대사체는 소량 밖에 없을까? 이런 질문에 답하려면 대사체를 주어진 농도만큼 유지하는데 드는 이익과 비용을 먼저 고려하여야 한다. 진화를 거치면서 특정 방식에 적응하는 동안 개별 대사체의 양이 결정되었는지 알아보는 것은 흥미로운 일이 될 것이다. 세포 내 가장 많이 존재하는 글루탐산, 과당 이인산(FBP), 글루타치온을 생각해보는 것이 순서일 게다. 그러나 추론하기도 어렵고 실험적으로 설명하기도 무척 까다롭다. 아마 차세대 계통 생물학자들의 손을 빌어야 이 문제를 해결할 수 있을 것 같다.

막에서 가장 풍부한 지질은 무엇일까?

외부세계로부터 세포는 지질과 단백질로 구성된 복잡한 막을 통해 격리되어 있다. 동일한 격리 전략이 세포 내부에서도 진행되어 세포 소기관을 세포질 내 나머지 세계와 구분 짓는다. 따라서 세포는 핵, 소포체, 골지체, 미토콘드리아 등 막으로 둘러싸인 소기관들로 북새통을 이룬다. 모든 종류의 막은 서로 다른 양의 지질이 제각기 다른 모양과 크기를 가진 상태로 구성된 복합체이다. 문자 그대로 수백 종의 지질 성분이 막에서 발견된다. 흥미로운 점은 소체vesicles를 통해 소기관 끼리 연락을 주고받기는 하지만 지질의 이런 구성이 소기관마다 다르다는 점이다. 그 어떤 순간에도 세포막이나 소기관의 막은 서로 다른 지질로 구성되고 비대칭적이다. 막을 구성하는 성분들은 주변의 물과 이중적인 관계를 맺고 있다. 친수성인 머리 부분은 물과 우호적인 관계를 맺고 있지만 긴 탄소 고리를 가지고 있는 꼬리 부분이 물과 마주하게 되면 상당한 비용의 자유에너지가 소모된다. 이런 양쪽성 때문에 막은 열역학적으로 이중막을 이루어야만 한다. 소수성인 지질의 꼬리는 막의 내부로, 친수성인 머리 부분은 마주하고 있는 용액과 맞닿게 된다.

지질의 다양한 구성이 어떤 기능적 의미를 지니는지 먼저 부엌에서 일어나는 일을 잠시 상상해보자. 맛있는 음식을 만들기 위해 우리는 흔히 지방과 기름(올리브오일, 콩기름 등)을 사용한다. 지방 속에 들어 있는 지질은 일반적으로 이중 결합을 하고 있지 않다(흔히 포화되었다고 말한다. 탄소가 수소를 최대한으로 포함하고 있다는 의미이다). 그 결과 이런 지질은 길고 직선 모양이다. 구조적으로 지질 분자들끼리 서로 강하게 결합한다는 의미를 갖는다. 따라서 포화지방산은 상온에서 고체이다. 그와 반대로 기름에 포함된 지질은 이중결합을 가지고 있고(불포화되었다. 탄소 분자가 수소를 받아들일

11) 탄화수소 골격이 구부러져 있어서 분자끼리의 결합력이 떨어진다. 상온에서 액체인 기름은 구부러진 구조의 지방산을 많이 포함하고 있다.

여지가 있다는 말이다) 구조적으로 비틀려 있다.[11] 따라서 잘 정돈된 구조가 만들어지지 않고 상온에서 액체이다. 생물학적인 막에서도 이와 비슷한 상황이 재현된다. 불포화 지방산이 많은(기름 같은) 지질을 포함하는 근육 세포는 보다 유동적이다. 분자 수준에서 혹은 생리학 영역에서 이런 양적 차이가 어떤 의미를 지니는지 연구가 한창 진행되고 있다.

지질의 다양성을 실험적으로 연구하기는 결코 녹록치 않다. 탄소 골격을 따라 단일 결합 혹은 이중 결합의 '서열'을 밝히는 작업은 DNA의 핵산이나 단백질의 아미노산 서열을 밝히는 것과 근본적으로 다른 분석 기법을 필요로 한다. 아직도 '오믹스' 혁명이 지질 연구를 추진하고 있다. 세심하게 정제를 하고 질량 분석기를 이용해서 바이러스의 막, 신경 연접부 소체 및 서로 다른 세포의 세포막과 소기관의 막 연구가 한창이다. 이런 '지질체학 lipidomics' 연구 결과 우리가 배운 것은 서로 다른 지질의 화학적 분류 체계에 익숙해져야 한다는 사실이었다. 전문가 집단은 복잡하기 그지없는 지질 성분들을 여덟 개의 분류군으로 나누었다(아실 지방산, 글리세로지질, 글리세로인지질, 스핑고지질, 스테롤, 프레놀, 당지질, 다중케타이드). 친수성과 소수성 부위의 화학적 특성을 바탕으로 이런 분류가 이루어졌다. 세포막에

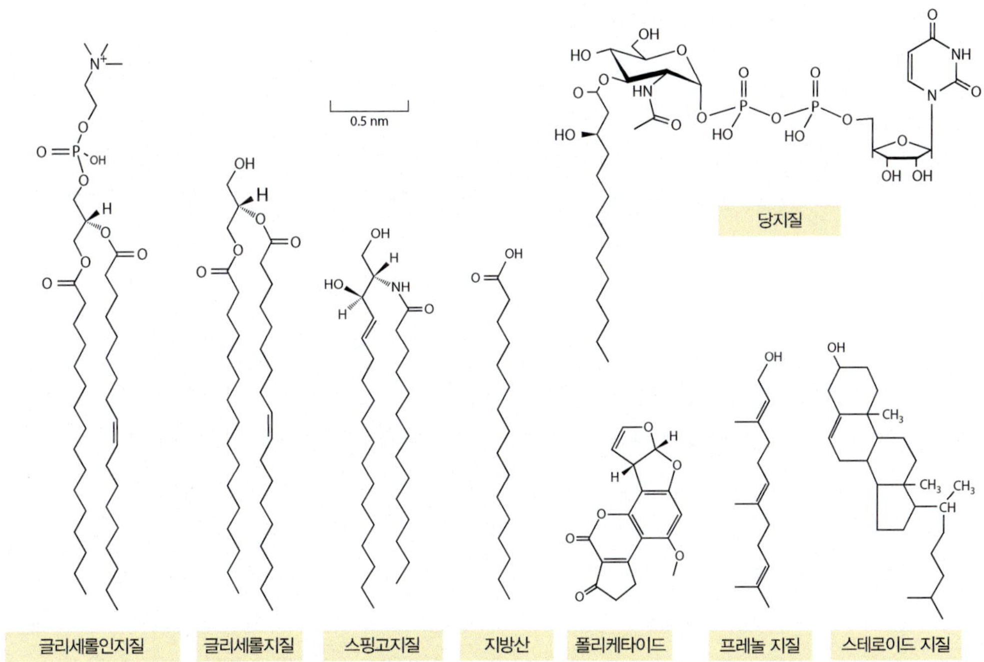

그림 2-14 막 지질의 다양성. 생물학적 막에서 발견되는 대표적인 지질의 구조를 볼 수 있다(Fahy E [2005] J Lipid Res, 46, 839-861).

서 관찰되는 각 분류군의 대표 격인 지질의 구조가 **그림 2-14**에 나타나 있다. 분자의 기하학을 직관적으로 추측하면 이들 지질의 단면적은 약 4분의 1~2분의 1 제곱 나노미터다(BNID 106993). 세포막 제곱 마이크로미터의 공간에 수백만 개의 지질이 채워질 수 있다는 말이다. 이들 분자의 길이는 대략 2 나노미터이다(BNID 105298). 이는 "세포막의 두께는 얼마나 되는가" 항목에서(54쪽) 살펴본, 지질 이중막의 길이가 4~5 나노미터 정도 된다는 사실과 부합된다. 이들 지질의 분자량은 일반적으로 500~1,000 달톤 정도이다(BNID 101838). 아미노산이나 핵산보다 크다.

지질체학의 기법이 진전됨에 따라 단세포 원핵세포에서 우리의 면역계 세포에 이르는 세포막을 구성하는 지질의 농도에 관한 정보를 얻을 수 있게 되었다. 대부분의 포유동물은 개략적으로 인지질의 숫자가 전체의 약 60 퍼센트이고 스핑고 지질이 약 10 퍼센트 정도다. 비극성인 스테롤 지질은 세포 혹은 소기관의 유형에 따라 0.1~40 퍼센트 사이에 있다. 이런 분석 실험의 가장 기본적인 장비는 질량 분석기이다. 분석기에서 각각의 분자는 하전을 띤 후 잘게 부서진다. 따라서 분자의 구성 요소에 관한 세부 질량 정보를 얻고 그것을 통합하여 분자의 질량을 파악한다. 지질의 동정과 분자량에 대한 정보가 동시에 확보되는 것이다. 절대량을 알아내려면 지질 표준품을 사용해서 피크의 크기를 조사해야 한다. 이런 실험의 한 가지 난점은 실제 드러난 피크를 어떤 식으로 동정하느냐 하는 것이다. 특히 꼬리의 길이가 다양한 성분이나 포화 지방산에서 두드러진다. 출아중인 효모의 인지질 분석에 관한 예는 **그림 2-15**에서 찾아볼 수 있다. 그림 2-15A에서 우리는 전체 분류군의 지질 구성비를 2B에서는 한 분류군에 속하는 개별 지질의 구성비를 엿볼 수 있다.

좀 더 나아가 **그림 2-16**은 포유동물 세포 소기관의 지질 분포를 보여준다.

지질체학의 연구 방법이 정교해지면서 특정한 세포 유형의 지질 구성을 시간별로도 측정할 수 있게 되었다. 세포나 소기관의 지질 구성이 매우 다양하다는 사실에서 우리는 어떤 생물학적 기능을 추론하고 그 의미를 읽을 수 있을까? 지질의 분포가 우리에게 던져주는 시사점은 세포 내부에서 일어나는 다양한 형태의 능동적 운반 결과 언제든 물질이 서로 교환되고 있다는 점이다. 예를 들어 소포체와 골지체 간의 의사소통은 소체의 운반을 통해 이루어진다. 다시 말하면 한 소기관의 지질이 다른 소기관으로 옮겨간다. 그럼에도 기관별 지질 구성은 어느 정도 유지된다. 소기관마다 지질의 구성이 다르고 또 그 구성이 변화하면 세포의 특성이 변화할 수도 있다(조직이 형성되는 동

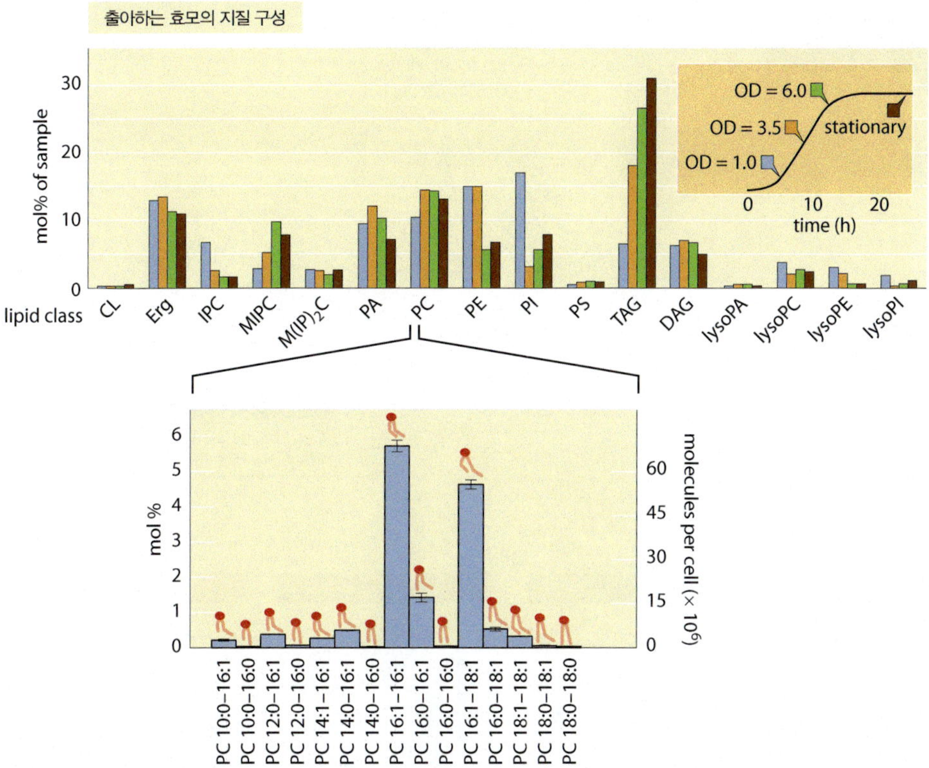

그림 2-15 출아 효모의 지질체학. 위의 그림은 각각의 생장 곡선에 있는(그래프 안의 네모 상자) 세포 내, 서로 다른 분류군 지질의 상대적 구성비를 보여준다. 아래쪽 그림은 한 분류군에 속하는 개별 지질의 구성비이다. 이들은 탄소의 수도 다르고 이중결합의 수도 천차만별이다. CL: 카디오리핀, Erg: 에르고스테롤, IPC: 이노시톨인산세라미드, MIPC: 만노실 이노시톨 인산세라미드, M(IP)2C: 만노실 이인산이노실 세라미드, PA: 포스패티딜산, PC: 포스패티딜 콜린, PE: 포스패티딜 에탄올아민, PI: 인산 이노실, PS: 포드패티딜 세린, TAG: 트리아실글리세롤, DAG: 다이아실글리세롤, LPC: 리소인산콜린. C. Klose et al, PLoS One, 7, e35063. 아래 그림은 C. S. Ejsing et al, Proc Nat Acad Sci, 106, 2136, 2009

안 상피세포의 극성이 달라질 수도 있다.) 지질의 구성은 끊임없이 조정되면서 일정하게 유지되어야 한다.[12] 따라서 살아 있는 세포 내부에서 지질 성분이 수동적인 방관자라는 생각은 틀렸다. 지질체학 연구에서 얻을 수 있는 두 번째 식견은 그림 2A에서 확인할 수 있다. 여기서는 배양 상태에 따라 효모균의 지질 구성이 바뀌는 것을 관찰할 수 있다. 특히 트리아실글리세롤의 양은 매우 유동적이어서 세포 집단의 포화도가 진행됨에 따라 그 농도가 급격하게 올라간다. 굶고 있을 때 이 지질은 새로운 지방산을 합성하는 재료로 사용된다. 세포가 다시 원기를 회복할 수 있게 도와주는 것이다.

12) 막 지질의 구성이 변화하면 이를 감지하는 단백질이 나서서 원상회복하려고 한다. 궁금한 독자를 위해 논문을 소개한다. Lipid landscapes and pipelines in membrane homeostasis. Nature, 510, 48-57 (2014).

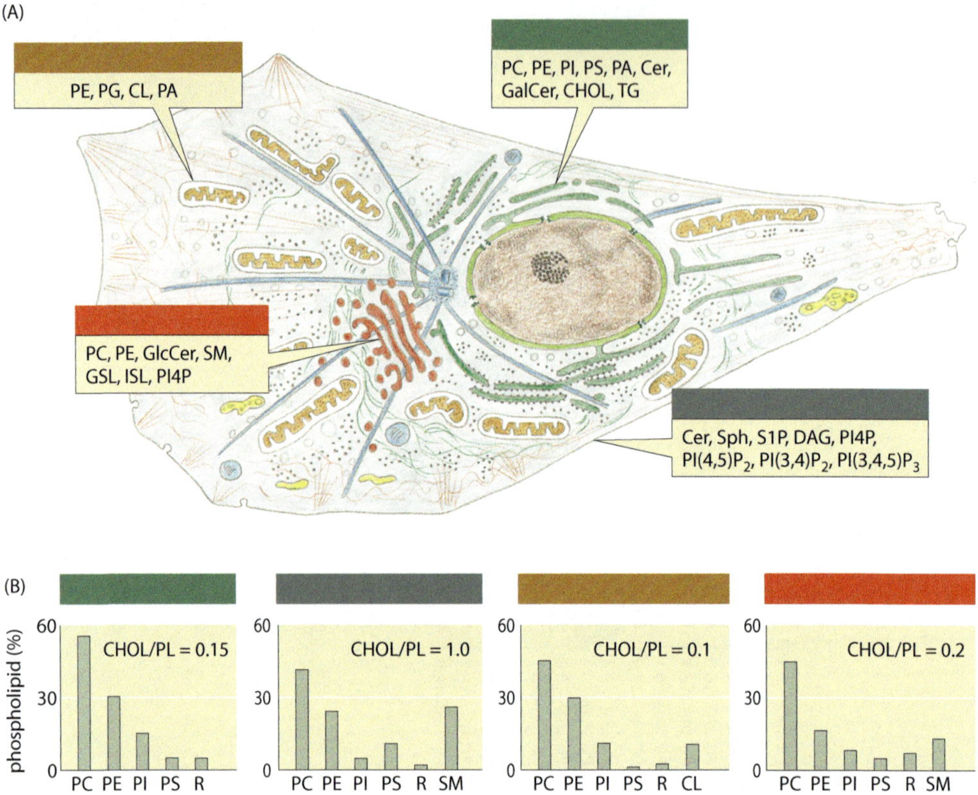

그림 2-16 지질의 합성 및 안정 상태에서 세포막의 구성. 위쪽 이미지는 주요 지질의 합성 장소를 보여준다. 지질을 주로 합성하는 장소는 소포체이며 여기서는 구조를 담당하는 인지질과 콜레스테롤을 다량으로 만들어 낸다. 세포 소기관의 지질 구성은 세포마다 다르다. 아래쪽 그래프는 포유동물 세포막의 인지질 구성을 나타내고 있다. 스테롤 양의 표지로서 콜레스테롤과 인지질의 비율이 계산되어 있다. SM: 스핑고미엘린, R: 기타 지질. G. van Meer et al, Nature Mol. Cell Biol, 9, 112, 2008.

세포마다 지질의 절대량과 상대적인 비율이 서로 다르다는 면에서 이제 우리는 어떻게 그런 분자의 다양성이 생리적 기능성과 맞물리는가 후속 연구가 필요하다고 생각한다. 이 책에서 숫자 생물학, 여기서는 지질체학이 어떤 생물학적 의의를 지니는지 살펴보려는 목표를 지향한다. 어쨌거나 지질체학은 좀 더 연구가 진척되어야 하는 분야이다.

세포 안에 들어 있는 단백질은 얼마나 될까?

생물량이나 기능면에서 가장 주요한 역할을 담당하기 때문에 지금껏 단백질은 분자 생물학이나 세포 생물학 연구의 주목을 받아 왔다. 그렇지만 이들 단백질의 정량적인 본성에 눈을 돌리면 지금껏 캐묻지 않았던 여러 가지 질문이 새롭게 떠오른다. 예를 들어 세포 안에는 얼마나 많은 단백질이 있을까? 몇 종류의 단백질인가가 아니라 전부 다 합해서 몇 개의 단백질이 있느냐는 질문이다. 논문으로 발표된 자료들을 보기 전에 되도록 우리가 이미 알고 있는 세포의 특성으로 예측을 해보자.

단백질 양은 대략 세포의 부피 혹은 질량에 비례한다. 세포의 부피가 성장 조건이나 세포주에 따라 몇 배씩 달라질 수 있다는 점을 감안하면 우리는 먼저 단위 부피당 단백질의 숫자를 알아야 할 것이다(단백질 숫자 밀도). 여기에 세포의 부피를 곱하면 우리는 원하는 세포 내 단백질의 숫자를 유추할 수 있게 된다. 어림짐작하는 첫 번째 계산법은 **어림짐작 2-7**에 표시했다. 이 방법은 단위 부피당 단백질의 질량에(c_p) 바탕을 두고 있다. c_p의 단위는 [그램, 단백질]/[밀리리터, 세포 부피]이고 몇 종류의 세포에서 매개변수 값이 알려져 있다. l_{aa}는 단백질을 구성하는 아미노산의 평균 숫자고 m_{aa}는 아미노산의 평균 질량이다. 이런 조건에서 단위 부피당 단백질의 수는 이렇게 주어진다.

$$N/V = c_p/(l_{aa} \times m_{aa})$$

우리가 사용하는 대장균과 같은 세균의 단백질의 평균 길이는(l_{aa}) 단백질 당 300개의 아미노산으로 이루어진다. 출아 효모, 분열 효모, 인간의 세포는 좀 더 길어서 단백질 하나가 약 400개의 아미노산으로 구성되어 있다. 이런 값

세포 안 단백질의 개수는?

protein mass per volume (≈ 0.2 g/mL)

세포 부피당 단백질의 수

$$\frac{N}{V} = \frac{c_p}{l_{aa} \times m_{aa}}$$

m_{aa} ← mass aa (≈ 100 Da)

l_{aa} ← aa per protein (≈ 400 $\frac{aa}{protein}$)

Avogadro's number → 6×10^{23}

$$\frac{N}{V} = \frac{0.2\,[g/mL] \times 6 \times 10^{23}\left[\frac{Da}{g}\right] \times 10^{-12}\left[\frac{mL}{\mu m^3}\right]}{400\left[\frac{aa}{protein}\right] \times 100\left[\frac{Da}{aa}\right]} \approx 3 \times 10^6 \frac{proteins}{\mu m^3}$$

organism	전형적인 부피	단백질의 수
대장균	$1\ \mu m^3$	$\approx 3 \times 10^6$
출아 효모	$\approx 30\ \mu m^3$	$\approx 100 \times 10^6$
헬라세포	$\approx 3000\ \mu m^3$	$\approx 10 \times 10^9$

어림짐작 2-7 세포 단위 부피당 총 단백질의 숫자를 추산함. 세포의 특징적인 부피는 주어진 값을 적용했다. 일반적인 매개 변수를 이용해서 계산했다. 보다 정확한 값은 본문을 참고하면 된다.

은 대략 10~20 퍼센트의 오차범위 안에서 문헌치와 부합된다. 아미노산의 평균 숫자는 단백질의 길이와 빈도수를 계산하여 나온 값이다. 단백질의 숫자가 많으면 그렇지 않은 것보다 평균 아미노산의 숫자가 줄어들 것이다.

세포 내 단백질의 농도 문제로 넘어가자. 그러나 이 값은 매우 구하기 어렵다. 오래된 것이기는 하지만 대장균의 c_p값은 0.24 그램/밀리리터이고 출아효모는 0.28 그램/밀리리터이다(BNID 105938, 108879, 108263, 108874). 분모가 막 단백질 및 단백질 모두를 포함하는 세포의 전체 부피 혹은 모든 단백질을 포함하는 세포질의 부피를 의미한다면 위 값은 비슷하리라고 예상할 수 있다. 아미노산의 평균 분자량이 100 달톤이라고 가정하면 아래와 같은 전환이 가능하다(물론 어림짐작 2-7에도 나타내었다).

$$\left(\frac{N}{V}\right)_{E.coli} = \frac{0.24\frac{\text{g}}{\text{mL}}\times 6\times 10^{23}\frac{\text{Da}}{\text{g}}\times 10^{-12}\frac{\text{mL}}{\mu\text{m}^3}}{300\frac{\text{aa}}{\text{protein}}\times 100\frac{\text{Da}}{\text{aa}}} \approx 5\times 10^6\,\frac{\text{protein}}{\mu\text{m}^3}\text{이고}$$

$$\left(\frac{N}{V}\right)_{\text{yeast}} = \frac{0.28\frac{\text{g}}{\text{mL}}\times 6\times 10^{23}\frac{\text{Da}}{\text{g}}\times 10^{-12}\frac{\text{mL}}{\mu\text{m}^3}}{400\frac{\text{aa}}{\text{protein}}\times 100\frac{\text{Da}}{\text{aa}}} \approx 4\times 10^6\,\frac{\text{protein}}{\mu\text{m}^3}\text{이다.}$$

비록 이것이 우리가 목적하는 바이기는 하지만 독자들은 왜 c_p라는 단위를 사용했는지 의아해할 것이다. 다른 특성을 이용할 수 있는데도 말이다. 세포 밀도, 물의 양 혹은 건조 중량에서 단백질 분획이 차지하는 정도를 사용할 수도 있다. 세포의 총 밀도 d는 1.1 그램/밀리리터이다(BNID 103875, 102239, 106439). 물의 양(w)은 대장균의 경우 대략 70 퍼센트 정도이고 출아 효모는 60 퍼센트이다(BNID 105482, 103689). 세포 건조 중량에서 단백질이 차지하는 비중 p은 대장균의 경우 55 퍼센트, 효모는 약 40 퍼센트이다. 이런 값들 사이의 관계는 다음과 같다. $c_p = d\times(1-w)\times p$. 숫자를 대입해보자.

$c_{p,E.coli} = 1.1\text{ g/ml}\times(1-0.7)\times 0.55 = 0.19\text{ g/ml}$이고
$c_{p,yeast} = 1.1\text{ g/ml}\times(1-0.6)\times 0.40 = 0.18\text{ g/ml}$이다.

이렇게 얻어진 값은 위에서 계산ㅎ한 것보다 20~40 퍼센트가 적다. 따라서 단위 부피당 단백질의 수는 대장균과 효모에서 각각 3×10^6 protein/μm^{3}과 2×10^6 protein/μm^{3}이 될 것이다.

이제 단위 부피당이 아니라 세포 하나당 총 단백질의 수를 계산해보자. 대장

균 세포의 부피는 1 μm^3이기 때문에 간단히 우리는 대장균 하나에 포함된 총 단백질 수는 2~4 백만 개라고 할 수 있을 것이다. 출아 효모의 부피는 40 μm^3(반수체, BNID 199439, 199427)이므로 총 단백질의 두 어림값은 9천~1억 4천만 개가 될 것이다. 포유동물 세포 하나의 총단백질이 10^{10}개라면 우리는 그 부피가 2,000~4,000 μm^3가 될 것이라고 추정할 수 있다.

이렇게 얻은 값들을 문헌치와 비교해보자. **표 2-5**는 단백체 연구를 통해 얻은 값들을 나열한 것이다. 특기할만한 점은 단백질의 총 숫자에 관한 정보가

세포 당 단백질 수	세포 부피 (μm^3)	부피당 단백질 수 ($10^6/\mu m^3$)	계산 오차
마이코플라즈마 폐렴균			
0.05×10^6	0.015	3	< 2-fold
렙토스피라균			
$1.0–1.2 \times 10^6$*	0.22	5	< 2-fold
대장균			
2.36×10^6	0.86	2.7	< 2-fold
바실러스 섭틸리스			
2.3×10^6*	1.13	2.0	< 2-fold
1.3×10^6*	0.62	2.1	< 2-fold
1.8×10^6*	0.85	2.1	< 2-fold
황색포도상구균			
0.35×10^6*	0.33	1.1	≈ 3-fold
0.27×10^6*	0.23	1.2	≈ 3-fold
0.26×10^6*	0.23	1.1	≈ 3-fold
출아 효모 (반수체)			
50×10^6	≈ 30–40	1–2	≈ 2-fold
47×10^6*	≈ 30–40	1–2	≈ 2-fold
53×10^6	≈ 30–40	1–2	≈ 2-fold
분열 효모			
60.3×10^6	≈ 100	0.6	≈ 5-fold
생쥐(NIH3T3 섬유아세포)			
3×10^9*	≈ 2000	1.5	< 2-fold
인간 (U2OS)			
$0.95–1.7 \times 10^9$*	≈ 4000	0.2–0.4	≈ 10-fold
인간 (HeLa)			
2.0×10^9*	≈ 2000	1	≈ 3-fold
2.3×10^9*	≈ 2000	1	≈3-fold

*값은 우리가 데이터를 보고 합산한 것이기 때문에 정확하지는 않을 수도 있다.

표 2-5 다양한 세포에서 예상되는 단백질의 수. 보충 자료에서 유추했기 때문에 실제 논문에서는 언급되지 않은 값들도 있다. 논문에 세포의 부피가 제시되지 않으면 비슷한 조건을 가진 다른 논문의 값을 참고했다. 참고문헌과 구체적 실험 방법은 Milo R [2013] Bioessays, 35, 1050-1055.

태부족하다는 사실이다. 따라서 우리는 모든 단백질의 양을 더해 결과를 얻었다. 일부 수치는 우리가 앞에서 계산한 값과 얼추 일치한다. 세균의 경우다. 그러나 효모와 포유동물 세포를 포함하는 진핵세포는 예상했던 것보다 열 배쯤 적은 단백질을 가지는 것으로 나타났다. 이런 차이가 아마도 질량분석기의 검량선에 관한 문제에서 비롯했는지 아니면 우리가 사용한 매개변수의 부정확성 때문인지는 좀 더 살펴보아야 할 것이다(Milo, Bioessays, 2013). 아마 세포 내 다른 구성 성분을 정량할 때도 비슷한 문제점이 있을 것이고 이를 극복하기 위한 방도를 강구해야 할 것이다.

세포 안에 가장 풍부한 단백질은 어떤 것일까?

단백질을 기술하는 교과서 여러 권을 읽어봐도 세포 생명체를 유지하는데 필수적인 역할을 하는 단백질 중 양적으로 가장 풍부한 것이 무엇인지를 알 수 없다. 세포 내부의 생화학 혹은 대사 조절 경로는 상세하게 잘 알려져 있고 핵심적인 역할을 담당하는 단백질 정보도 충분히 축적되었다. 그렇지만 전기 도면 같은 것만으로는 세포를 완성할 수는 없다. 이 경로를 구성하는 다양한 요소의 상대적인 속도를 이해하기 위해서 우리는 다양한 단백질과 기질의 양을 알아야 한다. 또 이들 다양한 분자를 얼마나 생합성 해야 하는지 알고자 할 때도 이들 물질의 실제량을 알아야 한다. 복잡한 세포 내 생화학 과정에서는 이들 물질들이 서로 결합해야할 필요성도 생긴다. 의도하는 짝과 선택적으로 잘 결합하는지 아니면 비특이적으로 원치 않는 상대와 조우하게 될지, 특정 단백질의 행동 양식도 결국 분자의 양 문제로 귀결된다.

일단 탄소 동화작용에 관여하는 효소이자 무기 화합물을 유기화합물의 세계로 인도하는 수문장인 루비스코Rubisco 분자의 양을 알아보자. 광합성을 수행하기 위해서는 이 핵심 일꾼인 루비스코 분자가 꽤 필요하다. 얼마나 필요한지 왜 그런지 알아보자. **어림짐작 2-8**에 표시한 것처럼 광합성을 촉발하기 위해 필요한 태양광 유래 광자의 흐름은 약 2,000 마이크로아인슈타인/($m^2 \times s$)이다. 1 아인슈타인은 1 몰의 광자를 가리키는 단위이다. 유입되는 광자의 약 30 퍼센트가 사용되지만 그 이상이면 광합성 기구가 포화되어 돌아가지 않는다. 탄소 한 분자를 고정하는데 필요한 에너지를 공급하기 위해 대략 10개의 광자가 쓰인다. 루비스코 하나의 분자량은 60 킬로달톤(BNID 105007)이다. 느릿하게 움직이는 이 효소가 촉매 부위 하나당 처리할 수 있는 최대 속도는 일 초당 1~3개의 탄소이다. 어림짐작 2-8처럼 이들 요소를 결합하

루비스코로 살펴본 잎 안의 수용성 단백질 비율

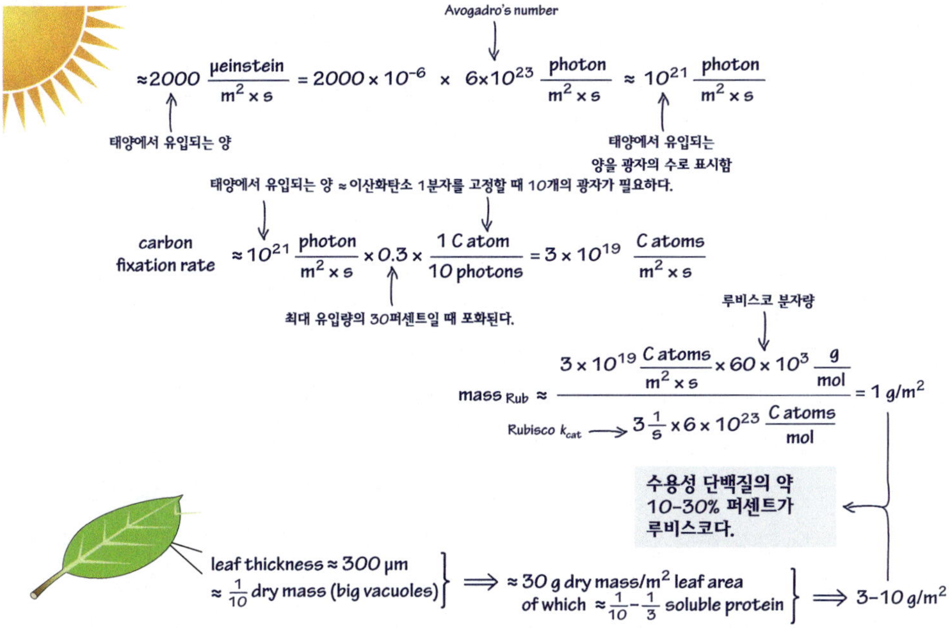

어림짐작 2-8

면 세포는 1~3 그램/m^2의 루비스코가 필요하다는 계산이 나온다. 잎에 들어 있는 단백질의 양을 어림해보자. 일반적인 잎의 두께는 300 마이크로미터이다. 빛을 포획하기 위해 넓은 표면적이 필요하지만 물을 함유하고 있는 액포의 부피가 상당히 크기 때문에 건조 중량은 전체 무게의 10 퍼센트 정도다(BNID 107837, 110839). 알려진식물의 건조 중량은 약 30 그램/m^2이다. 물에 녹는 단백질은 전체 건조 중량의 약 3분의 1이므로 그 양은 10 그램/m^2 이다(BNID 107837, 107403). 루비스코의 양이 3 그램/m^2라면 전체 수용성 단백질 3개 중 하나는 루비스코라는 결론을 내릴 수 있다. 사실 밀이나 감자 혹은 담배와 같은 C3 식물의 잎, 수용성 단백질 중 루비스코의 양이 25~60 퍼센트에 이른다는 실험 결과도 있다(BNID 101762).

다른 생명체들은 어떨까? 1970년대 후반 2차원 겔 전기영동법과 탄소 동위원소 표지법을 이용하여 제각기 서로 다른 성장 단계의 대장균 세포 안에 존재하는 단백질 140개의 양을 제시한 독특한 실험이 수행되었다(BNID 106195). 최근에는 기술적으로 좀 더 나은 질량 분석기와 TAP[5] 표지(BNID

13) TAP 설명

101845) 혹은 형광 현미경(BNID 106257)을 통해 단백질의 양을 폭넓게 조사하기도 했다. 이런 결과를 모아 다양한 생명체에 존재하는 단백질의 양을 알 수 있는 데이터베이스가 만들어졌다(http://pax-db.org). **그림 2-17**에서 보듯 이런 데이터는 보로노이 트리맵스라는 프로그램을 통해 가시화할 수 있다(보다 많은 데이터를 보고 싶으면 www.proteomaps.net를 방문하자). 이렇게 확보한 그림 자료에서 우리는 매우 중요한 역할을 하는 단백질을 알 수 있다. 리보좀 단백질과 그 보조 단백질의 양이 많은 점은 그리 놀랍지 않다. 세균 유전체당 단백질 약 6만 개를 가지고 실험했었던 1978년 목록에서는, 운반 RNA가 리보좀의 빈 공간으로 들어가게 도와주는 신장 인자인 EF-TU가 가장 양이 많은 단백질이었다. 성장 속도에 따른 세포의 크기를 알아보기 위해 세포 당 단백질의 양이 아니라 유전체 당 단백질의 양을 계산한 때문이었다. 대체로 유전체의 복제수가 세포의 부피에 비례하기 때문에 우리는 이 값을 다시 환산할 수 있다. 부록에 수록된 어림 계산 법칙에 따라 세균 부피 당 분자 하나가 1 나노몰에 해당한다고 볼 수 있기 때문에 우리는 단백질의 절대량을 농도로 표시할 수 있다. 이렇게 환산하면 중요한 분자의 양은 얼추 100 마이크로 몰 정도이다(BNID 104773). 성장 조건에 따라 세포의 크기 및

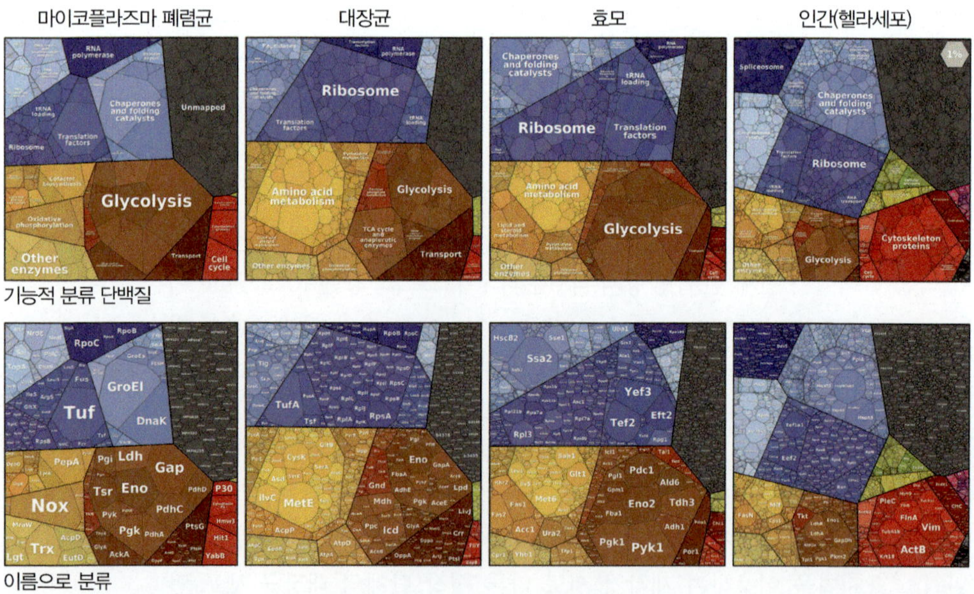

그림 2-17 단백질 지도. 보로노이 수형도를 이용해서 단백질체를 계층적으로 표현하였다. 각 단백질은 그 수가 많을수록 면적이 넓은 다각형으로 표현하여 다량으로 발현하는 단백질을 알아보기 편하다. 기능적으로 비슷한 단백질을 이웃에 배치하고 한 눈에 알아보게 하였다. 인간의 헬라세포 포함 네 가지 모델 세포가 사용되었다. 위: 기능적인 측면에서 분류하였다. 아래: 단백질 이름으로 분류하였다. 빠르게 자랄 때의 세포의 단백질을 취한 것이다(Liebermeister W [2014] Proc Natl Acad Sci, 111, 8488-8493).

단백질 전체의 양은 몇 배까지 차이가 난다(효모의 크기 항목을 참고하라). 리보좀 단백질은 성장 속도에 따라 그 양이 크게 달라질 수 있다.

또 양이 많은 단백질 목록에서 상위권에 드는 것으로 아실 운반 단백질, ACP를 들 수 있다. 이는 지방산 합성에 중요한 역할을 하는 단백질이며 지방산의 길이를 늘이는 데 관여한다. 대장균에서는 이 단백질이 가장 풍부하다는 주장도 있다. 세포 하나당 약 6만 개가 존재한다는 것이다(BNID 106194). 최근 최소량의 시료를 사용한 질량 분석법에 의하면 아실 운반 단백질의 숫자는 8만 개에 육박하며 세 번째 순위에 등록되었다. 첫 번째는 리보좀 단백질, RplL이고(세포 하나 당 11만 개이고 리보좀 하나 당 4개 꼴이었다. 일반적으로 리보좀 단백질은 리보좀 하나에 하나 꼴이다) 두 번째는 신장 인자인 TufB였다(앞에서 얘기한 EF-TU이며 약 9만 개였다). 그 다음으로 양이 많은 단백질은 단백질이 잘 접히게 돕는 샤페론 구성 요소인 Gro-EL-Gro-ES와 해당 과정의 중심 단백질이었다.

여러 종류의 세포 유형을 넘나들며 단백질의 풍부함을 비교분석하면 출아하고 있는 효모균은 해당 작용에 관여하는 단백질의 양이 많다(영양소가 충분할 때 그 양은 전체 단백질 양의 25 퍼센트 정도다). 탄소 대사와 에너지 전환의 핵심 과정인 탄소해당 작용은 세포 내에서 가장 많은 양의 대사체를 몰고 다니는 대규모 농장 같은 것이다.

구조 단백질도 꽤 풍부한 편이다. 세포 성장을 멈추기 시작할 때 약 100~300개에 달하는 대장균 위족을 구성하는 FimA 단백질이 그 중 으뜸이다(BNID 101473). 각각의 위족에 약 1천 개의 FimA가 들어있다(BNID 100107). 따라서 단순히 계산해도 세포의 바깥에 이 단백질 단위체가 10만여 개가 존재한다. 척추동물에는 종종 전체 단백질의 5~10 퍼센트에 달하는 액틴이 가장 많다.

앞에서 말했지만 성장 조건이나 유전자 발현에 따라 단백질의 양이 달라진다. 예를 들어 이당류인 젖당을 포도당과 갈락토오스로 분해하는 LacZ는 보통 발현이 억제되어 있고 일반적으로 매우 양이 적지만(열 개에서 스무 개, BNID 106200) 최대로 유도되면 그 양이 50 마이크로 몰까지 늘어난다(BNID 100735). 세포 하나당 약 5만 개의 젖당 분해 효소가 새롭게 만들어지는 것이다.

모든 종류의 생명체가 가진 단백질을 모두 합친다면 지구상에서 가장 풍부한 것은 무엇일까? 월계관은 보통 루비스코에게 돌아간다. 지구 행성에서 엄청난 규모로 탄소를 고정하는 이 단백질의 작업 덕택에 온 지구 생물계의 모든 생명 현상이 유지된다. 그렇지만 이 책을 쓰는 동안 우리는 좀 다른 생각이 들었다. 2010년에 미국 과학원 회보에 발표한 논문에서 우리는 개별 인간을 기준으로 루비스코의 양을 나누어보았다. 그 결과 사람 한 명당 5 킬로그램의 루비스코가 존재한다는 계산이 나왔다(루비스코가 인류를 먹여 살리긴 하지만 물리적으로 인간의 몸에 들어와 있지는 않다). 여러 연구를 종합해보면 인간 단백질 총량의 약 30 퍼센트를 차지하는 세포외 기질 단백질인 콜라겐도 높은 순위를 기록했다(BNID 109730, 109731). 70 킬로그램인 인간의 3분의 2는 물이고 그 나머지의 반이 단백질이라고 하면 총 단백질은 약 10 킬로그램이고 콜라겐은 3킬로그램이다. 약간 과장된 수치일수도 있겠지만 콜라겐이 사람한테만 있는 것은 아니다. 지구상에서 가장 생물량이 많은 동물은 무엇일까? 사실 소나 돼지, 가금류가 대부분이고 그 총량은 인간 한 명당 100 킬로그램에 이른다(BNID 111482, 이 양은 지구를 살아가는 야생동물의 스무 배 정도이다). 이들의 콜라겐 함량도 인간과 비슷하기 때문에 전체를 다 합치면 루비스코는 챔피언 벨트를 벗어야 한다. 이렇게 따분한 구조 단백질 말고도 다른 촉매 효소가 참여하는 시합이 아직도 진행 중이다. 엄청난 양의 세균과 유전체학, 그리고 메타게놈을 다 따져서 해당 과정 단백질이 경기에 뛰어들면 챔피언이 뒤바뀔 소지는 충분하다.

각기 서로 다른 세포가 발현하는 단백질 양의 차이는?

분포 말고 개별 수치를 사용해서 세포 내에서 발현되는 단백질의 농도의 절대값을 알아보면 어떨까? 분광광도계를 이용하여 형광을 측정하는 등 단백질의 양을 측정하는 다양한 방법은 세포 전체 집단의 평균값 한 가지를 제시할 뿐이다. 초록 형광 단백질의 발견에 힘입어 정량적인 현미경 기법과 유세포 분석법이 등장하면서 변이의 역할이 생물학 연구의 중심 분야로 부상했다. 변이의 기능적 역할은 환경에 대한 반응을 논할 때 살펴본 내용이다. 환경의 변화에 적응하여 가장 잘 적응한 일부 집단만이 살아남는다. 그렇지만 다양한 생명체의 생활양식의 중요성과 그 의미는 아직도 활발히 연구되는 분야이다.

형광으로 세포 하나를 관찰하는 현미경을 써서 수 천 종류의 세포를 우리가

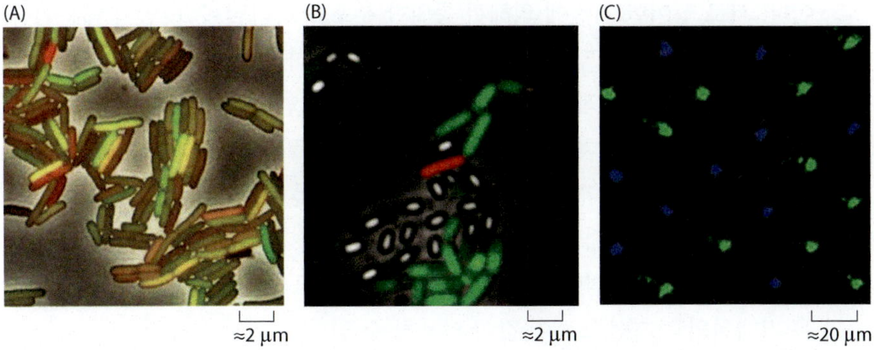

그림 2-18 세포마다 유전자 발현 양상이 다르다. (A) 동일한 프로모터를 가진 대장균은 같은 형광을 발현한다. 붉은 색과 푸른 색의 상대적 비율에 따라 잡음이 생긴다. (B) 동일한 환경에 있음에도 유전적으로 동일한 고초균이*Bacillus subtilis* 다른 운명에 처한다. 초록색은 정상적으로 자라는 세균이고 흰색은 포자를 만들어 내는 집단이다. 붉은 색은 외부의 유전체를 받아들일 준비가 되어 있는 "수용성(受容性, competent)" 세균이다. (C) 초파리의 망막의 서로 다른 색소 광수용체를 다른 색상을 띠는 항체로 염색했다. 녹색을 띠는 것은 Rh6, 파란색은 Rh5 수용체를 가진 세포들이다(Eldar A and Elowitz MB [2010] Nature, 467, 167-173; Losick R and Desplan C [2008] Science, 320, 65-68).

실험해서(**그림 2-18**) 데이터를 표현하는 첫 번째 단계는 분포도를 그리는 것이다. **그림 2-19**는 전령 RNA의 분포를 보여준다. 생물학적 양의 상당수는 로그 정규 분포 곡선을 그린다. 로그 그래프를 사용했을 때 종 모양의 분포가 만들어진다는 뜻이다. 여기에는 몇 가지 기제가 작동한다. 예를 들어 기하급수적으로 성장하는 과정에서 정규 분포하는 1차 역학 계수는 로그 정규 분포를 이룬다. 또는 무작위 과정의 혼재하는 시스템도 중심 한계 이론에 의해 로그 정규 분포를 이룰 것으로 생각된다. 여기서 기억할 한 가지 요점은 이런 분포를 유도하는 기전이 무엇인지 심각하게 고민해야 한다는 사실

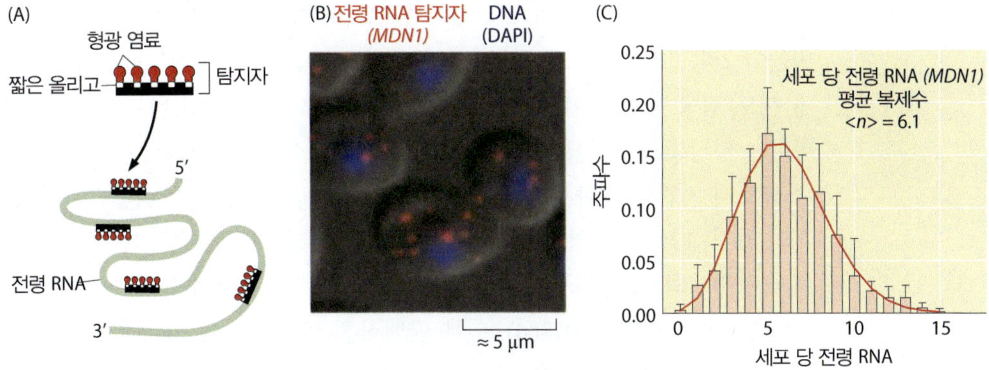

그림 2-19 출아 효모세포 하나에서 전령 RNA의 발현 변화. (A) 어떻게 탐침이 제작되고 전령 RNA의 특정 부위에 부착되는지 보여주는 이미지. (B) 효모세포의 형광 이미지에서 세포당 전령 RNA의 복제수를 셀 수 있다. (C) 세포당 특정 유전자(MDN1) 전령 RNA의 숫자(Zehklusen D [2008] Nat Struct Mol Biol, 15, 1263-1271).

이다. 서로 상이한 기전에 의해서 동일한 분포를 나타낼 수도 있기 때문이다. 그 다음 단계는 데이터를 농축하고 특성을 파악하기 위해 위 분포를 통계 처리하는 것이다. 일반적으로 평균과 표준 편차를 얻는다. 집단 내에서 변이는 평균에 대한 표준 편차의 비율인 변이 상수, CV로 표현한다. 이와 달리 파노 Fano 요인은 변이와 평균의 비율이다(표준편차를 제곱한 것이다). 포이존 과정으로 알려진 일반적인 과정에서 변이는 평균과 같다(파노 요인이 1이다)는 사실이 알려졌다는 점에서 흥미롭다. 일부 프로모터에서 발견되는 소음과 같은 기대치의 기저선으로 이 값이 활용될 수 있다.

단백질 발현 측면에서 세포-세포 간의 알려진 실제 농도는 얼마나 될까? 형광 단백질을 사용하면서 이런 질문에 대한 답을 얻을 수 있게 되었다. 그림 2-18에서 우리는 두 가지 색상의 형광을 확인함으로써 세균의 단백질 발현 양상의 차이를 알 수 있다. 여기서는 lacI라는 프로모터를 써서 노란색과 붉은 색의 형광 유전자를 원형의 대장균 유전체 양쪽 끝에 집어넣었다. 변이의 양을 확인하면서 우리는 세포 주기에 따라 단백질의 양이 두 배까지 차이가 난다는 사실을 알게 되었다. 따라서 세포의 크기에 따라 보정이 필요하다. 이에 따르면 변이가 크기인 세균의 특징적인 변이 상수는 0.4 정도임을 알 수 있다(BNID 107859). 이 값은 세포끼리 혹은 세포 안에서도 프로모터에 따라 세분화될 수 있다.

20개의 단백질을 대상으로 인간 세포가 분열하는 동안 위와 비슷한 실험을 수행해서 변이 상수를 얻었다. 변이 상수는 세포 주기 전반에 걸쳐 안정되게 유지되었다. 그렇지만 단백질에 따라 그 값은 0.1에서 0.3 사이였다(BNID 107860). 어림짐작법에 따르면 로그 정규 분포 0.3은 단백질 발현 정도가 90 퍼센트 안에 포함되는 세포와 그렇지 않은 10 퍼센트 안에 들어오는 세포의 비율이 2라는[14] 뜻이다. 또 더 나아가 **그림 2-20**은 변이의 정도를 힐끗 보기만 해도 집단 내에서 발현을 적게 하던 세포가 발현을 많이 하는 것으로 변화하는 양상도 살펴 볼 수 있다. 시간에 따른 측정을 통해 또는 시간을 섞거나 메모리 시간을 변화시키면서 측정 시간에(t와 $t+\tau$, 여기서 τ는 계측한 시간의 간격) 따른 변화양상도 파악할 수 있다. 인간 세포의 단백질 발현 양상에서 상관성의 절반이 사라지는 시간인 기억 시간은 1에서 3세대에 걸쳐 있었다(BNID 108977, 107864). 일부 단백질은 빠르게 발현 양상이 변했지만 그렇지 않은 경우도 있었다. 발현량이 천천히 변하는 단백질들은 후생 유전

14) log2는 0.3010이다.

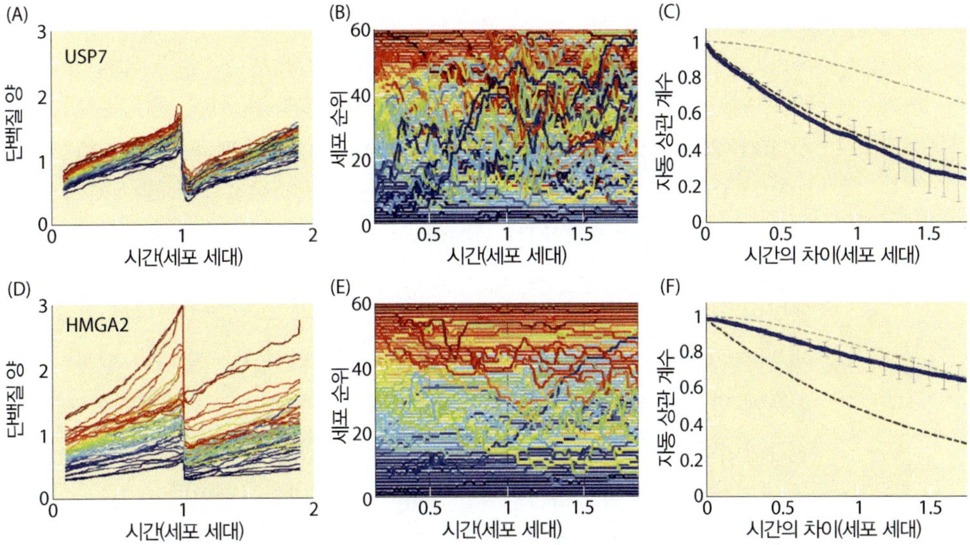

그림 2-20 인간 세포에서 단백질양의 기억과 변이. 단백질마다 변이가 다르고 집단 속에서 그 변이는 혼합된다. (A), (D) 시간에 따른 형광 표지 단백질의 발현. 같은 세포집단이라도 발현양이 차이가 난다. 위쪽 그래프의 단백질(USP7)은 아래쪽 단백질(HMGA2)에 비해 변이가 적은 편이다. (B), (E) 표지된 단백질의 양을 순서를 매겼다. 색을 가진 선을 사용해서 이들 단백질 발현이 들쭉날쭉 임을 알 수 있다. (C), (F) 세포집단에서 뒤죽박죽 단백질 발현이 뒤섞이는 속도를 단백질의 양과 시간에 따라 자동 상관성을 가지게 조정하였다. 첫 번째 세포주기와 두 번째 세포주기에 걸쳐 그 혼합 시간의 범위를 볼 수 있다.

학적으로[15] 행동할 수 있다. 다시 말하면 동일한 유전자 조합을 가진 세포가 예컨대 화학요법체에 대하여 다른 반응을 보일 수 있다는 뜻이다.

세포 골격 단백질의 농도는 얼마일까?

단백질과 DNA 사이의 정보 흐름에 참여하는 거대 분자가 있는 것처럼 언제 어디서든 세포 골격 분자들을 조립하여 세포 전체에 걸친 섬유망을 만드는 과정에도 다양한 분자들이 참여한다. 세포 이동에 참여하는 분자 기구는 액틴 단백질이었다. 수용성 단백질로 무게는 40 킬로 달톤이지만 견고한 섬유를 만들었을 때 그 최대 길이는 10 마이크로미터에 이른다(BNID 106830). 추진력을 받아 세포가 앞으로 나갈 때 이 섬유가 필수적이다.

"세포 섬유소의 크기는 얼마인가?" 항목에서(57쪽) 살펴보았듯이 움직이

15) 유전체는 변화하지 않지만 몇 가지 가공을 거쳐 그 기능을 변화시킬 수 있다. 충분히 분화한 간세포와 뇌세포는 같은 유전체를 갖지만 각기 다른 단백질을 만들고 서로 다른 일을 수행한다. 후성유전학적 흔적을 효과적으로 지우는 작업은 곧 줄기세포 연구자들이 기를 쓰고 연구하는 분야이다.

는 세포의(피부세포같이) 맨 앞쪽은 촘촘하고 가지 친 액틴 섬유의 그물망이 만들어져 앞으로 툭 튀어나온다(필로포디아와 라멜리포디아). 이런 돌출 부위는 세포와 고형 기질 사이의 접착을 가능하게 한다. 접착 부위는 통상 100~300 나노미터의 직경을 갖고(BNID 102267) 평균 수명은 20초이다(BNID 102266). 이들이 세포 동력학의 닻과 같은 역할을 한다는 사실은 표면을 기어가는 세포를 실시간 촬영한 이미지에서 확인 가능하다.

액틴이 얼마나 있어야 이런 그물망 구조를 설치할 수 있을까? 또한 적재적소에 이런 섬유를 "건축"하기 위해 필요한 단백질의 숫자는 얼마나 될까? 이런 질문에 답하기 위해 움직이는 세포 앞쪽에서 관찰 가능한 전형적인 섬유의 전자현미경 이미지를 조사함으로써 짐작할 수 있을 것이다. 전형적인 단위체의 크기는 얼추 5 나노미터이지만 섬유 자체는 마이크로미터 크기인 수백여 개의 액틴 단위체로 구성된다. 비록 전자현미경 이미지가(그림 1-48) 이동하는 세포 선단의 구조적 의미를 전달하지만 섬유 형성이 시공간적으로 배치되는 데 관여하는 주된 단백질에 관한 정보는 주지 않는다. 하지만 다른 방법(혹은 다른 세포에서)을 사용해서 섬유를 구성하고 세포 골격 그물망을 이루는 분자가 매우 많다는 사실을 알게 되었다.

액틴 세포 골격의 역동성에 관한 질문을 캐보기 위한 강력한 실험 모델은 출아하는 효모이다. 이러한 진핵세포가 도움이 되는 까닭은 이들이 액틴 단백질을 이용하여 세 종류의 특별한 구조물을 형성하기 때문이다(**그림 2-21**). 액틴의 첫 번째 구조는 세포 내부의 운반체계와 연관된다. 진핵세포의 특성이기에 출아 효모에서도 볼 수 있듯, 짐을 운반하는 분자 모터는 액틴 섬유의 그물망을 따라 움직인다. 두 번째로 액틴 골격이 분열하는 효모를 둘로 나누어 딸세포를 만들 때 세포의 가운데 부위에서 액틴 골격이 수축 고리를 형성할 때 볼 수 있는 구조이다. 마지막은 세포 내로 물질을 유입하는 내포 과정에서 세포막 함입 구조를 만들 때 액틴 반점patch이 힘을 제공하는 기제의 일부로 참여하는 경우이다. 분열하는 효모 세포는 액틴 세포 골격의 통계, 즉 액틴과 보조 단백질의 농도와 절대 숫자를 제공하는 중요한 모델이다.

세포 골격과 보조 단백질의 분자 수를 직접적으로 알아보기 위해서 액틴 혹은 액틴 관련 단백질에 형광 단백질을 융합한 복합체는 항체를 이용하여 관찰하고 형광 신호를 계산한다(**그림 2-22**). 특히 전체적인 형광 신호의 양을 측정하고 이를 단백질의 숫자로 연역하면서 액틴 관련 단백질의 숫자를 결정할 수 있다. **표 2-6**에 제시하였듯 세포 하나 당 액틴 단위체는 1백만 개가

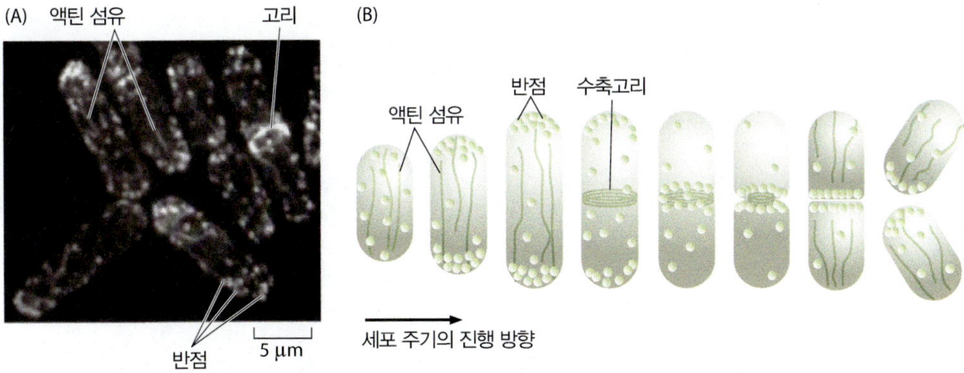

그림 2-21 분열하는 효모의 액틴 세포골격. (A) 분열하는 효모에서 볼 수 있는 다양한 액틴 구조를 형광현미경으로 살펴보았다. (B) 세포가 분열하는 동안 액틴 골격이 수축 고리를 형성하는 모습(Kovar DR [2011] Trends Cell Biol, 21, 177-187).

넘지만(전체 단백질의 1 퍼센트 정도다. 세포의 가장 풍부한 단백질 중의 하나이며 "세포 안에서 가장 풍부한 단백질은 무엇일까?"라는 항목에서(108쪽) 살펴보았다). 또 액틴 섬유의 양쪽 끝을 수식하는 포르민formin 단백질은 1,000개가 되지 않는다.

액틴 관련 단백질은 왜 필요한 것일까? "살아 있다는 것"의 가장 뚜렷한 특

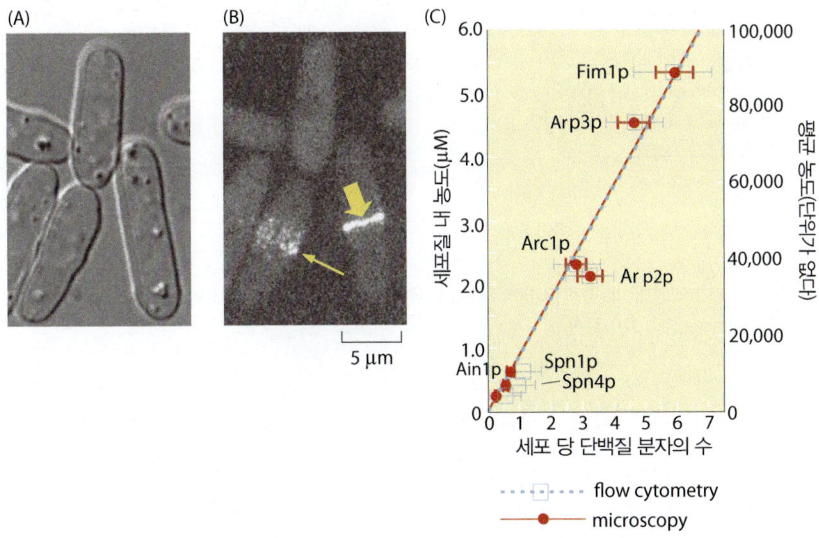

그림 2-22 분열 효모에서 액틴 세포골격의 분자 구성원. (A) 분열하는 효모의 위상차 현미경 사진. (B) 효모세포 내 미오신의 형광 이미지. (C) 단백질 구성원의 양. 세포 당 분자의 수는 웨스턴 블라팅을 통해 확보했으며 각 단백질의 양은 형광의 세기에 비례했다(Wu JQ and Pollard TD [2005] Science, 310, 310-314).

단백질	세포질 내 농도 (μM)	세포 당 복사본 수(세포 부피 92 μm³)	액틴반점/방추사 극/세포 분열 자리에서 농도(%)
actin Act1p	63±11	1,400,000	>13
액틴반점 단백질			
Arp2	2.9	47,000	10
Arp3	4.1	67,000	7
ARPC1	2.5	40,000	15
ARPC3	2.4	39,000	12
ARPC5	1.9	31,000	12
capping protein Acp2p	1.2	19,000	17
fimbrin Fim1p	5.3	87,000	15
방추사 극 단백질			
SPB protein Sad1p	0.2	3300	31
polo kinase Plo1p	0.3	6600	1
SIN kinase Cdc7p	0.2	4000	5
세포질 분열 단백질			
anillin-like Mid1p	0.09	2100	40
myosin-II Myo2p *kan*	0.5	7300	27
myosin-II ELC Cdc4p	4.8	77,000	22
myosin-II RLC Rlc1p	0.6	9600	18
IQGAP Rng2p *kan*	0.2	2700	35
mYFP-Cdc15p *kan*	2.1	36,000	21
formin Cdc12pII	0.04	600	11
UCS protein Rng3pII	0.1	1900	3
Rng3p in *myo2-E1*II	0.3	6800	30
alpha-actinin Ain1p	0.2	3600	8
myosin-II Myp2p	0.4	6100	21
septin Spn1p	0.6	10,000	35
septin Spn4p	0.5	8100	34
anillin-like Mid2p	0.1	1800	NA
protein kinase C Pck2p	0.3	4300	13
Rho GEF Rgf1p	0.3	4300	5
Rho GEF Rgf3p	0.2	3200	4
chitin sythase Ch2p	0.1	2100	3

표 2-6 효모의 액틴과 액틴 관련 단백질의 양. 유효숫자는 두 자릿수이다(Wu JQ and Pollard TD [2005] Science, 310, 310-314).

징은 세포 과정을 정밀하게 조절한다는 점이다. 대부분의 생물학적 과정은 그것이 진행되어야 할 곳에서 정확한 시기에 수행되어야 한다. 액틴이 복합체를 형성할 때 액틴 중합화를 조절하는 단백질들이 여럿 존재한다. 여기에는 양쪽 말단을 수식하는 모자 단백질(섬유 형성에 참여하지 못하게 막는다), 진행 방향의 앞쪽 세포막 근처에 액틴 섬유를 형성하라고 막 지질과 소통하는 단백질, 기존의 섬유에 결합하여 다른 방향으로 가지를 치는 단백질

등등이다. 표 2-6에서 볼 수 있듯이 이런 단백질의 수는 50개도 더 된다. 수십 나노 몰에서 마이크로 몰까지 그 양도 천차만별이다.

표 2-6에 나타난 구체적인 숫자를 어떻게 이해해야 할까? 데이터를 세심히 살펴본 뒤 떠오르는 생각 중 하나는 단백질의 양이 수백 배 차이가 난다는 점이다. 예를 들어 액틴 단백질은 백만 개가 넘지만 액틴 골격을 조절하는 Arp2/3은 5만 개이고 포르민은 고작 600개에 불과하다. 이런 숫자는 아마도 액틴 고분자 섬유가 하나의 Arp2/3 또는 두 분자의 포르민에 의해 가공될 것이라는 느낌이 든다. 단백질의 많고 적음은 다른 계통의 분자 행동을 떠올릴 때에도 어떤 직관을 줄 것이다. 첫째, 액틴 자체가 하나의 계보를 이룬다는 점은 분명하다. 개수도 많고 수백수천의 단위체가 조립하여 섬유를 형성할 수 있기 때문이다. 두 번째 계보에 속하는 단백질은 각 섬유 혹은 반점 당 하나 혹은 여러 개 단위체가 달라붙어 말단을 가공하거나 가지를 치는 데 관여하는 것들이다. 이들 단백질은 세포에 수만 개씩 들어 있을 것이다. 마지막으로 섬유 당 한 개 이하로 할당되는 조절 단백질이 또 다른 계보를 이룬다. 표 2.6을 보면 모터를 구성하는 미오신 또는 가지치기에 등장하는 Arp는 수만 개의 복사본이 있지만 조절 단백질(인산화 효소)은 수천 개 내외이다. 섬유와 단위체의 수를 예측하기 위해 세포 주기의 중간 단계를 생각해볼 필요가 있다. 이때 상당수의 액틴은 서로 달라붙어서 수백 개의 반점을 이루고 세포 여기저기 흩어져 있다. 각 반점은 10~100개의 액틴으로 구성된 짧은 섬유가 백 개 남짓 분포한다. 이런 모든 반점을 고려하면 액틴 단백질은 대략 50만 개가 넘을 것이다. 액틴 단백질의 거의 절반에 해당한다. 체세포 분열 중에 균형은 깨진다. 이 세포주기에서는 절반 정도의 액틴이 세포 중앙 부위에서 수축 고리를 형성하는데 차출되기 때문이다. 이 고리는 딸세포 두 개를 떼어 놓는 역할을 한다. 수축 고리를 건설하는데 사용된 액틴 섬유는 약 2,000개이고 길이는 0.5 마이크로미터이다. 수십만 개의 액틴 단위체가 수축 고리 형성에 참여함을 암시하는 값들이다.

살아 있는 세포에서 발견할 수 있는 세포 골격의 구조는 복잡하고 다양하다. 진핵세포가 분열할 때 볼 수 있듯이 미세소관을 새롭게 만들어진 염색체를 딸세포로 운반한다. 미세소관은 또한 짐을 운반하는 모터 분자가 이용하는 철로이기도 하다. 마찬가지로 미세소관과 관련된 단백질도 목록이 길다. 최근 연구가 집적되면서 액틴 못지않게 미세소관에 대한 정보가 드러나고 있다.

정리하자. 세포 골격은 세포 생명체의 가장 필수적인 특징 중 하나이다. 세포 골격 단백질의 농도를 결정하기 위한 어떤 유전자를 발현할지 결정하기 위해 전사 인자의 농도를 알아야 하듯 세포 골격 단백질과 보조 단백질의 농도는 세포 내부의 동력학을 이해하기 위해 필수적인 사안이다.

세포 내 전령 RNA의 양은 얼마나 될까?

생물학 전 분야에 걸쳐 유전자를 조절하는 일이 중요하기 때문에 다양한 세포 안에 들어 있는 전령 RNA의 숫자를 아는 일은 의미가 있다. 우리는 특정한 유전자에도 관심이 있고 환경 조건이나 발생 단계에 따라 전체 전사체가 얼마나 되는지도 알고 싶다. 이런 측정을 통해 특정 시간에 세포가 어떤 조절 단계에 있는지 알 수 있으며 또한 세포의 의사결정 과정이 어떻게 수행되는지 분석하는 일이 가능하다. 이제 우리가 알고 있는 세포에 관한 몇 가지 사실을 토대로 전령 RNA의 숫자를 짐작하는 일을 연습해보자. 세포 주기가 한 번 도는 동안 중심 도그마 과정의 시간 함수에 대한 지식을 바탕으로

세포 하나에 들어 있는 전령 RNA의 숫자는?

세포 안에 단백질 양이 일정하다는 전제에서 출발한다.

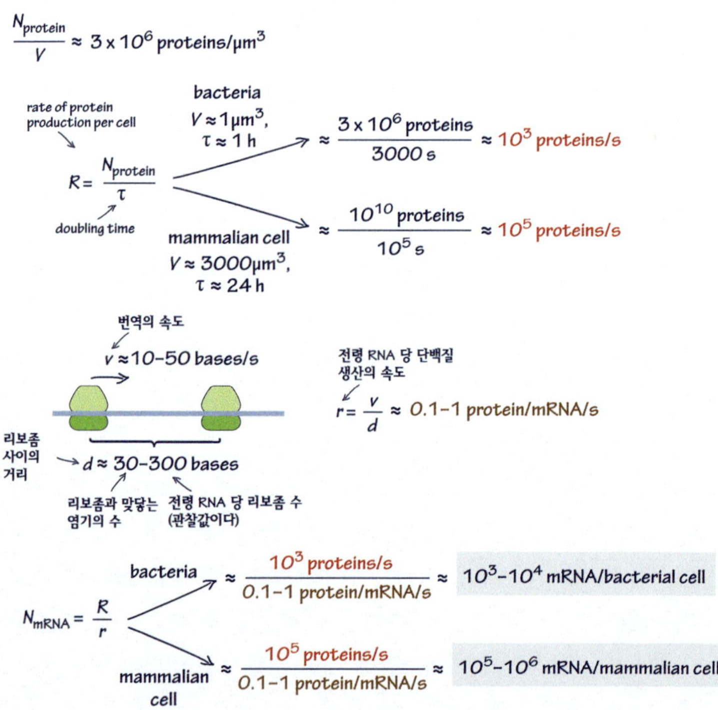

어림짐작 2-9

어림짐작 2-9처럼 전체 전령 RNA의 숫자를 도출할 수 있다. 이런 짐작의 핵심은 세포 주기가 진행되는 동안 단백질의 숫자는 단백질 합성을 통해 딱 두 배가 되어야 한다는 사실을 인식하는 것이다. 단백질 합성은 세포 안에 있는 전령 RNA의 분포를 바탕으로 한다. 어림짐작 계산법에 따라 우리는 빠르게 분열하는 세균 하나당 약 10^3~10^4개의 전령 RNA를, 전형적인 크기의 포유동물 세포는 10^5~10^6개의 전령 RNA를 갖는다고 예상할 수 있다.

근대적 기법이 도입되면서 전통적인 방식으로 구했던 이런 숫자가 달라지고 있다. "유전체 차원"에서 측정한 방식은 전사체 전체에 걸쳐 전령 RNA를 구할 수 있는 단계에 이르렀다. 결과는 RNA 서열을 분석하는 방식을 토대로 얻었는데 여기서는 세포 추출물에서 개별 전령 RNA의 서열을 직접 조사한다. 이 방법은 서열 판독의 빈도를 계산하기 때문에 보정할 필요가 있다. 보정은 이미 그 양을 알고 있는 전령 RNA 표준품을 시료와 섞어서 서열 분석을 진행한다. **그림 2-23**의 결과와 같이 최소배지 혹은 영양소가 풍부한 배지에서 자란 대장균 각각의 전령 RNA의 양을 구할 수 있다. LB 배지에서 자란 대장균 세포 하나에는 약 8,000개의 전사체가 있어서 최소배지에서 자란 세균의 3,000개 전사체보다 얼추 세 배나 더 전령 RNA의 양이 많았다. 유전자가 4,000개 이상인 점을 감안하면 LB 배지에서 평균 복사본의 수는 세포 당 두 개꼴이라고 볼 수 있다. 그러나 대부분 유전자의 경우 복사본의 수는 이

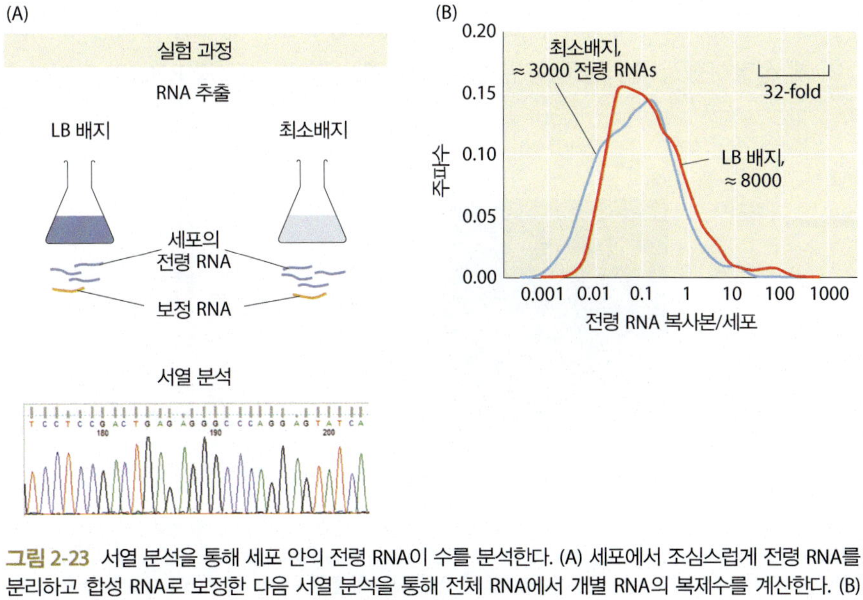

그림 2-23 서열 분석을 통해 세포 안의 전령 RNA이 수를 분석한다. (A) 세포에서 조심스럽게 전령 RNA를 분리하고 합성 RNA로 보정한 다음 서열 분석을 통해 전체 RNA에서 개별 RNA의 복제수를 계산한다. (B) 영영소가 풍부한 배지에서 키운 대장균의 전령 RNA를 셌다(Zoya Ignatova).

보다 적지만 일부 세포는 한 개 혹은 두 개의 복사본을 갖기도 한다. 이 또한 생물학적 숫자가 우리의 직관을 깨우치는 좋을 사례라고 볼 수 있다.

모든 실험 기법이 사실상 다 지니고 있는 문제이기 때문에 생물학적 숫자를 다룰 때 재현성은 가장 중요한 관건이 된다. 전령 RNA의 숫자를 얻는 또 다른 방법은 현미경에서 개별 전령 RNA의 숫자를 보고 세는 것이다. 특히 형광을 써서 단일 분자를 포획하는(FISH) 방식은 개별 유전자를 분해하여 위에서 기술한 RNA의 서열을 방식을 보충하기도 한다. 이 방식은 전령 RNA의 위치 정보 혹은 특정 RNA가 세포마다 얼마나 발현되는지에 관한 정보를 제공하기도 한다(**그림 2-24** 또는 "각기 서로 다른 세포가 발현하는 단백질 양의 차이는?" 항목의(112쪽) 그림 2-23과 비교할 수 있다). 이 경우 특정한 전령 RNA에 결합할 수 있는 상보적 염기를 갖는 탐지자를 고안하는 일이 필수적이다. 탐지자에는 형광 물질을 부착하여 고정한 세포를 현미경으로 관찰할 수 있다. 이때는 형광의 강도가 전령 RNA의 숫자를 세는 판독값이 된다. 그림 2-24B에서 볼 수 있듯이 세포 당 전령 RNA의 숫자는 일반적으로 0.1에서 1 사이이지만 이 범위를 훌쩍 벗어나는 일도 흔하다. 이 책 전반에 걸쳐 강조하지만 조건이 달라지면 전령 RNA의 숫자도 변한다. 여기서 FISH 결과는 천천히 자라는 세포에서 얻은 결과이다.

세균 말고 다른 세포에서 전령 RNA의 수는 얼마나 될까? 여기서도 서열 분석법과 현미경적 방법이 효모와 다른 진핵세포에서 수행되었다. **그림 2-25**는 출아 중인 효모와 분열하는 효모의 전령 RNA의 개수 분포를 보여준다. 빠르게 성장하면서 출아하고 분열하는 효모 세포 당 전체 전령 RNA의 숫자는 2

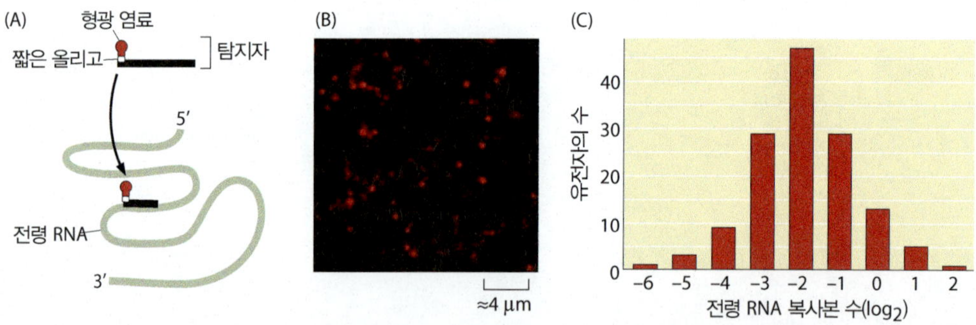

그림 2-24 전령 RNA 수를 알기 위해 형광현미경을 이용하는 방법. FISH는 특정한 탐지자가 전령 RNA에 달라붙기 때문에 형광 광도를 이용해서 특정 RNA의 양을 계산할 수 있다. (A) 전령 RNA에 붙일 탐지자를 만드는 방법. (B) 대장균 세포의 특정 유전자 전령 RNA의 형광 이미지. (C) 유전자 수와 대장균 전령 RNA의 평균 수(Taniguchi Y [2010] Science, 329, 533-538).

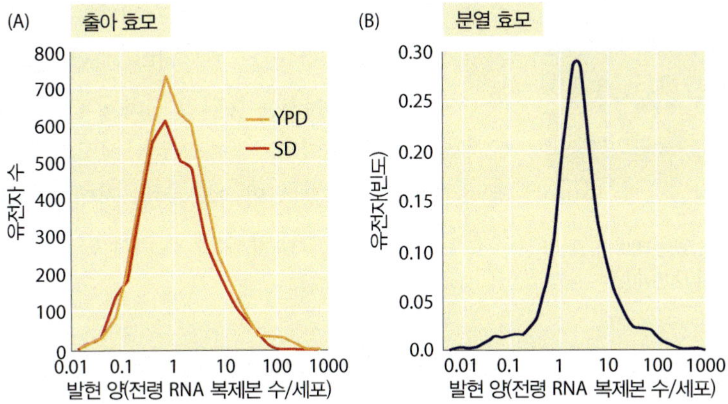

그림 2-25 효모에서 전령 RNA의 분포. (A) 영양소가 풍부하거나(YPD) 혹은 최소 배지에서(SD) 자란 출아 효모의 전령 RNA 분포. (B) RNA 서열 분석을 통해 전령 RNA의 분포를 조사하였다. 전체 RNA는 약 40,000으로 추정된다(Marguerat S [2012] Cell, 151, 671-683).

만에서 6만 개다(BNID 104312, 102988, 103023, 106226, 106763). 앞에서 살펴본 세균처럼 각각의 유전자는 특정 세포에서 특정 시간에 일반적으로 몇 개의 전령 RNA로 전사된다. "단백질과 전령 RNA의 비율은 얼마인가?" 항목에서(124쪽) 우리는 특정한 전령 RNA가 단백질로 번역되는 증폭 요인에 대해 좀 더 알아보겠다. "전형적"인 포유동물 세포는 세포 하나 당 약 20만 개의 전령 RNA를 발현한다(BNID 109916). 앞에서 기술한 어림짐작법에서 얻은 값과 비슷한 수치이다. 전령 RNA의 개수는 세포의 크기 및 성장 속도에 비례한다는 것이 그럴듯한 추론일 것이다.

단백질과 전령 RNA의 비율은?

중심도그마에 슬쩍 걸쳐 있는 전령 RNA는 전사체로서 일시적으로 존재하다가 머지않아 분해된다는 존재 자체의 특성을 갖는다. 세포 안에서 발견되는 짧은 시간 동안 전령 RNA는 새로운 세대의 단백질을 만들 때 주형으로 사용된다. 이 세부 항목에서 우리는 평균적으로 번역된 정보와 정보 자체의 비율에 대해 살펴보자.

단백질과 전령 RNA의 비율을 조절하는 요소는 많지만 가장 단순한 모델은 몇 가지 핵심 속도로부터 미루어 짐작하는 것이다. 단백질의 양이 시간에 따라 어떻게 변하는지를 기술하는 속도 방정식이 필요하다는 뜻이다. 보다 정확히 말하면 어떤 유전자의 단백질 복제수p와 전령 RNA 분자m 사이의 관계식이다. 단백질이 만들어지는 속도는 번역 속도에 전령 RNA의 숫자를 곱

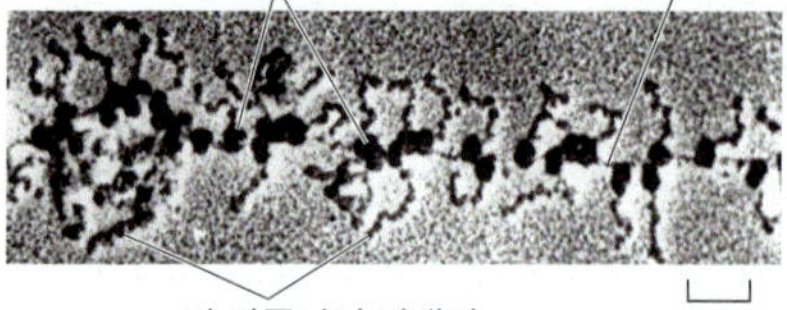

그림 2-26 전령 RNA에 놓여 있는 리보좀. 줄 위에 구슬이 놓여있는 것 같다(Donald Fawcett/Visuals Unlimited, Inc).

한 것이다. 왜냐하면 전령 RNA 자체가 단백질의 원천이라고 생각할 수 있기 때문이다. 그렇지만 동시에 단백질이 만들어지는 동안 일정하게 단백질의 분해가 일어날 수도 있다. 분해되는 단백질의 수는 분해 속도를 단백질 전체의 수와 곱한 것이다. 이처럼 복잡한 용어들을 아래의 식에 정리하였다. 특정 순간 단백질 수의 변화는

$$p(t+\Delta t) = p(t) - \alpha p(t)\Delta t + \beta m \Delta t \tag{2.8}$$

여기서 α는 분해 속도이고 β는 번역 속도다(문헌에서는 불행히도 이 속도를 정의한 사람과 사용하는 사람들이 반대의 의미로 사용하기도 한다).

우리는 충분한 시간이 지나 시스템이 더 이상 변화하지 않는 정상 상태라면 위 식은 아래처럼 바꿔쓸 수 있다.

$$dp/dt = 0 = \beta m - \alpha p \tag{2.9}$$

따라서 단백질과 전령 RNA의 비율은 다음과 같다.

$$p/m = \beta/\alpha \tag{2.10}$$

이것은 각 전령 RNA로부터 만들어지는 단백질의 숫자가 아니다. 왜냐하면 우리는 전령 RNA의 회전율도 고려해야 하기 때문이다. 나중에 더 살펴보겠다. 그렇다면 β의 값은 얼마나 될까? 빠르게 번역되는 전령 RNA에는 빼곡하게 리보좀이 달라붙어서 마치 줄에 낀 공처럼 보인다(**그림 2-26**). 전령 RNA에 달라붙은 개별 리보좀 사이의 거리는 거의 리보좀의 물리적 크기인(20 나노미터, BNID 102320, 105000)이고 약 염기 60개 정도의 길이에 해당한다(염기의 길이는 약 0.3 나노미터, BNID 103777). 염기 60개면 아미노산 스무 개에 해당한다. 번역의 속도는 초당 약 20개의 아미노산이다. 따라서 리보좀은 초당 자신의 몸뚱이 크기에 해당하는 만큼 전령 RNA를 따라가야 한다. 따라서 전사체당 번역의 속도 β는 1/초이다.

단백질의 분해 속도는 단백질 자체의 분해뿐만 아니라 세포가 자라면서 희석되는 효과도 염두에 두어야 한다. 사실 두 가지 효과 중에서 가끔은 후자, 즉 세포 분열에 의한 희석이 더 큰 영향을 끼치기도 한다. 따라서 희석을 고려한 효과적인 단백질 분해 속도는 세포 주기의 간격 τ와 거의 비슷하다. 따

라서 우리는 다음과 같이 쓸 수 있다.

$$\alpha = 1/\tau \qquad (2.11)$$

이상의 식을 합치면 $p/m = 1\ s^{-1}/(1/\tau) = \tau$ (2.11)

대장균의 τ는 약 1,000초이다. 따라서 *p*/*m*은 1,000이 된다. 만일 전령 RNA가 최대 속도로 번역되지 않으면 그 값은 줄어들 것이다. 이상의 결과가 신빙성이 있는지 알아보자. 지수적 성장 단계에서 중간 정도의 속도로 자라는 대장균은 3백만 개의 단백질과 3,000개의 전령 RNA를 갖는다(BNID 100064, 100088). 여기서 단백질과 전령 RNA의 비율은 1,000이고 앞에서 제시한 값과 같다. 이전에 살펴본 "전령 RNA와 단백질 중 어느 것이 더 큰가?" 항목을(43쪽) 통해서도 확인해보자. 전령 RNA와 단백질의 무게 비는 10:1 정도다. "세포 내 거대분자의 조성은 어떨가?" 소제목에서(128쪽) 살펴볼 예정이지만 단백질은 대장균 건조 중량의 50 퍼센트를 차지한다. 그렇지만 전령 RNA의 양은 전체 RNA의 5 퍼센트에 불과하다. 전체 RNA의 양은 대장균 건조 중량의 20% 정도이므로 전령 RNA의 양은 대장균 건조 중량의 1 퍼센트 정도밖에 되지 않는다. 따라서 전령 RNA의 단백질에 대한 비율은 50 곱하기 10, 즉 500:1이다. 우리의 식견으로 볼 때 이들 두 사례는 위의 추론이 정당함을 비춰주고 있다.

그렇다면 단백질과 전령 RNA의 비율은 실험적으로 어떻게 결정할 수 있을까? 한 가지 우아한 방법은 FISH에 의해 전령 RNA를 형광현미경으로 관찰하면서 동시에 그 단백질 산물을 형광 단백질을 발현하도록 서로 융합하는

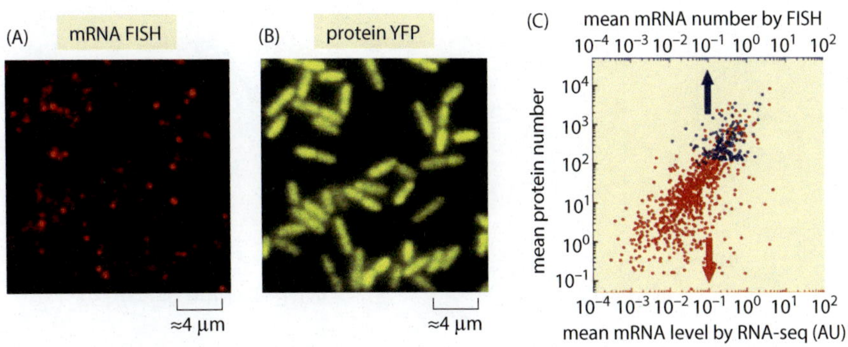

그림 2-27 대장균에서 단백질과 전령 RNA를 동시에 측정하는 방법. (A) 대장균 세포에서 전령 RNA의 양을 현미경으로 관찰하였다. (B) 현미경으로 관찰한 단백질의 이미지. (C) 현미경 방법과 서열 분석을 조합하여 단백질의 복제수와 전령 RNA의 양을 비교하였다. (Taniguchi Y [2010] Science, 329, 533-538)

것이다. **그림 2-27**에서 볼 수 있는 현미경 이미지는 전령 RNA와 그에 상응하는 대장균 단백질을 보여준다. 그림 2-27C에서 여러 가지 유전자에서 수행한 데이터이며 단백질의 숫자가 전령 RNA에 비해 얼추 100에서 1000배에 이른다는 점을 시사하고 있다. 그림에서 볼 수 있듯이 현미경으로 직접 보는 방법뿐만 아니라 서열 분석에 기초한 방법도 활용 가능하다.

효모나 포유동물 세포처럼 천천히 자라는 생명체에서 우리는 단백질과 전령 RNA의 비율이 더 클 것으로 기대한다. 조심스럽게 가정하면 최대 번역 속도는 보다 줄어들 것이기에 어림짐작에 대한 확신이 좀 떨어진다. 중간 속도 혹은 빠르게 자라는 효모에서 세포 당 전령 RNA의 숫자는 10,000에서 60,000 정도이다(BNID 104312, 102988, 103023, 106226, 106763). 효모가 대장균보다 부피가 50배 정도 크기 때문에 단백질의 수는 그 비율만큼 증가할 것으로 기대한다. 그렇다면 2백만 개다. 이때 *p*/*m* 비율은 $2 \times 108/2 \times 10^4 = 10^4$이다. 실험값인 5,000과 거의 비슷하다(BNID 104185, 104745). 100분마다 분열하는 효모에서도 어림 짐작법과 대동소이한 결과를 보인다.

이 책 전반에 걸쳐 기술하고 있는 다양한 숫자들과 마찬가지로 유전체 전체의 고출력 분석 방식도 다루려고 한다. 특히 RNA의 복제본 수를 결정하기 위한 RNA 서열 분석과 질량 분석법, 세포 내 단백질양을 추론하기 위해 리보좀의 현황을 파악하는 일을 통해 각각의 개별 유전자를 넘어 거시적인 측정이 가능해졌다. **그림 2-28**은 유전체 전반에 걸쳐 분열 중인 효모의 전령 RNA와 단백질 양의 분포를 얻은 값인데 이 데이터 역시 어림짐작으로 확보

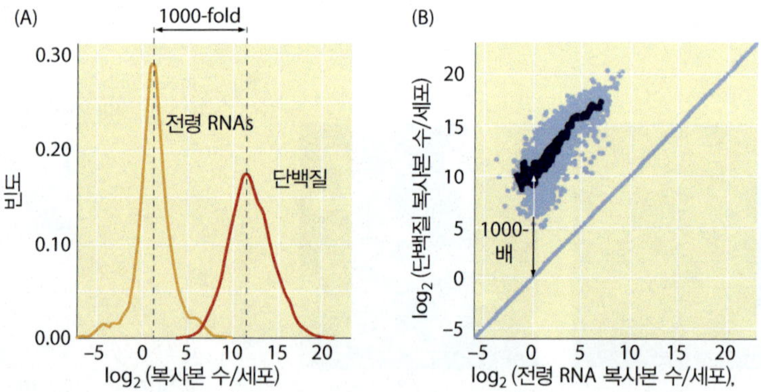

그림 2-28 분열하는 효모의 단백질/전령 RNA 비율. (A) 서열 분석과 질량 분석기를 동원해서 얻은 전령 RNA와 단백질의 수. (B) 유전자 별로 단백질과 전령 RNA 양의 상관성 그래프를 그렸다. 최근 수행된 분석에 따르면 단백질의 양이 저평가되었다고 한다. 보정 계수 5를 곱해서 얻은 단백질/전령 RNA의 비율은 10^4에 가깝다(Marguerat S [2012] Cell, 151, 671-683).

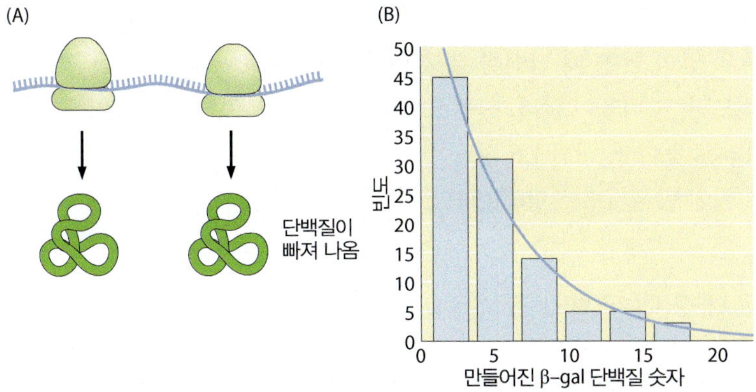

그림 2-29 단백질 생산의 역동성. (A) 분해되기 전에 전령 RNA는 여러 차례 번역에 참여하여 상당한 양의 단백질을 만들어낸다. (B) 대장균의 베타 젖당 분해효소가 번역되는 횟수. (Cai L [2006] Nature, 440, 358-362)

한 결과를 뒷받침한다. 대부분의 경우 단백질의 양이 전령 RNA에 비해 천 배 이상 많다. 마찬가지로 포유동물 세포에서 단백질과 전령 RNA의 비율은 10^4정도라고 유추할 수 있다(BNID 110236).

지금까지 우리는 전령 RNA 당 전체 단백질 복사본의 수에 초점을 맞추어왔지만 그것은 주어진 전령 RNA가 한번 번역될 때 생성되는 단백질의 숫자는 아니다. 이른바 일회 순환의 크기를burst size 측정하는 사례는 **그림 2-29**에서 볼 수 있다. 이는 대장균의 베타 갈락토오스 분해 효소 단백질의 번역에 관한 것이며 전령 RNA로부터 수개 혹은 10개 이상의 단백질이 만들어짐을 알 수 있다.

마지막으로 분해될 때까지 개별 RNA로부터 몇 개의 단백질이 만들어지느냐 하는 문제의 세 번째 의미를 살펴보겠다. 예를 들어 빠르게 자라는 대장균에서 전령 RNA는 얼추 3분이면 분해된다. "단백질과 전령 RNA는 얼마나 빠르게 분해되는가?"라는 소제목에서(244쪽) 살펴볼 내용이다. 전령 RNA의 분해 시간은 세포 주기에 비해 10~100배 정도 짧다. 단백질과 전령 RNA의 비가 1,000이라는 사실을 기억해보자. 전령 RNA가 분해되기까지 이 정도의 단백질이 만들어진다면 우리는 세포 주기를 전령 RNA의 수명으로 나누어야 한다. 빠르게 자라는 대장균의 경우 각각의 전령 RNA는 분해되기 전에 약 10~100개의 단백질을 만든다.

최근 연구 결과는 지금 우리가 살펴보고 있는 이 주제를 다시 생각하게 만든다. 가장 보편적 실험 모델인 출아 효모의 전령 RNA와 단백질의 양에 관한 여러 문헌을 자세히 읽어보면 비선형적 상관관계가 여실히 드러난다. 전령 RNA의 양이 많을 때 단백질 대 전령 RNA의 비율이 높다. 반면 전령 RNA가 적으면 그 비율이 낮다. 전령 RNA와 단백질의 로그 그래프 기울기가 1이 아니라는 뜻이다. 대신 1.6 정도이다. 이 값은 왜 단백질의 양이 전령 RNA에 비해 훨씬 많은지도 설명해준다.

세포 내 거대 분자의 조성은 어떨까?

분자 생물학은 개별 분자 조연들을 빌어 세포 과정을 설명하고 특정 단백질이나 RNA 또는 지방산을 스타로 부각시키려 애를 쓰고 있다. 반면 세포 전체나 생명체를 통째로 취급하는 분야는 전통적으로 생리학의 영역에 속한다. 최근 들어 시스템 생물학 분야가 통합적인 시각을 강조하면서 분자 생물학에서 얻은 기술적인 지식에서 벗어나 분자 상호 관계망으로부터 전체 세포의 행동을 설명하려 한다. 세포를 한 뭉치로 생각하는 시도 중 중요한 것은 세포 구성 성분의 양을 이해하는 일이다.

그림 2-30에서 우리는 40분마다 분열을 하는 대장균 세포 구성 성분을 한

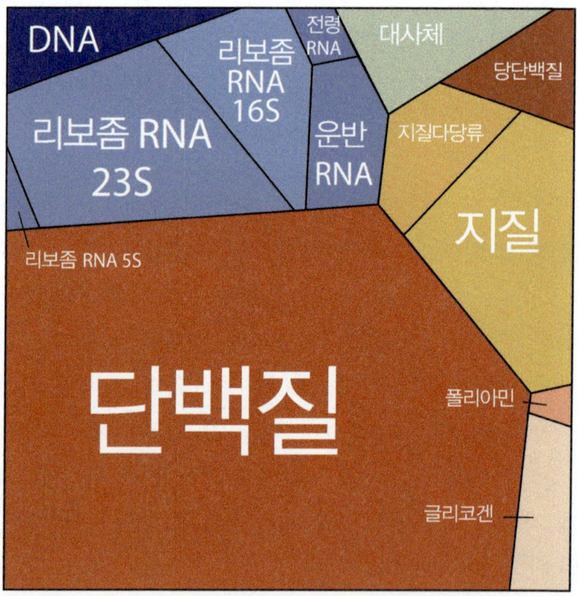

그림 2-30 세포 분열 주기가 40분인 대장균의 구성을 보로노이Voronoi 다이아그램으로 재구성했다. 다각형의 면적은 세포 건조 중량에서 구성 성분이 차지하는 상대적인 양이다. 색상은 기능에 따라 다른 것을 선택했다. 보로노이 다이아그램은 유전체 혹은 단백질체 분석을 위해 도입된 방법이다.

거대분자	건조 중량에서 차지하는 비율	세포 당 무게(fg)	분자량(Da)	세포 당 분자의 수
단백질	55	165	3×10^4	3,000,000
RNA	20	60		
23S rRNA		32	1×10^6	20,000
16S rRNA		16	5×10^5	20,000
5 S rRNA		1	4×10^4	20,000
운반		9	2×10^4	200,000
전령		2	1×10^6	1400
DNA	3	9	3×10^9	2
지질	9	27	800	20,000,000
지질다당류	3	9	8000	1,000,000
당단백질	3	9	$(1000)_n$	1
글리코겐	3	9	1×10^6	4000
대사체 및 조효소	3	9		
무기 이온	1	3		
전체 건조 중량	100	300		
물(세포의 70%)		700		
전체 세포 중량		1000		

참고할만한 주먹구구식 산법

- 탄소 원자는 10^{10}개
- 세포 하나에 한 개의 분자가 있으면 1 나노몰 농도
- 세포 주기를 지나는 동안 필요한 ATP는 10^{10}개
- 세포 주기에 필요한 포도당의 양은 3×10^9 (3분의 2는 생체량을 만드는데 3분의 1은 ATP를 만드는데 사용된다

표 2-7 포도당 최소배지에서 세포 주기가 40분인 대장균의 거대분자 구성. 세포의 중량은 1 피코 그램이고 부피는 0.9 세제곱 마이크로미터였다. (BNID 104954). 세포의 건조중량 284 펨토 그램을 300으로, 전체 세포의무게를 950 펨토 그램에서 1,000으로 조정했다. 반올림을 통해 유효숫자의 자릿수를 줄였다. 따라서 여기 제시된 값은 불확실성의 범위를 예측할 수 있다. 성장 조건이 다르면 부피와 무게가 몇 배씩 차이가 난다. 성장 조건에 따라 세포 구성도 변하지만 유의성이 있지는 않다. 성장 속도와 세포 부피를 감안할 때 불확실성의 범위는 10~30 퍼센트의 표준 편차 범위 안에 들어간다고 예상할 수 있다. B/r 세포주에서 얻은 값이지만 표에 제시된 보정값은 일반적인 대장균의 특징적인 값이라고 볼 수 있다. 데이터는 BNID 111490에서 확인할 수 있다. 천천히 자라는 대장균의 값은 BNID 111460에서 찾아볼 수 있다. (Neidhardt FC [1990] Physiology of the Bacterial Cell, Sinauer Associates)

눈에 볼 수 있다. 세포 내용물의 절반 정도가 단백질이지만 우리에게 익숙한 물질들이 포진하고 있음을 알 수 있다. 놀라운 점은 질량비율로 볼 때 유전자 발현의 핵심을 담당하는 전령 RNA의 양이 매우 적다는 사실이다. 건조 중량의 1 퍼센트 정도 밖에 되지 않는다. 이 그림은 **표 2-7**에 표시한 대장균의 세포 구성을(BNID 104954) 토대로 만들었다. 표에 제시한 내용은 세균 세포의 생리학이라는 고전적인 책에 기술된 것이며 초기 세균 생리학이 숫자에 집착했었다는 사실을 짐작케 한다. 단백질은 전체 건조 중량의 약 55 퍼센트를 차지하고 그 다음으로 RNA가 약 20 퍼센트, 지질이 10 퍼센트, DNA는 3 퍼센트 정도이다(나머지는 다당류, 대사체 및 이온이다). 출아 효모의 경우에도 단백질은 전체의 40~50 퍼센트를, RNA와 지질이 각각 10

퍼센트 정도를 차지한다(BNID 111209, 108196, 108198, 108200, 102327, 102328). 포유동물 세포에서 RNA가 차지하는 비중은 4 퍼센트에 불과하다. 그렇지만 지질의 비율은 더 높다(BNID 111209).

이런 값들은 어떤 의미를 가질까? 리보좀 RNA를 예로 들자. 이름만 보면 다양성 없이 단조로워 보이지만 이들은 리보좀 무게의 3분의 2를 차지한다. 지속적으로 단백질을 생산하기 위해 꼭 필요하다는 점을 생각하면 리보좀 RNA의 양은 꽤 많아야 할 것이다. 사실 리보좀 RNA는 나머지 RNA 전체를 합친 것보다 10배 정도 많다. 동시에 전령 RNA는 매우 빠른 속도로 분해되며 전형적으로 반감기가 4분 안팎이다(BNID 104324). 반면 리보좀 RNA는 상당히 안정하고 실험실에서 며칠이 지나야 비로소 분해되기 시작한다(BNID 108023, 108024). 전령 RNA가 매우 빠르게 분해되기 때문에 세포가 필요한 전령 RNA 합성은 사소한 부분이 아니다. 따라서 그 양은 리보좀 RNA 합성의(두 배가 되는데 40분이 걸린다, BNID 100060) 절반 정도에 육박한다. 세포 구성 성분 중 다음으로 생각해 볼 것은 단백질의 양이다. 압도적인 세포 내용물인 단백질은 밀집 효과에 의해 제한된다. 세포질 부피 당 차지하는 단백질의 양이 너무 많으면 물질이 쉽사리 확산되지 않는다. 순수한 물에서보다 세포질에서 확산 속도는 10분의 1로 줄어든다. 이런 효과는 "세포 내 확산 속도는 얼마일까?" 항목에서(211쪽) 살펴볼 내용이다. 세포질의 평균 단백질 농도는 매우 높은 편이다. 수화된 개별 단백질은 물 분자 10개에 해당하는 간격을 두고 이웃하는 단백질과 떨어져 있다.

"전형적인 세포"의 지질 함량은 세포막의 표면적으로부터 직접 유추할 수 있다. 또한 진핵세포가 세포 내 소기관과 결부된 내막을 풍부하게 가진다는 점도 고려해야 한다. 양쪽 끝이 둥근 담배 모양의 대장균에서 어림짐작을 해보자. 일반적으로 성장하고 있는 대장균의 직경은 약 1 마이크로미터이고 길이는 2 마이크로미터다(1 마이크로미터 원통의 양쪽 끝은 지름이 1 마이크로미터인 반원 두 개를 갖는다). 이러한 대장균의 표면적 $A = 2\pi$ 혹은 6 제곱 마이크로미터이다. 부피는 $V = 5\pi/12$ 또는 1.3 세제곱 마이크로미터다(자릿수를 염두에 두고 계산을 단순화하기 위해 우리는 이 값을 1 세제곱 마이크로미터라고 간주한다). "세포막의 두께는 얼마인가"라는 제목 아래(54쪽) 살펴본 것처럼 이중 지질막의 두께는 4 나노미터다(간혹 이 값보다 큰 수치를 사용할 때가 있겠지만 이는 막을 당단백질과 같은 물질을 고려한 것이다). 따라서 막의 부피는 6 제곱 마이크로미터 $\times$ (4×10^{-3} 마이크로미터) = 0.024 세제곱 마이크로미터이다. 물이 세포 무게의 70 퍼센트이고 나머지 30 퍼센트 건조 중량의 밀도는 1.3이므로(BNID 104272) 세포 전체의 밀도는 1.1이다(BNID 103875). 대장균 건조 중량의 부피는 1.3 세제곱 마이크로미터 × 1.1 g/cm^3 × 0.3/1.3 g/cm^3 = 0.33 세제곱 마이크로미터다. 따라서 지질 이중막은 대장균 건조 중량의 7 퍼센트를 차지한다. 바깥층 막과 세포막, 두 층의 막을 가지므로 이 값의 두 배를 취하면 14 퍼센트로 올라간다. 막을 수놓고 있는 단백질의 양은 4분의 1에서 2분의 1 정도이므로(BNID 105818) 실험값인 9 퍼센트에 가까운 값을 얻은 셈이다.

성장 조건이 다를 때 혹은 다른 종류의 생명체를 고려할 때 세포의 구성은 어떻게 변화할까? 이미 1960~70년대에 대장균 세포의 구성 비율을 알아냈다. 오늘날에는 수천 개의 단백질과 전령 RNA의 양을 쉽게 알 수 있기 때문에 이런 질문에 대한 답은 손쉽게 구할 수 있으리라 예측할 수 있다. 1951년 로우리Lowry는 단백질을 정량하는 방법을 개발했다. 첫 번째 저널에서 매정하게 거절을 당한 경험이 있었지만 이후 이 논문은 과학자들이 가장 빈번하게 인용하는 논문이 되어 지금까지 인용횟수가 200,000번이 넘는다. 모든 미덕과 인용횟수에도 불구하고 이 방법은 그리 정확하지 않아서 생화학적 골칫거리로 전락하기도 한다. 예를 들어 산화 환원 균형에서 핵심적 역할을 하는 글루타치온은 단백질 정량을 방해하기도 한다. 따라서 각기 다른 조건에서 세포의 구성 성분을 포괄적으로 파악하는 일은 엄청나게 어렵다. 그렇기에 역동적인 세포를 계통적으로 혹은 생리학적으로 조망하는 일은 정량법의 최신 기법이 등장할 때까지 유보될 수밖에 없었다.

기제와 신호

전사인자의 복사본 수는 얼마인가?

전사인자는 세포 내부 단백질 초병이며 DNA에 숨어 있는 여러 유전자를 찾아다니며 특정 순간에 이들을 전령 RNA로 만들지 말지 결정한다. 대장균에는 200~300개 정도의(BNID 105088, 105089) 전사인자(다른 유전자에 의해 암호화된) 포유동물 세포에는 약 1,000 여개의 전사인자 단백질이 존재한다(BNID 105072, 109202). 마이코플라스마 뉴모니아(폐렴 원인균) 혹은 부흐네라 아피아콜라와 같은 기생 세균처럼 매우 단순한 생명체는 뚜렷이 구분되는 전사인자를 오직 네 개 가지고 있다(BNID 105075). 전사인자는 세포 내 단백질의 조성을 결정하는 중요한 요소이다. 이들은 곧잘 DNA에 결합하고 전사 기구들과 활발하게 상호작용하면서 전사를 촉진하거나 억제한다. 일차 조절자로서 전사인자에 대한 연구는 왕성하게 수행되었다. 논문에 빈번하게 얼굴을 비치지만 실제 세포 안에 존재하는 전사인자의 농도를 다루는 문헌은 그리 많지 않다. 전사인자의 농도는 특정 단백질, 세포 혹은 환경 조건에 따라 다르지만 어림잡아 이들 전사인자의 농도는 나노몰 정도라고 말할 수 있다. 세균 하나 당 약 1~1,000개, 포유동물 세포는 10^3~10^6개 정도라고 보면 될 것이다. 해당 과정에 관여하는 여러 단백질이나 길이촉진elongation 인자처럼 풍부한 단백질은 세균에 수천 개, 포유동물 세포에는 수백만 개 존재한다. 세포내 전사인자의 농도는 간혹 이 단백질이 DNA에 결합하는 Kd 값으로 표현하기도 한다. 아주 적은 수의 전사인자는 오직 몇 개의 유전자를 조절하는 데 관여하도록 특화되기도 한다(예를 들어 LacI는 오직 젖당을 분해하는 오페론 유전자만 신경 쓴다). 반면 다수 존재하는 전사인자는 전반적인 조절자로 수많은 유전자를 관리하기도 한다(예컨대 CRP는 세균의 탄소 사용에 관여하는 유전자 전반을 지휘한다).

유전자 조절을 설명하는 분자 생물학 대학 교재에서 Lac 억제(LacI) 유전자의 중심적인 역할을 감안하면 이 분자가 세포 하나에 고작 10개 정도라는 사실은 놀랍다(농도로 따지면 10 나모몰이다, BNID 100734). 흥미로운 점은 이 전사인자의 선택성이 좋지 않아서 90 퍼센트 정도의 단백질이 자신의 목적 유전자와 결합하지 못하고 세포질을 떠돌아다닌다는 사실이다(이론적인 연구 결과 두 가지 형태 모두 목적 유전자를 찾는데 중요하다는 사실이 밝혀졌다). 게다가 이렇게 몇 개 되지 않는 전사인자는 중요한 질문, 즉 살아 있는 세포가 어떻게 이렇게 적은 수의 전사인자를 갖고 혼란스럽게 요동치는 세포 내 상황을 극복하는지에 대한 질문에 대한 영감을 주었다. 예를 들면 분열하는 세포에서 이들 분자의 분배는 무작위로 이루어진다. 어떤 딸세포는 전혀 이 소수의 전사인자를 배분받지 못할 가능성도 없지 않다.

비록 LacI가 전사인자의 대표 격이라곤 하지만 대부분 다른 전사인자의 농도는 수십에서 수백 나노몰 정도이다(**그림 2-31**, BNID 102632, 104515). 그림의 결과는 최신의 방법을 통해 얻은 것이다. DNA의 서열을 분석하고 생물물리학적 수단으로 가공한 뒤 얻은 전사인자의 숫자이다. 리보좀에 의해 번역되지 않는 전령 RNA 조각의 서열을 분석한 결과이다. 리보좀에 의해 번역되지 않는 분자의 농도는 단백질 합성 속도에 관해서도 암시를 제공한다. 세

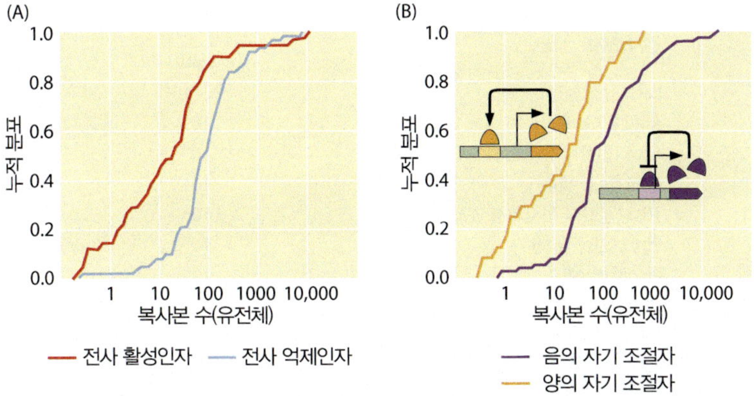

그림 2-31 대장균 전사인자의 복제수 측정. (A) 전사 촉진 혹은 억제 전사인자의 누적량. 전사 촉진 인자는 전형적으로 세포당 1~100개이지만 전사 억제 인자는 일반적으로 10~1,000개이다. (B) 자동 조절자의 누적량. (Li GW [2014] Cell, 157, 624-635)

심하게 보정을 하면 세포 내 단백질이 숫자를 정량하는 일이 가능하다. 여기에는 몇 가지 의미가 숨어있다. 예컨대 그림에서 보듯 촉진자 혹은 억제자의 수의 분포는 서로 다르다. 두 번째 흥미로운 관찰은 단백질 전체를 분석한 결과에서 볼 수 있다. 리간드가 결합하여 구조가 변하는 전사인자의 수는 그렇지 않은 단백질에 비해 많은 편이다.

광범위하게 연구된 진핵세포의 단백질을 들라면 아마도 p53일(경쟁자가 있다면 헤모글로빈) 것이다. p53은 거의 절반 정도의 암세포에 관여하는 전사인자다(BNID 105092). 이름에 숫자가 들어간 이 단백질의 이름은 겔 상에서 확인된 분자량에서 기원한다. 이제 우리는 그 분자량이 44 킬로 달톤이라는 사실을 알고 있지만 단백질 안에 커다란 아미노산인 프롤린이 많아서 움직이는 속도가 좀 느리다. 이 이름이 여전히 살아 있는 이유이기도 하다. p53은 스스로 죽거나 혹은 분열을 하도록 세포의 운명을 결정짓는 매우 중요한 전사인자이다. 따라서 암세포의 성장에도 영향을 끼친다. 이 분자의 농도는 특징적이게 100 나노몰이다(MCF7 유방암 세포 안에 p53 분자는 약 10만 개이다, BNID 100420). 수용체 단백질에서 도달하는 신호에 대응하여 DNA에 결합하는 특성을 변화시키는 방식으로 이 전사인자는 전사를 조절한다. 암세포에서 DNA에 돌연변이가 생기면 p53의 결합 특성이 변하고 이 전사인자가 조절하는 유전자 목록이 바뀌면서 세포가 더 이상 죽지 못하게 만든다. 이제 세포는 마구잡이로 분열을 시작한다.

표 2-8은 여러 전사인자의 목록과 숫자를 보여준다. 실험연구자들에게 매우

생명체	전사 인자	copies per cell order of magnitude	BNID
대장균	LacI (탄소 활용)	10^1–10^2	100734
대장균	AraC (탄소 활용)	10^2	105139
대장균	ArcA (일반적 산소호흡 조절)	10^4	102632
효모	Gal4 (탄소 활용)	10^2	109208
효모	Tfb3 (일반적 전사개시 인자)	10^3	109208
효모	Pho2 (인산 대사)	10^4	109208
초파리 앞쪽 배반포엽 핵	bicoid (발생)	10^4	106843
초파리 앞쪽, S2 cells	GAGA 아연 손가락 단백질	10^6	106846
생쥐/쥐 대식세포	당질코르티코이드, 갑상선 호르몬, 안드로겐 수용체 관련 아연 손가락	10^4	106899
생쥐/쥐 대식세포	NF-kB p65	10^5	106901
갑상선 호르몬	인간 P53(성장과 세포 자살)	10^4–10^5	100420
갑상선 호르몬	당질 코르티코이드, 에스트로겐, 스테로이드 수용체 관련 아연 손가락	10^4–10^5	106904, 106906, 106911
갑상선 호르몬	STAT6	10^4–10^5	106914
갑상선 호르몬	NF-kB p65	10^5	106909
갑상선 호르몬	Myc (범 염색질 구조 조절)	10^5	106907

표 2-8 다른 개체에서 전사인자의 복제수(절대수). 값은 반올림했다. 더 많은 전사인자 수의 정보는 Biggin MD [2011] Dev Cell, 21, 611-626, BNID 106824에서 얻을 수 있다.

중요한 전사인자의 양적인 분석을 통해 어떤 의미를 찾을 수 있을까? 절대 숫자 혹은 농도는 어떤 직관을 부여할 것인가? 복합체 혹은 조절자에 의해 억제될 경우 전사인자의 서열을 파악할 때, DNA에 비선택적으로 결합하는 효과를 고려할 때, 전사 과정을 촉진하는 반응 시간을 생각할 때, 짝지음 분자의 농도에 의존하여 분자 복합체를 형성하는 경우, 등등 여러 면에서 전사인자의 목록과 농도가 중요한 의미를 갖는다. 표 2-8에 여러 가지 전사인자의 숫자가 나열되어 있지만 이 숫자는 시간과 공간에 따라 언제든지 변할 수 있는 값이다. 발생 과정에서는 더 하다. 전사인자의 공간적 배치는 몸통의 신체 형성에 결정적인 영향을 끼치기도 한다. 예를 들어 초파리 배아의 몸통 축을 따라 앞쪽과 뒤쪽에서 전사인자인 바이코이드bicoid 농도는 초파리의 몸통 설계를 결정한다. 이와 비슷한 단백질이 인간 배아에서도 작동하고 있다.

신호 전달 단백질의 실제 숫자는 얼마나 될까?

세균도 영양분이 풍부한 쪽을 향해서 방향성 있게 움직인다. 면역계의 암살자인 호중구는 킁킁거리며 세균 침입자가 뿜어대는 화학적 신호를 좇아다닌다. 광자가 도착하면 광수용체는 연쇄적 신호 체계를 가동하고 그것을 '본다'로 해석한다. 발생 중인 배아의 세포들은 자신의 위치에 따라 제각기 다른 운명을 겪게 된다. 이런 업무를 수행하기 위해서 세포는 외부 세계의 신호를 받아들이는 표지 단백질의 지시에 복종한다. 입력값에 따라 결정이 이루어지는 것이다. 이런 반응을 수행하는 신호 모듈의 개념적인 구성은 **그림 2-32**에 나타나 있다. 이 그림에서 볼 수 있듯이 많은 분자 연기자들이 신호에 반응하여 충실하게 동작을 수행한다. 신호를 증폭할지 아니면 선택적으로 신호를 보낼지, 되먹임 반응을 할지는 모두 서로 상호작용하는 단백질 동료의 숫자에 의존한다.

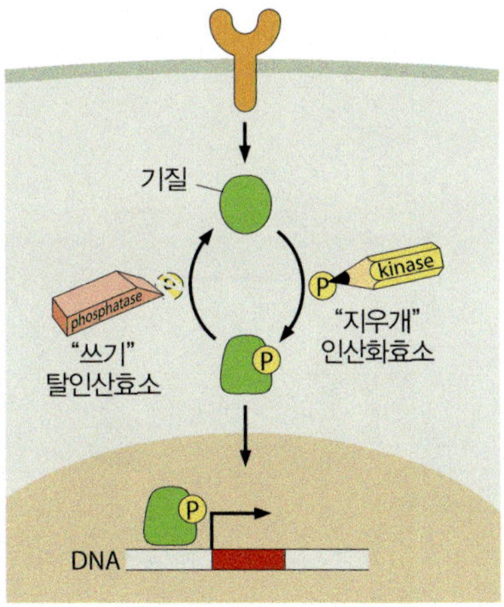

그림 2-32 일반적인 신호 전달 체계의 조감도. 세포막 수용체는 세포질 안으로 기질을 운반한다. 인산화효소는 인산기를 결합시켜 이 기질 분자를 변형시킨다. 인산기가 결합된 단백질은 핵으로 들어가서 전사 인자로 작용한다. 인산기를 제거하는 반응은 인산분해효소가 촉매한다.

기본적으로 이런 연결망은 인산기나 메틸기와 같은 화학 반응 물질을 첨가하거나("쓴다") 혹은 제거하는("지운다") 것에 관한 이야기들이다. 이런 식의 표현은 앞으로도 반복되겠지만 반응물질을 첨가하는 것이 꼭 단백질의 활성화를 뜻하지 않는다는 점을 알았으면 좋겠다. 많은 경우 신호는 인산기를 제거하는 과정을 통해, 다시 말하면 인산기가 떨어진 단백질이 활성형일 때도 비일비재하다. 예를 들어 일부 생명체에서는 화학쏠림성 chemotaxis 신호 전달 물질인 CheY가 인산화되면 운동 기관의 방향을 변화시키지만 다른 생명체에에서는 인산기가 없는 CheY가 이런 반응을 매개한다. 우리가 아는 한 이런(인산화) 혹은 저런(탈인산화) 전술이 생명체들에게 어떤 진화적 이득을 주었는지에 대해서는 전혀 아는 바가 없다.

신호 전달 단백질의 특성 중 하나는 그것이 환경 조건에 의존적이며 신호 전달 물질의 적정 농도 혹은 활성형 물질의 농도가 급격하게 변화할 수 있다는 사실이다. 따라서 이제 관건은 세포 내부에 신호 전달 물질의 "정상적인" 숫자가 얼마나 되느냐를 정확히 정의하는 일이다. 세포가 지니고 있어야 할 신호 전달 물질의 적정 농도 범위가 얼마나 될지 적절한 예를 들어 그림을 그려나가도록 하자.

신호 전달 물질의 전체 수에 관한 정량적인 그림을 그리기 위해 매우 잘 알려진 신호 전달 체계를(**그림 2-33**) 먼저 살펴보도록 하자. 아마도 세균에서 발견되는 가장 단순한 신호 전달 체계는 두 요소 신호 전달계일 것이다(그림 2-33A). 이 경로는 핵심적인 두 요소로 구성된다. 1) 외부 환경에서 들어오는 신호를 받는 세포막 수용체가 동시에 인산화 효소(세포질에 존재하는

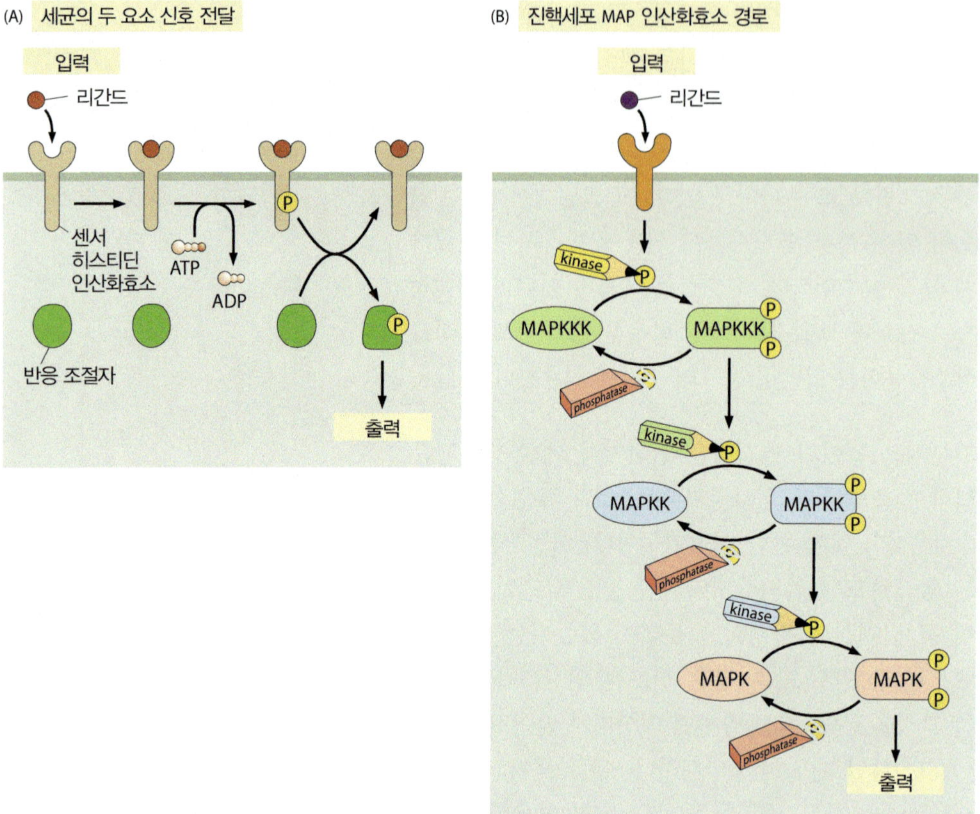

그림 2-33 신호 전달 경로 모델. (A) 두 요소가 참여하는 세균의 신호전달. 막 수용체가 인산화 효소의 기능을 갖고 수용성 전령 물질을 인산화시켜 활성형으로 변화시킨다. (B) MAP 인산화효소 경로. MAPKKK는 MAPKK를 인산화시키고 이들은 다시 MAPK를 인산화한다. 그런 방식으로 신호가 출력된다.

부위이다, 히스티딘 인산화효소)의 기능을 동시에 가지고 있다, 2) 막 수용체에 의해 반응 조절 물질이 화학적으로 가공된다. 때로 이런 반응 조절 인자는 전사 인자가 되기도 하며 이들이 인산화되면 유전자의 발현 양상이 변한다. 대장균에는 30여 개가 넘는 이런 두 요소 신호 전달계가 있다(BNID 107848). 그림 2B는 진핵 세포의 중심적인 신호 전달계 중 하나인 MAP-인산화효소 경로를 제시한다. 세균에서와 마찬가지로 이 경로도 외부의 자극, 예컨대 페로몬이나 높은 삼투압에 대하여 적절한 세포 반응을 이끌어 낸다.

아마도 가장 연구가 진척된 분야는 화학쏠림성을 매개하는 세균의 두 요소 신호전달 과정일 것이다. 이 전달계가 외부 환경에 있는 화학적 유인 물질을 감지하면 세포가 움직이는 횟수가 변한다. "세포가 감지할 수 있는 물리적 한계는 얼마인가"라는 주제에서 살펴보겠지만(175쪽) 화학수용체는 매우 민

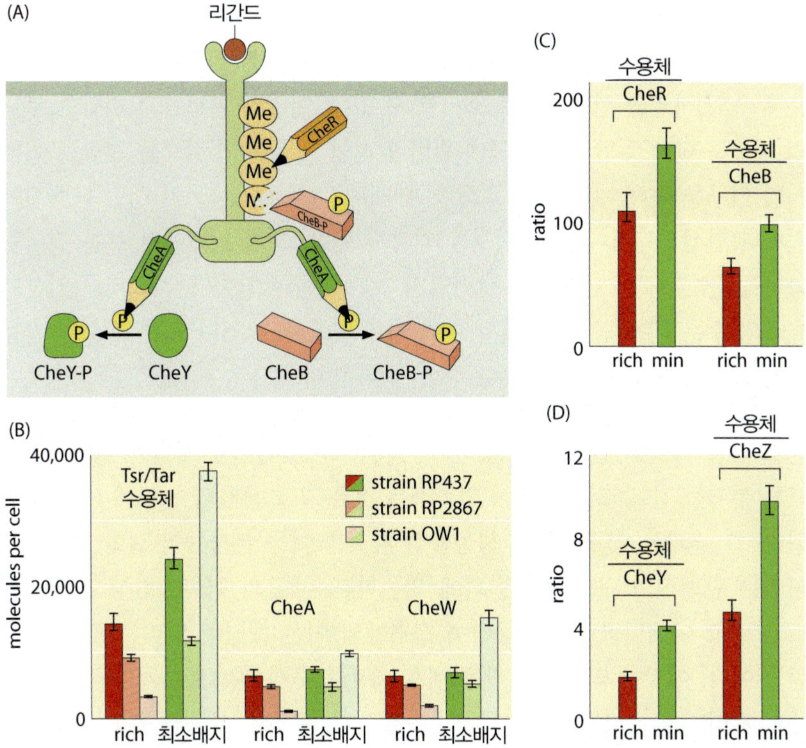

그림 2-34 세균의 화학쏠림성 반응에 관여하는 신호 전달 물질의 수. (A) 신호 전달에 관여하는 분자들의 조감도. (B) 화학 수용체 CheA와 CheW(Tsr/Tar 수용체를 CheA와 연결한다) 분자의 숫자. 서로 다른 균주를 서로 다른 배지에서 키웠을 때의 값을 나타낸다. (C) 영양분이 풍부하거나 그렇지 않은 배지에서 키웠을 때 CheR과 CheB 수용체의 숫자(비율). (D) CheY와 CheZ의(CheY의 인산분해효소이다) 비율. M. Li et al, J Bact, 186, 3687, 2004.

감한데다 광범위한 역동성을 지닌다. **그림 2-34A**는 신호 배선이 얼마나 아름답게 펼쳐지는지 보여준다. 이런 신호 전달 물질의 화학 양론적 짝지움을 가장 잘 보여주는 예는 몰려든 세포에서 분비된 항체가 쏟아져 나와 목적 단백질(항원)과 결합하는 경우다. 이미 농도가 알려진 표준 단백질과 비교함으로써 우리는 특정 항체가 잡아내는 항원 단백질의 양을 측정할 수 있다. **그림 2-34B**는 화학쏠림성 신호 전달에 관여하는 두 요소 전달계의 신호 전달 물질의 숫자이다. 균주의 종류나 성장 조건에 따라 절대 숫자의 차이가 열 배가 나기도 하지만 다양한 신호 분자의 상대적인 농도는 화학 양론적으로 보았을 때 거의 일정하게 유지된다.

최근 들어 급속도로 발달한 DNA 서열 조사 기법은 유전체학 뿐만 아니라 정량적 생물물리학의 강력한 수단으로 등장했다. 세포 내부를 구성하는 분자들의 숫자에 대한 정보를 제공하기 때문이다. 사실 이런 기법은 중심 도그마 과정을 특징짓는 세포 내 전령 RNA 및 단백질의 숫자에 관해 귀중한 정보를 들려준다. 예를 들어 전령 RNA를 분리하고 이들이 리보좀에 결합하고 있는 부위의 서열을 선택적으로 조사할 수 있다. 이렇게 리보좀과 결합한 부위의 농도는 단백질 합성의 속도에 관한 단서를 제공한다. 리보좀 결합 부위의 서열 연구를 통해 세균의 두 요소 신호 체계가 작동하는 동안 어떤 단백질이 얼마나 합성되는지에 관한 정보를 얻기도 한다. **그림 2-35**에서 보는 것처럼 화학쏠림성 경로에 관여하는 단백질의 수는 매우 다양하다. 히스티딘 인산화 효소의 수는 세포 당 수 십에서 수백 개에 이른다. 그러나 이들 효소에 반응하는 조절인자의 수는 효소보다 수십 배 더 많다.

신호 전달 물질의 절대 숫자를 안다는 것은 무슨 의미를 지니는 걸까? 서로 다른 분자들 간에 짝을 이루어 결합하는 것은 그들 분자의 농도에 의해 좌우된다. 그 결과로 이루어지는 생물학적 과정은 이들 분자들이 결합 한 뒤 이어지는 단백질의 구조적인 변화에 의존한다. 세균의 화학쏠림성 경로에서도 그렇고 아세틸콜린에 반응하여 신경계의 이온 채널이 열리는 것이 그러한 예이다. 이것이 의미하는 바는 세포 내부를 구성하는 분자들의 적정 농도에도 우리가 많은 신경을 써야 한다는 말이다. 우리는 이들의 농도를 우선적으로 고려해야 한다는데 동의하며 때로는 절대 숫자를 아는 것이 세포 환경에서 이들 분자의 행동을 이해하는 직관적인 그림을 그려준다고 본다. 말하자면 "생명체를 느끼는 것"이다. 20세기 초 유전학자인 바버라 맥클린톡 박

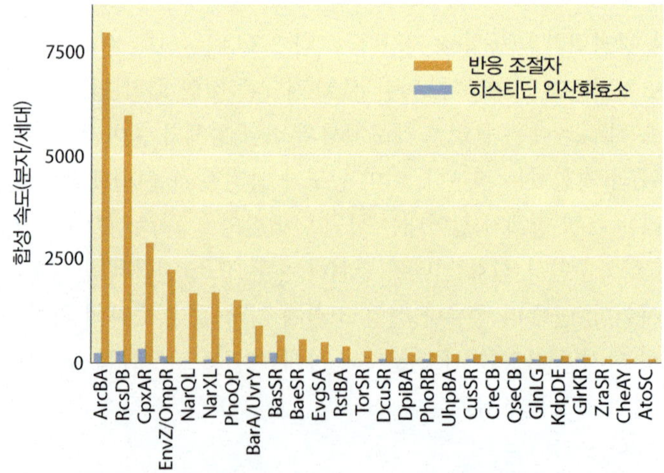

그림 2-35 두 요소 신호 전달에 관여하는 대장균 분자들의 목록. 세포막에 있는 히스티딘 인산화 효소와 반응 조절인자로 구성된다. 다양한 인산화 효소와 반응 조절 단백질이 숫자를 나타낸다. G.-W. Li et al, Cell, 157, 624, 2014.

사가 한 말이다. 농도와 절대 숫자를 가지고 우리의 인지 능력을 비교해보자. 어려서부터 우리는 천과 백만을 구분한다. 그러나 이런 값은 우리가 마이크로몰과 밀리몰을 말할 때 느끼는 직관과는 사뭇 다르다. 절대 숫자에 대한 친숙함과 직관은 거의 자동적으로 우리 피부에 와 닿는다. 따라서 우리는 천과 백만, 십억을 거의 혼동하지 않는다. 그렇지만 때로 우리는 사람들이 밀리몰과 마이크로몰, 나노몰을 혼동하는 것을 목격한다. 다음 주제에서 살펴보겠지만 우리는 포유동물 세포의 신호 분자들 상당수가 백만 개쯤 된다는 사실을 알게 될 것이다. 그러나 우리는 1 마이크로몰이라는 단위가 생화학적으로 더 의미 있는 특성이라는 사실도 강조하고 싶다.

정량적인 직관을 이어가기 위해 우리는 효모의 또 다른 특징적인 신호 전달계를 살펴보려고 한다. 페로몬에 반응해서 효모가 교배를 할 때(효모식 성적 유혹) 소위 말하는 MAP 인산화효소 회로가 작동한다. 과학자들은 정량적인 면역 침강법을 써서 이 과정을 연구했고 그 모식도가 **그림 2-36**과 **표 2-9**에 나타나 있다. 세포 하나당 신호 전달물질의 수는 40에서 20,000개 사이에 있다. 농도로 따지면 1 나노몰에서 1 마이크로몰 사이이다. 출아 효모는(30 μm^3) 헬라 세포보다 수백 배 작지만 어떤 생명체가 되었든 신호 전달 물질의 농도 자체는 변동 폭이 그리 크지 않다는 점을 알게 되었다. 절대 숫자와 농도 문제가 신호 전달 과정의 기능을 어떻게 설명할 수 있을까? 효모의 페로몬 연구 결과 발판scaffold 단백질의 농도(Ste5, 세포 당 약 500개, 농도는 30 나노몰)는 역동적인 신호 전달과 최대 산출물을 뽑아내는 반응 사이에 벌어졌던 타협의 결과물로 간주되었다(T. M. Thomson et al, 108, 20265, 2011).

MAP 인산화효소 회로는 다세포 생명체에서도 마찬가지로 중요하다. 특히 성장 조절과 같은 다양한 세포 과정에 긴밀하게 관여한다. 이 경로의 도입

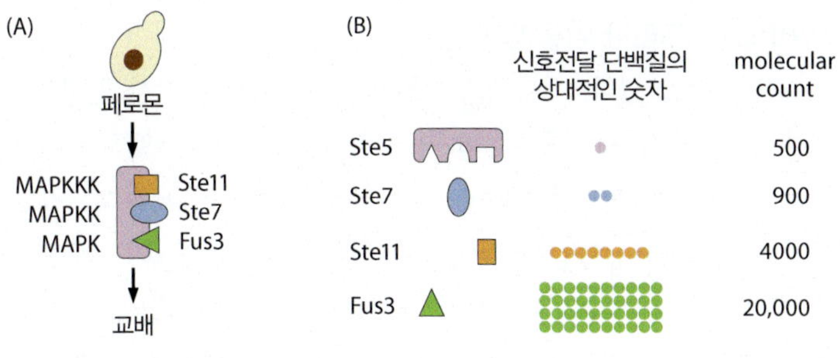

그림 2-36 효모 신호 전달계 단백질 목록. (A) 효모의 교배와 관련된 MAPK 회로. (B) 이 경로에 참여하는 분자의 수. (B)는 T. M. Thomson et al, 108, 20265, 2011

단백질	name	molecules/cell	standard error	concentration (nM)
G –단백질 짝지음 수용체	Ste2	7000	400	400
G-α	Gpa1	2000	300	130
G-β	Ste4	2000	100	110
PAK 인산화효소	Ste20	4000	500	200
발판 단백질	Ste5	500	60	30
MAPKKK 비계단백질	Ste50	1000	100	70
MAPKKK	Ste11	4000	90	200
MAPKK	Ste7	900	70	50
MAPK	Fus3	20,000	3000	1100
MAPK	Kss1	20,000	2000	1200
MAPK	Hog1	6000	400	300
발판 단백질/MAPKK	Pbs2	2000	200	140
MAPK 탈인산화효소	Msg5	40	3	2
세포 주기 억제자	Far1	200	20	14
전사 활성인자	Stw12	1400	40	80
전사 억제인자	Dig1	5000	500	300
전사 억제인자	Dig2	1000	80	70

표 2-9 페로몬을 첨가 후 출아 효모 MAPK 신호 전달 물질의 수. 이 값은 정량적 면역 침강법에 의해 얻었다. 농도는 세포의 부피를 29 펨토리터라고 가정하고 계사했다. 표준 편차는 각 실험마다 변화가 큼을 의미한다. Thompson et al, PNAS, 2012.

부에 관여하는 단백질 중 하나는 Ras이다. 다양한 조건 하에서 헬라 세포와 3T3 섬유아세포는 이 단백질을 약 10^3~10^7개 갖는다(BNID 101729, Ferrel 1996). 1,000배 정도의 차이는 이들이 작동하는 농도 범위가 크다는 사실을 말해준다. Raf와 상호 작용할 때는 10^4, Mek와는 10^5~10^7이고 Erk와 상호작용할 때는 10^6~10^7개의 Ras가 필요하다. 헬라 세포의 부피의 중간값이 약 3,000 펨토리터이기 때문에 Ras의 농도는 10 나노몰~10 마이크로몰 사이에 있다. 물론 이 단백질이 세포질에 균등하게 분포하고 있다는 가정 하에서다. 다른 신호 경로인 Wnt/β-catenin(BNID 101958)이나 TGF-β도 비슷한 농도 범위에 들어 간다. 이런 경향에서 벗어나는 예외가 있다면 Wnt/β-catenin 경로에 편입되는 Axin이며 이 단백질의 농도는 피코몰 정도이다(BNID 101951). 그러나 이들 단백질이 특정 장소에 국한되어 있다면 상황은 극적으로 변할 수도 있다. 예를 들면 세포질에서 핵으로 전사 인자가 이동할 때가 그런 경우다. 절대 숫자는 변하지 않지만 세포질에 존재하는 것에 비해 수배나 많은 전사 인자가 핵으로 옮겨가 유전자를 켜거나 끌 수 있다. 농도 변화 없이도 이런 일이 가능한 것이다. 또 발판 단백질도 좋은 예이다. 이들은 목적 단백질들을 서로 가깝게 배열하기 때문에 신호 전달 분자간 상호 작용을 촉진한다. 위에서 언급한 MAP 인산화효소 경로에서도 이런 일이 일어난다. 국지적으로 높은 농도를 가진다는 것은 사실 펠러 힐이 말했듯이 보편적인 생명 현상 중 하나이다(B. Muller-Hill, Mol Microbiol, 60, 253(2006). 최근 연구에 의하면 농도와 절대 숫자도 중요하지만 세포 내에서 그들의 공간적 배치가 오히려 더 중요한 신호 전달의 변수라고 한다.

이러한 연구에서 드러난 중요한 결론 중 하나는 균주(혹은 세포주)와 성장 조건에 따라 이들 신호 전달 물질의 숫자가 크게 달라진다는 점이다. 그렇지만 이들 개별 분자의 비율은 거의 균일하게 유지된다. 신호 전달 경로가 돌아가기 위해서 가끔은 특정 단백질의 농도가 몇 배 올라갈 필요도 있다. 또 특정 순간에 이들 구성 요소 간의 비율이 2배 변한다면 재빠르고 강한 반응이 나타날 것이다. 지금까지 나열한 숫자들은 이론적으로도 좀 해석해 보아야 할 것 같다. 이런 이론적 해석은 수용체의 상대적인 빈도와 그 아래에 존재하는 반응 결합 짝들의 숫자 차이를 이해하기 위해서 꼭 필요한 과정이다.

간상세포에 들어있는 로돕신 단백질의 숫자는 몇 개일까?

궁극적으로 신호 전달에 관여하는 분자가 얼마나 많은지가 특정한 신호 전달 반응을 결정한다. 광수용체 세포에 존재하는 로돕신 분자의 수가 척추동물의 눈이 감지할 수 있는 빛의 세기를 판가름한다. 게다가 로돕신의 숫자는 어둠 속에서 얼마나 자주 간상세포가 자발적으로 빛을 감지할 수 있는지 이해하는데 도움이 된다. 비록 우리가 로돕신 분자에 국한해서 얘기를 풀어가고 있지만 우리는 여기서도 상당한 정보를 얻을 수 있음을 알게 되었다. 시각과 관계되는 연속적인 신호 전달 과정이 잘 연구된 덕에 인간 신호 전달 과정에 대한 전반적인 감을 얻을 수 있기 때문이다. 다시 말해 로돕신의 행동 방식을 다른 종류의 신호 전달 과정에 일반적으로 응용할 수 있다. 로돕신은 G-단백질 짝지음 수용체이며 리간드가 결합하면 이온 채널이 열린다. 이는 생명체에 매우 보편적인 신호 체계이다. **그림 2-37**은 이 수용체의 바깥쪽 부위가 어떻게 도달하는 광자를 인식하고 망막의 색소가 광자를 흡수하는지 보여준다. 망막 색소는 가역적으로 옵신opsin 단백질과 공유 결합함으로써 로돕신 분자를 구성한다.

이번 소주제에서 우리는 몇 가지 어림짐작법을 동원하여 광수용체 세포 안에 있는 로돕신 분자의 개수를 알아보겠다. 먼저 간상세포의 밖에 있는 막 원판의 수를 살펴보자. "광수용체의 크기는 얼마일까?" 항목의(17쪽) 본 전자현미경 이미지에서 본 것처럼 간상세포의 바깥 부위의 길이는 얼추 25 마이크로미터이고 10 나노미터의 막 원판이 25 나노미터 간격을 두고 자리한

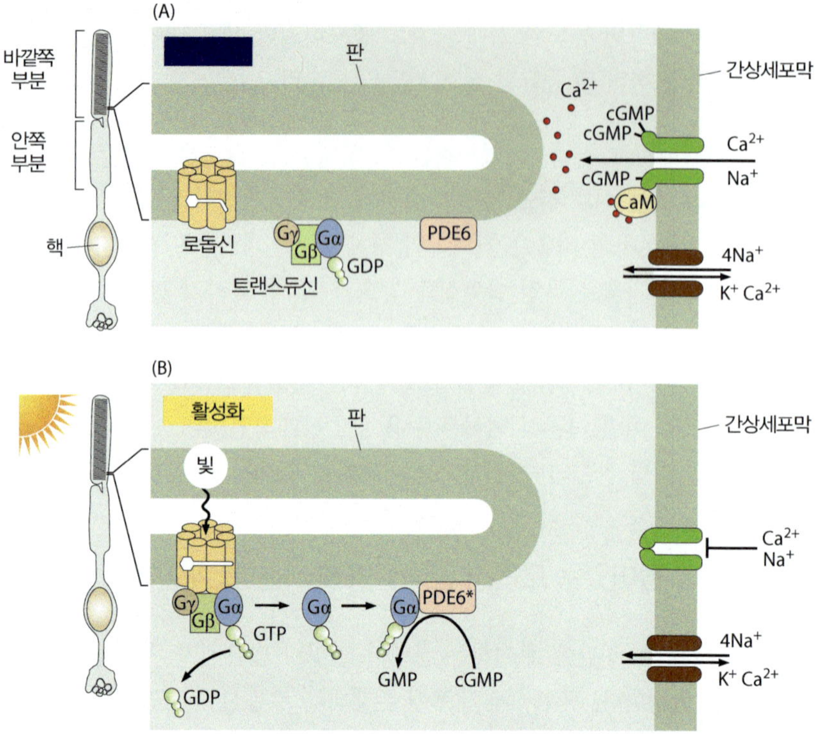

그림 2-37 망막에서 신호전달. (A) 어두우면 로돕신은 활성이 없고 이온은 세포막을 자유롭게 통과한다. 이때 cGMP 인산에스테르 분해효소인 PDE6이 작동하지 않아 cGMP가 간상세포 내에 축적된다. cGMP는 리간드 의존성 이온채널(녹색)에 결합하여 나트륨과 칼슘을 통과시킨다. 칼슘은 교환단백질에(적갈색) 의해 세포 안으로 들어온다. 에너지를 써서 교환단백질은 나트륨과 칼륨을 전기화학적 농도에 역행하여 움직이게 하면서 칼슘 이온을 운반한다. (B) 빛을 쬐어 로돕신이 활성화되면 cGMP가 가수분해되면서 양이온 채널이 닫힌다. 광자가 로돕신 분자를 활성화하면 GTP와 GDP가 맞교환되고 트랜스듀신이라는 단백질이 PDE6을 일하게 하면서 cGMP를 깨버린다. 리간드 의존성 채널이 닫히고 막 전위는 보다 음의 값으로 변화한다. (Stockman A [2008] J Vis, 8, 1-10)

다. 따라서 간상세포 밖에 약 1,000개의 원판이 있다는 계산이 나온다. 간상세포의 반지름이 1 마이크로미터라는 점을 감안하면 디스크 당 표면적은 6 제곱 마이크로미터이고 전체적으로 막 원판이 차지하는 표면적은 6,000 제곱 마이크로미터이다. 간상세포 바깥 부위에 있는 로돕신 분자의 수를 어림하기 위해 막 원판에 있는 로돕신 분자의 표면 밀도를 상상해보자. 로돕신은 막 원판에 매우 밀집되어 존재하므로 우리는 이들 사이가 평균 5~10 나노미터 정도(단백질 1개 혹은 2개의 지름) 떨어져 있다고 가정한다. 그렇다면 표면 밀도 σ는 1/25~1/100 제곱 나노미터^{2}이다. 이 정도 표면 밀도라면 원판 막에 존재하는 로돕신의 숫자는 $(6\times10^6\ \text{nm}^2)\times(1/25\ \text{nm}^2)=2\times10^5$과 $(6\times10^6\ \text{nm}^2)\times(1/25\ \text{nm}^{-2})=6\times10^4$ 사이에 들어간다. 실제 측정값은 디스크 하나당 로돕신이 대략 10^5 정도이므로 광수용체세포 당 전체 로돕신 분자는 10^8개가 된다(BNID 108323). "세포 안에는 얼마나 많은 단백질이 있을까?" 항목에서(104쪽)에서 살펴본 단백질의 양과 얼추 비슷하다. 이렇게 빼곡히 들어찬 로돕신 분자를 가진 인간의 눈은 매우 빛이 약한 경우에도 효과적으로 기능할 수 있다.

레티날retinal처럼[16] 광자를 흡수하는 물질의 흡수 용량을 결정할 때는 효과적인 단면적을 정의하면 편한 경우가 있다. 흡수 단면적은 유입되는 광자에 수직인 평면으로 정의된다. 광자의 유입량에 면적을 곱하면 이 분자가 흡수하는 광자의 숫자가 나올 것이다. 레티날의 흡수 단면적은 약 1 Å이며 10^{-2} 제곱 나노미터다(BNID 111337). 따라서 단면적은 기하학적 의미를(광수용체의) 갖는 물리적 특성이 된다. 연결된다. 왜 이 숫자가 의미를 띠는지 살펴보자. 광수용체 당 10^8개의 로돕신 분자가 있을 때 우리는 총 흡수 단면적을 알 수 있다. (10^8 로돕신/광수용체)×(10^{-2} 제곱 나노미터/로돕신) = 10^6 제곱 나노미터/광수용체 = 1 제곱 마이크로미터. 광수용체세포의 기하학적 단면적은 광 수용체 당 4 제곱 마이크로미터이다. "광수용체의 크기는 얼마인가?" 항목에서(17쪽) 이미 살펴본 바 있다. 흡수 단면적과 광수용체의 실제 단면적이 비슷하기 때문에 우리는 도달하는 광자를(로돕신을 활성화하는 최소한의 광자 입사량 일지라도) 효과적으로 흡수하는데 필요한 로돕신의 숫자를 유추할 수 있게 된다. 이 말은 광자를 전혀 잃지 않는다는 의미는 아니다. 사실 밤에 잘 보기 위해 야행성 동물들은 망막 아래에 거울과 같은 역할을 하는 반사판tapetum ludicum을 구비하고 있어서 로돕신이 흡수하지 못한 광자를 다시 망막으로 돌려보내 흡수 기회를 높인다. 밤에 사냥감을 포획하는 능력을 높이는 것이다. 이들의 안광을 살핌으로써 야생동물학자들은 멀리서도 하이에나나 늑대를(애완용 고양이도) 손쉽게 찾아내기도 한다.

로돕신의 숫자를 알면 간상세포의 색소인 레티날이 열에 의해 이성질체로 변하면서 곤란을 겪는 빈도도 파악할 수 있다. **그림 2-38**에서 볼 수 있듯이 개별 간상세포 광수용체의 전류를 측정하면 자발적인 이성화 단계를 짐작할 수 있다. 그래프를 읽어서 우리는 1,000초 동안 약 30회 자발적인 이성질체 반응이 일어난다는 사실을 알게 된다. 30초당 한 번 꼴이다. 전체 속도는

$$\text{속도} = (\text{로돕신의 숫자}) \times (\text{이성질체화 횟수/로돕신}) \qquad (2.12)$$

16) 빛을 감지하는 로돕신 분자와 결합하는 비타민 A이다.

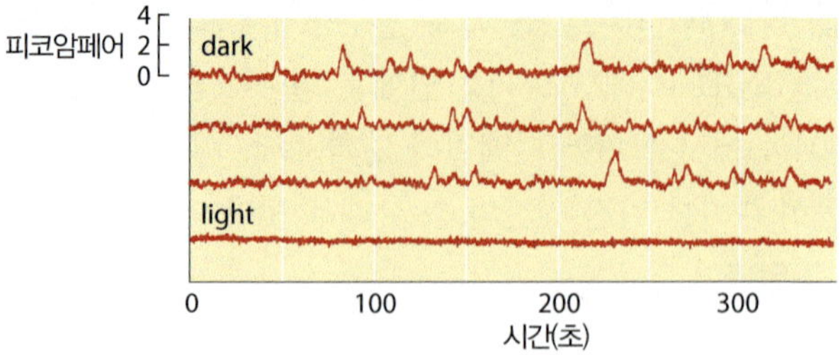

그림 2-38 레티날이 자발적으로 이성질체로 변화한다. 위쪽 3 개의 신호는 어두울 때 단 하나의 광수용체에서 측정한 전류이다. 맨 아래쪽 신호는 빛이 있을 때의 전류이며 빛이 있을 때 채널이 닫힘을 의미한다. (Baylor DA [1980] J Physiol, 309, 591-621)

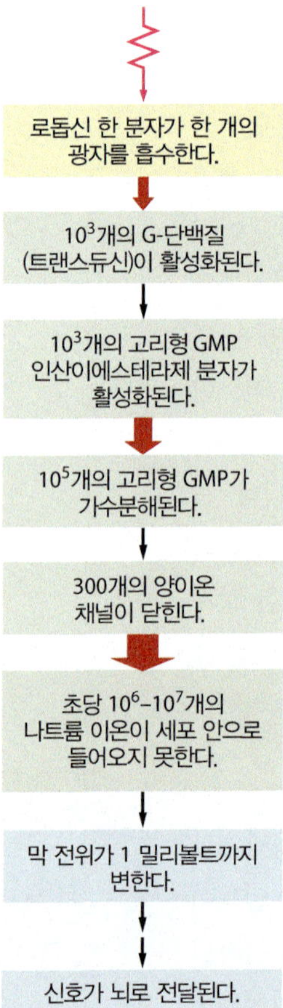

그림 2-39 여러 단계를 거쳐 신호가 증폭된다. 광자 하나에서 비롯된 에너지가 대략 백만 개에 달하는 나트륨 이온을 움직이게 한다.

이미 로돕신의 숫자를 알고 있기 때문에 로돕신이 자발적으로 이성질체로 변하는 속도가 백년에 한 번 꼴이라는 사실을 짐작한다.

광자를 흡수한 뒤 신호전달 경로는 레티날 단백질의 이성체화로부터 시작된다. 로돕신 분자가 활성화되면 간상세포에서 이 신호를 증폭하기 시작한다. 그림 2-37에서 살펴본 것이지만 **그림 2-39**에 다시 정리하였다. 특히 로돕신이 한번 활성화되면 G-단백질 짝지음 수용체에 붙고 알파 소단위체를 활성화한다. 100 밀리초가 지나는 동안 활성화된 로돕신 한 분자가 무려 10^3개의 알파 소단위체를 활성화한다. R. W. 로디엑이 쓴 [눈을 떠 볼 때 최초로 생기는 일]이란 책에 자세히 서술된 내용이다. 알파 소단위체는 다시 인산이에스터 가수분해효소와 결합하여 고리형 구아노신 일인산을 구아노신 일인산으로 변환시킨다. 고리형 구아노신 일인산이 이온 채널에 결합하면 막 전위가 변하면서 채널이 열린다. 신호전달에 관여하는 분자 목록은 **그림 2-40**에서 볼 수 있다. 분자의 자세한 사항과 복제본의 수가 마치 골드버그 기계처럼 보인다. 그렇지만 작은 신호가 증폭되는 자세한 메커니즘은 아직도 밝혀야 할 숙제이다. 지금까지 우리는 간상세포의 기능과 관련된 숫자를 알아보았다. 색소 분자가 광자를 받아들여 광표백되는데 약 10분이 걸린다. 별도의 소기관으로 운반되었다가 재생되는데 걸리는 생화학적 시간이다. 그렇기에 간상세포 색소 재고분 분자들이 광표백 효과를 상쇄해야만 할 것이다.

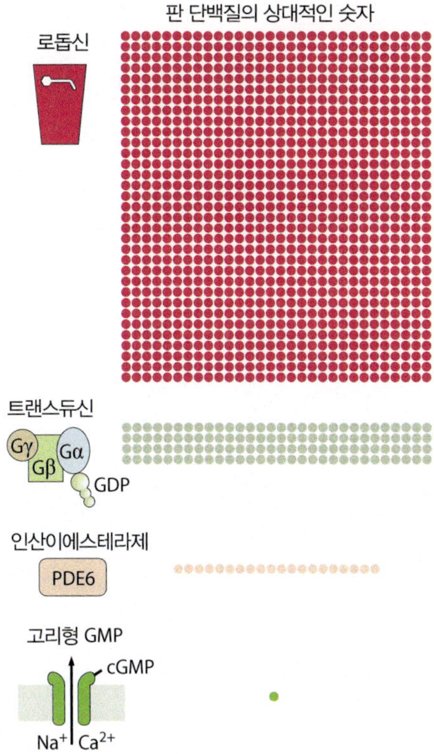

그림 2-40 망막에서 연속되는 신호 전달 경로에 관여하는 분자들

세포 하나에는 얼마나 많은 리보좀이 있는가?

모든 생물학 교과서에 후렴구처럼 등장하는 말이 있다면 단백질은 세포의 일꾼workhorse이라는 것이다. 세포는 DNA에 숨겨진 유전 정보를 읽어 활동적인 단백질을 만들어 낸다. 전반적인 단백질 합성의 리듬은 수많은 리보좀에 의해 조절된다. 리보좀은 세포의 주요한 구성 요소 중의 하나이며 매우 빠르게 분열하는 세포에서는 세포 내부의 상당 부분이 바로 리보좀이다. 세포 안 전체 RNA의 85 퍼센트는 리보좀에 존재한다(BNID 106421). DNA의 복제, 전사 및 번역이 중심 도그마의 세 가지 핵심 기둥인 단백질의 면모를 살펴보자. DNA 중합효소(BNID 104123)와 RNA 중합효소는(BNID 101440) 그 수가 적은 반면 리보좀에 배속된 단백질은 수 십 퍼센트에 이른다(BNID 107349, 102345). 리보좀의 빈도가 매우 높다는데 사람들은 상당한 관심을 기울였다. 또한 그 숫자는 세포 증식의 속도에 따라 크게 달라진다. 새흐터와 동료들의 기념비적 연구에 의해 리보좀 분획의 크기는 세포 성장 속도에 비례한다는 것이 밝혀졌다. 기질과 무관하게 비슷한 성장 속도를

복제 시간 (min)	세포 내 리보좀 수	세포 건조 중량 (fg)	리보좀이 차지하는 비율 (%)	리보좀 비율 x 복제 시간 (min)
24	72,000	870	37	9.0
30	45,000	640	32	9.5
40	26,000	430	27	11
60	14,000	260	24	14
100	6800	150	21	20

표 2-10 리보좀의 수와 비율을 증식 속도의 함수로 나타냈다. 값은 유효 숫자만으로 표시했다. 세포 당 리보좀 숫자는 "대장균과 살모넬라 요약집", 97장 표 3에서 따왔다. 건조 중량은 같은 책 97장 표 2에 들어 있다. 리보좀 건조 중량의 분획은 리보좀의 질량 2.7 MDa(BNID 100118)을 감안하여 계산한 것이다.

가지는 세포들은 비슷한 정도의 리보좀을 함유한다(Schaaechter et al, J Gen Microbiol, 1958). 소위 코펜하겐 과학자 그룹에(섀흐터, 말로에, 마아르, 나이드하트, 잉그러햄 등) 속하는 이들은 세포의 성장 속도에 따라 세포 구성 성분이 양적으로 어떻게 변하는지 지속적으로 연구해왔다. 선진적인 기법이 등장하기도 전에 정량적 생물학이 그나마 이 정도라도 기틀을 마련한 것은 다 이들 덕택이다.

표 2-10은 서로 다른 분열 속도를 갖는 대장균의 리보좀 숫자를 가리킨다. 세포의 중량(혹은 부피)은 성장 속도에 의존한다는 사실도 확인할 수 있다. 빨리 자라는 세포가 더 크다. 네 번째 행의 리보좀 중량비는 **어림짐작 2-10**에 다시 도식화했다. 증식 속도가 24분이면 세포 당 72,000개의 리보좀이 필요하고 그것은 세포 건조 중량의 3분의 1에 해당하는 양이다. 이들 분획을 실험적으로 정확하게 조사한 때는 1970년대이며 **그림 2-41**에 결과를 표시하였다.

최대 성장 곡선에 가까운 세포에서 리보좀이 차지하는 비율(건조 중량 당)

복제 시간이 24분일 때:

≈ 70,000 ribosomes (MW_{ribo} = 2.7 MDa)
cell dry mass ≈ 1 pg

⇓

세포 건조 중량에서 리보좀의 비율은 $\dfrac{70{,}000 \times 2.7 \times 10^{6}\,\frac{g}{mol}}{1 \times 10^{-12} g \times 6 \times 10^{23}\,\frac{1}{mol}} \approx \dfrac{1}{3}$

어림짐작 2-10 빠르게 증식하는 세균 건조 중량에서 리보좀이 차지하는 비율을 어림잡아 계산한 것이다. 리보좀의 숫자는 BNID 101441, 세포 건조 중량은 BNID 103891을 참고하라.

실험을 통해 얻은 세포 당 리보좀 숫자를 설명하기 위해 여러 가지 모델이 제시되었다. 분열하기 위해서 세포는 단백질의 양을 늘려야 한다. 만약 번역의 속도가 일정하다면 근사한 추론을 할 수 있다. 그래서 우리는 대장균이 빨리 자랄 때 초당 20개의 아미노산이 연결되고(BNID 100059) 천천히 자랄 때 초당 10개의 아미노산이 펩티드 사슬을 만든다는 사실을 잠시 잊기로 했다. 세포의 부피가 세포질의 부피라고 해보자. 분열 속도가 어찌되었든 이 부피 안을 채우는 리보좀은 한 세포 주기를 지나는 동안 전체 단백질을 생산해야만 한다. 세포 주기가 3분의 1만큼 짧아졌다고 가정하면 필요한 리보좀의 숫자는 세 배가 늘어야 제 일을 다 할 수 있다. 앞에서 얘기한 것처럼 번역의 속도가 일정하고 단백질이 분해되는 것은 무시한다면 총 단백질의 양은 성장 속도가 변해도 달라지지 않는다. 바로 이것이 리보좀의 비율이 세포의 증식 속도와 비례한다는 논리적인 추론이다. 달리 말해 증식 속도가 빨라지면 필요한 리보좀의 숫자가 늘어나야 한다. 리보좀의 비율과 증식 속도를 곱하면 일정한 값이 나올 것이고 그것은 전체 단백질의 농도가 될 것이다. 분석 결과에 따르면 단백질 합성 속도는 성장 속도의 제곱에 비례했다. 왜냐하면 필요한 만큼의 리보좀 비율에 도달하는 시간이 증식 속도에 비례하여 짧아지기 때문이다. 이런 모델은 실험적 관찰과 얼마나 잘 들어 맞을까?

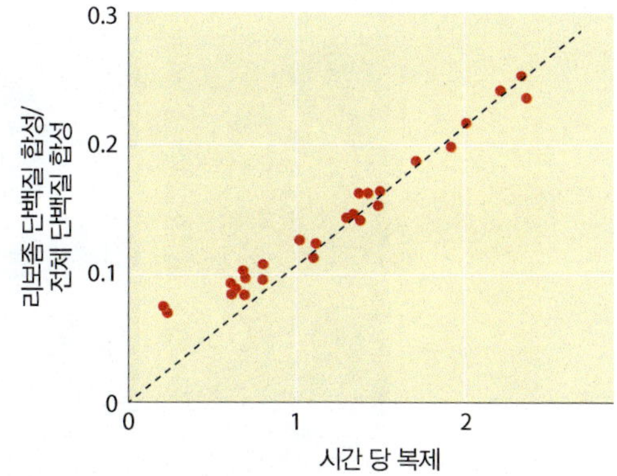

그림 2-41 전체 단백질 합성 중 리보좀 단백질 합성이 차지하는 비율. 성장 속도를 조절한 상태에서 측정했다. 상대적인 성장 속도는 리보좀 단백질의 빈도와 비례한다. J. L. Ingraham et al, "Physiology of the Bacterial Cell", p.276, Sinauer, 1990

표 2-10이 다섯 번째 행 및 그림 2-41를 보자. 빠르게 증식하고 있을 때(증식 속도 24~40분)는 앞의 모델이 예측한 것처럼 리보좀 비율과 성장 속도는 거의 일정하다. 사실 천천히 자랄 때 리보좀의 비율은 줄어들어야 할 것이다(BNID 100059). 보다 진전된 모델(M Scott et al, Science, 330, 1099, 2010)은 세포의 다른 구성 요소를 편입시켰다(예컨대 성장 속도와 무관한 단백질 분획, 리보좀과 관련된 분획 및 성장 배지에 의존하는 단백질 분획 등). 그 결과 증식 속도 전반에 걸쳐 예측할 수 있는 여지가 늘어났다. 이런 모델은 세포의 빠른 증식을 결정하고 제한하는 요소가 무엇인가 하는 기본적인 질문에 대한 한 단계 진척된 답을 제시했다.

전통적으로 리보좀의 수를 세는 방법은 세포의 나머지 구성 요소로부터 리

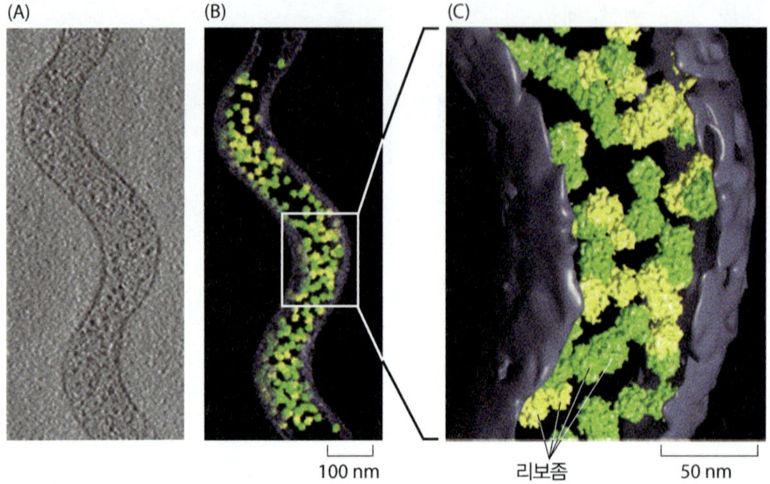

그림 2-42 스피로플라즈마 멜리페룸Spiroplasma melliferum의 동결 전자 단층 촬영 사진. 유형을 인식하고 분류하는 연산자를 통해 세포의 구성 성분, 예컨대 리보좀을 확인하고 그 수를 세었다. (A) 동결 전자 현미경 사진. (B) 3차원으로 재구축한 이미지에서 리보좀을 확인할 수 있다. 보다 정확하게 동정된 리보좀은 초록색, 그렇지 않은 것은 노란색으로 표시했다. (C) 세포 내부의 확대 사진. J. O. Ortiz et al, J Struct Biol, 156, 334, 2006.

보좀을 분리하는 데서 시작했다. 전체 무게 중 리보좀이 차지하는 비중은 세포 및 리보좀의 크기와 무게의 예측값으로부터 환산하는 방법을 사용했다. 결국 이 문제는 세포 내부에서 리보좀이 차지하는 빈도가 얼마인가 확인하

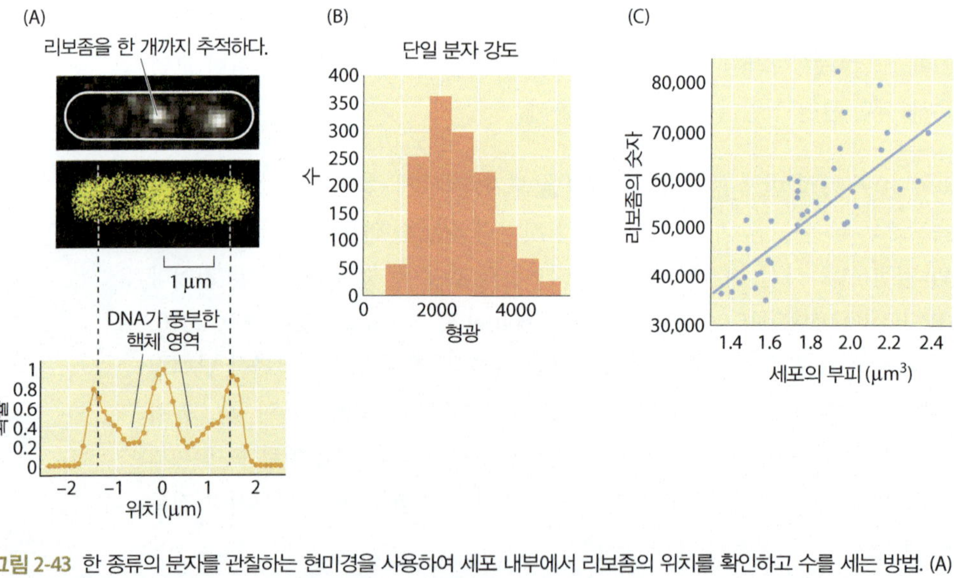

그림 2-43 한 종류의 분자를 관찰하는 현미경을 사용하여 세포 내부에서 리보좀의 위치를 확인하고 수를 세는 방법. (A) 초해상도 이미지에서 2 개의 리보좀을 확인했다. (B) 단일 분자 강도 분포. (C) 세포 부피 대비 리보좀의 수. S Bakshi et al, Mol Microbiol, 85, 21, 2012

는 것이다. 최근에는 개별 리보좀을 관찰하는, 보다 직접적인 방법이 사용된다. 바로 동결 전자 현미경을 이용, 빠르게 얼린 세포를 여러 각도에서 관찰하여 3차원적으로 조합한 단층 촬영 기법이다. 알려진 리보좀 구조가 기준이 되어 세포 전체에서 리보좀을 찾아내게 되는 것이다. 나선 모양의 원핵세포인 스피로플라즈마 멜리페룸Spiroplasma melliferum에 이 기법을 적용한 예가 **그림 2-42**에 나와 있다. 부피로 보아 이 세포는 대장균보다 10~100배 더 작고(BNID 108949, 108951) 더디 자라기 때문에 세포 하나당 리보좀이 1,000개 정도라고 연구자들은 말했다(BNID 108945). 초해상도를 보이는 형광현미경 기법을 이용하여 개별 리보좀을 연구하기도 한다. **그림 2-43**는 형광현미경으로 대장균의 리보좀을 관찰한 것이다. 두 방법을 비교한 것은 **어림짐작 2-11**에 제시하였다. 동결 전자 현미경 이미지에서 확보한 리보좀의 밀도를 형광현미경 이미지의 대장균으로 확장시켜 상당한 재현성을 갖는 고무적인 결과를 얻었다.

세포에서 리보좀이 차지하는 부피는?

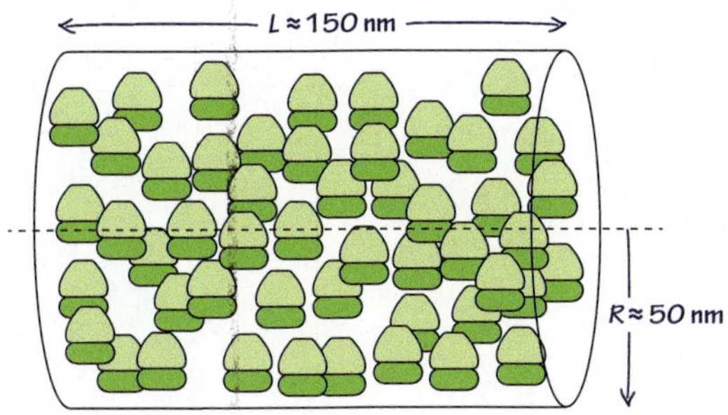

세포 부피 $\approx \pi R^2 L \approx 3 \times (50\ \text{nm})^2 \times 150\ \text{nm} \approx 10^6\ \text{nm}^3 \approx 10^{-3}\ \mu\text{m}^3$

리보좀 밀도 $\approx \dfrac{50\ \text{ribosomes}}{10^{-3}\ \mu\text{m}^3} \approx 50{,}000\ \text{ribosomes}/\mu\text{m}^3$

어림짐작 2-11 세포 안에 몇 개의 리보좀이 있는지에 대한 어림짐작 계산법

에너지

CHAPTER 3 에너지와 힘

물리학과 화학을 통합하는 매우 강력한 주제는 바로 에너지와 힘이다. 그러나 이 두 주제는 생물학에서도 매우 중차대한 개념이다. 이번 장에서 우리는 세포 생물학에 적용되는 에너지와 힘에 관한 느낌을 살릴 수 있는 내용을 사례 중심으로 살펴보겠다.

이 장의 전반부에서는 생명체의 주요한 에너지 통화에 대해 알아볼 것이다. 무엇이 에너지 크기를 규정하고 무엇이 그 에너지를 사용하는지가 주종을 이룬다. 생물물리학에서 다루는 에너지의 기본적인 단위는 열역학 에너지, k_BT로 표현된다. 여기서 k_B는 볼츠만 상수이고 T는 절대 온도이다. 엔트로피와 에너지 간의 경쟁을 반영하는 생물학적 과정을 서술할 때 우리는 열역학 에너지 개념을 사용할 예정이다. 자유 에너지는

$$G = H - TS \tag{3.1}$$

로 정의된다. H는 엔탈피이고 S는 엔트로피이다. 캡시드 단백질이 자발적으로 조립되어 바이러스가 만들어질 때 혹은 화학적 유인 물질이 수용체와 결합할 때 그 반응에 영향을 미치는 엔트로피와 에너지 사이의 경쟁이 시스템의 상태를 결정한다. 또 마찬가지로 모든 세포의 보편적 에너지 통화인 ATP를 살펴보겠다. 그 다음에는 또 다른 두 개의 에너지 통화, 즉 막투과 전위에 에너지를 저장하는 것 및 NADPH와 같은 환원력의 기원에 대해 언급하겠다. 산화 환원 전위의 연구와 세포 내부에서 진행되는 산화-환원 반응에 참여하

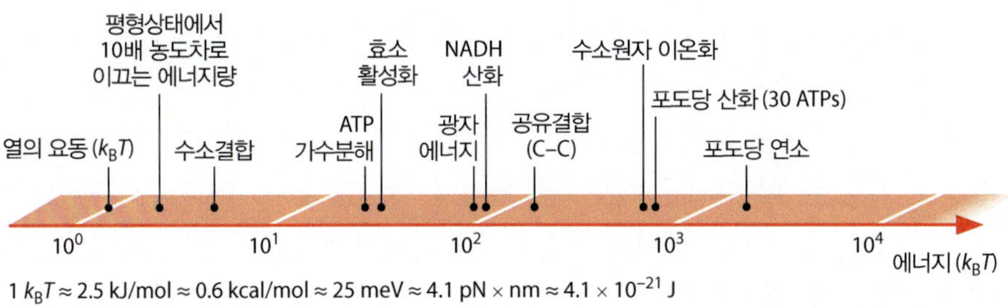

그림 3-1 생물학의 중심에 있는 에너지의 범위. 열역학적 요동에서 포도당 분자의 연소에 이르기까지 다양한 범위에 걸쳐 있다. 포도당이 연소하는 과정에서 만들어지는 ATP 분자 30개의 가수 분해에 대해 언급할 것이다.

는 분자들의 짝지움에 대해서도 마찬가지로 살펴보겠다.

후반부에서는 힘 개념을 적용하여 에너지가 유용한 일로 전환되는 방법을 살펴보겠다. 힘의 개념은 분자 모터와 세포 골격 섬유가 어떻게 소체의 운반 과정에 참여하고 세포 분열에 관여하는지 얘기할 때 요긴하게 사용될 것이다. 세포 골격 섬유와 같이 힘을 쓰는 구조가 갖는 물리적 한계에 대해서도 간단히 살펴보겠다. 어느 정도의 힘을 가해야 액틴이나 미세소관이 부서질 수 있을까?

이 글을 쓰면서 우리는 광자 혹은 설탕의 연소와 관련된 에너지는 비교적 정확하게 서술할 수 있다고 느꼈다. 그러나 다른 것들은 좀 더 힘들고 미묘한 점들이 많았다. ATP의 가수분해를 다루면서 분자들의 농도를 감안할 때 더욱 심했다. 심지어 정의하기조차 난감한 것들도 있었다. 정확한 값을 결코 알 수 없는 경우도 나타났다. 수소 결합의 에너지, 소수성 효과와 연관된 자유 에너지, 두 분자의 복합체가 만들어질 때 엔트로피 비용 같은 것들이 그런 예들이다. 생명체의 폭과 길이를 분리하는 것은 쉬운 일이지만 수소 결합을 주변의 물과 분리시키는 것은 무척이나 어려웠다. 결론은 생물학적 체계에서 에너지가 중요하다는 점이다. 세포 에너지는 변환되어 세포의 성장과 생존으로 연결되는 것이기 때문이다.

생물학이 물리학을 만나다

열운동 에너지의 규모는 얼마이며 그것의 생물학적 의미는 무엇인가?

분자는 끊임없이 무작위로 움직이며 주변의 매질에 존재하는 분자들과 끊임없이 충돌한다. 이 점에 관해서는 "세포 내 확산 운동의 시간 단위는 얼마나 될까"라는 주제로 브라운 운동을(211쪽) 묘사할 때 다시 언급하겠다. 브라운이 그의 이름을 붙인 운동을 발견했을 당시만 해도 확실치 않았던 확산 개념은 나중에 생물학의 중요한 조직 원리 중 핵심적인 사안이 되었다. 곧 결정론적이고 확률적인 에너지 간 상호 작용이 생명의 거의 모든 분자 운동에서 보이는 현상을 주재한다.

열역학에서 유래하는 물리적 현상은 우리 모두에게 친숙하다. 예를 들어 높

길이 척도 (이름)	에너지 형태	엔트로피 형태	방정식	특징적인 값	BNID
대기압 감소 길이	중력	공간의 점유 형태	$mgh = k_BT \Rightarrow h_{th} = \frac{k_BT}{mg}$ m: 중력 h: 높이 g: 중력 가속도	8 km	111406
지속길이	굽힘	중합체 사슬 형태의 수	$E \times I/\xi_p = k_BT \Rightarrow \xi_p = \frac{EI}{k_BT}$ E: 영의 계수 I: 관성 모멘트	DNA: 50 nm 액틴: 10 µm 미세소관: 1–10 mm	103112, 105505, 105534
베룸 길이	정전기적 인력	공간 점유 형태	$kq^2/l_B = k_BT \Rightarrow l_B = \frac{kq^2}{k_BT}$ q: 전하 k: 쿨롱 상수	0.7 nm	106405
드바이 길이	정전기적 인력	공간 점유 형태	$2c_\infty \lambda_D^2 q^2/\varepsilon_0 D = k_BT$ $\Rightarrow \lambda_D = \sqrt{\frac{\varepsilon_0 D k_BT}{2c_\infty q^2}}$ c_∞: 염의 농도 D: 유전상수	1나노미터 (단일이온의 농도가 100 밀리몰일 때.)	105902

표 3-1 열에너지와 각종 에너지 상호작용에서 비롯되는 길이의 척도

은 산에 올라가면 공기의 밀도가 떨어진다는 사실을 생각해보라. 공기의 밀도가 높이에 의존한다는 점은 곧 중력장과 엔트로피 이득이 서로 상호작용하고 있다는 의미이다. 대기권 높이 공기가 올라가면 위치 에너지가 증가할 것이지만 그런 조건에서 이들 분자는 보다 큰 부피를 차지할 수 있다.

세포 생물학이나 분자 생물학 분야에서 에너지와 엔트로피가 자유 에너지에 기여하는 경쟁적 효과를 간단하게 분석하려면 열역학 에너지 규모, k_BT를 다른 에너지 형태로 치환해야 한다. 고도에 따른 공기의 밀도 문제를 다시 꺼내들어 간단히 살펴보자. **표 3-1**에서처럼 여기서도 mgh로 표현되는 분자의 위치 에너지를 열역학 에너지 k_BT라고 해보자. 이것을 염두에 두고 거리 단위인 h 문제를 생각해보자.

$$h = k_BT/mg = 10 \text{ km} \tag{3.2}$$

바로 이 지점에서 공기의 밀도가 지표면인 해수면에 비해 급격히 떨어진다(자연 로그를 사용해서 보다 엄밀하게 계산하면 공기의 밀도가 3배 낮다). 통계 역학적으로 보면 에너지와 열역학적 요동은 볼츠만 분포를 통해 균형을 맞출 수 있다. 어떤 계가 특정 에너지E인 상태에 있을 확률은 $\exp(-E/k_BT)$이다. 이는 열역학 에너지가 다른 에너지 형태의 미시 상태를 관장할 수 있다는 점을 명시적으로 보여준다.

세포 수준에서도 매우 중요한 몇 가지 길이 단위가 있다. 이는 열과 각종 에너지 사이의 상호 작용 결과로 나타난다(표 3-1). DNA를(세포 골격 섬유도 마찬가지다) 탄력성이 좋은 막대기라고 생각해보자. 이들이 구부러질 때 필요한 에너지와 열역학 에너지를 같다고 보면 우리는 자동적으로 구부러질 때의 에너지 규모가 열역학적 요동의 결과라고 예상할 수 있을 것이다. 그때 얻어진 DNA의 길이는 중합체의 방향이 바뀌지 않는 지속 길이를persistence length 의미할 것이다. DNA의 지속 길이는 대략 50 나노미터 정도이다(BNID 103112). 좀 더 빳빳한 액틴 섬유는 10 마이크로미터 정도이다(BNID 105505). 용액에서 하전을 띠는 경우는 쿨롱의 상호작용과 열역학적 효과가 주도적이고 이것은 베륨 길이로 나타낸다. 단위는 정전기적 인력의 전위 에너지로 표현된다. 정전기적 인력의 전위 에너지를 열역학 에너지 k_BT와 등치시키면 정전기적 효과가 열적 운동을 넘어서는 거리가 나타나게 된다. 물속에서 서로 반대의 전하를 띤 물질 간 베륨 길이는 대략 0.7 나노미터 정도이다(BNID 106405).

위에서 든 예는 우리에게 생물학에서 흔히 볼 수 있는 결합 반응에 대해 다시 생각하게 만든다. 산소가 헤모글로빈에 결합하거나, 리간드가 수용체에, 산인 H-A와 그 짝 염기인 A-처럼 결합 상태와 결합하지 않은 상태의 평형을 고려할 때 우리는 결합 에너지(엔탈피 개념)와 비결합 상태와 결부된 다양한 양태(엔트로피 개념) 사이의 상호 작용을 알아보아야 한다. 이들 사이의 균형은 앞에서 자유 에너지 ΔG를 다루면서 살펴본 내용이다. 깁스의 자유 에너지와 같은 열역학 전위는 엔트로피와 엔탈피가 서로 충돌하는 현상을 설명한다. 비록 자유 에너지가 계산도구로서 가장 편리한 것이라곤 하지만 개념적으로 특정한 상황의 열역학은 계의 엔트로피와 계를 둘러싼 주변 환경reservior에 근거해서 설명하는 것이 최선이라는 점을 기억할 필요가 있다. 이 세상의 전반적인 엔트로피를 높이는 방향으로 반응이 진행된다. 결합했을 때 얼마나 많은 에너지가 나오는지를 측정하는 엔탈피는 반응 과정에서 열이 방출된 결과 계의 밖에서 엔트로피가 얼마나 만들어졌는지 알 수 있는 편리한 개념이다.

자유 에너지에 관한 이런 개념을 동원해서 이제 결합 반응에서 엔트로피와 엔탈피의 상호 관련성에 대해 생각해보자. 희석된 용액에서 결합하지 않은 입자가 획득한 엔트로피는 $-\ln(c/1\ \mathrm{M})$에 비례한다. 여기서 c는 농도이다. 단위가 있는 숫자의 로그 함수가 허용되지 않는다는 수학의 법칙을 위배하지 않아야 하기 때문에 표준 농도인 1 몰로 나누어 준 것이다. 농도가 낮을수록 입자를 부가하면서 얻는 엔트로피의 양은 늘어난다(로그 앞에 마이너스가 있는 것을 보라). 그렇지만 여기서 우리는 획득한 엔트로피와 엔탈피를 어떻게 연결 지을 수 있을까? 그 연결은 바로 $k_B T$ 값을 통해 가능하다. $k_B T \ln(c/1\ \text{M})$이 에너지 단위라는 점을 상기하자. 이는 결합 상태에서 분자가 떨어질 때 내 놓는 자유 에너지에 엔트로피가 기여한다는 의미이다. 이것은 분자가 결합하는 과정에서 방출되는 에너지와 비교할 수 있다. 이 두 가지 중 큰 값이 결합할지 말지, 반응의 방향을 결정한다. 두 값이 같다면 평형상태에 도달한 것이고 결합한 것과 그렇지 않은 상태가 균형을 이룬다. 평형상태의 조건을 계산함으로써 우리는 엔트로피와 엔탈피가 균형을 이루는 농도를 결정할 수 있다.

이런 관점에서 우리는 생화학을 공부하는 학생들에게 익숙한 한 가지 고전적인 예를 살펴보겠다. 특히 아미노산의 pK_a를 우리가 왜 '경쟁'으로 이해해야 하는지 알아보자. **어림짐작 3-1**에서와 같이 그 경쟁은 하전을 띤 아미노산이 자유롭게 용액을 떠다닐 수 있는 엔트로피 이점과 다른 하전을 띤 아미노산이 근접했을 때 상호 작용을 명하는 쿨롱의 법칙 사이의 균형으로 이해된다. pK_a는 이온화할 수 있는 그룹(양성자를 내 놓는다)이 정확히 절반 이온화되어 있고 나머지 절반은 중성인 상태로 정의된다. 따라서 엔트로피 방정식의 c는 $10 - pK_a$M이 된다. 엔트로피와 pK_a가 이런 관계라는 점을 이해하면 우리는 pK_a를 다른 방식으로 살펴볼 수 있다. 농도 c인 분자를 내 놓을 때 엔트로피 변화는 아래와 같이 주어진다.

$$\Delta S = -k_B \ln(c/1\ \text{M}) \tag{3.3}$$

농도가 10^{-pK_a}일 때 엔트로피 변화는 이렇다.

$$\Delta S = -pK_a \times k_B \ln(10) \tag{3.4}$$

여기서 pK_a 값의 단위가 1 높으면 상호 작용의 에너지 균형을 위해 필요한 엔트로피 값은 $k_B \ln(10)$ 만큼 올라간다. $k_B \ln(10)$의 단위를 kJ/mol로 쓰면 우리는 6 kJ/mol을 얻는다. 이 값은 우리가 농도비와 에너지를 연결하는 어림짐작법에서 이미 살펴본 것과 같은 값이다. 상호작용이 순전히 전자기적이라면 우리는 이것을 쿨롱의 법칙에 따라 해석할 수 있을 것이다. 물속에서 반대 하전을 가진 두 물질의 결합 에너지는 하전 사이의 거리가 0.3 나노미터에서 0.15 나노미터로(원자간 거리의 통상적인 범주이다) 변할 때 $k_B \ln(10)$ 만큼 변한다. 하전이 0.15 나노미터 떨어져 있을 때(0.3과 0.15 나노미터의

결합 거리의 변화가 pK_a 에 미치는 영향을 엔트로피와
엔탈피의 상호 작용을 통해 이해하기

산 분해상수

pK_a ($\equiv -\log_{10}(K_a/1\text{M})$) 는 결합자리가 반 채워졌을 때 pH와 같다.

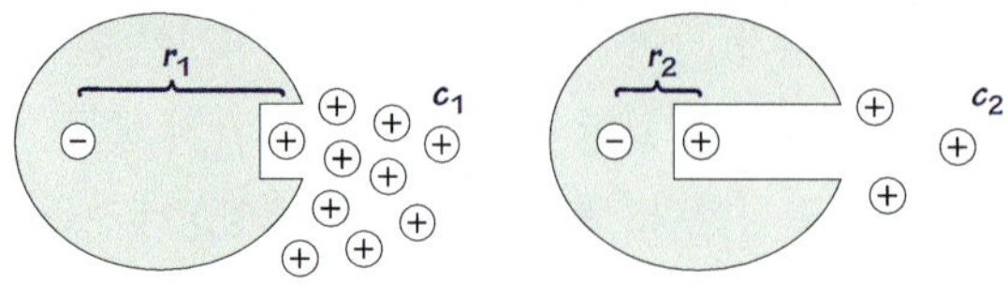

single charges

엔탈피 형태(정전기적) $U = \dfrac{q_1 \times q_2}{4\pi\varepsilon_0\varepsilon_r r}$

≈ 80 for water

$$\Delta U = U_2 - U_1 = \left(\frac{q_1 \times q_2}{4\pi\varepsilon_0\varepsilon_r r}\right)\left(\frac{1}{r_2} - \frac{1}{r_1}\right) = -2 \times 10^{-6}\ \frac{\text{J} \times \text{m}}{\text{mol}} \times \frac{1}{0.3 \times 10^{-9}\text{m}} \approx -6\ \text{kJ/mol} \approx 2k_BT$$

$\approx -3 \times 10^{-30}\ \text{J} \times \text{m} \approx -2 \times 10^{-6}\ \dfrac{\text{J} \times \text{m}}{\text{mol}}$ say $r_1 = 0.3$ nm; $r_2 = 0.15$ nm

엔트로피 형태로 균형을 맞추면,
$\Delta G_{enthalpic} \approx 6\ \text{kJ/mol} = -k_BT\ln(c_2/c_1) \rightarrow c_2/c_1 \approx 0.1 \rightarrow \Delta\text{pH} = 1 \rightarrow \Delta\text{p}K_a = 1$

큰 값의 pK_a로 표현되는 강한 결합은 결합하지 않을 때 엔트로피의 기여도를 높이기 위해 농도가 낮으면 결합하지 않으려 한다는 뜻을 포함한다.

어림짐작 3-1

차이이다) $\text{p}K_a$는 한 단위 커질 것이다. 평형상태에서 하전끼리 서로 가까이 있을 때 강한 인력이 작용하면 용액 상에서 하전이 분리될 때는 농도가 낮을 때 더 쉽게 절반이 이온화된다는 결과를 의미한다. 한편 낮은 농도라는 것은 분리된 하전 당 엔트로피의 획득이 크다는 뜻이고 인력의 균형을 맞추기 위해서는 엔트로피 획득이 커야함을 의미한다. 이는 추상적이긴 하지만 힘과 에너지가 물질의 농도와 관련이 있다는 말이다.

나노미터 길이 규모에서 비슷한 에너지를 갖는 물리적 과정이 얼마나 흔한지 살펴보는 일은 흥미롭다(**그림 3-2**). 이 그림은 생체 물질의 행동을 흥미롭게 표현한다. 천체 규모에서는 중력이 우세하지만 생체 물질의 상호작용에는 압도적인 뭔가가 있는 대신 정전기적 척력과 인력, 물리적 뒤틀림, 열에너지 혹은 화학 결합 에너지와 같은 복잡한 상호 작용에 의해 반응이 결정되기 때문이다.

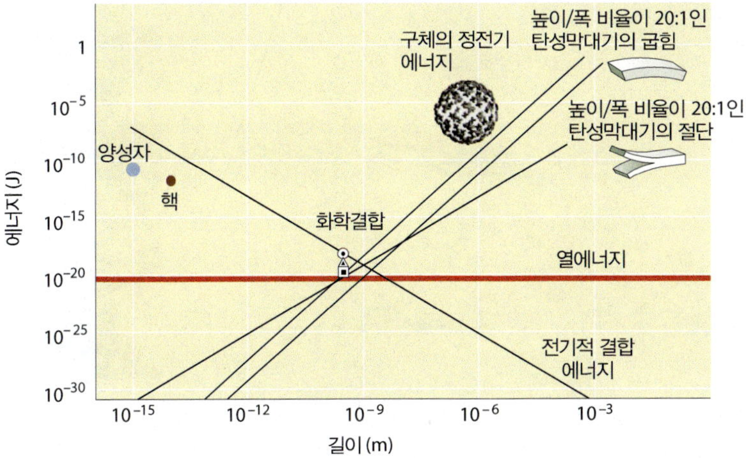

그림 3-2 여러 가지 물리적 현상과 결부된 에너지가 나노미터 길이에서 수렴하는 경향을 보인다 (Phillips R and Quake S [2006] Phys Today, 59, 38-43).

수소결합의 에너지는 얼마나 될까?

수소결합은 어디서나 볼 수 있고 단백질의 알파 나선 및 베타 병풍 2차 구조를 형성하는 핵심 요소이다(**그림 3-3**). 또한 DNA의 염기 사이의 수소 결합은 이중 나선을 지탱한다. 아데닌은 티민과 두 개의 수소 결합, 시토신은 구아닌과 세 개의 수소 결합을 한다(**그림 3-4**). 전사 인자가 DNA에 붙을 때도

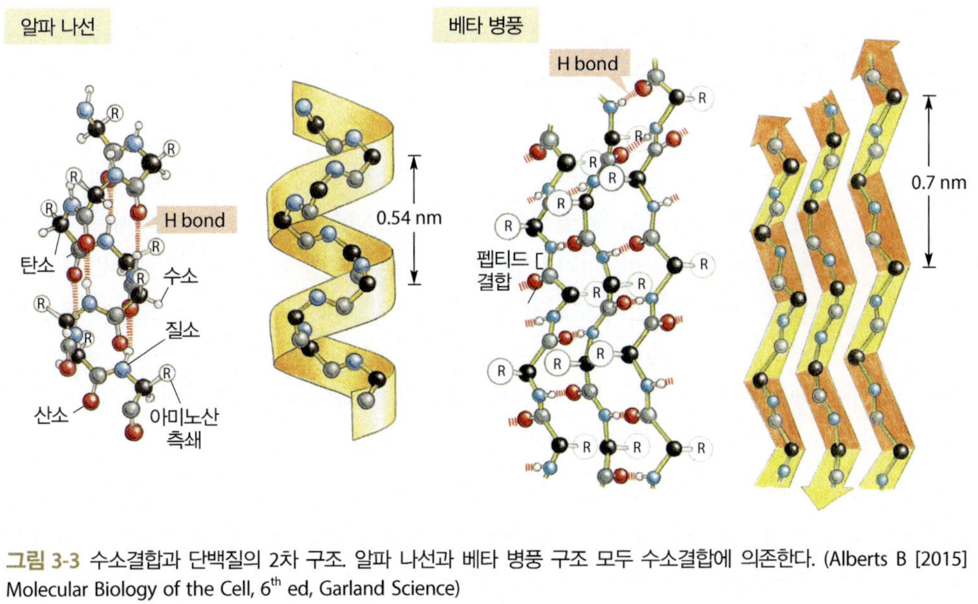

그림 3-3 수소결합과 단백질의 2차 구조. 알파 나선과 베타 병풍 구조 모두 수소결합에 의존한다. (Alberts B [2015] Molecular Biology of the Cell, 6th ed, Garland Science)

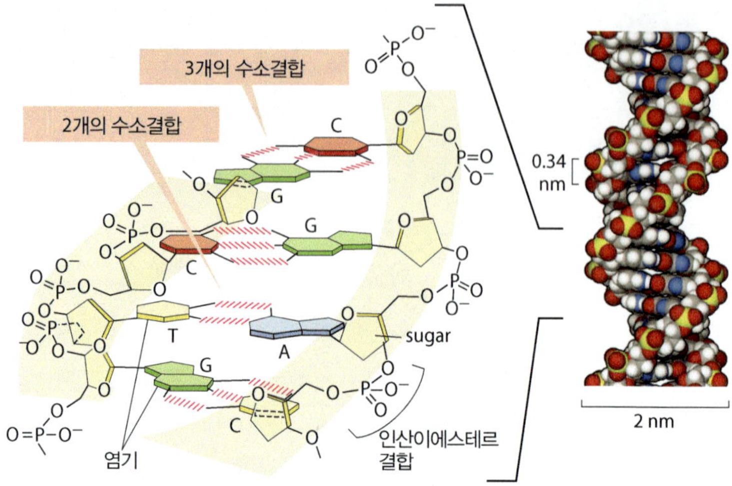

그림 3-4 DNA 이중 나선에서 염기 짝. 염기가 어떻게 짝을 맞춰 데옥시 리보오스와 인산과 함께 DNA의 이중 나선 골격을 형성하는지 보여준다. 네 개의 염기는 안정한 수소결합을 형성한다. A와 T가 그리고 G와 C가 짝을 이룬다. 공간을 채운 원자 모델의 구조는 오른편에 제시했다. 이웃하는 염기는 0.34 나노미터 간격이다(Alberts B [2015] Molecular Biology of the Cell, 6th ed, Garland Science).

수소 결합을 하는 경우가 있다. 핵산과 단백질 사이에서도 수소 결합이 형성될 수 있다는 의미이다. 따라서 이 결합은 전사 인자가 DNA에서 떨어지는 분리 상수를(간혹 전사 인자는 확산 한계 때문에 DNA 결합 자리에 들어맞지 않는데도 비특이적으로 결합할 수 있다) 결정할 수도 있다. 또한 효소에서 수소 결합은 효소의 촉매 활성 부위의 기능을 조절하는 핵심 요인이다.

세포의 에너지 경제학에서 수소 결합을 흔히 관찰할 수 있기 때문에 이 결합이 형성될 때 자유 에너지는 얼마나 되는지 궁금해진다. 사실 수소 결합의 에너지양은 고분자 물질이 상호작용할 때의 열에너지보다 조금 더 많은 정도다. 그러나 공유결합과는 비교할 수 없이 작다. 수소 결합의 거리는 대략 0.3 나노미터 정도로 일정한 편이지만(BNID 108091) 그 에너지를 구하는 일은 쉽지도 확정적이지도 않다. 그 때문에 가장 기본적인 생물학적 상호 작용을 이해하는 일이 도전적이고 흥미로운 과제가 된다. 수소 결합의 자유 에너지라는 미묘한 문제를 바라보는 한 가지 방법은 수소 결합에 참여하는 물질들이 환경과 매우 다양한 방법으로 상호작용한다고 인지하는 것이다. 만약 어떤 수소 결합이 깨지면 두 원소는 주변의 용매(물)과 수소 결합 상대를 바꾼다. 그러나 여기서 또 다른 질문이 생긴다. 수소 결합이 깨짐과 동시에 다른 수소 결합이 생긴다면 이런 현상과 결부된 자유 에너지 변화를 감당하는 것은 무엇일까? 사실 이러한 결합의 재배치는 용매의 조직화 수준을 바꾼다.

따라서 엔트로피가 주요한 자유 에너지원이다.

이렇게 상황에 따라 수소 결합의 강도가 변한다면 확정된 값을 추산하려고 노력하는 대신 여기서도 어림짐작 사고 방법이 유효할 것이다. 그런 방식으로 구한 수소 결합의 에너지는 6~30 kJ이다(2~12 k_BT)(BNID 105374, 103914, 103913).

수소 결합 에너지가 얼마나 되는지 감을 잡기 위해서는 생물학의 아이콘이랄 수 있는 DNA 분자를 살펴보자. 본디부터 DNA 구조 자체는 이 물질이 어떻게 작동하는지 암시하고 있다. 염기쌍들이 쌓여 있는 이중 나선은 그것이 어떻게 복제될지에 대한 단서를 숨기고 있다는 뜻이다. 앞에서 언급한 것처럼(그림 3-4) 아데닌-티민 짝은 두 개의 수소 결합을, 구아닌-시티딘 결합은 세 개의 수소 결합을 하고 있다. 분자 생물학 실험실의 초짜 학생들은 중합효소 연쇄반응PCR 기계 사용법을 먼저 배운다. 이 기계는 리듬을 타듯 주기적으로 온도를 변화시키면서 이중 나선 구조를 풀었다 붙였다를 반복한다. 어떤 원리로 온도를 조절하는 것일까? 간단히 말하면 목적 서열의 아데닌-티민 함량, 다시 말하면 깨어야 할 수소 결합의 수와 쌓여 있는 염기끼리의 결합 강도에 따라 온도를 결정한다. 이는 DNA의 안정성을 결정하는 매우 중요한 생물리학적 변수이다(BNID 111667).

염기 짝지음 효과의 크기에 대한 해석은 번역 과정에서 암호-짝암호 인식의 특이성과도 대비된다. 전령 RNA짝을 인식하기 위해 세 쌍의 운반 RNA 세 개의 염기는 자신의 짝과 수소 결합을 이루어야 한다. 그렇지만 이 결합의 분별력은 얼마나 될지 생각해보자. 예를 들어 시티딘-구아닌 짝이 잘못된 짝인 시티딘-티민으로 바뀌었다고 해보자. 무슨 일이 생길까? 많은 것이 변할 것이다. 그렇지만 거기 있어야 할 최소한 한 개의 수소 결합은 사라지게 된다. 각기 다른 사건의 개연성을 평가하기 위해 볼츠만 분포를 살펴보자.

$$p(1)/p(2) = \exp(-\Delta E/k_BT) \tag{3.5}$$

여기서 ΔE는 두 상태에서 에너지의 차이다. 만일 $\Delta E = -6$ kJ/mol ($= -2.3k_BT$)로 수소 결합의 가장 낮은 에너지 값이라면 두 가지 가능성은 열 배의 차이가 생긴다. 수소 결합 하나의 차이인데도 이렇다. 실제 암호-짝암호 인식의 정합성은 훨씬 양호하며 교정하는 역동적인 과정에 에너지를 소모한다. 간단한 예측의 미덕은 볼츠만 분포의 기제를 써서 수소 결합의 에너지를 분자의 인식 유형과 연계할 수 있다는 데 있다.

수소 결합은 가능한 결합의 에너지뿐만 아니라 그 결합의 구조에도 강력한 영향을 끼친다. 원자간 결합의 각도 혹은 거리가 조금만 달라져도 에너지는 엄청나게 달라진다. 예를 들어 **그림 3-5**에서 보듯 수소 결합은 인산기 혹은 유기 비소처럼arsenate 크기와 하전 상태가 유사한 두 물질을 구분하여 운송하는 운반 단백질의 특이성을 결정하는데 주도적 역할을 한다. 각도와 거리의 차이 때문에 결합 강도가 변하고 그로 인해 선택성이 결정된다. 이와 같은 입체 구조 의존성은 다음 장에서 다룰 소수성 효과와 같은 다른 자유 에너지 상태에 비해서는 약한 편이다.

소수성 효과와 결부된 에너지는 얼마나 될까?

물은 극성 물질이다. 물 분자가 쌍극자 모멘트를 갖도록 전하가 분리되어 있

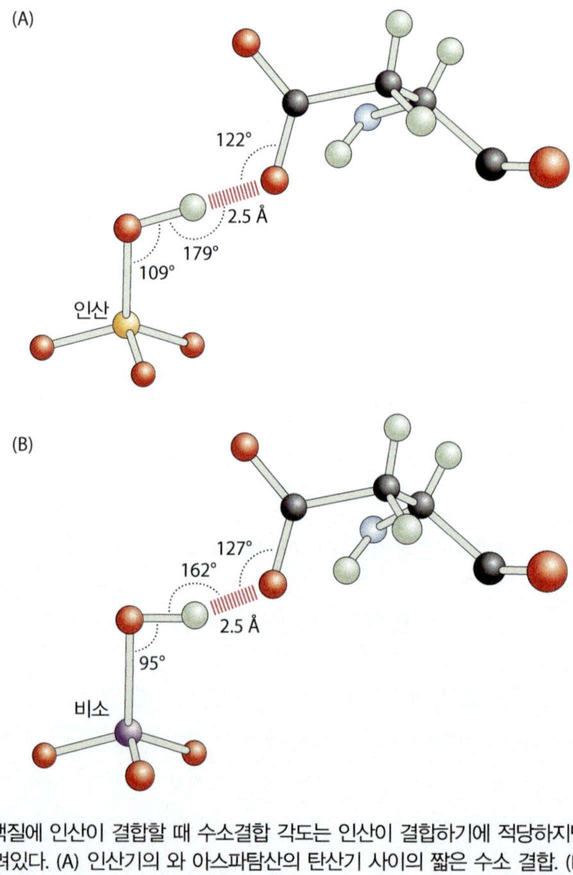

그림 3-5 단백질에 인산이 결합할 때 수소결합 각도는 인산이 결합하기에 적당하지만 비소는 그렇지 않아 뒤틀려있다. (A) 인산기의 와 아스파탐산의 탄산기 사이의 짧은 수소 결합. (B) 같은 종류의 결합이지만 비소인 경우 결합각이 뒤틀려 있다. 비소보다 인산이 500배 더 강하게 결합하는 이유이다(Ellias M [2012] Nature, 491, 134-137).

다는 말이다. 그 결과 쌍극자를 갖지 않는 소수성 물질이(예컨대 비극성 아미노산) 물 분자에 끼어들 때 물 분자가 교란되면서 자유 에너지가 필요해진다. 생물학적 의미에서 흥미로운 점은 이런 자유 에너지 비용이 분자 간 상호 작용을 매개하는 매우 중요한 요소가 된다는 사실이다. 세포막이나 바이러스와 같은 대부분의 거대 분자들이 이런 방식으로 형성된다.

물에서 관측되는 가장 흔한 에너지 효과를 우리는 소수성 효과라 부른다. 소수성 효과는 매우 작지만 용질의 종류에 의존적이다. 충분히 커다란 분자ㄹ면 소수성 효과는 계면의 면적에 비례한다(계면 에너지라고 한다). 특히 물 안에 충분한 용질이 있으면 에너지 비용은 비극성 면적에 비례하여 늘어난다. 이때 계면 에너지는 대략 4 k_BT/nm^2 또는 10 $kJ/mol/nm^2$이다(BNID 101826). 이러한 에너지 비용을 밝히기 위해 이론 과학자들은 오랫동안 노력해왔다. 얘기를 풀어가기 위한 목적으로 우리는 비교적 단순한 논리를 전개하려고 한다. 사실 이에 관한 이론적 접근 방식은 어렵기로 정평이 나 있다. 하나의 분자가 물 안에 한 개의 "소수성 계면"을 가질 때 이들 주위로 배치될 물 분자 미시 상태의 수가 줄어든다는 데서 출발한다(**그림 3-6**). 이렇게 물 분자가 계면에 접근하기 좋은 구조를 띠지 못하기 때문에 이들은 낮은 엔트로피 상태에 있고 자유 에너지 면에서 좋은 형편은 아니다. 이런 간단한 모델을 사용해서 위에 언급한 소수성 상호작용과 결부된 자유 에너지 규모를 예측하는 일이 가능하다. 그렇지만 작은 용질이라면 물 분자의 구조가 깨지더라도 용질 주변으로 수소 결합의 연결망이 재조정된다. 이렇게 간단한

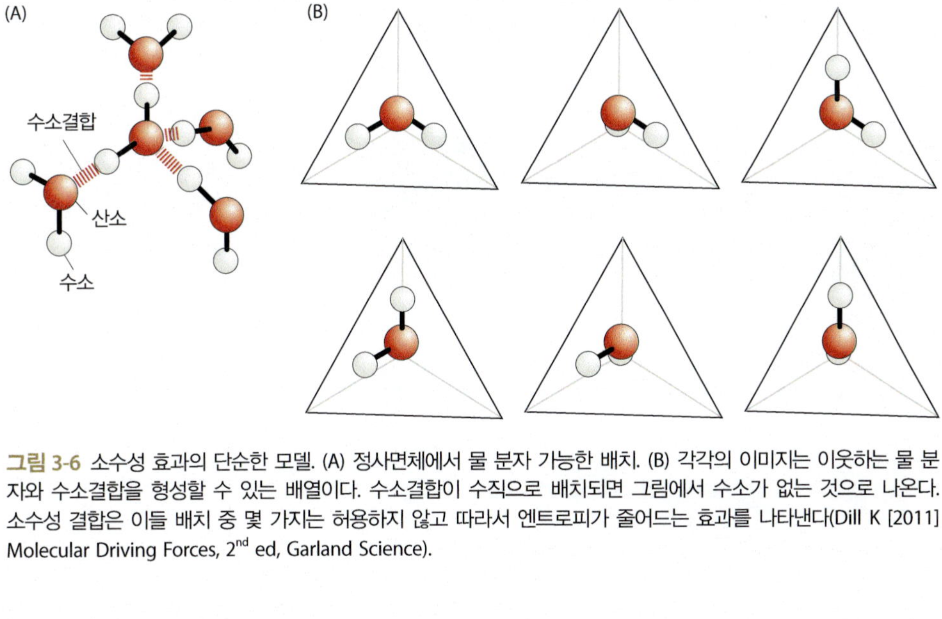

그림 3-6 소수성 효과의 단순한 모델. (A) 정사면체에서 물 분자 가능한 배치. (B) 각각의 이미지는 이웃하는 물 분자와 수소결합을 형성할 수 있는 배열이다. 수소결합이 수직으로 배치되면 그림에서 수소가 없는 것으로 나온다. 소수성 결합은 이들 배치 중 몇 가지는 허용하지 않고 따라서 엔트로피가 줄어드는 효과를 나타낸다(Dill K [2011] Molecular Driving Forces, 2nd ed, Garland Science).

구조적 변화를 그림 3-6에 제시하였다. 계면의 주변에서만 6가지 구조 중 세 가지가 가능해진다. 왜냐하면 다른 것들은 수소 결합을 형성하지 못하기 때문이다. 이는 비극성 물질이 접근했을 때 수소 결합의 정사면체 구조가 와해될 수 있음을 보여주는 그림이다. 만일 계면(각 면이 0.3 나노미터) 제곱 나노미터 당 10개의 물 분자가 있다면 물 분자의 가능한 배치는 반으로 줄어들고 자유 에너지 비용은 10 $k_BT \times \ln(2)/\text{nm}^2$이며 실험적으로 측정한 값의 두 배 안쪽이다.

이 숫자가 어떤 의미를 띠는지 물에 녹아 있는 산소 분자를 통해 살펴보자. 각 측면이 0.2 나노미터인 박스가 주변의 물과 접촉면을 공유한다고 해보자. 그러면 박스의 표면적은 $6 \times 0.2\ \text{nm}^2$ 대략 0.2 제곱 나노미터이고 이들이 치러야 하는 자유 에너지 비용은 1 k_BT다. 이는 평형상태에서 물속에 존재하는 모든 물질의 농도로 해석된다. 그리고 그 값은 볼츠만 분포에 따라 e(2.718....)분의 1보다 적다. 다시 말해 에너지의 차이가 산소가 차지하는 공간의 감소로(e^{-E/k_BT}) 해석된다는 뜻이다. 산소보다 표면적이 수십 배 큰 비극성 대사물질이 물속에 끼어들어가려면 매우 많은 양의 자유에너지가 필요하기에 물에 잘 녹지 않는다. 펩티드나 RNA 혹은 소수성 환경에 잘 끼어들지 못하는 생체 대사체 같은 극성 물질에도 이런 원리가 적용된다. 이들 물질은 비극성이며 소수성인 세포의 지질 이중막을 쉽사리 통과하지 못한다.

소수성 효과는 대사체가 효소와 결합할 때 반응 친화도를 결정하는데도 중요한 요소이다. **어림짐작 3-2**에 도식화했다. 표면에 드러난 메틸 그룹의 표

소수성 효과에 의한 결합 친화도

$$\text{물에서의 소수성 효과} \approx -10\ \frac{\text{kJ/mol}}{\text{nm}^2} \approx -4\ \frac{k_BT}{\text{nm}^2}$$

$$\Downarrow$$

$$\text{친화도 증강} = e^{\frac{-\Delta G}{k_BT}} \approx e^4 \approx 50$$

어림짐작 3-2

면적은 약 1 제곱 나노미터다. 소수성 반응 자리가 이미 물에 노출된 비극성 표면은 10 kJ/mol/nm^2 정도의 안정화 자유 에너지를 가질 것으로 예측된다. 이때 메틸 그룹에 대한 자유 에너지 차이는 10 kJ/mol = 4 k_BT가 되고 이는 $e^4 = 50$, 즉 결합 친화도가 50배 증가함을 의미한다(어림짐작 3-2).

세포 안에 존재하는 거대 화합물에 대해서도 이와 같은 설명을 할 수 있을 것이다. 단백질이 접힐 때 혹은 단백질과 단백질이 서로 접촉할 때도 마찬가지다. 중복된 단위체가 바이러스의 외피를 만들 때나 지방산으로 이중막 구조를 형성할 때도 그렇다. 지방의 효과는 임계 미셀 농도에(용액 속에서 자신들끼리 스스로 결합하여 작은 구체를 만들 정도의 농도) 도달한 용액에서 극명하게 드러난다. 이때는 소수성 비용이 지방산 탄소 수, *n*의 일차식으로 표시된다. 실험을 통해 드러난 바에 따르면 임계 미셀 농도는 지방산을 구성하는 탄소 수의 지수에 비례한다.

광합성에서 광자가 운반하는 에너지는 얼마나 될까?

부산하게 움직이는 지구상의 생명 활동을 뒷받침하는 힘은 1억 5천 킬로미터 떨어진 태양 내부에서 진행되는 핵반응이다. 광자로 알려진, 먼 우주를 타고 온 빛다발 에너지가 생물학적 반응을 일으키는 것이다. 여기서 우리는 이 광자가 운반하는 에너지가 얼마나 되는지 살펴볼 것이다.

비록 태양 내부에서 일어나는 핵반응의 온도는 백만 도가 넘지만 내부에서 태양의 표면으로 오는 동안 광자는 끊임없이 흡수되고 재방출되기 때문에 태양 표면에 도달한 광자의 온도는 상당히 떨어진다. 태양 흑점에서 유래하는 방출 스펙트럼을 조사하면 그 온도가 약 5,500°C 정도다(**그림 3-7**, BNID 110208, 110209). 그러나 지구의 대기권 때문에 지구 표면에 도착하는 광자는 태양 흑점의 스펙트럼을 그대로 반영하지 못한다. 몇 파장의 빛이 흡수되기에 그림 3-7처럼 광자의 스펙트럼은 꼭대기와 계곡이 있는, 굴곡진 선을 그린다.

광합성에서 일어나는 전반적인 과정은 **그림 3-8**에서처럼 지구 행성에 에너지를 공급한다. 광합성이 진행되기 위해서는 광자가 광합성 색소를 자극할 만큼 충분한 양의 에너지를 가져야 한다. 여기서 자극이란 색소 안에 있는 전자가 한 분자 에너지 상태에서 다른 분자 에너지 상태로 이동한다는 뜻이다. 이들 색소는 광화학 기제와 연속적으로 서로 짝지어 있어서 전하의 분리를 통해 전자기 에너지를 화학 에너지로 바꾼다. 이런 전하의 분리는 여러

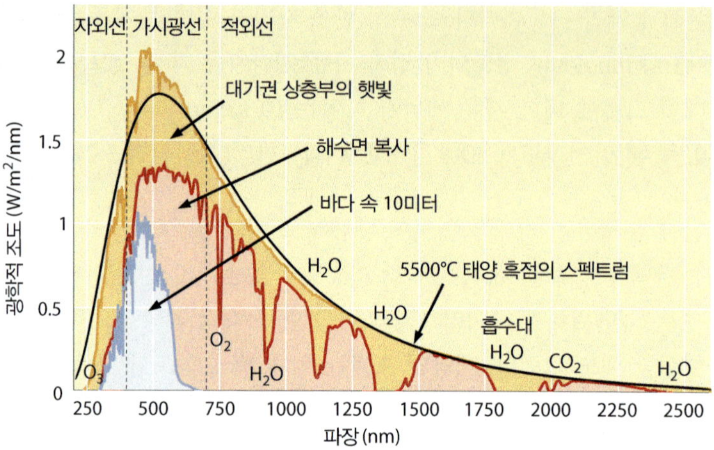

그림 3-7 태양광의 스펙트럼. 여러 가지 곡선은 5,500℃인 태양흑점을 측정한 것, 대기권의 상부에서, 해수면에서 측정한 값을 나타낸다. 여러 종류의 흡수 피크는 대기권에 존재하는 분자들에서 비롯된다(National Renewable Energy Laboratory).

형태로 진행된다. 그 중 중요한 것은 막을 사이로 양성자의 농도 기울기를 형성하는 단계이며 바로 이 동력으로 ATP 합성 효소가 가동된다. 두 번째로 전하의 분리는 환원력의 형태로 모습을 드러낸다. NADPH처럼 일시적으로

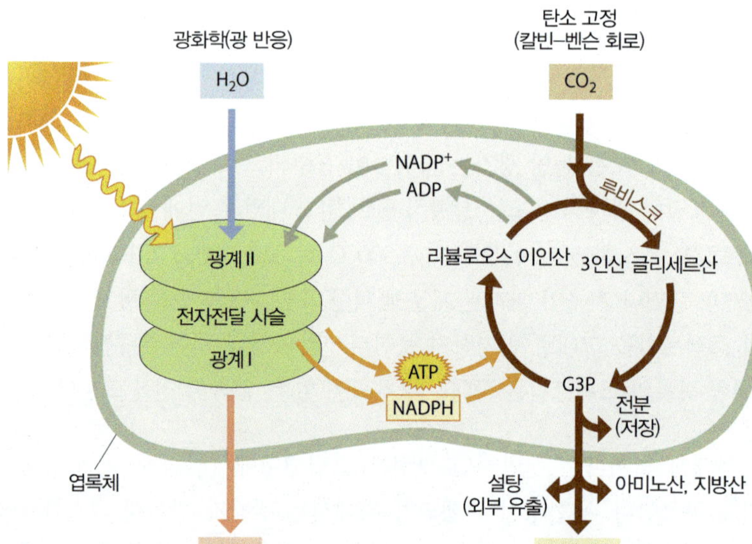

그림 3-8 지구 행성의 에너지 흐름. 광자의 형태로 태양에서 도달한 에너지는 광화학 반응을 거쳐 ATP와 NADPH 형태로 저장되고 물로부터 산소를 만들어낸다. 이러한 에너지 통화는 무기 탄소를 고정하는데 사용된다. 공기 중의 이산화탄소를 탄수화물로 전환하는 것이다. 바로 이것이 지구 행성의 생물량의 기초이며 장기간 에너지를 저장하는 수단이다.

전자를 보관하는 환원물질은 궁극적으로 탄수화물 형태를 빌어 에너지를 안정하게 저장한다. 우리가 칼빈-벤슨 회로라고 부르는 과정을 통해서다. 환원제를 생성하는 산화 환원 반응은 자체로 빛이 색소를 자극하는 과정에 의해 추동된다.

대부분의(99.9 퍼센트 이상) 광화학 변환 반응은 엽록소chlorophyll라는 유명하고 잘 알려진 색소가 도맡아 진행한다. 엽록소 분자 안에서 700 나노미터 파장의 광자를 흡수하면 전자가 여기 상태로 움직인다. 파장을 에너지로 변환하기 위해서 우리는 플랑크 공식을 사용한다.

$$E = h\nu \qquad (3.6)$$

광자의 에너지 E는 주파수ν와 플랑크 상수h를 곱한 값이다. 주파수와 파장을 곱하면 빛의 속도가 나온다.

$$\nu\lambda = c \qquad (3.7)$$

나노미터 단위를 쓰면 위 방정식을 아래와 같이 변한다.

$$E = hc/\lambda = 1240/\lambda \qquad (3.8)$$

그러면 에너지 단위는 eV(electron volt)가 된다. 따라서 우리는 700 나노미터 영역에서 1.8 eV 정도의 에너지를 얻을 수 있다. 이 만큼의 에너지는 전자가 1.8 볼트의 전위차를 지나갈 때 얻을 수 있는 양이다. 좀 더 익숙한 용어로 바꾸면 180 kJ/양자(1몰) 또는 70 k_BT/양자이다. 이 값은 ATP를 가수분해할 때 나오거나 혹은 세포막을 통과하여 양성자를 운반할 때 소모되는 양의 몇 배에 해당한다. 분자 수준에서 볼 때 상당한 양이라 볼 수 있다.

그림 3-7처럼 우리는 광자의 유입과 결부된 전체적인 에너지를 예측할 수 있고 몇 개의 광자가 거기 있는지도 짐작할 수 있다. 단순하게 계산하기 위해 실제 스펙트럼을 폭 1,000 나노미터(300~1,300 나노미터), 높이 1 W/m^2/나노미터의 직사각형으로 대체했다. 여기서 나온 값을 취하면 곡선 아래 면적은 대략 1,000 W/제곱미터가 된다. 이 값은 지구 표면에서 측정한 단위 면적당 유입에너지와 비슷하다. 서구 세계에서 일인당 사용하는 전기 소모량이 평균 1 kW라는 점을 떠올려보자.

지구에 끊임없이 유입되는 빛에 포함된 광자는 몇 개나 될까? 다시 한 번 어림짐작을 해보자. 모든 광자가 1몰 당 180 kJ로 동일한 에너지를 갖는다면 우리는 700 나노미터의 광자에 대해 이렇게 계산할 수 있다. 1000 W/m^2/180 kJ/mol = 5 밀리몰 광자/초 × 제곱미터. 1 제곱미터 안에 1 몰의 광자를 의미하는 단위인 알버트 아인슈타인으로 환산하면 1 제곱미터 공간에 초당 약 5,000 마이크로 아인슈타인 혹은 3×10^{21} 광자가 도달한다. 이들 중 절반이 넘는 광자는 우리 눈에 포착되지 않는다. 적외선 영역의 파장을 갖기 때문이다(700 나노미터 이상). 광자는 유효 표면적이 10^{-21} 제곱미터인 엽록소와 같은 색소에 흡수된다(BNID 100339). 유입되는 광자의 양이 제곱미터 당 10^{21}개라는 점을 감안하면 초당 1개의 광자가 엽록소를 여기 시킨다는 추론이 가능하다.

광합성은 농경하는 인간이 사용하는 땅과 담수의 원천이다. 빛 에너지를 곡물로 전환하는 반응은 아주 우수한 경작지에서 약 1 퍼센트의 효율을 갖는다(BNID 100761). 별것 아닌 것 같지만 우리가 마주하는 여러 가지 장애물을 생각하면 효율은 상당히 높은 편이다. 적외선 파장을 갖기 때문에 약 절반 정도의 광자는 엽록소 분자를 자극하지 못한다. 적외선 영역의 광자는 전자를 활성화하지 못한다는 의미이다. 짧은 파장의 빛은 엽록소를 자극하지만 최소 에너지에 못 미치는 것들은 하릴없이 흩어져 버린다. 상당히 많은 광자가(100분의 1정도가 남는다) 소실되는 것이다. 태양이 강하게 내리쬘 때는 도달하는 광자 10 분의 1 정도만으로도 광반응과 명반응이 포화되어 더 이상 광합성이 진행되지 않는다. 이때 빛에너지는 열로 변환된다. 탄수화물에 저장된 에너지의 절반은 식물이 호흡하는데 사용된다. 마지막으로 인간이 소비하는 생물량 역시 전체의 절반 정도다. 어림짐작하면 1 제곱미터의 땅에서 수확하는 식량의 건조 중량은 1년에 대략 1 킬로미터 정도이다.

광합성을 연구하는 과학자들은 이렇게 질문한다. "먹지 않고 인간이 광합성을 통해 에너지를 얻을 수 있을까?" 결론을 말하면 "불가능하다." 그리고 보통 대화는 여기서 더 진행되지 않는다. 그러나 진정 피부를 광합성 조직으로 바꿀 수는 없을까? 인간의 체표면적은 약 1 제곱미터이다(BNID 100578). 광합성 효율이 1 퍼센트라면 정오에 최대의 에너지가 도착할 때(1,000 와트/제곱미터) 피부에서 에너지로 전환되는 양은 10 와트가 된다. 이는 인간이 필요로 하는 양에 미치지 못한다.[17] "세포가 소비하는 에너지는 얼마나 될까?"(191쪽)에서 더 살펴보겠다.

17) 틀린 계산 같다. 시간을 고려하면 시간 당 36 KW가 나오기 때문이다. 인간의 피부 세포가 식물처럼 엽록체를 가지고 있다면 굳이 일하지 않아도 먹고 살 수 있다. 대신 빛은 듬뿍 받아야 할 것이다.

두 분자가 만나서 복합체를 형성할 때 엔트로피 비용은?

분자 상호작용에 의해 생물학이 움직인다. 화학 수업 시간에 처음 배우듯이 끊임없이 오가는 서로 다른 분자들은 반응물과 생산물 사이의 자유 에너지 차이에 의해 서로를 확인한다. 그렇지만 너무 급하게 지나가기 때문에 대부분의 학생들은 분자계의 미묘한 자유 에너지가 매우 다양한 방식으로 분자 간 상호작용을 한다는 사실의 경이로움은 쉽게 간과한다. 여기서 우리는 분자가 결합할 때 엔트로피 변화에서 비롯되는 자유에너지의 공헌도에 대해 살펴보겠다.

여기서 우리는 간단하지만 개념적인 질문을 던질 것이다. A와 B라는 분자가 반응해서 AB를 만들 때 엔트로피의 변화는 얼마나 될까? 자유 에너지는 다음과 같다.

$$G = H - TS \tag{3.9}$$

여기서 H는 엔탈피이고 S는 엔트로피이다.

우선 엔탈피의 차이가 없다고 하면 자유 에너지의 균형은 엔트로피에 의해서만 좌우된다. 만일 반응에서 엔트로피가 증가하면 자유 에너지는 음의 값을 갖고 반응은 자발적으로 진행된다. 심오하지만 이해하기 쉽지 않은 이런 추론은 과학 분야에서 가장 유명한 다음 방정식에서 시작된다.

$$S = k_B \ln W \tag{3.10}$$

계의 엔트로피 S는 그 계를 구성하는 물질의 미세상태 숫자W에 의존한다. 따라서 엔트로피가 증가한다는 말은 계의 미세상태의 숫자가 늘어난다는 뜻이다. 계가 어떤 미세상태에 있을 기회가 같다면 공간에서 자발적으로 움직이는 상태는 가장 될 법한 상태로 변하게 될 것이다. 엔트로피가 가장 높은 상태로 변하는 것이다. 선생님들이나 알아먹을 수도 있는 위험을 무릅쓰고 말하면(분자의 추동력이란 제목의 책을 쓴 딜과 브롬버그의 책을 참고) 자유 에너지를 엔탈피 변화로 표현하는 것은 엔트로피 변화를 위장하는 셈이다. 엄밀히 말해 계 밖으로 열이 나오면 엔트로피가 생성된다. 이런 효과가 자유 에너지에 반영되는 것이다. 닫힌 계가 아니라 "전체 세계"의 엔트로피 변화를 계산하는 방법이 바로 그런 것이다.

물질의 반응에 이런 개념을 어떻게 적용할 수 있을까? 리간드가 용액 속을 흘러 다니고 있으면 계는 가용한 엔트로피를 두고, 수용체 단백질에 결합하면서 유리되는 엔탈피와 경쟁이 벌어진다. 리간드의 해리 상수가 1 마이크로몰이라고 해보자. 이 말은 1 마이크로몰 농도에서 반 정도의 수용체가 리간드와 결합하고 있다는 뜻이다. 만일 리간드의 농도가 그보다 낮으면 용액 속의 리간드는 여러 미세 형태를 취할 유효 부피가 늘어나기 때문에 수용체와 결합하지 않는 상태를 선호한다. 그 결과 수용체 혹은 효소는 채워진 부위가 줄어들게 된다. 다른 극단에서 리간드의 농도가 해리상수보다 높으면 결합하지 않은 리간드가 용액 속에서 차지할 공간이 줄어들기 때문에 수용체와 결합하려 할 것이고 리간드는 결합 상태로 존재하게 된다. 바로 이것이 자유에너지를 엔트로피와 엔탈피의 엄밀한 경쟁이라는 확률적인 기제로 사고하는 방법이다.

그렇다면 결합 반응에서 엔트로피의 크기를 규정하는 기본적인 사항은 무엇일까? 이것은 복잡하기로 악명 높은 주제이다. 따라서 되도록 간략히 살펴볼 것이다. 결합하면서 변하는 엔트로피는 보통 표준 상태의 용액을 기준으로 한다. $c_0 = 1$ M(보통 결합했을 때 유효농도라고 간주한다)일 때

$$\Delta S = -k_B \ln(c/c_0) \tag{3.11}$$

c는 현재 리간드의 농도이다. 특히 이 식은 특정 농도에서 가능한 구조의 숫자와 같은 농도에서 수용체와 결합하는 입자의 그것을 비교하고 있다. 이 식에서 이제 엔트로피 변화를 알아보자.

$$\Delta S = -k_B \ln(c/c_0) \tag{3.12}$$

만약 리간드와 수용체가 농도 $c = 10^{-n}$ M에서 결합하면 엔트로피 변화는

$$\Delta S = nk_B \ln 10 = 10{\sim}20\ k_BT \tag{3.13}$$

$n = 4{\sim}8$ 사이라면 10 나노몰에서 100 마이크로몰 정도이다. 단백질에 리간드가 결합할 때 보다 정교한 이론적인 계산을 하면 엔트로피의 변화는 6~20 k_BT이고 15~50 kJ/몰(BNID 109148, 111402, 111419)이다. 위에서 어림짐작한 것과 비슷한 수치이다. 표준조건에서 단백질과 단백질이 결합할 때 측정값은 40 $k_BT = 100$ kJ/몰이다(BNID 109145, 109417). 이런 결과는 부분적으로 가스를 분석해서 얻은 값이다. 왜냐하면 아직까지도 수화 효과를 충분히 설명하고 있지 못하기 때문이다. 실험에서 나온 결과를 해석하는 것도 쉬

운 일은 아니다. 그러나 액틴이 중합 반응을 할 때, 산소가 헤모글로빈에 결합할 때 혹은 바이오틴과 아비딘이 결합할 때 그 값은 6~10 k_BT이고 15~25 kJ/몰 정도라고 알려졌다(BNID 109146, 111402).

지금까지 언급한 것처럼 화학 결합은 엔트로피의 비용을 지불해야 하는 반응이다. 그리고 그것은 엔탈피를 획득함으로써 상쇄된다. 이런 상호 작용으로 인해 개별적으로는 매우 약한 기질을 사용한다 해도 극적으로 강력한 결합이 진행되기도 한다. 첫 번째 반응에서 엔트로피는 결합 에너지를 상쇄하고 약한 해리 상수를 초래하기도 한다. 그러나 같은 기질을 사용하는 두 번째 반응이 연쇄적으로 일어날 경우 이미 엔트로피는 "지불된" 것이라서 자유 에너지 변화가 급증하기도 한다. 한 분자의 액틴이 액틴 섬유에 결합하여 두 개의 원시 섬유를 만들 때 반응은 두 가지가 동시에 진행된다. 원시 섬유 각각이 개별적으로 결합할 때 반응은 미약하고 해리상수가 0.1몰이지만 연속적으로 발생할 때 결합 해리상수는 1 마이크로 몰로 줄어든다. 약 10 k_BT에 해당하는 엔트로피 비용을 쓰지 않아도 반응이 진행되기 때문이다. 이런 효과는 결합력avidity 효과라고 불린다. 항원과 단단하게 결합하는 항체 결합의 특이성, DNA에 결합하는 전사 인자, 바이러스의 외피 형성 등등 현상에 적용될 수 있는 용어이다.

세포 골격 섬유에 적용되는 힘은 무엇일까?

골격 섬유가 생성하는 힘은 매우 다양하고 중요한 생물학적 과정을 담당한다. 세포가 움직이거나 염색체가 분리될 때를 생각해보라. 이런 독특한 물리적 기능은 여러 가지 형태로 배열된 풍부하고 복잡하고 섬유소 구조에 의해 좌우된다(예를 들어 서로 가지를 치거나 교차 결합을 통해). 움직이고 있는 세포의 앞부분에 존재하는 액틴 섬유소 혹은 염색체를 끌 때 미세소관이 발휘하는 힘을 알아보려면 현대 생물학의 가장 기초가 되는 힘 생성의 기초와 한계에 대해 이해해야 한다.

최근 들어 세포 골격 섬유가 발휘하는 힘을 어떻게 측정하는지에 대한 상당한 진보가 이루어졌다. 특히 세포 골격 다발에 적용되는 힘의 문제를 파악할 수 있게 되었으며 거대 분자의 중합에 관여하는 개별 섬유의 행동을 측정하는 방법이 개발되었다. 힘을 측정하는 여타의 방법과 마찬가지로 개념적으로는 이 힘을 읽어내기 위해 스프링이 휘는 원리를 차용한다. 세포 골격 섬유의 힘을 측정할 때도 다양한 방식의 스프링이 이용된다. 첫째 광학기계 안에서 레이저 광선이 일종의 스프링 작용을 하는 마이크로미터 크기의 분자 구슬을 포획하는데 사용된다. 세포 골격 섬유가 자라날 때 이들이 서로 밀쳐내는 힘을 측정하는 방식이다. 레이저 초점 아래에서 약간 떨어져 나간 분자 구슬이 다시 원위치로 복구하는 선형 함수를 구하는 것이다. 그 결과 분자 구슬이 중심에서 멀어진 정도가 섬유에 가해진 힘으로 판독된다. **그림 3-9A**처럼 개별 섬유가 생성하는 힘은 골격 섬유가 장벽에 부딪히게 함으로써 측정한다. 길이 팽창을 하는 동안 분자 구슬에 가해지는 회복력은 중합체가 지탱할 수 있는 최대 임계치에 도달할 때까지 증가한다. **그림 3-9B**에서 보듯이 특정 순간에 상황이 역전되면서 급작스런 수축이 일어나게 된다. 이런 상황은 매우 특징적이게도 5 pN정도의 규모로 측정된다. 미오신과 키네신 모터 단백질에도 적용되는 값이다. 또 이 값은 ATP와 GTP가 가수분해되어 골격 섬유에 부여하는 힘에 비견된다. 핵산의 가수분해에 의해 약 20 k_BT 정도의 자유 에너지가 공급되고 이것이 섬유소 단당체 하나를 확장하는데 쓰일 5 pN정도가 되어야 한다. 만일 섬유소의 길이가 4 나노미터라면 그 값

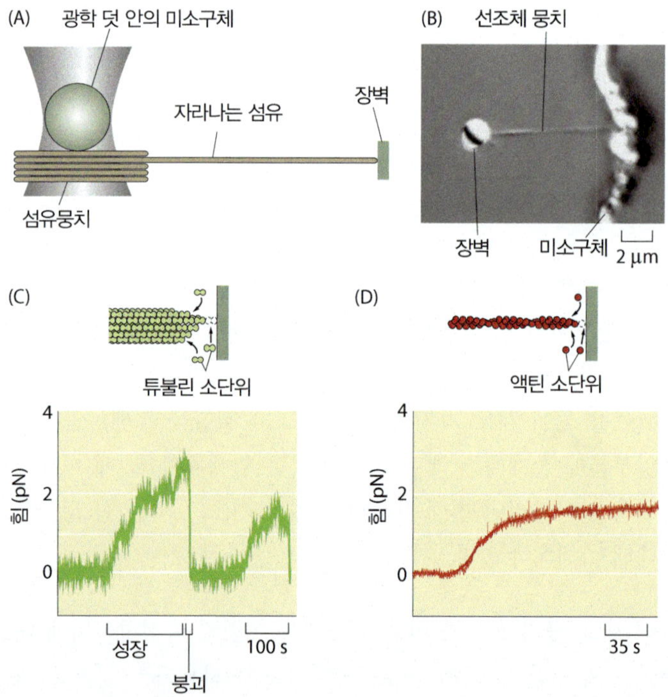

그림 3-9 중합화에 필요한 힘을 측정하는 광학 덫. (A) 장애물을 향해 자라는 섬유의 힘을 측정하기 위해 광학 덫을 이용하는 방법. (B) 직경이 2 마이크로미터인 미소구체가 자라는 섬유의 끝에 붙어 있는 현미경 사진. (C) 미세소관이 자라고 부서지는 동안의 시간. (D) 액틴 중합 과정에서 시간에 따른 힘의 축적(Kerssemakers JW [2006] Nature, 442, 709-712; Footer MJ [2007] Proc Natl Acad Sci, 104, 2181-2186).

은 20 pN × 나노미터이다. 어림짐작법에서 우리는 k_BT가 4pN 나노미터에 해당한다고 간주했다(x쪽). 다시 말해 4 나노미터의 거리의 섬유에 해당하는 힘은(20/4 =) 5 k_BT가 된다. 에너지 변환 방식이 완벽하지 않다는 점을 고려하면 핵산의 가수분해를 통해 유리되는 자유 에너지가 섬유소의 중합 반응에 가하는 일과 양적으로 잘 부합된다는 점을 수긍할 수 있을 것이다.

간혹 세포 골격 섬유의 행동은 개별 섬유의 차원을 넘어 통합적으로 이루어진다. 어떤 단백질을 감쌈으로써 아니면 교차 결합을 함으로써 혹은 곁가지를 그러모음으로써 세포 골격 섬유를 재배열하고 복합체 섬유를 변경함으로써 그들이 발휘하는 힘의 특징을 변화시킨다. 한 개 이상의 골격 섬유가 관계함으로써 새롭게 드러나는 골격 섬유의 종합적인 효과는 또 다른 기발한 '스프링'을 통해 측정이 가능하다. 여기서는 약 20 마이크로미터 정도로 한쪽이 고정된 지렛대가 구부러지는 것을 관찰함으로써 섬유의 배열을 측정하게 된다(**그림 3-10**). 지렛대 아래 쌓인 액틴 섬유가 중합함으로써 이들은 지렛대를 위로 끌어 올린다. 그림에서 보듯 여러 섬유가 함께 움직이면 그 힘은 개별 섬유에 걸맞는 수 pN이 아니라 수십 pN 수준으로 올라간다.

그렇다면 pN은 어느 정도일까? 평균적인 포유동물 세포는 몇 나노 그램의 무게를 갖는다(즉, 10^{-12} 킬로그램).

$$W = m \times g = 10^{-12} \times 10 \text{ m/s}^2 = 10 \text{ pN} \tag{3.14}$$

이제 우리는 몇 개의 섬유가 중력에 대항하여 세포를 끌 수 있으리라 자신

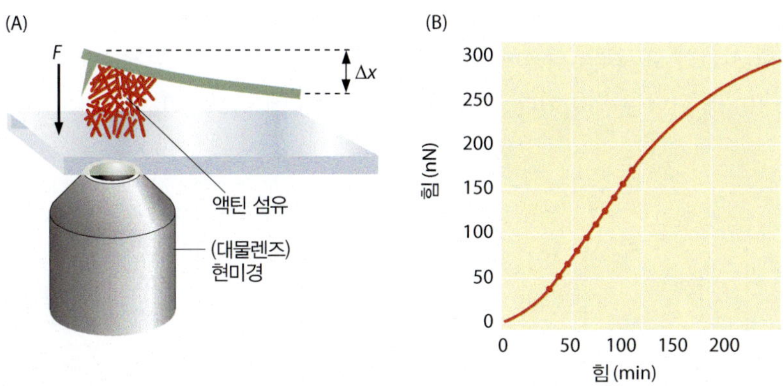

그림 3-10 액틴 섬유 다발의 중합화에 따른 힘. (A) 지렛대를 사용하여 힘을 측정하는 모습을 그렸다. (B) 시간에 따라 축적된 힘을 측정한다. 그림 (A)에 그린 액틴 섬유의 숫자는 실제보다 엄청나게 적다는 사실을 잊지 말아야 한다(Parekh SH [2005] Nat Cell Biol, 7, 1219-1223).

있게 말할 수 있다. 암벽타기 전문가가 한 팔로 자신을 지탱하는 격이다. 이런 단순한 계산을 통해서도 우리는 중력의 힘이 세포의 삶에 커다란 영향을 끼치지 않으리라 짐작할 수 있다. 세포 환경에서 작용하는 힘은 중력이 부여하는 영향력이 훨씬 크다.

세포가 감지할 수 있는 물리적 힘의 한계는 얼마나 될까?

살아 있는 생명체는 다양한 환경 조건에 적응할 기법들을 진화시켰다. 가장 익숙하면서도 인상적인 예는 우리의 다섯 가지 감각이다. 다수의 생명체가 확보한 이들 감각의 "감지자"의 감수성은(미약한 신호를 느끼는 능력) 놀랄 만하다. 감지 범위도(약한 신호뿐만 아니라 강한 신호도 감지한다) 다양하다. 귀 안의 유모세포는 감지할 수 있는 최저 한계의(2×10^{-10}의 소리압) 백만 배 압력ㅇ 가진 소리를 들을 수 있다. 하지만 6×10^{-4} 소리압부터는 통증이 시작된다. 이 정도의 소리압은 10 미터 높이의 물이 가진 압력에 비견된다. 유모세포가 감지할 수 있는 2×10^{-10} 대기압은 10 나노미터 두께의 막 무게가 부여하는 정도의 힘이다. 다시 말하면 분자 수십 개가 쌓인 무게이다. 우리의 청각이 감지 영역은 엄청나서 소리의 강도를(증폭된 압력의 제곱) 표현하려면 로그 수치를(데시벨) 사용해야 한다. 리히터 지진계도 로그 단위를 사용한다. 지진과 관계된 거대한 에너지 범위를 표현하기 위한 수단이다. 로그 단위를 사용하는 것은 웨버-페흐너 법칙에 비추어보아도 옳다. 이 법칙은 청력이나 다른 여러 종류의 감각을 느끼는 주관적인 개념이며 자극 강도의 로그 단위에 비례한다. 어떤 소리가 다른 소리보다 10^n배 다 강하다면 우리는 10 n 데시벨 강하다고 표현하는 식이다. 이 법칙에 따르면 우리는 같은 데시벨의 소리를 다르다고 느낄 수도 있다. 일상적으로 들을 수 있는 소리의 강도를 **그림 3-11**에 표시하였다. 0에서 130에 이르는 수치를 제시했다. 크기의 차이가 10^{13}배 난다는 의미이다. 강도가 다양한 범주에 이르지만 인간의 귀는 약

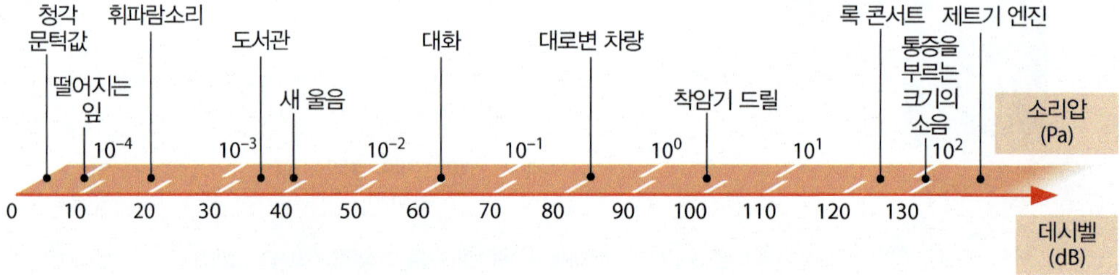

그림 3-11 일상적인 소리의 강도를 압력과 데시벨로 표시했다.

세 자릿수의 주파수에 반응한다. 20~20,000 헤르츠이다. 그렇지만 동시에 440 헤르츠와 441 헤르츠를 구분할 수도 있다.

마찬가지로 인상적인 점은 시각을 담당하는 간상세포가 한 개의 광자를 인식한다는 사실이다(BNID 100709). 원추세포는 100개의 광자를 인지한다(BNID 100710). 다시 말해 매우 광범위에 걸쳐 우리는 태양빛을 자각할 수 있다. 뿐만 아니라 10^{-9}배나 밝기가 적은, 달 없는 밤의 별빛도 볼 수 있다. 밤에 북반구의 하늘을 보면 북극성이 우리를 맞이한다. 그때 우리 망막에 도달한 광자를 비유하자면 약 1 킬로미터 떨어진 광원의 빛을 보는 것과 비슷하다. 눈에 도달한 빛의 강도가 아주 미미하다는 뜻이다(빛의 속도가 매우 빠르다는 점도 감안해야 한다).

세포가 감지하는 최소 자극을 연구하기 위해서 우리는 물리학이 결정하는 한계 안에서 다양한 방식으로 진화한 생명체를 보아야 한다. 민감도가 아주 좋으면서도 매우 넓은 범위를 감지하는 감각계를 구축하기 위해서 우리는 이상적인 크기에 마찰이 없는 질량-스프링 장치에 미치는 온도의 효과를 살펴보아야 한다. **그림 3-12**와 같은 식이다. 여기서 스프링의 탄성 계수는 κ다. 질량에 가해진 힘을 측정하려는 것이다. 그러기 위해서는 신호와 잡음을 구분할 수 있어야 한다. 물체는 환경에서 도달하는 충돌의 결과인 열에 대해

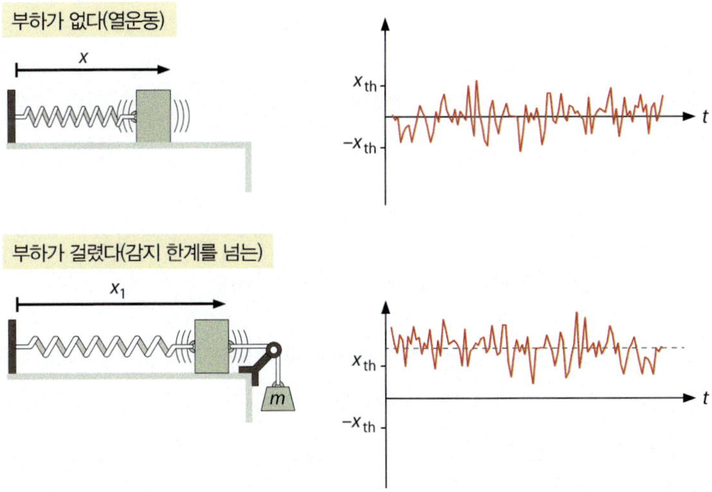

그림 3-12 상자mass와 용수철의 처짐. 위 그림에서는 어떤 힘도 가하지 않았다. 주위의 열에 의해 마찰이 없는 판자 위의 상자가 저절로 움직인다. 아래쪽 그림은 힘을 가해준 것이다. 그래프는 시간에 따른 상자의 위치를 표시한다. 움직임은 무질서하기도 하지만 결정론적인 요소를 갖는다. 아래쪽 그림에서 보듯 감지할 정도의 신호를 얻기 위해서는 상자의 움직임이 열에 의해 움직이는 것보다 커야한다.

서도 균질하게 움직여야 하지만 스프링 자체에서 내인적으로 유래하는 다른 요소에도 영향을 받는다. "열에너지 규모는 얼마이며 생물학에는 어떤 영향을 미치는가?"라는 소제목의(154쪽) 연장선상에서 충돌에 기인한 에너지는 0.5 $k_B T$이다. 여기서 k_B는 볼츠만 상수이고 T는 켈빈 온도이다. 이것은 물체가 평형 상태의 위치 주변을 자발적으로 움직인다는 뜻이다. 그림 3-12처럼 평균 뒤틀림 제곱은

$$0.5\ k\langle x^2\rangle = 0.5\ k_B T \tag{3.15}$$

위에서 언급했듯 과일이나 인간의 무게를 재기 위해 사용했던 고전적 단위처럼 힘을 측정하는 단위는 물체의 위상 변화를 읽음으로써 가능하다. 힘을 측정하기 위해 위상 변화는 열에 의한 임계값을 넘어야 한다. 열적 파동에 따라 자발적으로 움직이는 정도 이상이어야 한다는 말이다.

$$0.5\ kx^2(\text{측정값}) \geq 0.5\ k_B T \tag{3.16}$$

이런 제약을 감안하면

$$x(\text{최소값} \geq (k_B T / k)^{1/2} \tag{3.17}$$

따라서 힘의 최소 한계는

$$F(\text{최소값} \geq (k k_B T)^{1/2} \tag{3.18}$$

한계값이 있다는 말은 우리가 측정하지 못하는 값의 범위가 있다는 말이다. 열에 의한 움직임 속에 매몰된 움직임이 바로 그런 경우에 속한다. 이런 한계를 극복하는 방법 중 하나는 측정 시간을 늘리는 일이다(탄성 계수에 의존한다). 현대 생물물리학의 기발한 수단 중 하나는 원자 현미경과 같은 광학기계이다. 이는 열의 효과를 최소화하기 위한 장치인 것이다.

예를 들어 귀 안의 유모세포를 다시 살펴보자. 각각의 유모세포는 30~300개 정도의 섬모가 있다(**그림 3-13**). 이들 섬모의 평균 길이는 대략 10 마이크로미터다(BNID 109301, 109302). 세포의 작은 부속지인 이들은 환경에서 도달하는 물리적 자극을 전기적 신호로 바꾸어 이를 뇌가 해석하도록 만든다. 공기의 압력에 반응해서 이 섬모가 움직이면 이온 채널이 열린다. 그러면서 신호가 증폭된다. 각기 다른 섬모는 서로 다른 주파수에 반응하기 때문에 우리는 소음이 있는 차 안에서도 베토벤의 5번 교향곡을 즐길 수 있다. 섬모의

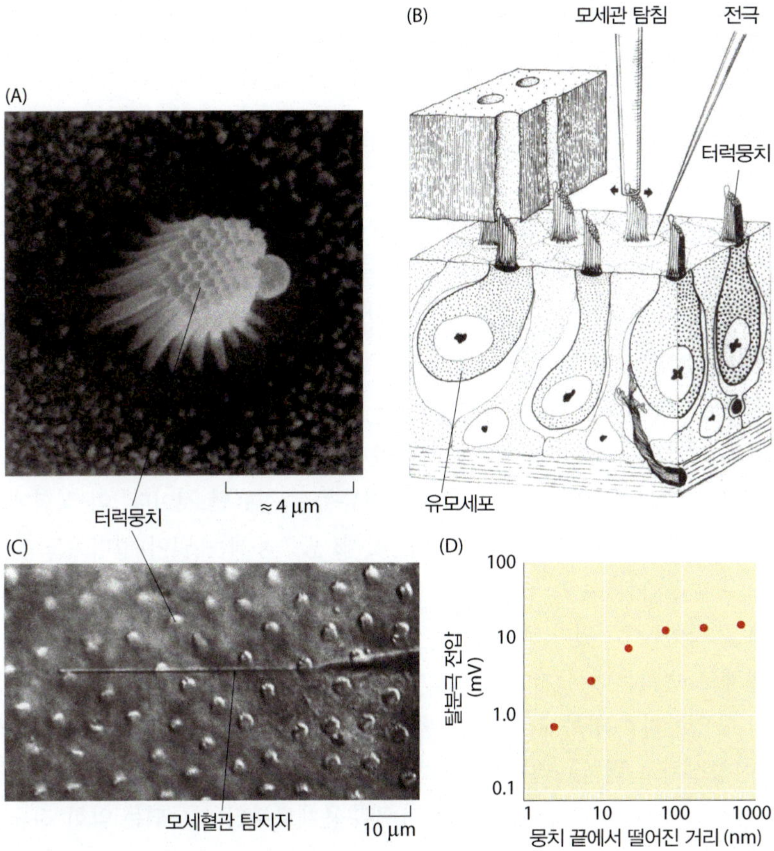

그림 3-13 물리적 자극에 반응하는 청각세포. (A) 황소개구리 와우각의 섬모 다발. (B) 모세관 탐침으로 청각세포 섬모 다발을 조작하는 모습. (C) 거북 와우각 청각세포와 모세관 탐침. (D) 섬모 다발이 흐트러짐에 따라 변화하는 전압을 기록한다(Hudspeth AJ [1989] Nature, 341, 397-404; Hudspeth AJ [1977] Proc Natl Acad Sci, 74, 2407-2411; Crawford AC and Fettiplace R [1985] J Physiol, 364, 359-379).

물리적 특성은 앞 3.12에서 언급한 스프링의 그것과 비슷하다. 그림 3-13처럼 각 섬모를 작은 유리 섬유에 밀어 넣어 전압의 차이를 감지할 수 있는 최소한의 위상 변화를 측정할 수 있다. 섬모 다발이 0.01도 회전하면 나노미터 크기의 움직임을 탐침이 감지하고 그로부터 밀리볼트 크기의 반응을 일으킬 수 있다(BNID 111036, 111038). 이 정도의 값으로 열적 파동의 영향을 받는 섬모의 움직임을 어떻게 구분할 수 있을까? 브라운 운동과 스프링 모델을 이용한 이론적 수단을 동원해서 섬모 선단의 열에 의한 움직임을 계산하면 몇 나노미터 정도이다. 그러나 그림 3-13에서 볼 수 있듯이 0.1 나노미터만 되어도 듣기에 충분하다. 이런 흥미로운 불일치는 유모세포의 섬모가 매우 역동적이고 공명 주파수에 가까운 외부 환경을 증폭한다는 의미를 내포한다. 또한 섬모는 서로 짝을 이뤄 작용하기 때문에 그 효과는 단순한 어림짐작을 호락호락 허락하지 않는다.

마찬가지로 이와 유사한 방식이 인간이 감지하는 감각의 물리적 한계를 규정한다. 다시 말하면 우리가 측정하고자 하는 계의 특성에 덧붙여 내부적 소음이 부가된다. 따라서 입력값을 넣고 "출력값"을 얻으려면 그 값이 자연적인 출력값의 편차보다 커야한다. 예를 들자면 광자의 에너지를 감지하고 이용하는 것은 광합성이나 시력 같은 생명의 가장 기본적인 과정과 연계되어야 한다. 광자가 몇 개나 있어야 세포나 생명체의 생리적인 변화가 유도되는 것일까? 시각에 관한 한 이제는 고전이 된 실험에서는 빛의 자극을 받은 광수용체 세포의 전류를 측정했다. **그림 3-14**에서 보듯 광원에서 나온 빛을 개별 광수용체에 적용하고 거기서 나온 전류를 측정했던 것이다. 이 실험에서 우리는 두 가지 사실을 알게 되었다. 첫째, 광수용체는 빛이 없더라도 자발적으로 활성화할 수 있어서 실제 사건과(광자의 도달) 경쟁하는 어떤 종류의 소음을 확인할 수 있다. 특히 어떤 전류는 열에 의해 개별 로돕신 분자가 이성질체로 변하는데서 기인한다고 생각된다. "간상세포에는 몇 개의 로돕신 분자가 있는가?" 항목에서(142쪽) 살펴본 내용이다. 광자가 도달하면 로돕신이 이성질체로 변하는 일은 정상적이며 우리의 시각이 인지하는 신호를 전달한다. 둘째, 매우 약한 빛에 노출된 광수용체로부터 비롯되는 약한 전류의 양적 특성을 조사하면 이런 광수용체가 단 하나의 광자에도 반응할 수 있다는 점을 알게 된다. 이런 효과는 그림 3.14B에 드러나 있다.

어떤 물질이 실제 몇 개가 있는지 또는 화학물질의 농도가 얼마나 차이 나는지 파악하는 세포의 능력도 매우 민감도가 높다. 이 능력은 특히 형태발생 유

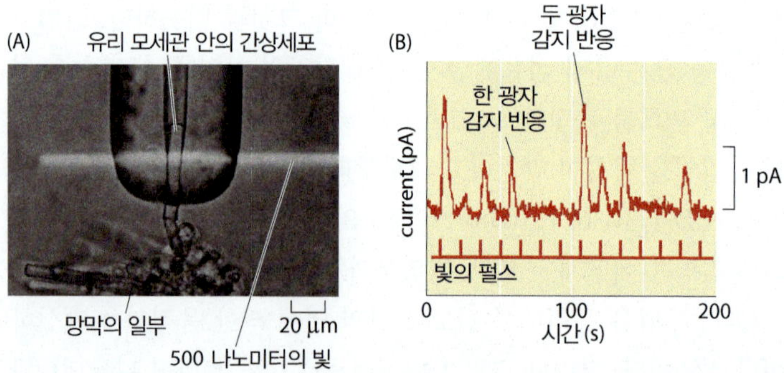

그림 3-14 개별 광수용체의 단일 광자 반응. (A) 두꺼비 망막에서 얻은 간상세포를 모세관에 넣고 빛을 쪼여준다. (B) 빛의 파동에 반응하는 광수용체에 흐르는 전류를 시간의 함수로 표시한다(Baylor DA [1979] J Physiol, 288, 589-611; Rieke F and Baylor DA [1998] Rev Mod Phys, 70, 1027-1036).

도물질morphogen의 농도차이를 알아채고 서로 다른 유형의 조직이 형성되는 동물의 발생 과정에서 필수적인 요소이다. 분자의 농도 기울기를 해석하는 것은 세포가 수용액 환경에서 화합물의 지형을 파악하는데도 필수적이다. 이런 인상적인 기능은 인간처럼 크고 복잡한 다세포 생명체에만 국한되지 않는다. "신호 전달 단백질의 절대 수는 얼마인가" 항목에서(135쪽) 살펴보았듯이 화합물을 향해 질주하는 세균도 환경을 충분히 숙지한다. 이런 "숙지"는 합목적적인 분별 능력을 증진시킨다. 끌어당기는 화학물질이 몇 개만 있어도 세포는 그 신호를 증폭시킬 수 있으며 농도의 차이가 십만 배가 날 때조차도 이를 구분해낸다(BNID 109306, 109305). 따라서 단세포 생명체인 세균은 화합물의 농도 차이를 구분해서 헤엄치게 될 것이다. 이런 시스템이 얼마나 민감한 것인지 **어림짐작 3-3**을 통해 계산해보자. 화합물을 향해 세균이 나아갈 때 농도를 계산하고 그 농도를 구분하기 위해 세포 표면의 수용체 표면적의 변화를 살펴보자. 특히 우리가 막에 결합한 단백질 수용체를 통해 화합물을 감지한다고 생각하면 리간드가 수용체에 얼마나 자리해 들어갔는가를 읽을 수 있어야 한다. 그림에서 보듯 리간드 농도가 조금만 차이가 생겨도 수용체의 자리는 그에 상응하는 변화가 발생한다. 화합물을 쫓아 세균이 움직이는 과정에서 세균이 농도 차이에 감응하는 현상을 현미경으로 관찰할 때는 다음과 같이 추론한다. 세균이 끌리는 화합물 1 밀리몰 들어 있는 피펫으로부터 세균이 1 밀리미터 떨어져 있다면 농도 구배는 10^{-2} 마이크로몰/마이크로미터이다(BNID 111492). 이 정도 차이는 큰 것일까 아니면 작은 것일까? 분자 1개의 차이를 감지하는 정도의 임계값은 다음과 같이 정의된다.

$$\frac{\Delta c}{\Delta L} = \frac{1\ \text{분자/세균의 부피}}{\text{세균의 길이}} = \frac{1\ \text{나노몰}}{1\ \text{마이크로미터}} = 10^{-3}\ \frac{\text{마이크로몰}}{\text{마이크로미터}} \tag{3.19}$$

흥미롭게도 최근 연구는 이 보다 작은 농도 차이도 감지할 수 있다는 사실을 보여주었다(물론 실제 세균에서 측정된 농도는 로그 단위였다). 위에서 말했듯 넓은 범위의 절대 농도에 걸쳐 매우 미세한 농도 차이도 구분할 수 있다는 점은 감수성뿐만 아니라 이 과정이 매우 역동적이라는 사실을 보여준다. 한편 리간드가 수용체를 차지하는 것(**어림짐작 3-3**) 이상의 미묘한 기제가 작동한다는 점도 예상할 수 있다. 귀의 유모세포의 예에서처럼 화합물을 쫓아가는 과정은 적응성이 매우 뛰어나다. 발생 과정에서도 그렇다고 말할 수 있다. 형태발생 유도물질의 농도 차이는 핵과 핵 사이를 바탕으로 측정한다.

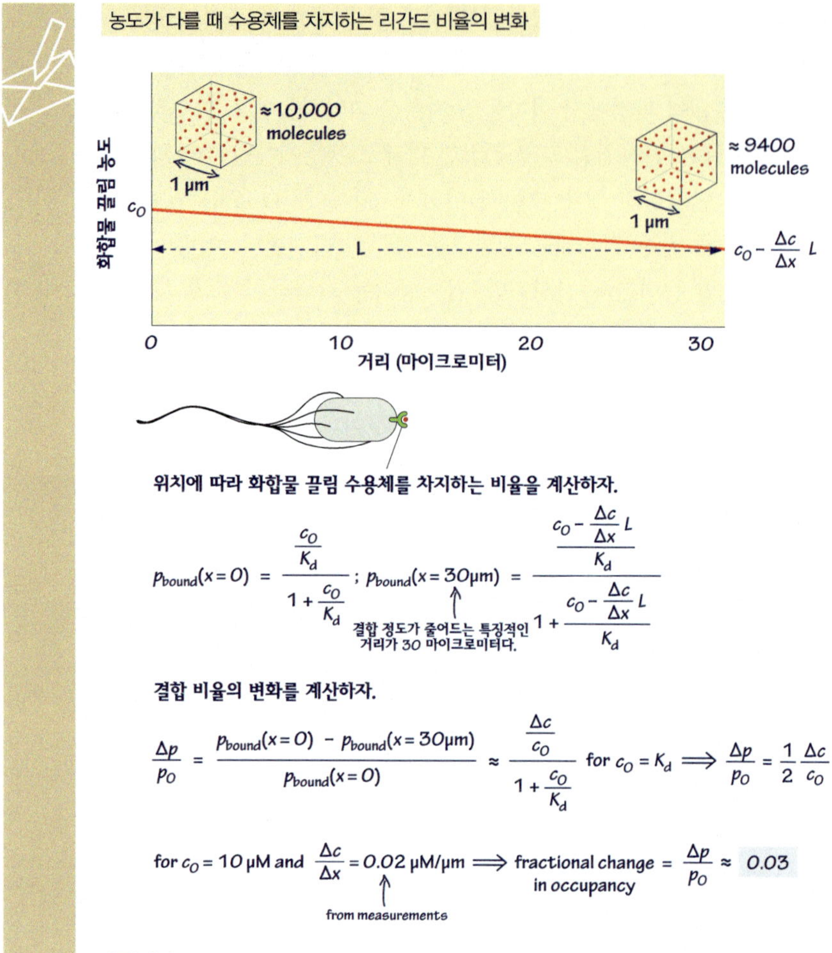

어림짐작 3-3

예를 들어 몸의 앞과 뒤축을 형성하는 초파리 배아에서 이웃하는 핵이 핵 부피당 각기 500과 550개의 분자를 “감지”한다 해도 이 차이가 배아 발생의 운명을 가른다.

정리하자. 세포는 환경에서 도착하는 신호를 감수성 있고 역동적으로 감지하도록 진화했다. 이 과정에서 물리적 한계는 분명 존재하지만 세포들은 매우 창의적인 해결책을 내 놓았다. 광수용체는 광자 하나하나를 구분한다. 후각계는 한 개의 물질을 구분할 수 있다. 유모세포는 10^{-9} 정도로 적은 대기압을 감지한다. 마찬가지로 세균도 세포 길이 혹은 세포 당 단 한 개의 화합물질을 구분해낸다. 미묘하지만 아름답기 짝이 없다.

에너지 통화와 예산

ATP 가수분해에서 얼마나 많은 에너지가 유리되는가?

흔히 ATP는 세포의 에너지 통화라고 불린다. 물질 대사 변환이나 신호 전달 과정 등 세포내 수백 가지의 반응은 ATP의 가수 분해와(문자 그대로 "물을 집어넣어 느슨하게" 한다) 짝지어 일어난다. 이 반응은

$$ATP + H_2O \rightleftarrows ADP + P_i \tag{3.20}$$

아데노신 삼인산ATP을 아데노신 이인산ADP과 무기 인산으로 전환한다. 이 반응과 결부된 자유 에너지가 세포 반응의 상당 부분을 담당한다. 막 전위 혹은 다른 두 종류의 환원제도 마찬가지로 반응의 일정 부분을 책임진다. 그렇지만 정확히 에너지 통화의 가치는 얼마이며 그것으로 얼마만큼의 화학적 변환을 매개할 수 있을까? 이 질문에 대한 단 하나의 답은 없다. 왜냐하면 가수분해 반응에 의해 제공된 에너지의 양은 세포 내부 조건에 따라 달라지기 때문이다. 그렇지만 어림짐작에 기대서 대략적인 "값"에 대한 감을 얻을 수 있다.

ATP의 가수 분해에 따른 깁스의 자유 에너지 변화(ΔG)는 반응에 참여하는 다양한 요소의 농도에 따라 달라진다(**어림짐작 3-4**). 농도가 평형상태의 값과 차이가 많을 때 ΔG의 절대값은 커진다. 표준 조건에서(모든 반응물의 농도가 1 몰일 때. 특징적으로 55몰인 물은 제외다) ATP가 분해될 때 깁스의 자유 에너지는(pH는 7.0) $-28 \sim 38$ kJ/몰(대략 12 k_BT)이다. 마그네슘 양이온의 농도에 따른 차이이다. 마그네슘 이온에 대한 의존성이 생기는 이유는 이

생리적 조건에서 ATP가 가수 분해될 때 자유에너지

$$ATP + H_2O \rightleftarrows ADP + P_i$$

평형 상수, $[\,]_{eq}$, define $\Delta G'^{o}$ = **표준 자유 에너지**

$$K'_{eq} = \frac{[ADP]_{eq}/[1M] \times [P_i]_{eq}/[1M]}{[ATP]_{eq}/[1M] \times [H_2O]_{eq}/[55M]} \; ; \; \Delta G'^{o} = -RT\ln(K'_{eq}) \approx -30 \text{ to } -40 \, \frac{kJ}{mol}$$

생리적 농도로 보정한 것, $[\,]_{phys}$

$$Q' = \frac{[ADP]_{phys}/[1M] \times [P_i]_{phys}/[1M]}{[ATP]_{phys}/[1M]} \; ; \; \Delta G' = \Delta G'^{o} + RT\ln Q' \approx -50 \text{ to } -70 \, \frac{kJ}{mol}$$

어림짐작 3-4

이온이 분자 내부의 음전하인 인산기에 결합하여 ATP 분자를 안정화하기 때문이다. 그러나 세포 안에서 조건은 표준 상태와 같지 않다. 예를 들어 1몰 농도의 ATP가 세포에 있다면 그 무게는 용매인 물의 중량과 거의 같다. 어림짐작 3-4에서 보듯 생리적인 자유 에너지ΔG가 표준 상태의 자유 에너지$\Delta G°$와 편차가 나는 혼돈스런 상황을 자주 목격한다. [1몰]로 나누는 이유는 단위 때문이다. 로그는 단위가 없는 양인 까닭이다. 세포가 평형 상태에 있다는 상황을 상상하면 때로 놀랍다. 이때는 ΔG가 0일 것이기에 ATP가 가수 분해 되더라도 자유 에너지는 없을 것이다. 다행스럽게 생명체 안에서는 그런 일이 일어나지 않는다.

실제 생리적 조건은 연구하는 생명체, 조직 혹은 세포 내 소기관에 따라서 한편으로 대사적 혹은 반응의 에너지 요구량에 따라 달라진다. 예를 들어 관류된 간 조직이 빠른 속도로 해당 작용을 할 때 세포질의 ATP와 ADP의 비율은 10:1이지만 미토콘드리아에서는 1:10이다. 반면 해당 작용이 활발하지 않으면 그 비율은 거의 1에 접근한다(BNID 111357). 따라서 ΔG의 값도 너른 범위에 걸쳐 존재할 것이다. 이 범위를 이해하려면 우리는 알파벳 Q가 K와 얼마나 떨어져 있는지, 다시 말하면 표준 조건과 실제 농도가 얼마나 다른지 알아야 한다. ATP 가수분해에 참여하는 대부분의 물질의(ATP, ADP, P_i) 세포 내 농도는 밀리몰 범위이며 표준 조건보다 훨씬 적은 양이다. 밀리몰 범위에서 $[ADP][P_i]/[ATP]$은 1보다 훨씬 적고 표준 상태보다 반응은 훨씬 수월하게 진행된다(**표 3-2**). 가장 높은 값인 70 kJ/몰(30 k_BT)는 운동 직후 인간의 근육에서 계산한 것이다(BNID 101944). 포도당 배지에서 자라는 대장균의 ATP 가수분해 자유 에너지는 47 kJ/몰(20 k_BT, BNID 101964)이었다. 이 숫자의 의미를 생각해보자. 5 pN의(BNID 101832) 힘을 내는 분자 모터가 10 나노미터를(BNID 101857) 움직인다면 필요한 일의 양은 50 pN나노미터다. 이 순간 필요한 에너지는 10 k_BT이고 이 정도라면 한 분자의 ATP가 충분히 감당할 수 있는 정도다.

ATP 분해의 자유 에너지를 계산하기 위해서는 세포 내부의 농도를 정확히 측정해야 한다. 인간에서 ATP 및 인의 농도는 핵자기 공명법을 통해 측정한다. 자연 상태의 인(^{31}P)은 자성을 가지므로 핵자기 공명 측정을 위해 따로 외부에서 첨가해줄 필요가 없다. 원하는 조직(예컨대 근육)에 센 자기장을 걸어주면 라디오파 주파수가 변하고 그것을 측정함으로써 ATP와 P_i의 농도를 구할 수 있다. 대장균에서 ATP의 농도는 보다 직접적으로 ATP의 발광도를 측정하여 구한다. 성장 중인 세균을 배양 용기로부터 꺼내 루시페라아제

생명체의 생리적 조건	ATP 농도	ADP 농도	무기 인의 농도	자유에너지 어림값 (kJ/mol)	자유에너지 어림값 (k_BT)	BNID
표준조건	1 M	1 M	1 M	–36 to –38	-14 to –15	106580, ionic strength dependent
포도당이 충분히 공급되고 호기성 조건에서 빠르게 자라는 대장균	10 mM	0.6 mM	20 mM	–54	–22	104704
같은 조건이지만 산소가 공급되지 않는 상황	3 mM	0.4 mM	10 mM	–54	–22	101964
글리세롤 배지에서 산소가 공급되는 상황	7 mM	0.7 mM	10 mM	–55	–22	101701
포도당이 충분히 공급되고 호기성 조건에서 빠르게 자라는 효모	2 mM	0.3 mM	22 mM	–52	–21	106017
빛을 쪼인 시금치 엽록체	2 mM	0.8 mM	10 mM	–51	–21	108113
시금치 세포질 + 미토콘드리아 빛을 주었다	3 mM	0.7 mM	10 mM	-52	–22	108113
시금치 세포질 + 미토콘드리아 빛을 주지 않았다	1.5 mM	0.8 mM	10 mM	–50	–21	108113
휴식 중인 인간의 근육세포	8 mM	9 μM	4 mM	–68	–27	101943
격한 운동을 하고 난 뒤 인간의 근육세포	8 mM	7 μM	1 mM	–72	–29	101944

표 3-2 여러 생명체에서 ATP가 가수분해될 때의 자유 에너지(생리적인 조건). 여기서 유추한 자유에너지는 깁스의 자유에너지 값 –37.6 kJ/mol을 근거로 계산했다. 대체로 값이 일관되었지만 실제값과 약간 차이가 나기도 했다. 이런 편차는 이온 결합, pH에 기인하지만 실험 방법 자체에서 비롯되기도 한다. 유효숫자는 한 자리 혹은 두 자릿수다. 시금치 실험에서 무기 인산의 농도가 적혀 있지 않아서 특징적인 값인 10 밀리몰을 사용했다(BNID 103983, 103984, 111358, 105540).

luciferase를 사용해 구하는 방법이다. 루시페라제는 오징어에 공생하는 세균으로부터 얻은 효소지만 지금은 세포 생물학자에게 필수적인 도구가 된 단백질이다. 루시페라아제 효소는 ATP를 이용해 빛을 내고 발광계를 통해 빛의 양을 기록한다. 기계 신호의 세기로부터 ATP의 농도를 바로 알 수 있다. 이렇게 우리는 세포 내용물에 ATP를 첨가하고 변환된 ATP는 빛으로 투사된다. 그 수치를 읽으면 된다. 이런 수단을 사용해서 우리는 “실제 생명체”의 ATP의 양이 두 배 정도 더 있었으면 좋겠다는 사실을 알게 되었다. 바로 그 농도에서 반응이 훨씬 수월하게 진행되기 때문이다.

왜 ATP가 에너지 통화로 기능하는데 거의 단독으로 차출되었을까 하는 질문을 던지면서 이야기를 마치려고 한다. GTP나 다른 핵산은 부차적인 역할밖에 하지 못한다. 애초 무작위로 차출되었다가 “동결된 사건”이 된 것일까? 아니면 ATP가 GTP나 CTP, UTP, TTP에 비해 선택적인 이점이 있었을까?

인산기가 전달하는 에너지는 얼마나 될까?

ATP의 가수 분해는 세포의 가장 필수불가결한 반응이며 ATP 합성 효소의 존재 이유이기도 한다. 이 효소는 ADP에 인산기를 붙여 이 세상에서 두 번째로 중요한 분자로 만든다(물론 DNA가 첫 번째다). 하지만 인산기는 세포의 에너지 통화로서의 기능을 넘어서는 다른 역할도 많이 도맡는다. 비록 중심 도그마가 세포 내 거대 분자의 언어를 빌어 핵산이니 단백질이니 제각기 말을 하고 있지만 이 언어에는 악센트가 있다. 특히 이 언어의 알파벳을 빌어 문장을 만들 때는 여러 종류의 화학적 가공이라는 악센트가 첨가된다. 여기에는 인산기와 같은 하전된 그룹을 붙이거나 떼는 과정이 포함된다. 프랑스어처럼 악센트는 소리의 의미를 완전히 바꾸기도 한다. 분자 악센트로 역시 그러하다.

핵산이나 단백질을 다양한 방식으로 가공하면 무슨 일이 생길까? 우리는 이 가공 과정을 이들 분자의 전반적인 자유 에너지 예산 관점에서 어떻게 이해해야 할까? 인산기를 예로 들면 이 물질은 종종 세포 에너지를 운반하는 핵심 요소이다. ATP 가수 분해와 관련된 에너지학은 앞에서 살펴보았다(182쪽). 단백질에서 인산기는 정보의 전달자이다. 특히 특정한 아미노산만이 인산화된다. 왜냐하면 몇 가지만이 인산기를 붙일 수 있는 수산 혹은 아민기를 가지기 때문이다(세린, 트레오닌, 티로신의 수산기OH, 히스티딘의 NH).

거칠게 보면 이들 하전된 그룹은 원하는 분자의 에너지 상태를 다른 형태로 전이시키는 역할을 한다. 예컨대 특정 단백질이 몇 가지 안정된 형태를 취할 수 있지만 그 중 하나는 전반적으로 낮은 자유 에너지 상태에 있을 수 있다. 인산기와 같은 전하를 첨가하면 자유 에너지 평형이 깨지면서 자유 에너지가 가장 낮은 상태가 된다. 예를 들어보자. 효모의 단백질 Ste5는 막에 붙을 수도 떨어질 수도 있는 분자이다. 어떤 상태에 있느냐에 따라 효모가 교미 신호에 반응할 수도 있고 MAPK 신호 전달에 관여할 수도 있다. 인산화가 Ste5의 상태를 결정한다. 인산화되면 단백질의 막 결합 에너지가 줄어서 6 kJ/몰(2 k_BT, BNID 105724)이 되고 인산화된 상태와 그렇지 않은 상태의 친화도 비가 20으로 커진다. 인산화되면 전사 인자 Ets1이 DNA에 달라붙는 결합 친화도 에너지가 1.6 kJ/몰(0.7 k_BT)로 줄어든다. 그러면 결합 상수가 약 두 배 늘어난다(BNID 105725).

인산기가 단백질 표지에서 에너지 운반체로 넘어갈 때는 이 그룹이 떨어져 나갈 때 유리되는 에너지의 양을 이해해야 한다. 그 에너지 양은 인산기가 어떤 분자에 붙어 있는지에 따라 달라진다. 일반적인 대사체에 붙어 있는 인산기가 떨어져 나갈 때 에너지는 사안에 따라 큰 차이가 난다. 예를 들어 PEP의 가수 분해 과정에서 나오는 에너지는 60 kJ/몰(24 k_BT)인데 반해 포도당-6-인산에서 인산이 분리될 때는 13 kJ/몰(5 k_BT, BNID 105564)이다. **표 3-3**에 인산 결합을 포함하는 반응의 에너지를 정리하였다. 열역학적 특성을 띠는 데이터들, 말하자면 생화학 반응의 깁스 표준 에너지는 eQuilibrator database에서 확인할 수 있다(http://equilibrator.weizmann.ac.kl/). 이런 차이는 해당 작용과 TCA 회로, 세포의 에너지 그리고 탄소의 여정에서 발생하는 에너지 변환 반응의 정수이다. 그것으로 설명할 수 있는 현상들은 무엇이 있을까? 이런 그룹이 함유하는 에너지 양을 예측할 수 있는 어림짐작법은 없는 것일까?

인산과 결부된 다양한 깁스 표준 에너지 차이는 부분적으로 결합 유형의 변화로 설명할 수 있다. **그림 3-15**에 몇 가지 양상을 그려보았다. 인산기에 또 다른 인산기가 붙은 것이 한 가지 형태다(무수 인산 결합이라고 부른다). 반면 인산기가 알코올에 결합한 것은 또 다른 형태다(인산 에스테르 결합이다). 이를 이해하는 순진한 방법은 탄소 주변의 수소가 있으면 보다 "전자가 풍부"하며 가수분해가 잘 진행되지 않는다. 반면에 인산기나 카르복실산기에서는 이중 결합의 탄소가 산소에 붙어 있기 때문에 "전자가 결핍"된 상태이다. 따라서 인산기의 결합은 "전자 결핍" 상태를 유도하고 불안정하며 가수 분해할 때 보다 많은 에너지가 나온다. 보다 정량적인 설명은 결합 물질의 pK_a값에 기초하지만 상세하게 설명하려면 양자 역학을 빌어 분석을 해야만 한다.

반응	가수분해하는 동안 깁스의 자유 에너지 ΔG_r^0(kJ/mol)
무수 인산(산–산) 결합의 가수분해	
ATP + H_2O → ADP + phosphate	−31 (−13 k_BT)
ADP + H_2O → AMP + phosphate	−31 (−13 k_BT)
ATP + H_2O → AMP + PPi	−38 (−16 k_BT)
PPi + H_2O → 2 phosphate	−24 (−10 k_BT)
인산에스테르(알코올–산) 결합의 가수분해	
glucose 6-phosphate + H_2O → glucose + phosphate	−12 (−5 k_BT)
3-phosphoserine + H_2O → serine + phosphate	−10 (−4 k_BT)
AMP + H_2O → adenosine + phosphate	−14 (−6 k_BT)
DHAP + H_2O → dihydroxyacetone + phosphate	−15 (−6 k_BT)
fructose 1,6-bisphosphate + H_2O → F6P + phosphate	−16 (−6 k_BT)
glyceraldehyde 3-phosphate + H_2O → glyceraldehyde + phosphate	−17 (−7 k_BT)
threonine phosphate + H_2O → threonine + phosphate	−19 (−8 k_BT)

표 3-3 서로 다른 인산 결합이 가수 분해될 때 깁스의 표준 에너지. 실험값을 제공하는 Equilibrator website에서 데이터를 얻었다. 유효숫자는 두 자릿수이다.

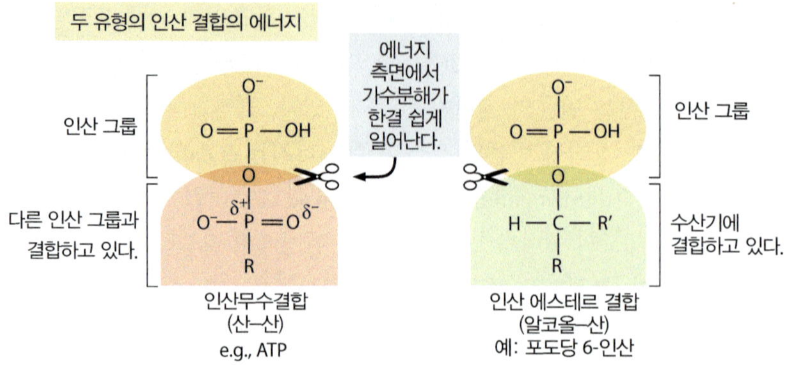

그림 3-15 인산 결합 두 종류의 에너지학. 무수 인산 결합은 불안정한 편이고 평형 상태에서 멀리 떨어져 있다. 따라서 물에 의해 가수 분해될 때 더 많은 에너지를 방출한다. ATP처럼 인산이 산-산 결합에 의해 다른 인산과 결합하는 경우도 그렇다. 인산이 카르복시산과 결합하는(아세틸인산) 경우에는 인산-인산 결합보다 더 많은 에너지를 방출한다.

예를 들어 신호 전달의 주체로서 ATP는 가수 분해되고 ADP와 무기 인산으로 변하면서 단백질 내부의 특정 아미노산을 인산화한다. 대부분의 경우 이런 인산화는 세린이나 트레오닌에 국한되기 때문에 인산기는 수산기에 달라붙는다. 또 인산화될 수 있는 아미노산은 티로신, 히스티딘, 아스파탐산이다. 그러나 히스티딘과 아스파탐산은 원핵세포가 애용하는 신호 전달계의 두 요소이다. 인산기의 전이를 담당하는 단백질은 인산화효소이고 에너지 면에서 문제가 없다. 탈인산 효소는 그 반대 과정을 매개하며 단백질에서 인산기를 떼 낸다. 탈인산화 반응은 열역학적으로 문제가 없다(비록 활성화 단계가 필요하기도 하지만). 왜냐하면 단백질의 인산 결합이 평형과는 거리가 먼 상태이기 때문이다. 생화학자들의 언어로 말하면 ATP로부터 인산기를 떼 아미노산에 전달하는 것은 ATP 가수 분해를 통해 얻는 에너지의 거의 절반에 해당한다.

마지막으로 우리는 "ATP 가수 분해 과정에서 유리되는 에너지는 얼마인가"라는(182쪽) 주제에서 살폈던 내용을 다시 반복하겠다. 자유 에너지 전위는 평형상태에서 얼마나 멀리 떨어져 있는지를 나타내는 지표이며 농도 의존적이다. 직관에 반하는 것 같지만 우리는 결합의 에너지가 분자의 농도에 의존한다는 사실을 강조한다. 평형 상태에서는 모든 변환의 에너지가 0인 상태의 농도이다. 심지어 에너지가 풍부하다는 ATP의 가수 분해도 마찬가지다. 사실 주변 환경과 평형 상태에서 벗어나 있는 경우에만 ATP 분자는 에너지를 가진다.

포도당이 연소할 때 생성되는 에너지는 얼마인가?

인간처럼 세균도 그들이 좋아하는 음식이 있게 마련이다. 아름답지만 심오한 여러 종류의 실험을 통해 자크 모노는 몇 가지 탄소 공급원을 제공했을 때 세균이 자신이 선호하는 탄소를 먼저 소비한다는 사실을 밝혔다. 그런 연후에야 다른 탄소원을 소비하는 유전자를 만들기 시작한다. 대장균과 같은 세균이 좋아하는 음식물은 포도당이다. 생화학을 공부하는 모든 학생들에게 유명 짜한 이 탄수화물은 해당 작용의 시작 물질이다.

산소에 의해 포도당이 완전히 산화되어 이산화탄소로 변할 때 유리되는 자유에너지는 약 –3,000 kJ/몰이다(BNID 103388, http://equilibrator.weizmann.ac.kl/classic_reactions). 다른 단위로 환산하면 대략 –700 kcal/몰 또는 –1,200 k_BT이다. 여기서 kcal은 사람들이 흔히 칼로리라고(대문자 Calorie) 하는 단위이다. 이 장을 시작하면서부터 죽 보아왔던 생물학적 에너지 규모에 비해 아마 훨씬 큰 값일 것이다. 이 값이 어느 정도나 되는지 이해하기 위해 이 반응으로 할 수 있는 일을 알아보자. 탄수화물이 산화되어 방출된 에너지가 어느 정도의 일을 할 수 있는지는 포도당 연소 과정에서 만들어지는(ADP와 P_i로부터) ATP의 숫자를 통해 알아볼 수 있다. 다른 말로 ATP는 세포의 산소 호흡의 생화학적 은어이다. 해당작용과 TCA회로, 포도당 한 분자로부터 유리되는 에너지와 맞물려 돌아가는 전자 전달계 등의 대사 과정을 거쳐 약 30개의 ATP 분자가 만들어진다(BNID 101778). 이 정도면 근육에서 분자 모터를 여러 번 움직이고 아미노산 여러 개를 붙여 펩티드를 만들기 충분한 양이다.

시리얼 박스에 적힌 문구에는 인간이 하루 약 2,000 kcal 열량의 영양소를 섭취하도록 권고한다. 순전히 포도당으로만 계산한다면 우리는 3몰의 포도당을 섭취하면 충분하다. 이 탄수화물의 화학적 구성은 $C_6H_{12}O_6$이고 분자량은 180 Da이다. 따라서 3 몰의 포도당은 약 540 그램이다. 설탕(포도당과 과당으로 구성된 이당류이다. 요즘 회자되는 고과당 옥수수시럽의 그 과당이다) 0.5 킬로그램을 퍼먹으면 그것을 연소해서 필요한 만큼의 에너지를 얻을 수 있고 "평균적인" 인간이 하루에 수행할 수 있는 일을 무리 없이 해치울 수 있다. 권장할 만한 방법은 아니지만.

이 정도의 포도당이 얼마만큼의 에너지에 해당하는지 감을 잡기 위해 연소에 의해 생긴 2,000 kcal의 열이 환경으로 흩어지는 대신 우리 몸 안에서라면 어떤 일이 생길지 생각해보자. 이 열량이 우리 몸 안에서 얼마만큼의 열로 변화할 수 있는지 살펴보겠다. 칼로리는 1 그램의 물을 1°C 올리는데 필요한 에너지로 정의된다. 체중이 70 킬로그램인 사람에게 탄수화물의 연소(ΔQ)를 통해 얻은 2,000 칼로리의 열량이 체온을 얼마나 올릴 수 있을까?

$$\Delta T = \Delta Q/(c \times m) = 2 \times 10^6 \text{ cal}/(1 \text{ cal/°C} \times \text{gram}) \times (70 \times 10^3 \text{ gram}) = 30\text{°C} \quad (3.21)$$

우리가 매일 먹는 음식물은 이 정도의 열량을 갖는다.

세포의 산화환원 전위는 얼마나 될까?

산화환원 전위는 자유 에너지 비용과 전자가 움직이는 반응의 방향성을 특징짓는 요소이다. 산화환원 반응은 가장 중요하고 보편적인 생화학 반응이다. 이런 산화-환원 반응은 자유 에너지 변화에 의해 규정되는데 산-염기 반응에서 사용되는 pK_a를 개념적으로 유용할 수 있다. 산-염기 반응에서는 양성자가 전자 대신 움직인다. 여기서 소개하는 내용은 이 책에서 가장 추상적인 부분일 것으로 생각된다. 하지만 우리는 산화환원 전위가 특정한 산화-환원 반응을 추진하는 동력이라는 측면에서 접근하겠다. 한편 pH와는 달리 전체 세포에서 단 하나의 산화환원 전위는 없다.

화합물의 산화환원 전위 또는 보다 정확히 말해 환원 전위는 전자를 확보하려는 경향성을 말하고 따라서 화합물은 환원된다. 기억을 돕기 위한 머리글자모임인 "OILRIG"을 떠올리는 독자가 있을지 모르겠다. 산화는 잃는 것이고 환원은 얻는 것이다(Oxidation is loss, reduction is gain). 여기서 잃고 얻는 것이 바로 전자이다. 다음과 같이 전자가 움직이는 반응을 생각해보자.

$$A_{ox} + ne^- \rightleftarrows A_{red} \quad (3.22)$$

산화 상태인 물질 A가 n개의 전자를 받아들여 환원 상태로 변화한다. 전자를 내 놓은 물질과 받는 물질 사이의 환원 전위차 ΔE는 이 반응과 결부된 자유 에너지의 차이와 관계가 있다.

$$\Delta G = nF\Delta E \quad (3.23)$$

n은 이동한 전자의 수이고 F는 패러데이 상수(96,485 J/몰/볼트 또는 약 100 kJ/몰/볼트)다. 표에 나와 있는 전위 값을 조사함으로써 전자가 움직이는 방

향에 대한 감을 얻을 수 있다. 반응의 방향을 알 수 있다는 말이다.

비록 ATP가 세포의 에너지 통화라는 말을 하지만 사실 세포의 에너지 균형을 위해서는 환원력을 지닌 물질의 중요성도 결코 뒤지지 않는다. 가장 중요한 전자전달 물질은 NAD^+의 환원형인 NADH이다. 우리는 산화환원 전위를 써서 분자 세계의 두 주역을 연결할 수 있다. NADH가(TCA회로에서 만들어진) 산화되면서 만들어 지는 ATP의 최대 숫자를 연역할 수 있다는 말이다. NAD^+와 NADH 쌍의 환원전위 E는 –0.32 V이고 양성자는 산소에 의해 산화되면서 물이 만들어진다(매질에서 양성자가 유입된다). 물이 만들어질 때 환원전위 E는 0.82V이다. **그림 3-16**에서 볼 수 있는 위 값들은 반쪽짜리 반응의 "환원 탑"에서 찾을 수 있고 전반적인 환원전위의 변화 및 자유 에너지를 알 수 있다. 위에서 언급한 내용, 즉 산소에 의해 NADH가 산화되면서 생기는 최대 자유 에너지는 다음과 같다.

$$\begin{aligned}\Delta G = nF\Delta E &= 2\times 100\ \text{kJ/(mol}\times\text{V)}\times(0.82-(-0.32)\text{V} \\ &= 230\ \text{kJ/mol} = 90\ k_B T \qquad (3.24)\end{aligned}$$

운반되는 전자는 두 개이고 패러데이 상수는 100 kJ/몰/볼트이다. 정상 상태에서 ATP가 가수 분해될 때 자유에너지의 변화량은 50 kJ/몰이다. 따라서 228 kJ/몰은 최대 228/50 = 4.5개의 ATP를 만들 수 있다. 세포에서 NADH가 산화되는 동안 몇 단계의 호흡 과정을 거치면서 전기화학 전위를 거슬러 10개의 양성자를 막 너머로 보낸다(BNID 101773). 양성자를 운반하는 것도 생화학적 에너지를 포획하는 또 다른 방법이다. 이 에너지는 ATP 합성 효소가 2~3개의 ATP를 만드는데 사용한다. 따라서 우리는 NADH에서 전자가 산소로 전달되는 동안 전자가 가진 약 반 정도의 에너지가 ATP에 보존된다고 생각할 수 있다. 전자는 한 방향으로 움직이면서 ATP를 만들기 위해서는 에너지 일부가 "소모"되어야 한다. 계가 평형을 벗어나야 하기 때문이다.

우리는 왜 반쪽짜리 반응의 환원 전위에 대해 얘기하면서 전체 반응의 자유에너지에 대해서는 언급을 피할까? 단위 자체는 실험실에서 전압 차이를 측정했다는 전기화학 분야의 특성에서 비롯된다. 다시 말하면 전위차는 각각의 전자 전달자가 담긴 두 용기 사이의 전압차로 표현되는 것이다. 순반응은 전압으로 마감된다는 특성을 갖는다. 반쪽 반응의 환원전위는 서로 다른 전자주개와 전자 받개 사이에 여러 조합이 가능하고 특정 반응이 진행되는데 열역학적으로 무리가 없는지 혹은 얼마만큼의 에너지를 얻을 수 있는지 알

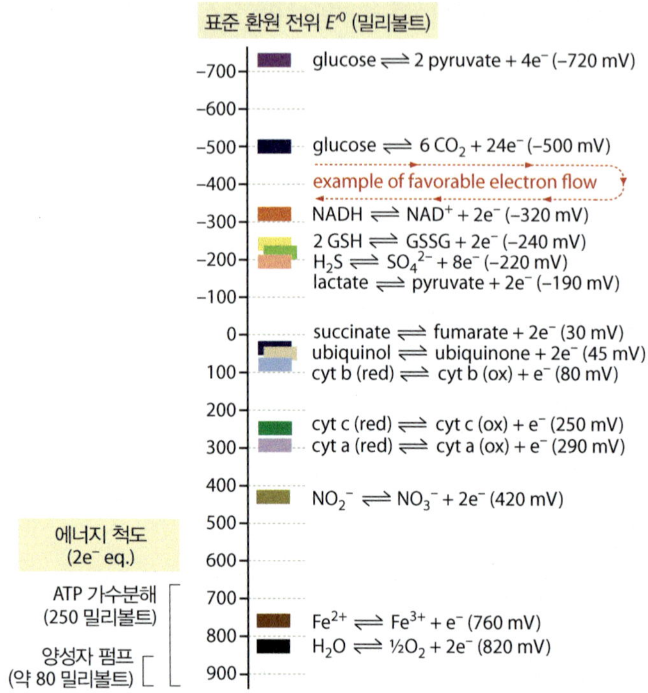

그림 3-16 "산화환원탑"은 대사과정의 반쪽짜리 반응의 산화환원 전위를 보여주고 있다. 대사 과정은 분자 사이에 전자가 움직이는 것으로 생각할 수 있다. 해당과정이나 호흡에서처럼 에너지가 높은 상태에서 낮은 상태로 전자가 움직일 때 방출된 에너지를 포획할 수 있다. 탑의 위쪽에 있는 반쪽짜리 반응에서 나온 전자는 탑의 아래쪽 반쪽짜리 반응에 사용되고 열역학적으로 무리가 없이 반응을 종결시킬 수 있다. 예를 들어 포도당이 피루브산으로 산화되는 해당작용의 전 과정은 NAD^+가 NADH로 환원되는 반응과 짝을 이뤄 진행된다. 포도당의 산화가 탑의 위쪽에 놓여 있고 NAD^+의 환원이 그 아래 있기 때문에 전체적인 반응은 열역학적으로 문제가 없다. ATP 가수분해의 크기와 비교하면(왼쪽 아래) 위 반응이 ATP를 생성하기에 충분하다는 것도 알 수 있다. 호기성 호흡은 전자전달 사슬을 구성하는 여러 개의 전자전달 중간체를 가지고 있다. 숙신산이 산화되어 푸마르산으로 전환되는 반응은 미토콘드리아 내막에서 유비퀴논이 유비퀴놀로 환원되는 반응과 짝지어진다. 전자전달 중간체는 그 자체가 열역학적으로 무리가 없어야만 호흡이 순조롭게 진행될 수 있는 것이다. "ATP 가수분해의 (에너지)크기"와 비교하여 우리는 전자전달계에서 일어나는 개별적인 전환 반응은 ATP를 생성하기에 충분치 않다는 점을 알 수 있다. 그렇지만 세포 혹은 미토콘드리아 막을 거슬러 양성자를 운반하는 데는 문제가 없다. 바로 이 점이 화학 삼투chemiosmosis의 기초가 된다. ATP를 합성하기에는 모자라는 에너지를 여투어 세포는 이를 막을 거슬러 양성자의 기울기를 만들어낸다. 나중에 ATP 합성 효소는 양성자 기울기를 ATP의 무수인산 반응으로 전환하며 저 에너지를 ATP를 합성하는데 사용한다(Avi Flamholz).

수 있다는 점에서 유용하다. 만일 k가지의 환원 전위를 가진 k개의 가능한 전자 전달 화합물이 있다면 k^2개의 반응이 가능한지 아닌지 예측할 수 있는 것이다.

용액의 pH처럼 우리는 세포의 환원 전위에 대해서도 같은 말을 할 수 있을 것이다. 어떤 반응에서 산화 혹은 환원된 화합물의 농도를 알면 다음과 같은 식을 세울 수 있다.

$$E = E_0 - RT/nF \times \ln[A_{red}]/[A_{ox}] \quad (3.25)$$

이런 반응식(네른스트 방정식이라고 한다)을 써서 우리는 표준 조건이(정의상[A_{red}]와 [A_{ox}]가 같다) 아니라 세포 내부의 전형적인 농도 조건에서 환원전위를 계산할 수 있다. 예를 들어 전자를 NAD^+에 전달한다고 하자. 전자를 받은 환원형은 NADH이다. 미토콘드리아 기질 안에는 산화형이 10 배 더 많다고 알려졌다(**표 3-4**, BNID 100779). 이 경우 $RT/nF \times \ln[A_{red}]/[A_{ox}]$는 30 밀리볼트이고 환원전위는 –0.32 볼트에서 –0.29 볼트로 바뀐다. 산화형이 많은 실제 조건에서 얻은 값이 의미 있으려면 산소에 의해 NADH가 산화되는 경향이 다소 줄어들어야 한다. 따라서 이전보다 전자를 받는 짝인 산소와 물의 환원 전위에 가까워진다.

세포는 서로 다른 산화환원 짝들이 서로 느슨하게 짝지어진 비평형계이다. 따라서 함께 이들 짝 사이에 존재하는 서로 다른 산화환원 전위가 형성된다. 산화환원 짝에서 이들이 계속해서 만들어지고 또 소모된다면 A_{red}와 A_{ox} 또는 B_{red}와 B_{ox}가 서로 변환되는 양보다 훨씬 많을 수 있다.

$$A_{red} + B_{ox} \rightleftarrows A_{ox} + B_{red} \quad (3.26)$$

조건	[NADH]/[NAD+]	[NADPH]/[NADP+]	[NADPH]/[NADP+]/[NADH]/[NAD+]	BNID
		대장균		
포도당/산소	0.13	1.3	10	105427
포도당	0.19	6	30	108042
초산	0.03	60	1900	104679
포도당/무산소	0.5	14	30	108042
	0.9	2.6	3	108044
각종 배양액의 평균	0.05	0.8	16	108108
		생쥐		
배아 섬유아세포	0.4	3.3	8	108105, 108106
		쥐		
당뇨성 백내장 직전 수정체	0.008	24	3000	108110, 108109
		전형적인 조건에서		
미토콘드리아 기질	0.1	100	1000	100779
		시금치 잎		
pH 7.2, light	0.0005	3.3	7000	108117, 108115
pH 7.2, dark	0.0007	4.0	6000	108118, 108115

표 3-4 대표적인 전자 주개NADH, NADPH, 받개NAD^+, $NADP^+$ 쌍의 농도 비. 보다시피 $NADH/NAD^+$는 상대적으로 산화되었고 NADPH/NADP+는 환원되어 있다.

그러면 A와 B는 매우 다른 환원 전위를 갖게 된다. 그 결과 세포의 전체적인 산화환원 전위를 정의하기가 힘들어진다. 세포 내부를 구성하는 성분마다 환원 전위가 서로 다를 것이기 때문이다. 반면에 세포(혹은 세포 내 소기관)의 pH는 잘 정의된다. 물이 보편적인 용매로 작용하고 그것이 산-염기 반응을 맺어 주는 까닭이다. 분자의 화학 전위로 알려진 평형 상태에 쉽게 도달하기 때문이다.

세포의 특정 부위에 산화환원 짝이 있을 때 두 형태의 농도 비율을 안다면 산화환원 전위를 구할 수 있다. 빠르게 전자를 교환하는 화합물들은 상대적으로 평형 상태에 있고 따라서 비슷한 산화환원 전위를 갖는다. 이런 결론이 어떤 의미를 갖는지 다양한 세포 반응에 참여하는 핵심 분자가 많은 화합물의 산화환원 상태와 결부되어 있는 현상을 생각해보자. 세포 속의 글루타치온이 그런 역할을 하는 화합물이다. 이들은 단백질을 구성하는 시스테인에 들어 있는 티올(황을 포함하는) 결합의 산화와 환원에 관여한다. 글루타치온은 세 개의 아미노산이 결합된 짧은 펩티드로 중심에 있는 시스테인이 환원 상태면 GSH, 산화상태면 두 개의 글루타치온의 두 시스테인이 결합하고 있다(GSSG). 글루타치온의 반쪽 반응은

$$2GSH \rightleftarrows GSSG + 2e^- + 2H^+ \qquad (3.\ 27)$$

짝이 되는 나머지 반쪽 반응은 보통 단백질 수용체의 황 결합이 "열리는" 것이어서 글루타치온이 계속 활동하는 한 단백질은 환원 상태로 유지된다. 글루타치온은 전자를 강하게 끌면서 화합물을 산화시키는 반응성 좋은 물질을 중화시키는 역할도 떠맡는다. 이런 반응성 화합물은 산화 스트레스 상태에서 빈번하게 만들어진다. 호흡이나 광합성 과정에서 전자가 전달될 때 용량의 한계를 넘어선 경우 흔히 발생하는 반응성 물질을 통칭해서 활성 산소종 ROS라고 부른다. 활성 산소는 세포 내부를 교란하고 노화의 여러 과정에 편입된다. 글루타치온의 이중적인 역할은 단백질이 적절히 접히도록 하는 일 그리고 활성 산소를 억제하는 일이다. 세포 내에 상대적으로 많은 양이 존재하고 전자를 잘 전달하기 때문에 글루타치온은 세포의 산화와 환원 상태를 조절하는 최우선의 역할을 담당한다. 세포 내부의 글루타치온 농도는 10 밀리몰이다(BNID 104679, 104704, 111464). 세포 내에서 두 번째로(첫번째는 글루탐산이다) 풍부한 대사 물질이다. 따라서 글루타치온은 산화환원을 조절하여 단백질의 기능을 보전하는 주요한 요소가 된다. 세포 기능을 유지하는 또 다른 전자쌍도 있다. 광합성에서 동화 반응에 참여하는 $NADP^+$/

NADPH 짝이다. 반면 이화반응에는 NAD^+/NADH가 참여한다.

살아 있는 세포에서 환원전위는 어떻게 측정할까? 형광 단백질 혁명이 산화환원 전위 연구에서도 여전히 위세를 떨친다. 시스테인 아미노산을 집어넣어 형광에 영향을 끼치도록 표지한 GFP 단백질이 산화환원에 민감하도록 조작한 뒤 이 단백질이 글루타치온에 의해 환원되도록 한다. **그림 3-17**에서 보듯 세포 부위에 따라 글루타치온의 산화환원 전위가 다름을 알 수 있다.

다양한 조건에서 각기 다른 세포 내 소기관에서 글루타치온의 산화환원 상태를 측정함으로써 우리는 산화형과 환원형의 비율을 추론할 수 있다. 소포체 혹은 자살하는 세포에서 산화환원 전위는 −170 밀리볼트이고 나머지 소기관 혹은 성장하는 세포에서 그 값은 −300 밀리볼트다(BNID 103543, 101823, 111456, 111465). 글루타치온의 표준 산화환원 전위가 −240 밀리볼트임을 감안하면(BNID 111453, 111463) 산화형과 환원형의 비율은 얼마나 될까? 네른스트 방정식을(또는 볼츠만 분포와 같은 개념을 끌어들이면) 이용

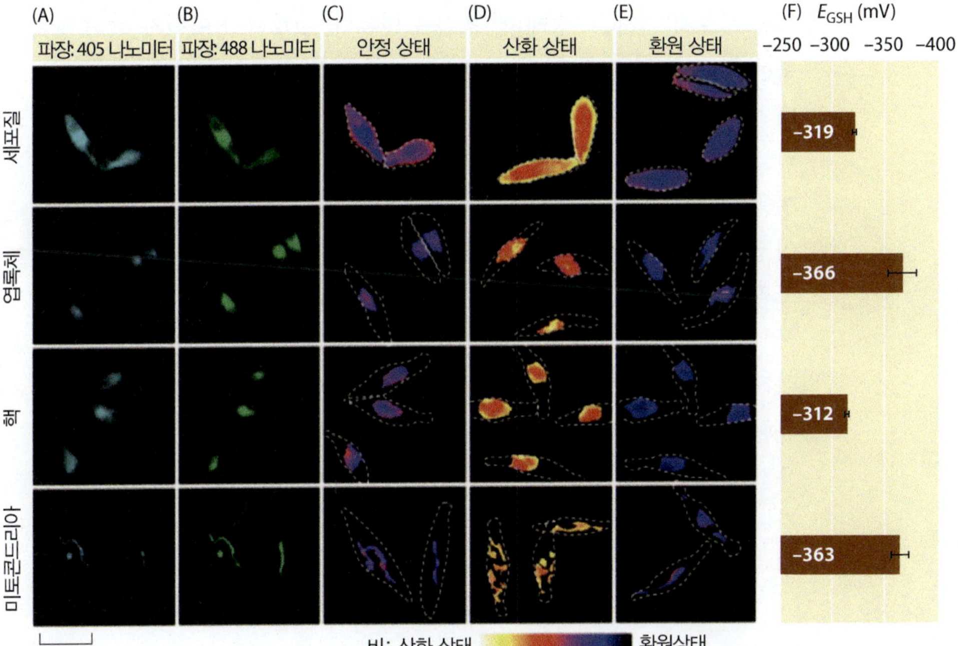

그림 3-17 규조류 세포 내 소기관의 글루타치온의 산화환원 전위. roGFP를 발현시킨 규조류 세포를 형광 현미경으로 관찰한 것이다. 두 종류의 입사파장 형광(A, B)을 나누어 그 비율을 조사했다(C). 값을 보정하기 위해 강한 산화제(150 밀리몰 과산화수소)와 환원제(1 밀리몰 DTT)를 처리했다(D, E). 점선의 세포의 바깥쪽 경계이며 광학 현미경 이미지에 근거를 둔 것이다. (F) 평형 상태에서 글루타치온의 산화환원 전위(EGSH, mV)는 네른스트 방정식에 대입하여 계산했다. 소기관의 pH에 따른 산화 상태를 고려한 것이다(van Creveld SG [2015] ISME J, 9, 385-395).

하면 생성물과 반응물의 비가 10배 차이가 나고 그때 자유 에너지는 대략 6 kJ/몰(2 $k_B T$)이다. GSH/GSSG 반응에서 두 개의 전자가 움직인다면 그 농도비는 30 밀리볼트에 맞먹는다. 비록 화학양론적으로 두 분자의 글루타치온이 합쳐서 하나의 GSSG로 공유결합하기 때문에 근삿값이기는 하지만 어쨌든 저 정도다. 위에서처럼 100 밀리볼트의 변화에 해당하는 환원형과 산화형(죽어가는 세포의) 글루타치온의 농도 비율은 환원형이 산화형의 1,000배가 넘는다. 사실 대부분의 조건에서 산화형의 비율은 매우 낮지만 여전히 생리적으로 유효하다.

산화환원 반응에서 이동하는 물질이 여러 형태를 띤다는 점은 좀 혼란스럽다. 전자 전달계의 시토크롬의 경우 그것은 전자이다. 어떤 경우에는 전자와 양성자가 함께 움직인다. 조효소인 NAD^+/NADH에서는 두 개의 전자와 한 개의 양성자가 전달된다. 마지막으로 동일한 수의 전자와 양성자가 전달되기도 한다. 마치 수소가 자연적으로 전달되는 것 같다. 포도당이 산화되어 산소가 물로 환원될 때가 그런 경우다. 이때는 두 개의 수소가 전달되기 때문에 전자가 전달되는지 수소인지 양성자인지 되물어야 한다. 산화환원 전위는 정의상 오로지 전자의 '상태'에 초점을 맞춘다. 그렇다면 양성자는 어찌 해야 하는가? 또 전자 전달 연쇄 반응에서 어떤 중간체는 수소 양성자를 포함하는데 비해 그렇지 않을 중간체도 있을 때는 어찌해야 하는가? 답은 주변의 물과 그들의 pH에 있다. 어떤 pH에서 반응이 진행될 때 반응물은 그 pH와 평형을 이룬다. 따라서 양성자를 받거나 내놓은 것은 에너지와는 아무런 관련이 없다. 순전히 전자만 전달될 때 수용성 용액 자체가 양성자 풀에 "주차"하고 있다(이 표현은 매우 유명한 생화학 입문서인, 스티븐 로즈의 "생명의 화학"에서 빌렸다). 이렇게 머물던 양성자는 다른 단계에서 움직일 수 있다. 산화적 호흡의 마지막 과정에서 시토크롬 산화효소가 수용액에서 양성자를 차출한다. 물은 어디에나 있다고 가정하기 때문에 우리는 양성자를 고려할 필요가 없다. 그렇지만 pH 정보는 필요하다. 양성자를 내 놓을지 회수하려할지가 결정되기 때문이다. 바로 이런 이유로 우리는 수소의 주개, 혹은 받개 대신 전자를 내 놓고 받는 것 이상을 언급하지 않는다.

막 안팎의 전기 전위차는 얼마나 될까?

세포 내 가장 중요한 에너지 변환 반응 대부분은 콘덴서로써 막을 효과적으로 이용한다. 그 결과 에너지는 막 전위로 저장된다. 에너지를 회수하는 반

분획	전위차 (밀리볼트)	BNID
인간 적혈구	−10 to −14	104083
인간/쥐 신경의 휴지 전위	−40 to −80	101479,106527,106955, 106956,106104
오징어 축삭돌기 막	−60	104085
닭 배아 심장 근육	−70	104083
포유동물 골격근	−90	104084
쥐 간세포 미토콘드리아(정상적인 먹이)	−120 (−170 pmf)	101103
쥐 간세포 미토콘드리아(고지방 먹이)	−140 (−150 pmf)	101103
포도당 배지에서 발효하는 대장균	−110 (−120 pmf)	103386
호기성이고 영양분이 풍부한 상태의 대장균	−130 (−230 pmf)	107128
글리세롤 배지에서 자라는 대장균(호기성)	−140 (−160 pmf)	103386
호기성이고 영양분이 풍부한 상태의 황색포도상 구균	−130 (−210 pmf)	107128
니텔라 조류	−140	104083

표 3-5 생물학적 막의 전기 전위차. 음의 값은 밖이 안보다 양이온이 많다는 뜻이다. pmf는 양성자를 운반하는 힘이며 pH 효과도 포함된다. 배양액의 pH가 변화하면 세포가 하나인 생명체의 전기 전위는 pmf를 −100~−200을 유지하기 위해 변화한다.

응, 가령 광합성이나 호흡은 막을 가로질러 양성자를 내보낸다. 양성자가 다시 원위치로 돌아오면서 ATP가 합성되거나 다른 화합물이 농도를 거슬러 막을 건너가기도 한다. 미토콘드리아에서 이 전위차는 약 160 밀리볼트 정도고(BNID 101102, 101103) 대장균은 약 120 밀리볼트다(BNID 103386). 막 안팎 두 공간의 pH까지 고려하면 그 값이 1 차이가 날 때 약 60 밀리볼트가 추가된다. 이 두 가지 전위차가 양성자를 움직이는 힘이다. 전기와 농도 차이의 합, 둘을 합쳐 양성자-구동력이라 부른다. 이것이 막에 기초한 에너지 변환 반응을 추동하는 힘이다(예컨대 엽록소). 여러 종류의 세포에서 전위차의 예를 **표 3-5**에 실었다. 표의 단위를 좀 익숙한 것으로 바꾸면 전위차 V를 qV로 할 수 있다. 여기서 q는 전위차를 건너 움직인 전하이다. 막 평균 전위, 100 밀리볼트에 전자의 전하량 1×10^{-19} 쿨롱을 곱하면 에너지 단위인 1.6×10^{-20} J이 된다. 다음 식을 떠올려보자.

$$k_B T = 4 \text{ pN nm} = 4 \times 10^{-21} \text{ J} \tag{3.28}$$

이제 막 전위차의 에너지가 얼마나 되는지 짐작할 수 있다.

$$100 \text{ mV} = 4\ k_B T \tag{3.29}$$

비록 우리가 매일매일 경험하는 수백볼트 전압차에 익숙하지만 이 값은 현미경적 구조물을 생각하면 그리 인상적이지는 않다. 단순한 방법은 이 전압을 그에 상응하는 전기장으로 변환하는 것이다. 사실 현미경적 규모에서 전기장의 세기는 무척 크다. 이들 값을 가늠하기 위해 우리는 전압차를 그것이 작동하는 부위의 길이로 나눌 것이다. 예를 들어 4 나노미터 두께의 막에 120 밀리볼트가 걸린다면 그것은 30 kV/mm(BNID 105801)이고 일반적인 전구의 세기와 같다. 막에 구멍을 만들어 DNA를 세포 안으로 집어넣을 때 흔히 사용하는 전기 천공법에서는 막 주변에 300~400 밀리볼트(BNID 106079)의 전위차를 걸어준다. 따라서 우리는 전위차가 100 밀리볼트를 넘는 미토콘드리아나 대장균의 막에는 구멍을 낼 수 있을 물리적 한계의 절반에 해당하는 양이라고 볼 수 있다.

이런 전위차를 만들어내기 위해 몇 개의 양성자를 뿜어내야 할까? 비록 다른 종류의 이온들도 두루 관여하기는 하지만 너그럽게 막 전위차가 순전히 양성자의 운반으로만 구성된다고 가정하자. **어림짐작 3-5**에서 우리는 주먹구구식 계산을 하면서 세포막을 평평한 콘덴서라고 간주했다. 평평한 판 면적당 전하의 농도는 다음과 같은 식에 의해 전압차와 연관된다.

$$\sigma = V\varepsilon_r\varepsilon_0/d \tag{3.30}$$

여기서 d는 막의 폭(4 나노미터)이고 $V\varepsilon_r$, ε_0는 상대적 그리고 진공에서의 유전율이다. 전체 전하 q는

$$q = \sigma A/e \tag{3.31}$$

A는 표면적이고 대장균의 경우 5 제곱마이크로미터이다. e는 전자의 하전이

막 전압을 형성하기 위해 필요한 양성자의 수

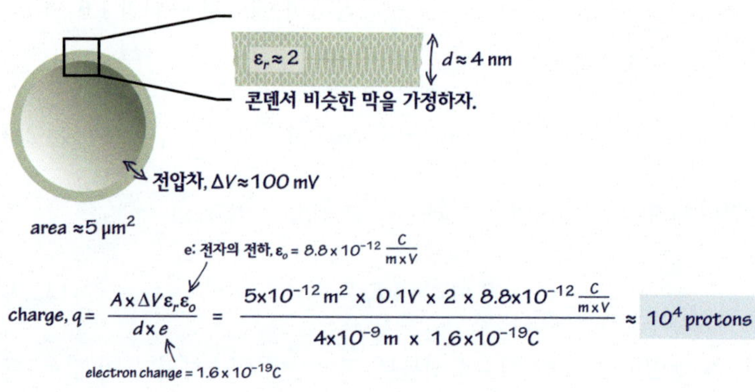

어림짐작 3-5

다. 이중층의 상대적인 유전율(유전상수)은 대략 2이다(BNID 104080). 모든 숫자를 대입하면 전체적으로 10^4개의 양성자가 필요하다(어림짐작 3-5). 이는 막의 정전용량이 1 μF/cm2(BNID 110759)인 사실과 맥락이 닿는다. 소제목 "세포가 소비하는 에너지는 얼마나 되는가?"(바로 아래)에서 살펴보겠지만 대장균은 세포 주기가 진행되는 1,000초 동안 10^{10}개의 ATP를 사용한다. 따라서 소비 속도는 10^7 ATP/초이다. 하나의 ATP를 만들고 막 전하를 유지하는데 4개의 양성자가 필요하다. 지속적으로 공급이 원활하지 않다면 10^4개의 ATP도 만들지 못할 것이다. 이 정도라면 정상적인 세포 내부에서 1 밀리초 만에 고갈되고 만다.

똑같은 수를 보는 다른 방법은 가히 놀라운 식견을 제공하는데 막을 두고 분리되는 전하와 세포 내부 이온 전체의 비율을 따져보는 것이다. 앞에 들어가는 말에서 우리가 대장균 세포의 부피를 어림짐작하면 1 나모몰은 대장균에 한 개의 분자가 있는 것과 맞먹는다고 얘기했다. 그렇다면 대장균에 전체 이온의 농도가 100 밀리몰이라는 말은 대장균이 10^8개의 전하를 가진다는 뜻이다. 반면 막 안팎으로 전압차를 유지하기 위해 전체적으로 10^4개의 양성자가 필요하다고 계산했다. 그 양은 대장균이 가진 이온 만 개중 하나 꼴이다. 신경세포처럼 보다 큰 세포에서 이 비율은 더 줄어든다. 활동 전위를 유지하는 이온의 수는 전체 이온에 비하면 그리 많은 수치가 아니다. 세포가 전기적으로 중성에 가깝다는 반증일 수도 있다. 비록 전압차가 존재하기는 하지만 전체 이온의 상대적인 차이는 그리 크지 않다.

세포가 소비하는 에너지는 얼마나 되는가?

평형을 벗어난 구조인 세포의 특권적 지위를 박탈당하지 않으려면 끊임없이 에너지가 공급되어야 한다. 세포가 경영하기 위해 얼마만큼의 에너지가 필요한지 아니면 대사 공정을 거치는 동안 생산되는 열은 얼마인지 알기는 무척 어렵다. 실제로 세포가 사용하는 에너지를 측정하기는 쉽지 않지만 에너지 사용 속도를 짐작케 하는 그럴듯한 정의가 몇 가지 있다. 그렇지만 논란은 그치지 않고 앞으로도 계속 될 것이다. 여기서 우리는 이들 정의 몇 가지의 의미와 적절성을 살펴보고 어림짐작법을 써서 실제 측정한 값과 자릿수를 비교하겠다. 성장 배지가 무엇인지 얼마나 빠르게 자라는지 혹은 환경 요인이 어떤지에 따라 자릿수가 차이가 날 것이기 때문에 정확한 계산을 하지는 않겠다.

첫째 인간 성인이 100 와트의(100 와트는 100 J/s) 열을 발산한다는 얘기를 해보자. 밝은 백열등과 비슷한 것으로 사람들이 빼곡히 들어찬 방이 쉬 더워진다는 의미와 일맥상통한다. 100 와트라는 값은 매일 2,000 칼로리를 섭취한다고 가정한 뒤 계산한 값이다. "포도당을 연소했을 때 나오는 자유 에너지는 얼마인가?" 항목에서(188쪽) 살펴본 것이다. 어떤 사람의 체중이 100 킬로그램이라고 해보자(다이어트니 하는 말은 잊자. 어림짐작을 하기 위한 값일 뿐이다). **어림짐작 3-6**에서 우리는 킬로그램 당 약 1 와트의 에너지를 소비한다고 파악했다. 세포 수준의 단위로 변환했을 때 위 값은 10^{-15} 와트/세제곱 마이크로미터이다. 세균의 부피가 대략 1 세제곱 마이크로미터라는 점을 기억하자. 적혈구는 100 세제곱 마이크로미터, 접착형 포유동물 세포는 1,000~10,000 세제곱 마이크로미터다. 여기서 사용하는 에너지 소비의 정의는 열 생산의 속도에 기초를 둔다. 다른 정의도 살펴보자.

일차 배양한 인간의 섬유아세포가 소비하는 포도당의 양을 측정한 최근 연구를 통해 인간의 에너지 소비를 짐작할 수 있다. 분열하지 않는 섬유아세포는(부피가 알려지지 않은) 한 시간에 단백질 그램 당 1 밀리몰의 포도당을 소비하는 것으로 밝혀졌다(BNID 111474). 포도당이 타면서(포도당의 탄소가 산소와 결합하면서 이산화탄소와 물로 변한다) 내는 열량은 3,000 kJ/몰이다. "포도당이 연소할 때 생성되는 에너지는 얼마인가?"라는(188쪽) 소제목에서 살펴본 내용이다. 3,000 세제곱 마이크로미터 부피의 세포 안에 단백질의 양은 약 300 피코 그램이다. 따라서 약 3×10^9개의 세포는 약 1 그램의 단백질

인간과 세균의 에너지 생산성(속도)

power ≈ 100 W/person
mass ≈ 100 kg/person

$$\Longrightarrow P_{human} \approx 1\,\frac{W}{kg} \text{ at rest}$$

$$\text{빠른 속도로 자라는 대장균의 산소 소모량} \approx 30\,\frac{\text{mmol } O_2}{\text{g CDW} \times \text{hour}}$$

(CDW: cell dry weight)

$$\Delta G_{O_2\ respiration} \approx -500\ \text{kJ/mol}$$

$$P_{bacteria} \approx 30\,\frac{\text{mmol } O_2}{\text{g CDW} \times \text{hour}} \times 500\,\frac{\text{kJ}}{\text{mol } O_2} \times \frac{1\ \text{hour}}{3600\ \text{s}} \times 0.3\times10^{-12}\,\frac{\text{g CDW}}{\text{cell of 1 }\mu m^3\text{ volume}} \approx 10^{-12}\,\frac{W}{\text{cell}} \approx 1000\,\frac{W}{kg}$$

(0.3×10^{-12}: 세균의 무게 $\approx 10^{-15}$ kg)

어림짐작 3-6

이 포함되어 있다. 따라서 이 세포는

$$(3\times10^6\ \text{J/mol glucose})\times[(10^{-3}\ \text{mol glucose}/(\text{g protein}\times\text{h})\times(1\ \text{h}/3600\ \text{s})\times(1\ \text{g protein}/3\times10^9\ \text{cells}) = 3\times10^{-10}\ \text{W/cell} \quad (3.32)$$

만큼의 에너지를 필요로 한다. 이는 다음과 같은 양이다.

$$3\times10^{-10}\ \text{W/cell}\times3\times10^{11}\ \text{cells/kg}=100\ \text{W/kg} \quad (3.33)$$

이는 인간 몸통 전체를 기초로 예측한 것보다 100배나 많은 양이다. 아마도 섬유아세포는 인간의 다른 세포보다 대사적으로 활성이 높을 수 있다. 또는 이 100배 정도의 차이는 실험값의 정확성을 의심해볼 수 있게 한다. 데이터가 더 없다면 추적하기는 힘들 것이다. 우리는 비록 이 결과가 곤혹스럽지만 우리는 실험실 배양기에서 자라는 섬유아세포가 소비하는 에너지와 인체에 들어 있는 "평균적인" 세포가 소비하는 에너지 사이의 편차에 대한 과학적 질문을 해 볼 수 있을 것이다. 앞으로 좀 더 실험과 측정이 이루어져야 한다.

가끔은 에너지 단위를 ATP로 쓸 필요가 있다. 우리는 호흡 및 암세포의 발효 과정을 고려하여 포도당 하나당 약 20개의 ATP 분자가 나온다고 가정한다 (BNID 111475). 그러면 우리는 위의 숫자를 3,000 세제곱 마이크로미터 부피의 포유동물 세포가 1초에 10^9개의 ATP를 소모한다고 간주한다. 이 값을 안다고 뭐가 달라질까?

움직이는 세포를 생각해보자. 피부 상피 세포가 스스로를 끌면서 발(층상위족, lamellipodium)을 쭉 뻗어 나아갈 때(**어림짐작 3-7**) 이 과정에 많은 양의 에너지가 필요할 것이라고 가정하는 일은 자연스럽다. 그러나 그게 진짜일까? 다수의 진핵세포에서 이동은 주로 역동적인 액틴의 중합에 의해 매개되며 이때 한 분자의 ATP가 가수 분해되면서 액틴 한 분자가 중합된다. 액틴에 형광을 표지하면 움직이는 금붕어 상피세포에서 이 섬유는 세포가 움직이는 속도와 같은 속도로 중합화된다. 어림짐작 3.7에서 보듯 상온에서 초당 약 0.2 마이크로미터다(BNID 111060). 액틴 단위체 크기를 염두에 두고 초당 100개의 단위체가 중합화하여 액틴 섬유가 자라난다는 점을 생각하면 초당 100개의 ATP가 중합화에 조달된다. 그렇다면 세포가 움직이기 위해 몇 개의 액틴 섬유가 필요할까? 어림짐작 3.7처럼 금붕어 상피세포의 선단의 길이는 20 마이크로미터이고 대략 1 마이크로미터마다 200개의 액틴 섬유가 있으

액틴 단백질을 사용해서 이동할 때 필요한 ATP의 양

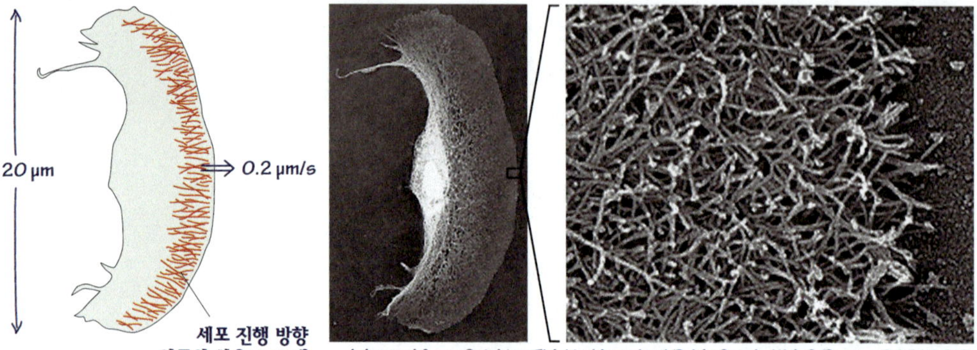

Adapted from Svitkina TM, Verkhovsky AB, McQuade KM, & Borisy GG [1997] *J Cell Biol* 139: 397-415.

$$\text{액틴 중합 속도} = 0.2\ \mu m/s \times \frac{1000\ nm}{1\ \mu m} \times \frac{2\ \text{monomers}}{5\ nm} \approx \frac{100\ \text{monomers}}{(s \times \text{filament})}$$

$$\text{필요한 ATP} = 20\ \mu m \times \frac{200\ \text{filaments}}{1\ \mu m} \times \frac{100\ \text{monomers}}{(s \times \text{filament})} \times \frac{1\ \text{ATP}}{\text{monomer}} \approx 4 \times 10^5\ \text{ATP/s}$$

어림짐작 3-7

므로(BNID 111061) 전부 4,000개의 섬유가 존재하는 셈이다. 세포가 나아가는 발 주변에서 주로 액틴의 중합화가 진행된다면 상피세포는 반드시 초당 $4{,}000 \times 100 = 4 \times 10^5$개의 ATP를 태워야 움직일 수 있다. 위에서 보듯 세포가 소비하는 ATP를 고려하면 세포가 움직이는데 쓰는 에너지는 극히 적은 부분이고 전체의 0.1 퍼센트에 불과하다. 에너지 비용을 계산하면서 우리는 세포의 에너지 예산에 대해 새로운 느낌을 갖게 된다.

인간의 세포에서 얻은 위의 결과를 세균의 에너지 소비와 어떻게 비교할 수 있을까? 경험적으로 우리는 세포의 산소 소비 속도를 추적한다. 포도당이 가미된 최소배지에서 자랄 때 산소의 소비 속도는 초당 30 밀리몰/그램 건조중량/시간(BNID 109687)이다. "포도당이 연소할 때 유리되는 자유 에너지는 얼마인가?" 항목에서(188쪽) 살펴보았듯 산소 호흡에서 1몰 산소 당 500 kJ의 열을 생산한다는 결과 및 어림짐작 3-6처럼 10^{-12} 와트/세포 = 1,000와트/킬로그램이라는 결과를 바탕으로 단위를 전환해보자. 실험 조건에서 세균 무게 당 에너지 소모량은 인간의 1,000배가 넘는다. 이와 비슷한 경향이 다른 생명체에서도 드러나는지 궁금해 할 독자를 위해 우리는 다음 소제목, "크기에 따라 대사 속도가 달라질까?"에서(204쪽) 좀 더 살펴보려고 한다. 아울러 세균이 움직일 때 필요한 에너지를 비교하기 위해 "모터 분자의 회전 주기는 무엇일까?"라는 항목을(254쪽) 준비했다.

다음에는 매우 빠르게 자라는 세균이 ATP를 얼마나 사용하는지 알아보자. 포도당 배지에서 자라는 세균은 건조 중량 그램 당 한 시간에 30 밀리몰의 산소가 필요하다고 말했다. 이제 인/산소 비율을 통해 이를 재조명해보자. 호흡하는 동안 산소 원자에 대비하여 ATP의 비율이 어떤지 살펴본다는 뜻이다(대략 2이다. 산소 1 분자당 3~5개의 ATP가 만들어진다, BNID 111461). 따라서 우리가 얻은 값 100 밀리몰 ATP/시간/그램 건조 중량은 10^7 ATP/s/세균 세포로 변환된다. 약 1시간이 걸리는 세포 주기가 진행되는 동안 1 세제곱 마이크로미터 부피의 세균 하나 당 10^{10}~10^{11}개의 ATP가 생산된다. 세포 하나가 둘로 나뉘는 동안 1시간이 걸리듯 새로운 세포를 만들기 위해 10^{10}개의 탄소 원자가 필요하다(BNID 103010). 세포가 생기는 동안 어림잡아 탄소 1개당 1개의 ATP가 새롭게 편입된다. 이 숫자의 의미는 무엇일까? 세균성 프로테오로돕신을 써서 에너지를 얻는 대장균을 생각해보자. 막에 박혀 있는 이 단백질은 빛에 노출되면 양성자를 퍼낸다. 표준적인 세균 막에는 약 10^5개의 이런 단백질이 포진하고 있다(BNID 111296). 분열하는데 한 시간(10^4초)가 걸리므로 세균은 매 초당 수백 번 양성자를 퍼내야 한다(10^5개의 단백질이 10^4초 동안 최소 10^{11}개의 양성자를 퍼내야 한다). 이 양성자는 ATP를 합성하는 기계에 동력을 제공한다. 만일 단백질이 이런 속도를 유지하지 못하거나 막에 이 정도 규모의 단백질을 포진시키지 못한다면 세포 대사를 충당하기 위한 에너지는 턱없이 부족해진다(BNID 111295).

세포는 이들 에너지를 소비하면서 어떤 일을 할까? 1970년 초반 세균의 "ATP 계정"을 확정하기 위한 연구가 진행되었다. 세균이 개별 세포 과정에 얼마만큼의 ATP를 소비하는지 목록을 세우는 작업이었다. 대사와 중합화 과정을 통틀어 정량이 가능한 과정은 빠르게 증식할 때 아미노산으로부터 단백질을 합성하는 단계였으며 이 과정에서 탄소원이 ATP의 주요한 공급원이었다. 개별 아미노산을 펩티드에 연결할 때 아미노산 한 분자 당 4개의 ATP가 필요하다. 세제곱 마이크로미터 당 2~4백만 개의 단백질이 있고 평균 길이가 300 아미노산이라면 세포 용적 세제곱 마이크로미터 당 4×10^9개의 ATP가 소모된다. 이 값은 이전 문단에서 등장한 10^{10}~10^{11}과 비교해 보면 단백질을 합성하는데 엄청난 에너지가 그야말로 줄줄 샌다고 결론을 내려야 한다. 그러나 더 놀라운 사실은 약 절반 정도의(BNID 102605) 세포 에너지가 세포의 건설에 필요한 과정이 아니라 막과 관련된 과정들, 즉 막 전위를 세우고 부수는 일에 사용되고 있었다. 세포 예산을 곰곰이 따져보는 작업은 흥미롭다. 예를 들면 대사적으로 별 소득은 없지만 번역 후 단백질에 인산기를 붙였다 떼었다 하는 과정이 그런 것들이다.

포유동물에서 ATP예산은 어떻게 쓰일까? 답은 물론 성장 조건이 어떤지 혹은 어떤 조직인지 등에 따라 다르다. **표 3-6**(BNID 107962)에서 우리는 마우스 조직이 주로 ATP를 사용하는 과정, 예컨대 단백질 합성, Na^+/K^+ ATPase(세포의 비활동성 전기 전위를 유지한다) 액티노미오신 ATPase(근육세포에서 작동된다), 그리고 미토콘드리아 양성자 유출 단계라는 사실을 확인할 수 있다. 신경세포에서는 액틴 단백질 회전율에 ATP를 거의 절반이나 사용한다(BNID 110642). 생체 발광 물질을 사용해서 살아 있는 신경 세포에서 ATP의 양을 측정할 수 있고 이를 시냅스의 활동과 연결 지을 수 있다. 이런 방법을 사용하면서 우리는 앞으로 세포가 에너지를 어떻게 사용하는지 눈으로 확인하게 될 것이다.

극지방의 영구 동토층 같은 극한 환경을 언급하면서 글을 마치려고 한다. 이 지역에는 지하 3000 미터, 온도가 0°C 이하에서 사는 세균이 있다. 불순물 때문에 물이 얼지 않지만 대사 속도는 엄청나게 느려서 빠르게 자라는 생명체보다 거의 백만 배 더디다(BNID 111454, 111455). 휴지 상태에서의 생존 대사라 불리는 이 과정에서 세균은 주로 손상된 거대 분자를 수리하는데 에너지를 사용할 것으로 예상된다.

조직	단백질 합성	Na^+/K^+ ATPase	Ca^{2+} ATPase	기타
간	20%	5–10%	5%	포도당 신생(15–40%), 기질 회전율(20%), 양성자 유출(20%), 요소 합성(12%)
콩팥	6%	40–70%	—	포도당 신생(5%)
심장	3%	1–5%	15–30%	액티노미오신 ATP 합성효소(40–50%), 양성자 유출(15% max)
뇌	5%	50–60%	significant	대뇌 피질 한 개의 활동전위를 유지하기 위해서는 10^8–10^9개의 ATP가 필요하다.
골격근	17%	5–10%	5%	양성자 유출(50%), 미토콘드리아가 아닌 부위에서(14%)

표 3-6 표준 조건에서 랫 조직이 소비하는 전체 산소량 중에서 주요한 산소 소비 과정의 분포(BNID 107962). 유효숫자는 한 자릿수이다(Rolfe DF and Brown GC [1997] Physiol Rev, 77, 731-758).

크기와 대사 속도는 무슨 관계가 있을까?

공학 혹은 물리학의 시각으로 생물학을 보면 정량화하고 일반적인 법칙을 찾고자 하는 욕구가 생긴다. 이런 욕망은 서로 다른 생명체가 소비하는 에너지량은 얼마인가로 초점이 향한다. 이른바 대사 에너지 소비 속도라 불리는 것이다. 예를 들면 에너지와 일의 규모에 관한 것들이다. 무생물체에서 생성된 에너지는 물체의 표면을 통해 사라진다. 면적이 에너지 유입의 단위이다. 표면적을 A, 반지름을 R이라 하면

$$A \sim R^2 \tag{3.34}$$

동시에 부피V는 R^3 단위다. 밀도가 밀정하다고 가정하면 이 식은 질량으로 표현할 수 있다. 따라서 표면적은

$$A \sim M^{2/3} \tag{3.35}$$

질량 당 에너지 생산B인 B/M의 단위는 어떨까? 위에서 가정한 바에 의하면 표면을 통해 에너지는 일정한 속도로 소실된다. 따라서 전체 에너지는 A에 비례한다. 다시 말하면 $B \sim A$이다. 양변을 M으로 나누면 A를 M으로 표현하면 다음 식을 얻는다.

$$B/M \sim A/M \sim M^{2/3}/M \sim M^{-1/3} \tag{3.36}$$

에너지 변환에 관해 생각하면서 얻은 이런 단위가 생물계에서도 여전히 유효할까?

생명체의 대사 속도는 조건에 따라 달라진다. 따라서 우리가 여러 생명체를 진솔하게 비교하려면 먼저 합당한 대사 속도가 어떤 것인지 규정해야 한다. 극단적인 예는 비행하면 산소의 소비가 증가하고 그 에너지 소비가 기초 대사의 1,000배를 훌쩍 넘는다는 사실에서 엿볼 수 있다(BNID 110031). 마찬가지로 우리가 투르 드 프랑스 사이클 경기에 참여한다면 하루 10,000 칼로리를 소비한다. 얼추 기초 대사량의 5배에 필적한다. 그렇기 때문에 우리는 일반적으로 기초 대사를 서로 비교한다. 기초 대사 속도란 잘 먹지만 활동이 활발하지 않을 때의 대사량이다. 눈치 빠른 독자들은 느꼈겠지만 모든 동물이 쉬는 상태에 있는지 확인하기는 무척 어렵다. 범고래를 예로 들자. 대사 속도는 에너지 소비 속도로부터 계산하지만 그 양은 에너지 생산 속도 혹은

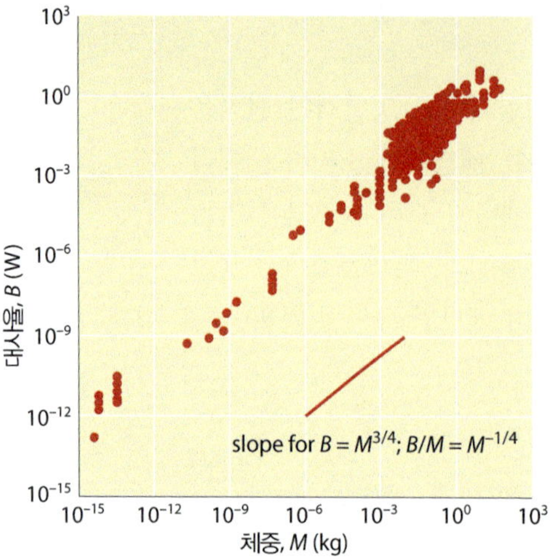

그림 3-18 생체 대사율과 체중의 상관 관계. 대사율은 20℃에서 측정한 값이다(Gillooly JF [2001] Science, 293, 2248-2251).

산소의 소비와 같다는 가정을 바탕에 깔고 있다.

동물의 관찰을 토대로 클라이버의 법칙이 만들어졌다. 체중 당 기초 대사량B/M을 체중으로 표현하면 $M^{-1/4}$이다. 유명한 이 식은 **그림 3-18**에 도식화하였다. 표면적에 근거한 에너지 전달의 단위와 비슷하게 클라이버의 법칙은 단위 중량 당 무거운 동물이 에너지를 덜 필요로 한다고 제안한다. 그리고 지수는 위에서 가정한 –1/3과 조금 다르다. –0.33과 –0.25의 차이는 크지 않지만 데이터는 동물의 기초 대사 법칙은 상당히 정확함을 알 수 있다. 계층적인 연결망에 에너지를 공급하는 대부분의 모델, 예컨대 조직이 에너지를 생산할 때 필요한 산소를 공급하는 신체 내부의 혈관도 이 법칙을 따른다. 어떤 단위가 적합할지 감을 잡기 위해 예를 들자. 100 킬로그램의 인간은 하루 100 와트의 에너지를 쓴다. 킬로그램 당 1와트이다. 체중이 10 그램인 마우스는(체중이 예로 든 인간의 만분의 1이다) $(10^{-4})^{-1/4}$배 증가 되어야 할 것이다. 결과는 10, 따라서 마우스 킬로그램 당 10 와트가 필요하다. 세균의 무게는 10^{-15} 킬로그램이니까 인간보다 10^{17}배 차이가 난다. 계산하면$(10^{-17})^{-1/4}$, 대략 킬로그램 당 10,000배 많은 에너지를 필요로 한다. 열배에서 천배에 이르는 이러 규모의 차이는 "세포는 얼마나 많은 에너지를 필요로 하는가?"라는 소주제와(199쪽) 밀접하게 관련이 있다. 그렇지만 그림 3-18에서 알 수 있듯이 단세포 생명체의 값은 포유동물의 그것과 비교했을 때 무게의 차이를 고려해야 한다.

최근 들어 과학자들은 체중의 범위가 10^{20}에 걸친 3천종이 넘는 거의 모든 생명체를 비교하면서 얻은 생명체의 기초 에너지 요구량을 분석했다. 클라이버의 법칙과 달리 최근 결과는 비교적 적은 범위에서 편차를 나타내었다. 대두분의 생명체의 에너지 요구량은 체중 킬로그램 당 0.3에서 9 와트 범위에 걸쳐 있었다(**그림 3-19**). 킬로그램 당 1와트인 인간은 중간쯤에 위치하고 있었다. 그렇지만 놀라운 사실은 이 범위가 세균, 식물의 잎 및 고래를 포함하는 거의 모든 생명체를 포괄할 수 있다는 점이었다. 모노가 말했듯 대장균에 옳은 것은 고래에게도 옳다는 말의 재현일까? 좀 더 최근에 진행된 원생생물과

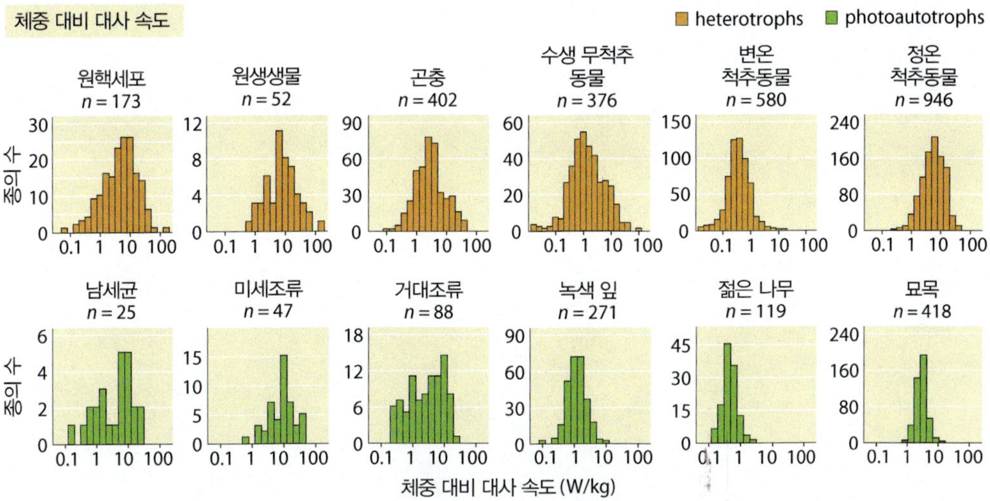

그림 3-19 휴식 상태에서 대사율을 체중으로 보정한 그래프. 엄청난 크기 차이와 계통적으로 다양한 생명체들임에도 불구하고 대사율은 무척 비슷해서 0.3~9 W/kg 정도다(Makarieva AM [2008] Proc Natl Acad Sci, 105, 16994-16999).

원핵세포 생명체의 연구 결과도 클라이버의 법칙과 잘 맞지 않았다. 그러나 클라이버의 법칙을 설명하려는 연구도 재차 진행되고 있다.

우리는 누가 옳은지 그른지 판정할만한 위치에 있지 않다. 그렇지만 다양한 범위에 걸쳐 제공되는 생명체의 에너지학을 열심히 들여다보면서 의견을 개진할 수는 있다. 세포 경제학을 아우르는 비용 말이다.

빠르기

CHAPTER 4 속도와 지속성

이 장에서 우리는 생물학에서 중요한 또 하나의 정량적인 주제인 "얼마나 빠른가"를 다루겠다. 생물학 분야에 등장하는 숫자에 대한 느낌은 생명체 내부에 존재하는 주인공 물질이 얼마나 큰지, 얼마나 많이 존재하는지, 그리고 그들의 움직임이 진행되는 시간의 규모가 어떤지에 대한 친숙함에서 비롯된다. 이번 장에서 다루게 될 기본 데이터 및 어림짐작 법칙은 **그림 4-1**에 정리해 두었다. 생물학적 과정의 다양한 범주를 어우르는 속도에 관한 직관을 얻는 데 필요하다고 판단된 것들이다.

생명체 세계의 가장 특징적인 현상은 역동성이다. 호수의 물 또는 흰개미의 내장을 저배율 현미경으로 관찰할 때 우리는 세상이 살아 있는 풍부함으로 가득 차 있다는 사실을 인식한다. 배율을 높여 세포 내부를 보면 시간의 규모에 따라 갖은 종류의 세포 과정이 진행된다는 것도 알아차릴 것이다. 이온

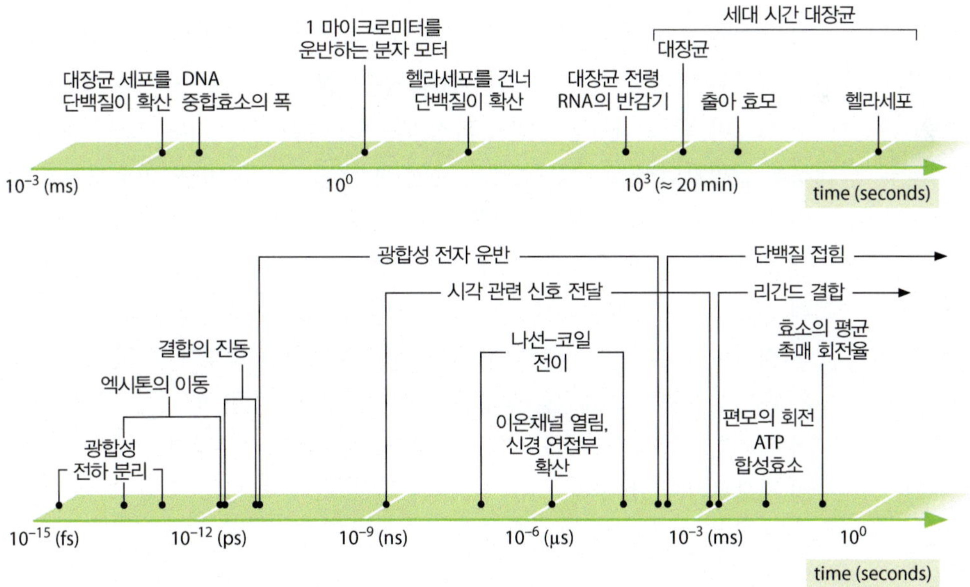

그림 4-1 생물학의 핵심 과정이 진행되는 특징적인 시간 규모의 범위. 위쪽 축은 시간적으로 긴 규모를 보여준다. 예컨대 세균 세포 안에서 단백질의 확산, 포유 동물세포의 분열 시간이 여기에 속한다. 아래쪽은 빠르게 진행되는 것들이다. 결합의 진동 주기, 단백질 접힘 속도 및 촉매의 회전율 등이 여기에 해당된다.

과 분자의 규모에서도 움직임은 끊이지 않아 기실 세포 내부의 '에테르'가 (본질적인 입자) 될 것이다. 서로 다른 과정을 규정하는 시간 단위는 어떻게 결정되는 것일까?

생명체의 가장 중요한 요소 중 하나인 분자가(심지어 소기관 혹은 바이러스도) 확산한다는 점을 살펴보면서 이 장을 시작한다. 확산은 주어진 매질에서 분자(혹은 입자)가 서로 충돌하기 때문에 빚어지는 어쩔 수 없는 운동이다. 예를 들어 확산 운동을 설명해보자. 이온 채널이 열려서 이온이 세포 내부로 들어오면 이들은 채널 근처를 떠나 곧 세포 내부 환경으로 확산되어 퍼진다. 간단히 말하면 농도가 높은 곳에서 농도가 낮은 곳으로 물질이 흐르는 것이며 따라서 충분한 시간이 주어지면 농도의 차이가 소멸되고 만다.

다음에는 세포 내부의 작은 분자들이 움직이는 속도와 관련된 사항들을 살펴볼 것이다. 세포 안에서 물질은 순전히 수동적으로 움직이기만 하지는 않는다. 대신 이들은 복잡한 반응 네트워크를 통해 화학적 정체성을 변화시키기도 한다. 무척 흥미로운 일이다. 세포는 화학적 변환의 속도를 증강시키는 다양한(대부분은 아니라 해도) 종류의 기예를 터득했다. 속도를 증가시키는 가장 중요한 과업은 효소가 담당한다. 이 책에 소개하는 몇 가지 항목은 효소 활동의 속도를 다루며 그 규모를 조절하는 방식도 설명한다.

확산과 효소 문제를 우선적으로 살펴보고 나면 세포 생물학에 중요하고 특수한 세포 과정이 시간적으로 어떤 특성을 갖는지 알아보겠다. 다음에는 중심 도그마, 즉 전사과정과 번역 과정의 속도를 비교할 것이다. 그 외 세포 과정을 살펴보면서 그 속도를 세포 분열 및 세포 주기와 연관 지어 설명할 것이다. 이 속도도 세포 혹은 분자 생물학 특유의 시간 규모를 보여준다. 이 장을 관통하는 일관된 주제는 속도를 결정하는 요인이 무엇이냐 하는 것이다. 왜 그 속도는 더 빨라지지 않는 것일까? 모든 상황이 동일하다면 속도가 빠른 것이 세포의 재원을 덜 축내면서도 소기의 목표를 달성할 수 있을 것이다. 가능한 한 세포 내 재원을 동결시키는 것이 빠른 성장 속도를 가능케 하고 적응도를 높인다는 가설도 있다. 그러나 이 가설은 세부적인 상세함에서 틀린 것으로 밝혀졌다.

작은 분자들의 시간 규모

세포 내부에서 물질이 확산할 때 소요되는 시간은 얼마일까?

세포 내 물질이 퍼져 나가는 대부분의 과정에 소요되는 시간은 확산을 기준으로 판단한다. 분자들은 끊임없이 움직이며 무질서한 춤을 춘다. 식물학자 로버트 브라운은 그의 인상적인 논문 "식물의 화분에 포함된 입자와 생명체 혹은 무생물체에서 활발하게 움직이는 보편적인 입자의 존재, 1827년 6월, 7월, 8월에 수행한 현미경 관찰에 대한 짧은 소고"에서 입자의 운동을 상세히 설명했다. 후대에 커다란 영향을 끼친 이 논문에 기술된 내용은 주의 깊은 관찰을 통해 이루어졌고 연구자의 이름을 따 브라운 운동으로 정식화되었다. 그가 관찰했듯 작은 물체들은 그들을 둘러싼 매질과 끊임없이 충돌하면서 무작위 확산 운동을 진행한다.

확산 연구는 근대 과학의 거의 전 분야를 결집하는 일이다. 화학과 생물학에서 확산은 다양한 반응을 폭넓게 아우르는 역동성에 기초한다. 이 과정을 수학적으로 기술하는 일은 지난 두 세기 수리 물리학의 주요한 주제였다. 그 결과 확산 과정의 시간 규모를 추정할 수 있는 단순한 법칙이 만들어졌다. 특히 확산하는 물질의 농도를 위치와 시간의 수학적 함수로 표현한 것이 이른바 확산 방정식이다. 여기서 주요한 매개변수는 확산 상수, D이다. 확산 상수 값이 크면 주변을 빠르게 흔들거린다는 의미이다. 확산 상수 D는 미묘하게 조절된다. 분자의 속도와 충돌하는 평균 시간에 따라 확산 상수가 결정된다. 확산 문제를 수학적으로 기술하면서 얻은 시간인 τ는 입자가 거리 x만큼 이동했을 때 아래와 같이 계산된다.

$$\tau = x^2/D \tag{4.1}$$

따라서 확산 상수의 단위는 길이의 제곱 나누기 시간이다. 이런 일반 법칙에 따르면 확산 시간은 거리의 제곱에 비례하여 증가한다. 이제부터 살펴볼 세포 생물학에서 이 말은 매우 중요한 의미를 띤다.

거대 분자가 세포를 가로질러 가는데 걸리는 시간은 얼마일까? 어림짐작으로 접근해보자. **어림짐작 4-1**처럼 계산하면 단백질 크기인 단일 분자의 세포 내 확산 속도는 100 $\mu m^2/s$이지만 그 크기는 세포 환경에 따라 편차가 심하다 (**표 4-1**). 때로 거대 단백질은 수십 수백 배 줄어들어서 1 $\mu m^2/s$의 속도로 확

물에서 확산 상수와 스토크스-아인슈타인 방정식

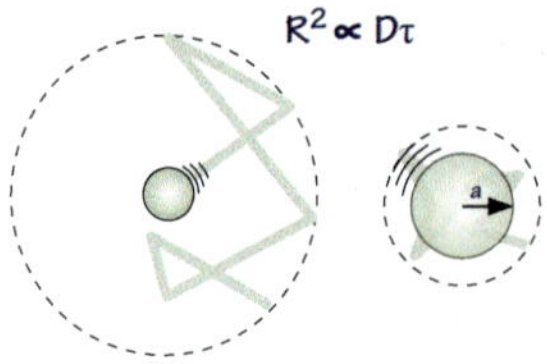

$$D=\frac{k_BT}{6\pi\eta a}\approx\frac{4\times10^{-21}\,\mathrm{N\times m}}{6\times3\times10^{-3}\frac{\mathrm{N\times s}}{\mathrm{m^2}}\times\frac{a}{1\,\mathrm{nm}}\times10^{-9}\mathrm{m}}\approx\frac{1}{5}\times\frac{10^{-9}\mathrm{m^2/s}}{\frac{a}{1\,\mathrm{nm}}}\times\frac{10^{12}\mu\mathrm{m^2}}{\mathrm{m^2}}=\frac{200}{\frac{a}{1\,\mathrm{nm}}}\frac{\mu\mathrm{m^2}}{\mathrm{s}}$$

점도 $\approx 10^{-3}\,\frac{\mathrm{N\times s}}{\mathrm{m^2}}$

어림짐작 4-1

산한다(BNID 107985). 앞서 소개한 어림짐작에 입각해 **어림짐작 4-2**가 유도된다. 단백질이 직경 1 마이크로미터인 대장균 세포 내부를 가로지르는데 0.01초가 걸린다(BNID 103801). 비슷한 방법으로 단백질이 헬라HeLa세포

분자	measured context	diffusion coefficient ($\mu m^2/s$)	BNID
물	물	2000	104087, 106703
물	닭 적혈구의 핵	200	104645
양성자 (from H_3O^+ to H_2O)	물	7000	106702
산소	물	2000	104440
이산화탄소	물	2000	102625
운반 RNA (≈20 kDa)	물	100	107933, 107935
단백질 (≈30 kDa GFP)	물	100	100301
단백질 (≈30 kDa GFP)	진핵세포(CHO) 세포질	30	101997
단백질 (≈30 kDa GFP)	쥐 간세포 미토콘드리아	30	100300
단백질 (NLS-EGFP)	초파리 배아의 세포질	20	109209
단백질 (≈30 kDa)	대장균 세포질	7–8	100193, 107985
단백질 (≈40 kDa)	대장균 세포질	2–4	107985
단백질 (≈70–250 kDa)	대장균 세포질	0.4–2	107985
단백질 (≈140 kDa Tar-YFP)	대장균 세포질	0.2	107985
단백질 (≈70 kDa LacY-YFP)	대장균 세포질	0.03	107985
형광 염료 (carboxy-fluorescein)	애기장대 세포벽	30	105033
형광 염료 (carboxy-fluorescein)	애기장대 뿌리 상피세포	3	105034
전사인자 (LacI)	DNA와 함께 움직이다	0.04 ($4\times10^5\,bp^2s^{-1}$)	102036
발생 성장인자 (bicoid-GFP)	초파리 배아 세포질	7	109199
발생 성장인자 (wingless)	초파리 눈 성충반의 날개	0.05	101072
전령 RNA	헬라세포 핵	0.03–0.10	107613
전령 RNA	다양한 장소와 다양한 크기	0.005–1	110667
리보좀	대장균	0.04	108596

표 4-1 확산 상수의 측정값. 물질의 크기와 세포 내부 환경에 의존적임을 알 수 있다.

세포 안을 가로질러 가는 단백질의 확산 속도

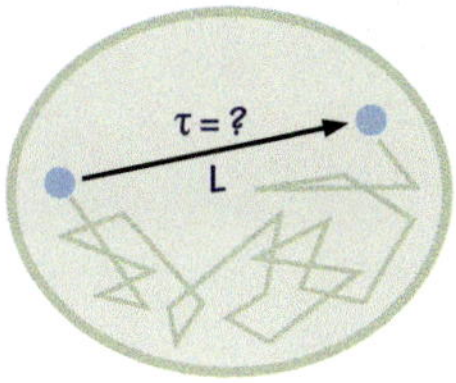

특정한 확산 상수를 가진 물질이 움직이는 시간

$\tau = L^2/6D$

protein in cytoplasm $D \approx 10 \frac{\mu m^2}{s}$

E. coli, $L \approx 1\ \mu m \Longrightarrow \tau \approx 10\ ms$

HeLa cell, $L \approx 20\ \mu m \Longrightarrow \tau \approx 10\ s$

neuronal cell axon, $L \approx 1\ cm \Longrightarrow \tau \approx 10^6\ s \approx 10$ days!

어림짐작 4-2

를 지나는 데 10초가 소요된다는 계산이 나온다(BNID 103788, 배양 용기에 달라붙은 세포의 직경은 20 마이크로미터다). 세포보다 500배나 긴 1 센티미터의 축삭을 지날 때 확산 속도는 거리의 제곱에 비례하므로 10^6초가 걸린다. 하나의 분자가 순전히 확산에 의해 축삭을 지나려면 두 주가 걸린다는 뜻이다. 세포의 크기가 가시적인 크기로 커짐에 따라 물질이 확산하는데 걸리는 시간은 어마어마하게 늘어난다. 따라서 확산 말고 다른 기제가 필요할 것이라고 추정할 수 있다. 속도 1 μm/s로 움직이는 분자 모터를 써서 같은 거리를 "생리학적으로 합당한" 2~3시간에(BNID 105241) 걸쳐 움직일 수 있다. 극단적으로 긴 신경세포(인간의 경우 1 미터에 이른다. 기린은 5 미터)의 경우 최근에 밝혀진 자료에 의하면 신경세포 주변에 위치하는 아교세포가 세포 물질을 이웃하는 신경세포에 전하면서 확산 속도 한계를 줄여준다고 한다. 이렇게 물질의 운반 속도는 수천 배 빨라진다. 이런 일은 세포막을 통과할 때도 일어난다.

물이 아니라 세포질을 통과할 때 확산 속도는 얼마나 줄어들까? 그리고 그 차이는 왜 생길까? 실험 결과 세포 내부에서 확산 속도는 특히 물질의 생물물리적 특성과 크기에 좌우된다는 사실을 알게 되었다. 예를 들어 크기가 작은 대사산물의 확산 속도는 물에서보다 네 배 정도가 줄지만 DNA와 같은 거대 분자들의 확산 속도는 수십 수백 배 감소한다(**그림 4-2**). 원인은 여러 가지로 나눨 수 있지만 자동차를 빌어 비유해보자. 점도(과속으로 견인을 당했다), 세포 내 구획에 결합(정지 신호에 걸렸다), 다른 물질과의 충돌, 떼 지어 몰려다니는 분자(경로 방황) 등이다. 최근 연구는 유체 역학적 상호 작용도 중요하다고 말한다. 유체 안에서 움직이는 한 물체가 다른 물체에 영향을 미친다는 뜻이다. 배가 일으킨 파도가 다른 뱃전에 부딪히는 힘에 비유할 수

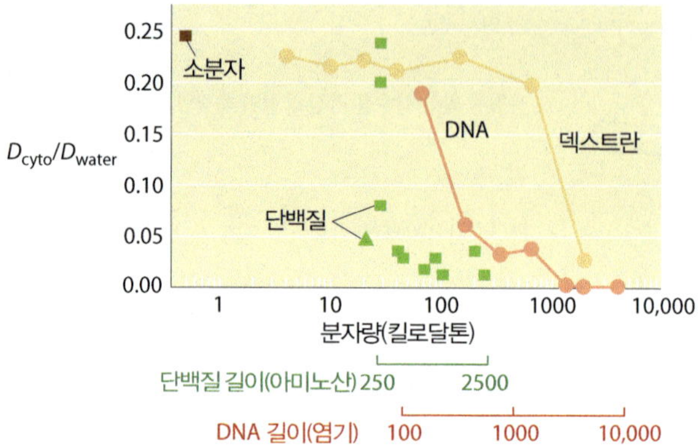

그림 4-2 물과 비교했을 때 세포질에서 확산 상수는 분자량이 클수록 더 많이 줄어든다(Verkman AS [2002] Trends Biochem Sci, 27, 27-33).

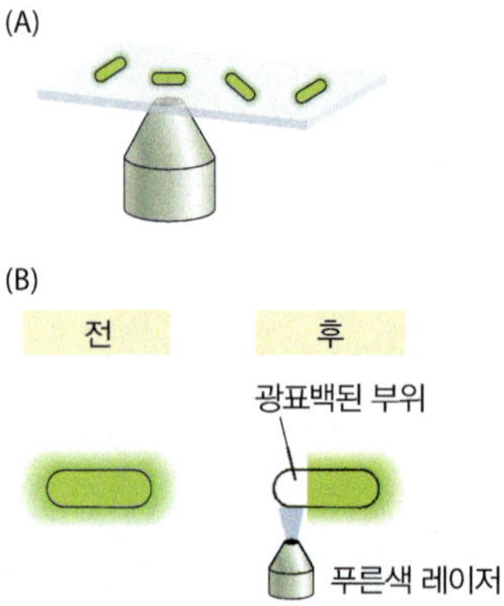

그림 4-3 세균에서 광표백 후 형광의 재생. (A) FRAP 기법이 어떻게 작동하는지 보여주는 그림. 레이저 광선에 쏘인 단백질 특정 부분에서 형광이 사라진다. 확산 때문에 형광이 살아있는 단백질도 곧 형광이 사라진다. (B) 세포 내 특정 부위에서 광표백 과정이 진행되는 고해상 이미지

있겠다. 이런 힘에 의해 서로 접근하는 물체는 서로를 밀치며 멀어지는 물체는 서로 끌어당긴다.

위에 언급한 이유 때문에 살아 있는 세포 안에서 확산을 연구하는 일은 결코 만만한 작업이 아니다. 그렇지만 그 정도는 확산 계수를 통해 일원화할 수 있다. 이때 확산 계수는 어떻게 측정할 수 있을까? 한 가지 흥미로운 방법은 다루기 무척 까다로운 형광 단백질을 사용하는 것이다. 빛을 받으면 형광이 바래기 때문이다. 그렇지만 세포 일부분에서만 형광이 빛을 잃는다면 사용할 수는 있을 것이다. 형광 빛을 잃었지만 세포 내 다른 부위에서 형광을 띤 물질이 확산해 올 수 있기 이들이 빛이 없는 부위를 채울 수 있다. 따라서 결과적으로 형광 광도가 증가하게 된다(이른바 형광상의 '복원'이라 부른다, FRAP). **그림 4-3**에 도식화했다. 이 방법을 써서 대장균 세포질에 존재하는 단백질의 크기와 확산 계수를 조사한 결과는 **그림 4-4**에 제시하였다. 형광을 이용한 방법이 세포 내 확산의 매우 강력한 연구 수단이 될 수 있음을 단적으로 보여준다.

효소는 일 초에 몇 회의 촉매 반응을 수행할 수 있을까?

인간적인 방식으로 단순하게 비유하면 세포는 유입되는 탄수화물 같은 작은 물질을 거대 분자인 단백질이나 지질 혹은 핵산 등으로 전환시키는 거대한

공장이다. 이 공장의 기본적인 공정은 물질을 이렇게 저렇게 바꾸는 물질 대사이다. 이런 대사 반응을 촉매 하는 단백질은 효소라고 불린다. 효소는 단백질 중 가장 커다란 집단에 속한다(시각적인 감흥을 얻고 싶다면 www.proteomaps.net을 참고). 세포 건조 중량에서 가장 많은 부위를 차지하기도 한다. 대략 천 가지의 반응을 통해 대장균은 포도당과 같은 단일한 탄소원과 무기 염류를 사용하여 세포의 기능적인 구성 성분을 대부분 만들어 낼 수 있다. 그렇다면 이러한 대사 반응은 얼마나 빠르게 일어날까?

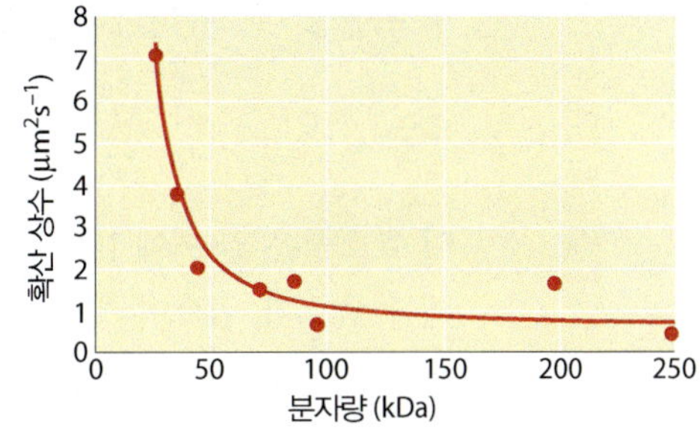

그림 4-4 대장균에서 분자량에 따른 확산 상수. FRAP 기법으로 대장균 세포질에서 단백질이 확산을 측정했다 (Kumar M [2010] Biophys J, 98, 552-559).

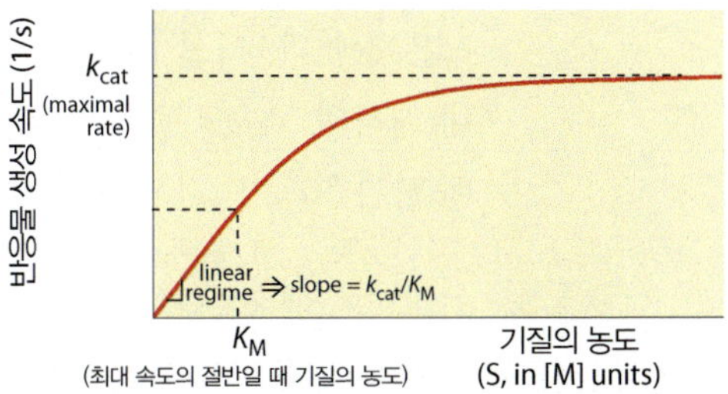

그림 4-5 기질의 농도에 따라 효소의 촉매 활성 속도가 특징적으로 변한다. k_{cat}/K_M(이들의 비율)은 이차속도 상수이며 기질의 농도가 낮을 때 기울기와 같다(그림을 보라).

세포 안에서 일어나는 생화학 반응은 촉매가 없다면 열역학적으로 무리가 없다 해도 대부분의 경우 매우 느리다. 예를 들어 펩티드 결합이 저절로 깨지는데 걸리는 시간은 상온에서 400년이다. ATP를 분해하고 에너지를 얻는 과정인 인 에스테르 가수분해 과정은 효소가 없다면 백 만년이 걸린다고 한다(BNID 107209). 다행인 것은 효소가 대사 반응에 관여하면서 그 반응 속도가 열 자릿수만큼 빨라졌다는 사실이다(BNID 105084, 107178). 현상학적으로는 효소의 동력학은 촉매 계수를 사용하여 표현하는 것이 편하다(회전율이라고도 부른다). **그림 4-5**를 보자. 효소 동력학은 보통 미카엘리스-멘텐 공식을 통해 표현한다. 쌍곡선 그래프 모양이며 반응 산물이 축적되는 속도를 기질의 농도로 기술하는 방식이다. 예를 들어 기질의 농도가 매우 낮을 때 반응 속도는 농도에 비례하여 선형으로 증가한다. 그러나 기질의 농도가 높을 경우 반응 산물이 늘어나면서 효소의 활성이 시들해진다. 기질의 농도가 증가한다고 해서 속도가 빨라지지 않는다는 의미이다.

효소 간 속도의 차이는 엄청나다. 빠르기로 따지면 최고 기록은 탄산 탈수소 효소가 갖고 있다. 이 효소는 이산화탄소를 중탄산으로 만들거나 그 역반응을 매개한다.

$$CO_2 + H_2O \rightleftarrows HCO_3^- + H^+ \tag{4.2}$$

또 초산소 디스뮤타아제superoxide dismutase도 그에 필적한다.

$$2O_2^- + 2H^+ \rightleftarrows H_2O_2 + O_2 \qquad (4.3)$$

이 효소들은 일 초에 10^6~10^7차례의 반응을 수행한다. 이와 반대쪽 극단에는 제한 효소가 있으며 초당 10^{-1}~10^{-2}번의 반응을 진행한다. 효소 하나가 한 번의 반응을 진행하는데 1분 정도가 걸린다(BNID 101627, 101635). 세포 내 대사의 심박수를 느끼기 위해서는 양쪽 극단 말고 효소의 전형적인 반응 속도를 알아야 한다. **그림 4-6A**는 문헌에 등장하는 다양한 물질 대사 효소의 k_{cat}값의 분포를 보여준다(BNID 111411). 효소 반응 속도의 중간 값은 대략 10 s^{-1}이고 이는 교과서에 등장하는 탄소 대사 효소들의 반응 속도보다 훨씬 작은 값이다. 사실 세포 대사의 핵심이랄 수 있는 탄소 대사 효소들은 세포 내 대사의 고속도로에 있다고 볼 수 있다. 중간 값의 효소 속도보다 평균 세 배 빠른 30 s^{-1}이기 때문이다.

최대 속도에 접근할 정도로 효소가 일을 한다면 우리는 그 사실을 어떻게 확인할 수 있을까? 기질의 농도에 따른 효소의 속도에 관한 일반적인 관계식은 그림 4-5에서 확인할 수 있다. 효소가 자신이 가진 잠재적인 속도의 절반에 달하는 기량을 발휘할 때의 효소 농도가 존재한다. 최대 속도의 절반일 때 기질의 농도를 K_M으로 정의한다. 이 정의에 따르면 우리는 농도가 높다 혹은 낮다는 매우 자연스러운 측정 단위를 갖게 된다. 기질의 농도가 K_M 이상이면 반응 속도는 최대 속도 k_{cat}에 근접해 갈 것이다. 기질의 농도 [S]가 K_M이면 반응의 속도는 k_{cat}의 절반이 될 것이다. 실제 효소의 동력학은 교과서에 기술한 미카엘리스-멘텐 공식보다 정교하고 우아하게 진행된다. 많은 효소들이 상호 작용하고 많은 효소를 다양한 방법에 의해 처리하면서 속도 법칙을 다양한 층위로 끌어 올린다. 그렇지만 대부분의 경우 최대 속도와 그 속도가 절반일 때 기질의 농도로 효소 역동학을 형상화한다. 그림 4-5처럼 말이다. 그렇기에 실제 효소가 미카엘리스-멘텐의 언어를(K_M과 k_{cat})에 따라 작동하고 있는 것처럼 보인다. 그렇지만 미카엘리스-멘텐 식의 모델은 그리 적절하다고 볼 수는 없다.

효소의 실제 반응 속도는 기질의 친화도가 얼마이고 그 기질 농도가 어느 정도이냐에 따라 결정된다. 세포 내 효소의 특징적인 K_M값은 얼마나 될까? **그림 4-6B**에 보이는 것처럼 K_M의 중간 값은 0.1 mM 근처이다. 어림짐작 법칙에 따르면(1 nM은 대장균의 부피에 해당하는 공간에 분자가 하나 있는 상태

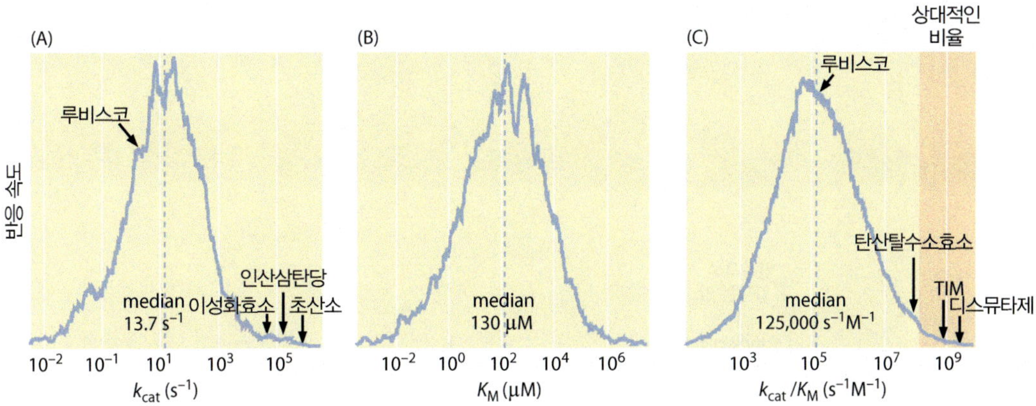

그림 4-6 브렌다BRENDA 데이터베이스에서 확보한 효소 속도 상수의 분포. (A) k_{cat}($N = 1942$), (B) K_M($N = 5194$), (C) k_{cat}/K_M($N = 1882$). 생리학적인 기질을 사용한 값만을 선별했다. 자세히 연구된 효소들은 다음과 같다. 탄산 탈수소효소CAN, 초산소 디스뮤타아제SOD, 삼탄당 인산이성화효소TIM, 루비스코(Bar-Even A [2011] Biochemistry, 50, 4402-4410).

다.) 세균 크기의 부피 안에 대략 100,000개의 분자가 들어가 있는 셈이다. 기질의 농도가 매우 낮을 때([S] << K_M) 우리는 반응 속도를 $[E_T](k_{cat})[S]/K_M$으로 추정할 수 있다. 반응 속도는 효소와 기질이 충돌하는 속도를 표현하는 반응 산물$[E_T][S]$ 및 속도 요소의 비율k_{cat}/K_M에 비례한다. 속도 요소의 비율은 2차 반응 속도 상수라고도 표현하며(두 가지의 농도 변수를 곱했기 때문에) 그림 4-5의 기울기이다. 이 값은 정전기적인 혹은 다른 효과가 개입하지 않으면 확산에 의한 충돌 속도보다 절대 커질 수 없다. 또 이 값은 확산 법칙으로부터 유도할 수 있다(**어림짐작 4-3**). 확산에 의해 제한을 받는 속도라는 뜻이다. 이 계산의 근저에 깔린 생각은 기질이 확산에 의해 효소의 "흡수 부위"에 들어온다는 것이다. 효소의 반응 부위에 도달해야만 원하는 반응이 일어나기 때문이다. 단백질 크기의 효소와 작은 소분자 기질에서 확산 제한 속도 상수는 대략 10^9 $s^{-1}M^{-1}$의 값을 갖는다. 이 한계치에 접근하는 효소는 무작위 확산에 의해 만날 수 있는 물질을 전환하는 반응을 성공적으로 수행할 수 있다는 의미에서 최적이라 할 것이다. 해당 과정에 참여하는 효소 중 예컨대 삼탄당 이성화 효소를 논외로 하면 매우 적은 수의 효소만이 이 조건에 부합된다. 일반적인 효소들은 어떨까? 그림 4-6은 중간값이 10^5 $s^{-1}M^{-1}$ 정도라는 사실을 보여준다. 확산 한계보다 약 만 배 정도 적은 값이다. 부분적으로 이 차이는 확산 한계가 매우 융통성이 크기 때문이라고 설명할 수 있다. 따라서 확산 한계는 효소와 기질의 결합과 관련된 모든 문제를 설명하기에는 다소 부족하다. 또 효소의 동력학을 최적화하기 위한 선택압이 그리 크지 않았다는 것도 한 이유가 될 것이다. 더구나 기질을 인식하고 반응을 특화할 필요가 있다는

확산 한계 속도

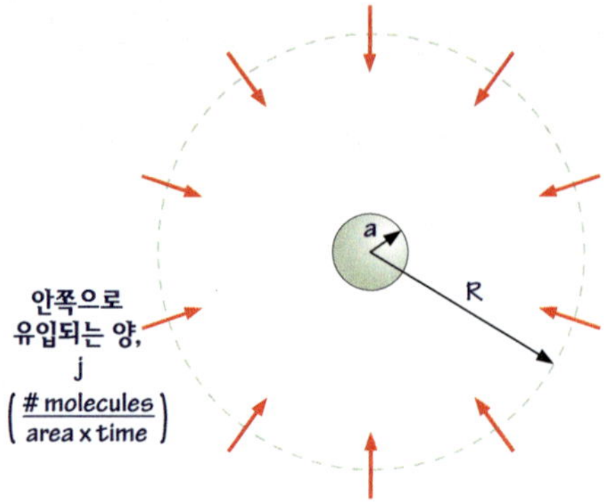

mass conservation says $j(R) \times 4\pi R^2$ is constant for all R, hence $j(R) \propto \frac{1}{R^2}$

픽의 법칙, $j \propto -\frac{\partial c}{\partial R} \Rightarrow \frac{\partial c}{\partial R} = -\frac{A}{R^2} \Rightarrow c(R) = \frac{A}{R} + B$ (concentration: c; constants: A, B)

경계 조건을 적용하자.

1) $c(\infty) = c_\infty = B$

2) $c(a) = \frac{A}{a} + c_\infty = 0 \Rightarrow A = -c_\infty a$

$\Rightarrow c(R) = c_\infty\left(1 - \frac{a}{R}\right)$

using Fick's Law, $j(a) = -D \left.\frac{\partial c}{\partial R}\right|_{R=a} = \frac{Dc_\infty}{a}$

reaction rate $\frac{dn}{dt} = j(a)\, 4\pi a^2 = 4\pi D a c_\infty = k_{on} c_\infty$

$k_{on} = 4\pi \times 100 \frac{\mu m^2}{s} \times 2\times10^{-3} \mu m \times 6\times10^{23} \frac{molecules}{mol} \times \frac{1\ L}{10^{15} \mu m^3} \approx 10^9\ s^{-1}M^{-1}$

($100 \frac{\mu m^2}{s}$: 세포질에서 대사체들의 전형적인 확산 속도; $2\times10^{-3} \mu m$: protein radius)

어림짐작 4-3

것도 효소의 반응 속도를 저하시킨 요인이 되었을 것이다.

확산 한계와 관련된 속도를 K_M과 결부시키면 효소와 결합한 기질이 사라지는 속도를 예측할 수 있다. 단순한 어림짐작이 필요한 이유는 효소에 붙어 있던 기질이 반응에 참여하는 대신 다시 세포질로 되돌아가는데 걸리는 시간을 알아보기 위해서다. 그래서 그 속도는 k_{off}라고 표현한다. 기질이 반응에 참여하는 것이 확산에 의해 효소와 만나는 사건에 의해 조절된다는 전제하에 예측이 가능해진다. 효소의 확산 제한 반응 속도는 이렇다.

$$k_{on} = 10^9\ s^{-1}M^{-1} \tag{4.4}$$

그렇다면 k_{off}는 k_{on}과 K_M의 결과물이다. 따라서 만일 K_M이 전형적으로 10^{-4} M이라면 그 결과는 $10^5\ s^{-1}$이다. 10 ms도 머무르지 못하고 기질이 효소를 떠난다는 의미이다. 그런 의미에서 이 값은 머무름 시간이라고 부른다. 기질이 효소와 매우 강하게 결합해서 그 친화도가 1 nM이라면 머무름 시간은 1초가 될 것이다. 매우 이상적인 상황이 그렇다는 얘기다. 효소학자들이 실제로 머무름 시간을 다각도로 측정했을 때 놀라운 사실이 밝혀졌다. 비슷한 방법을 써서 신호전달 물질과 전사 인자 단백질 복합체가 DNA에 결합하고 있는 시간은 밀리 초에서 수십 초 혹은 그 이상이라는 사실도 새롭게 알게 되었다.

분자 수준에서의 상호 작용 속도를 통해 알 수 있는 사실은 확산 한계를 멋들어지게 해석한 예에서 확인할 수 있다. 우리가 세균의 부피에 해당하는 세포질 공간에 기질을 떨어뜨렸다고 해보자. 모든 것은 잘 섞여 있고 특별한 결합도 없다. 그렇다면 기질 분자가 세포 안의 특정한 단백질과 충돌하는데 얼마의 시간이 필요할까? 효소와 기질이 충돌 속도는 확산 한계에 의해 규정된다. 앞에서 말한 것처럼 그 값은 $10^9\ s^{-1}M^{-1}$에 농도를 곱한 값이다. 앞의 예를 다시 가져와 대장균 세포질에 하나의 기질 분자가 있으므로 그 농도는 1 nM이다. 따라서 충돌 속도는 아래와 같다.

$$10^9\ s^{-1}M^{-1} \times 10^{-9}\ M = 1\ s^{-1} \tag{4.5}$$

효소와 기질은 1초가 채 지나지 않아 만나게 될 것이다. 따라서 우리는 모든 단백질이 모든 기질과 약 1초면 만날 수 있을 것이라고 예측할 수 있다. 확실한 예를 들자. 탄수화물 분자 하나가 세포 안으로 운반되어 들어 왔다. 1초 안에 이 탄수화물은 세포 안에 존재하는 모든 종류의 다른 단백질 분자와 충돌할 것이다. 분자끼리 서로 만날 수 있는 빈도가 높다는 사실이 실제 세포 내 미시 세계에서 펼쳐지는 것이다.

온도는 반응 속도와 친화도에 어떤 영향을 미치는가?

1900년대 초반 하를로우 샤플리는 윌슨 산 망원경을 사용해서 우리 우주의 크기를 재는 대신 개미는 얼마나 빨리 움직이는지 혹은 온도에 따라 속도는 어떻게 변하는지 따위를 연구하느라 바쁜 나날을 보냈다. **그림 4-7**에서 보듯 속도는 온도에 비례하여 급격히 증가했다. 온도가 15°C에서 25°C로 10 °C 올라감에 따라 속도는 약 두 배 빨라졌다. 이런 경향은 25°C에서 35°C로 10°C 올라갈 때에도 관찰되었고 역시 속도가 두 배 빨라졌다. 효소학자들이

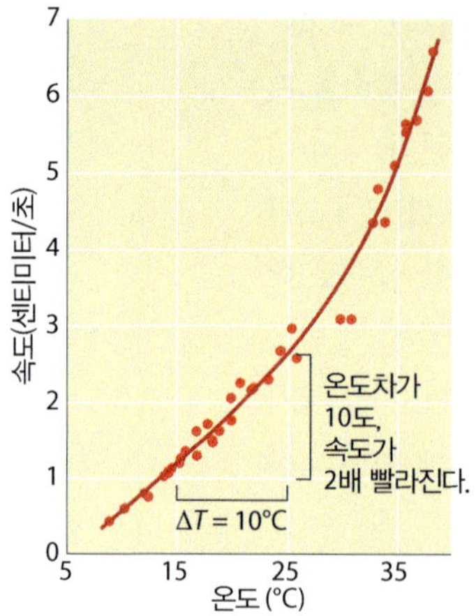

그림 4-7 온도에 따른 개미의 속도. 로스앤젤레스 부근 윌슨산에서 하를로우 샤플리라는 천문학자가 측정했다. 그는 사실 우리 은하의 크기를 측정하는데 깊이 관여한 사람이다. 리오메토푸마피큘라툼이라는 개미는 밤낮 할 것 없이 매우 활동적이어서 온도를 변화시켜가며 실험하기 적당했다. 개미의 체중은 무시할만한 것으로 드러났다. 마찬가지로 움직이는 방향도 개미의 속도에 영향을 끼치지 못했다(Shapley H [1920] Proc Natl Acad Sci, 6, 204-211).

효소의 촉매 반응 속도가 온도가 10°C 올라갈 때마다 두 배씩 증가한다고 얘기한 내용과 흡사한 것이다. 이 법칙에는 많은 예외가 있지만 이런 주장이 제기된 배경은 무엇이었을까? 효소 촉매 반응은 기질이 특정한 자유 에너지 장벽을 넘어야만 반응 산물로 가는 장도에 오를 수 있다고 흔히 말한다. 에너지 장벽의 높이E_a(아레니우스 활성화 에너지)를 고려하면 아레니우스 경험 관계식에 따라 반응 속도가 exp($-E_a/k_BT$)에 비례함을 알 수 있다. 이론적으로 이 결과는 볼츠만 분포의 영향을 받는다. 만일 E_a가 충분히 크면 에너지 장벽이 높고 반응 속도는 매우 느릴 것이다. 많은 반응의 E_a 값은 대략 50 kJ/mol = 20 k_BT(BNID 107803)이다. **어림짐작 4-4**에 따라 계산하면 온도가 10°C(섭씨 혹은 칼뱅 온도) 변하면 속도는 대략 두 배 차이가 생긴다.

이런 속도 계수는 반응의 종류에 관계없이 독립적으로 측정할 수 있다. 문헌에서는 그 값을 Q_{10}이라고 부른다. 이 값은 온도가 10°C 변할 때 반응 속도의 변화를 일컫는다. 어떤 반응이 진행될 때 온도를 올리면 반응 속도는 빨라질까 아니면 느려질까? 볼츠만 분포는 장벽 exp($-E_a/k_BT$)을 넘을 만큼 충분히 에너지를 가진 분자의 숫자를 의미한다. 온도가 높을 때 그 값은 0에 접근하고 보다 많은 분자들이 활성화 에너지를 갖는다. 장벽을 넘기 쉬워지는 것이다. 따라서 반응 속도는 빨라진다.

흥미롭게도 세균의 성장도 이런 경향을 따르고 온도의 영향을 받는다(BNID 100919). 성장 속도의 로그 값은 생리적 온도 근처 또는 아래에서 온도의 역

온도가 10°C 올라갈 때 속도의 변화

$\text{rate} \propto e^{-E_a/k_BT}$ **(아레니우스의 경험 관계식)**

$$\Downarrow$$

$$\frac{\text{rate}(T_2)}{\text{rate}(T_1)} = \frac{e^{-E_a/k_BT_2}}{e^{-E_a/k_BT_1}} = e^{-\frac{E_a}{k_B}\left(\frac{1}{T_2}-\frac{1}{T_1}\right)} = e^{-\frac{E_a}{k_B}\left(\frac{T_1-T_2}{T_1T_2}\right)} = e^{-\frac{50\text{ kJ/mol}}{8.3\text{ J/mol}\times\text{K}}\times\frac{-10\text{ K}}{(300\text{ K})^2}} \approx e^{0.7} \approx 2$$

$$\Uparrow$$

$E_a \approx 50$ kJ/mol **(특징적인 활성 에너지)**
$T_2 = T_1 + 10°C$
$T_1 \approx 300$ K (room temperature)
$k_B \approx 1.38 \times 10^{-23}$ J/K ≈ 8.3 J/mol × K

어림짐작 4-4

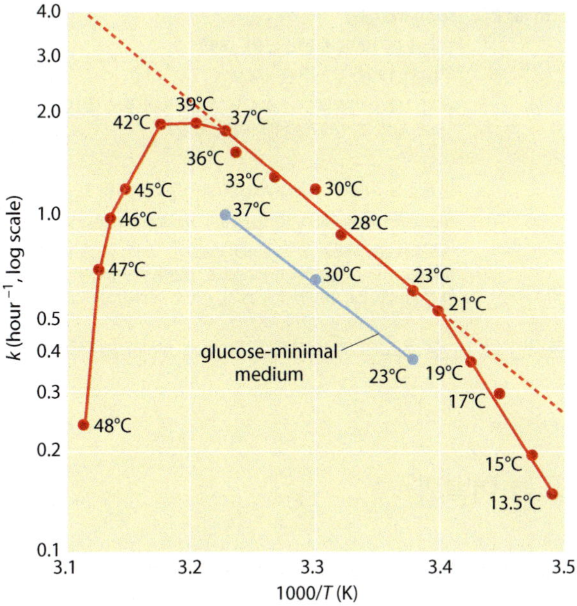

그림 4-8 온도 변화에 따른 대장균 성장 속도. 온도의 역수를 취한 다음 성장 속도의 그래프를 그렸다(아레니우스 그래프). 중간 부분에서 아레니우스 법칙에 부합하는 직선형을 볼 수 있다(Herendeen SL [1979] J Bact, 139, 185-194).

수에 정비례한다. 예를 들어보자. 대장균의 성장은 온도가 17°C에서 27°C 오를 때 또 27°C에서 37°C로 오를 때 2.4배씩 증가한다. **그림 4-8**을 보면 성장 속도와 $1/T$의 그래프를 볼 수 있다. 주어진 온도 영역에서 E_a값이 대략 60 kJ/mol = 25 k_BT의 유효값을 가짐을 알 수 있을 것이다. 유효값이라 부르는 이유는 자라고 분열하느라 세균이 넘어야 할 에너지 장벽이 하나가 아니기 때문이다. 모든 장벽의 집합을 의미하고 그것을 넘어야 한다는 의미를 담아 유효값이라는 용어가 등장했다.

비록 아레니우스 방정식이 대학원 수업시간이라면 큰 문제가 되지 않고 생화학적 반응과 온도의 의존성을 기술하기에 무난하겠지만 상황이 늘 그렇게 단순하지는 않다. 속도와 온도의 기능적 상관관계를 연구한 다양한 연구결과를 **표 4-2**에 요약했다. 실험적으로 측정한 온도가 실온이나 작은 경계 안에서 변한다면 다르게 기술된 방정식 대부분이 별 오차 없이 잘 들어맞는다. 유명한 화학자인 빌헬름 오스트발트는 온도 의존성이란 "화학적 동력학의 가장 어두운 측면이다."라고 말했다. 균형 모델이나 실험의 역사를 면밀히 검토한 뒤 얻은 값진 교훈이다.

functional form for k	supported by
$k = a \times T^{c} \times e^{-(b - d \times T^2)/T}$	반트호프, 1898; 보덴스타인, 1899
$k = a \times T^{c} \times e^{-b/T}$	쿠이지, 1893; 트라우츠, 1909
$k = a \times e^{-(b - d \times T^2) \times T}$	쉬왑, 1883; 반트호프, 1884; 스포어, 1888; 반트호프와 레이허, 1889; 부흐복, 1897; 베게샤이더, 1899
$k = a \times T^{c} \times e^{d \times T}$	미상
$k = a \times e^{-b/T}$	반트호프, 1884; 아레니우스s, 1889; 쿠이지, 1893
$k = a \times T^{c}$	하코트와 에손, 1895; 벨리, 1908; 하코트와 에손, 1912
$k = a \times e^{d \times T}$	베르테로트, 1862; 후드, 1885; 스프링, 1887; 벨리, 1889; 헤흐트와 콘래드, 1889; 펜델베리와 세와드, 1889; 탐만, 1897; 렘센과 레이드, 1899; 부가스키, 1904; 페르만과 그리버스, 1908

표 4-2 온도 의존적인 화학 반응 속도의 여러 가지 표현 방식(Laidler KJ [1984] J Chem Educ, 61, 494-498).

막 운반 속도는 어떨까?

요동치는 환경으로부터 세포를 완충하는 장벽이 세포막이다. 이 막은 어떤 분자를 통과시킬지 얼마나 많은 분자를 세포 안으로 집어넣을지 조절한다. 특히 화합물이 작으면서 동시에 하전되지 않았다면 세포막을 통과하기 위해 분자 수문장의 허락을 얻어야 한다. 엄청난 수의 빌딩 블록 분자를 운반하기 위해 세포막의 많은 영역을 차지하는 막 운반 단백질이 필요하다. 그림 4-5에 이들이 차지하는 비율을 계산했다(**어림짐작 4-5**).

운반 단백질이 막에서 차지하는 공간의 비율

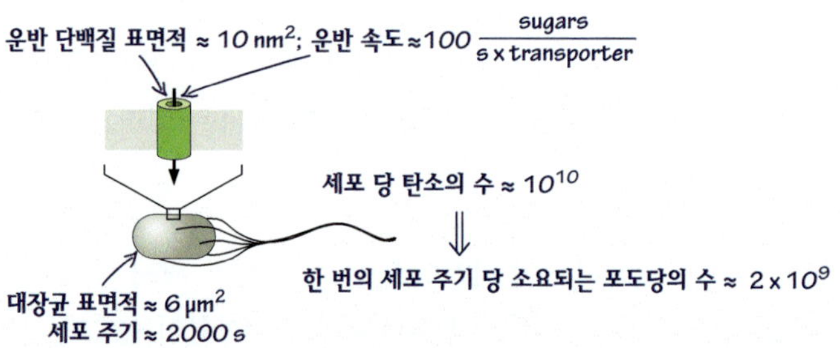

$$\text{필요한 운반 단백질의 수} \approx \frac{2 \times 10^9 \frac{\text{sugars}}{\text{cell cycle}}}{2000 \frac{\text{s}}{\text{cell cycle}}} \times \frac{1}{100 \frac{\text{sugars}}{\text{s} \times \text{transporter}}} \approx 10^4 \text{ transporters}$$

$$\text{세포막에서 차지하는 비율} \approx \frac{10^4 \text{ transporters} \times 10 \text{nm}^2/\text{transporter}}{6\,\mu\text{m}^2 \times 10^6 \frac{\text{nm}^2}{\mu\text{m}^2}} \approx 2\%$$

어림짐작 4-5

세포 밖에 탄수화물이 충분히 많을 때 탄수화물 운반체의 전형적인 운반 속도, 예컨대 포도당 운반 단백질은 100 s^{-1}이다. 효소의 k_{on}처럼 회전율이라 불리는 이 값은 왜 일반적으로 30~300s^{-1} 사이에 분포하는 것일까(BNID 102931, 103159, 101737-9)? 왜 더 커지지 않는 것일까? 보편적인 운반 단백질로부터 추론해보자. 상당수의 운반 단백질은 양성자와 짝지어져 있다. 운반 과정에서 양성자의 농도차를 힘으로 이용한다는 의미이다. 따라서 탄수화물의 농도 기울기를 역행해서 물질을 운반하는 일이 가능해진다. 양성자 짝 지움 운반 단백질의 최대 회전율을 계산하기 위해 우리는 양성자가 움직이는 속도를 알아야 한다. 양성자가 결합하고 단백질의 구조적 변화가 동반되어야 물질의 운반이 가능하다. 따라서 단백질의 구조적 변화가 천천히 일어나면 운반 속도가 상한치에 도달했다고 간주할 수 있다. 양성자의 농도가 pH = 7로 10^{-7} M이고 확산 한계 반응 속도가 10^9 $s^{-1}M^{-1}$이라고 했던 사실을 상기하자. 양성자가 운반 단백질과 부딪힐 횟수가(k_{on}) 10^{-7} M × 10^9 $s^{-1}M^{-1}$ = 10^2 s^{-1}이고 이 값은 운반 단백질의 회전율과 비슷하다. 양성자 짝 지움 운반 단백질이 최대 속도로 일할 때는 에너지원으로써 양성자가 운반 단백질에 도달하는 확산 한계에 의존한다고 말하면 크게 틀리지 않을 것 같다. 이런 논리에 따르면 포도당 운반 단백질과 유사한 나트륨 운반 단백질 또는 많은 ATP 의존성 운반 단백질의 회전율은 엄청나서 초당 수백만 개의 물질을 운반한다는 결과가 나온다. 운반해야 한다는 결과가 나온다. 따라서 다른 종류의 동력학적 제약 요건이 있음을 알 수 있다.

우리가 알고 있는 가장 빠른 속도의 운반 단백질은 카프노포린capnophorin이다. 문자 그대로 연기를(대사 과정의 연기smoke) 운반한다. 적혈구에 존재하는 운반 단백질이며 폐로부터 유래한 이산화탄소를 운반하는 게 고유의 역할이다. 눈이 핑 돌아가게 빠른 이 염소-중탄산 운반 단백질은 일 초당 100,000개의 물질을 운반한다(BNID 111368). 단백질의 기질 두 종류가 밀리몰 영역에 있기 때문에 우리는 이들 운반체가 양성자 짝 지움 운반 단백질보다 약 천 배 빠른 회전율을 보일 것으로 추정한다. 확산 한계 속도가 올라갈 것이기 때문이다. 여기서 우리가 알고 있는 회전율 값은 포도당 혹은 젖당 운반체로부터 얻은 결과이다. 놀랍게도 다른 운반 단백질에 관한 양적인 정보는 절대적으로 부족한 실정이다.

운반 단백질의 회전율에 대해 실감하려면 막 단백질의 숫자를 세 보아야 한다. 세포가 필요한 물질 대사체를 운반할 때 얼마나 많은 수의 단백질이 필요할까? 탄소원이 포도당 혹은 그와 등가물이라고 가정하자. 대장균의 최대 분열 속도는 세포막에 존재하는 포도당 탄소 운반체 부동산의 제약을 받는다. 30분마다 분열하는 대장균의 표면적은 평균 6 mm^2이다(BNID 103339, 105026). 젖당 운반 단백질은 계란 모양으로 생겼고 막에 잘 끼어들어가는 구조이다(장축과 단축이 각각 6 nm, 3 nm)(BNID 102929). 포도당 운반체도 크기가 비슷하다고 가정하면 세포막에서 단백질이 차지하는 면적은 10~20 nm^2이다(다른 종의 세균에서 포도당 비슷한 PTS[18] 운반 단백질의 크기보다 4배 큰 값이다). 세포 하나를 재건하기 위해 2,000초 동안 필요한 탄수화물 2×10^9개를 운반하기 위해 필요한 세포막 영역은 전체 표면적의 2 퍼센트이다(어림짐작 4-5). 따라서 상당히 넓은 부위의 세포막이 순전히 탄수화물을 운반하기 위해 필요하다. 탄소원을 운반하는 잠재 능력이 대장균 분열의 최대 속도를(예컨대 1,000초) 결정하는 것일까? 운반 단백질이 세포막에서 차지하는 표면적에 대한 깊은 연구가 필요하다. 또한 우리는 세포에 에너지를 공급하는 호흡계에 대해서도 고려를 해야 한다. 계란 모양의 막 단백질이 세균의 세포막에 효과적으로 끼어든다고 해도 기하학적인 이유 때문에 결코 100 퍼센트를 독차지할 수는 없다.

막 수송만이 세포의 최대 성장을 가로막는 요인은 아니다. 막 단백질 말고도 다른 요인이 함께 세균의 최대 분열 속도를 제한할 것이다. "어떤 것이 더 빠른가? 전사 혹은 번역"이란 항목에서(231쪽) 대장균이 오직 하나의 출발점에서 복제할 때 세포 분열의 속도를 살펴본 바 있다. 또 "세포 내에는 얼마나 많은 리보좀이 필요한가?"라는 항목에서 리보좀의 숫자가 세포의 성장 속도와 정비례함을 확인하였다. 한편 번역의 속도도 성장 속도를 제한할 수 있다. 세포막을 통한 영양소의 운반뿐만 아니라 사실 무척 다양한 세포 과정이 세포의 성장 속도를 규정한다. 그렇다고 해서 막의 부동산을 세밀하게 관리하는 작업이 중요성을 상실하는 것은 물론 아니다.

출아하는 효모에서도 이와 비슷한 계산을 할 수 있다. 세포의 부피가 크기 때문에 세포 분열에 필요한 탄소의 양은 대장균의 약 50배이다(BNID 100427). 표면적은 열 배 정도 넓고 가장 빠르게 분열해봤자 대장균보다 5배 긴 6,000초가 소요된다(BNID 100270). 한편 탄소원을 운반하는 단백질이 차지하는 세포막 표면적은 대장균과 비슷할 것으로 생각된다. 그렇지만 최대 속도로 분열할 때 효모는 발효에 의해 에너지를 공급해야 한다는 점을 잊지 말아야 한다. 탄수화물이 부가적으로 더 운반되어야 한다는 뜻이다(간혹 대

18) PTS(phosphotransferase)는 당을 운반하는 세균의 효소계이다. 인산기가 결합한 당은 쉽게 확산하지 못하고 세포 밖으로 유실되지 않는다.

장균에서도 탄소원이 과도하게 유입된다. 이때는 대사 과정이 넘쳐나면서 탄소가 밖으로 유실된다). 140분에 걸쳐 세포가 한 번 분열할 때 탄소원의 절반이 발효 과정에 편입된다는 측정 결과가 나왔다(빨리 분열할 때는 이보다 더 많다)(BNID 102324). 따라서 운반 단백질이 세포막에서 차지하는 면적은 최소한 대장균의 두 배가 되어야 할 것이다(예를 들면 4 퍼센트). 이런 예측을 실험적으로 테스트해볼 수 있다. 운반과 관계없는 단백질이 대장균이나 효모의 세포막을 차지하고 있으면 운반 단백질이 차지할 장소가 줄어들어 최대 분열 속도가 감소할까?

일 초 동안 이온 채널을 통과하는 이온의 수는 몇 개나 될까?

세포는 이온의 농도를 매우 철저하게 관리한다. 세포 내에 각기 다른 농도로 존재하는 각종 이온들은 에너지 저장, 단백질 기능, 신호 전달 및 다양한 세포 과정에 참여한다. 핵심적인 역할을 하는 다른 요인들과 마찬가지로 세포 내 이온의 분포를 공간 및 시간적으로 세밀하게 조절된다. 사실 역할이 구멍을 열고 닫는 세포막 단백질 집단이 있다. 이 단백질은(**그림 4-9**) 이온(혹은 다른 소분자 물질)을 세포 안으로 들이거나 내보낸다. 혹은 에너지를 써가며 다양한 종류의 이온을 농도에 역행하여 펌프질하기도 한다.

세포 내 생체 고분자 한 종류에 초점을 맞추어 진행하는 실험은 현대 생물물리 분석의 중심축이다. 초기 연구는 개별적인 이온 채널에 맞추어졌다. 이온

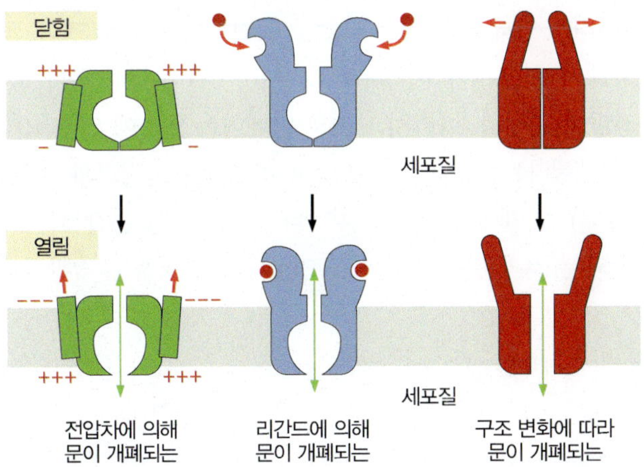

그림 4-9 이온 채널이 열리는 몇 가지 방식. 녹색 채널은 막사이의 전압차에 의해 녹색 채널이 열린다. 파란 채널은 리간드가 단백질에 붙어 구조가 변할 때 열린다. 붉은 색 채널은 물리적 힘에 의해 열고 닫힌다.

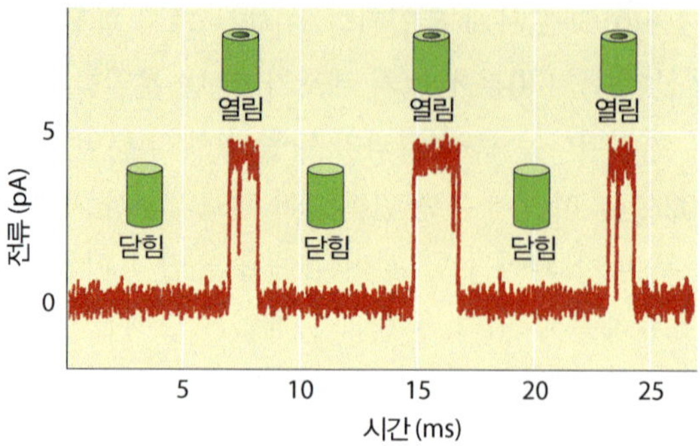

그림 4-10 채널을 흐르는 특징적인 전류의 세기는 몇 피코 암페어이다. 채널은 열린 상태와 닫힌 상태를 오간다. 열린 채널은 이온을 통과시킨다. 그것이 전류로 기록된다(Phillips R [2012] Physical Biology of the Cell, 2nd ed. Garland Science).

채널은 어떤 추동력이 존재할 때 이온을 운반하는 단백질이다. 추동력은 여러 가지 형태를 띤다. 어떤 채널은 물에 녹는 리간드가 접근하면 열린다. 채널과 결합하는 리간드의 농도가 중요한 변수라는 말이다. 막을 가로 질러 영향을 미치는 전압차에 의해 이온 채널이 힘을 받기도 한다. 마지막으로 막에 장력을 적용하여 공학적으로 이온 채널이 열리기도 한다. 그림 4-9에 각기 다른 채널의 유형을 확인할 수 있다.

단일 분자에 초점을 맞춘 최신 연구를 통해 채널이 역동적으로 작동하면서 이온을 운반한다는 사실이 명확해졌다. **그림 4-10**에서 보는 결과는 개별 채널의 특징적인 전류의 흐름을 피코 암페어로 표현한 것이다. 우리는 전류의 흐름을 초당 몇 개의 이온이 채널을 통과했는지에 대한 척도로 변환할 수 있다(**어림짐작 4-6**). 암페어는 초당 1 쿨롱의 전하가 흐르는 것을 의미한다는 점을 기억하자. 1가 이온이라면 대략 1.6×10^{-19} 쿨롱(전자 하나 혹은 양성자 하나의 하전량이다)이다. 따라서 1 피코 암페어는 일초에 얼추 10^7개의 이온이 채널을 통과했다는 의미를 갖는다. 이 추정값은 측정값과 대략 일치한다(BNID 103163). 천만대의 차량이 지나다니지만 특정 순간에는 오직 4대의 차량이 관찰되는 것과 같다는 우리가 일상에서 경험하는 직관과는 다소 동

채널을 통과하는 이온의 특징적인 속도

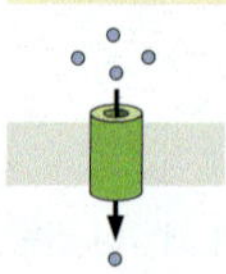

$$\text{특징적인 전압} \approx 1\ \text{pA} = 10^{-12}\ \frac{C}{s} \times \frac{1\ \text{ion charge}}{1.6\times10^{-19}\ C} \approx 10^{7}\ \frac{\text{ions}}{s}$$

어림짐작 4-6

이온 채널을 흐르는 특정적인 전류 어림잡기

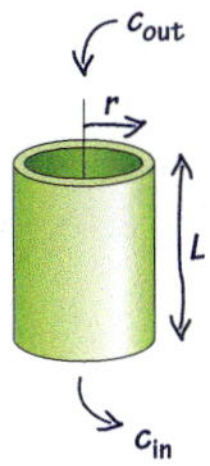

유입량을 알기 위해 픽의 법칙을 사용한다. $J_z = -D\frac{\partial c}{\partial z} \approx D\frac{\Delta c}{L}$

평형 상태 확산 방정식은 농도에 비례한다.

$c(z) = c_{out} - \frac{(c_{out} - c_{in})}{L} z$

Units of flux are $\frac{\text{number}}{\text{area x s}}$; current is $J x A = J \times \pi r^2 = D\frac{\Delta c}{L}\pi r^2$

$D \approx 1000\ \frac{\mu m^2}{s}$ for ions

막의 두께, $L \approx 4nm$

채널의 반지름, $r \approx 1nm$

For ions characteristic $\Delta c \approx 10mM \approx 10^7/\mu m^3$

$$J x A \approx \underbrace{1000\ \frac{\mu m^2}{s}}_{D} \times \underbrace{10^7 \mu m^{-3}}_{\Delta c} \times \underbrace{3 \times 10^{-6} \mu m^2}_{\pi r^2} / \underbrace{4 \times 10^{-3} \mu m}_{L} \approx 10^7 s^{-1}$$

어림짐작 4-7

떨어지기는 하지만 말이다. 막을 두고 양편이 농도 기울기에 의한 확산과 이온의 수를 동시에 고려하면 초당 이온 채널을 통과하는 수를 어림짐작할 수도 있을 것이다(**어림짐작 4-7**).

채널을 통한 이온의 흐름은 세균의 편모를 움직이는 동력을 제공하기도 한다. 모터와 양성자의 화학 삼투가 짝 지어 작동하는 것이다. 채널을 따라 양성자가 움직이는 속도는 위의 이온 채널보다 1,000배나 느리다. 초당 10^4개의(BNID 109822) 양성자가 채널을 따라 움직이면서 세균이 앞으로 나가는 것이다. 이는 전도도가 가장 낮은 채널 중 하나이다.

물질 대사체의 회전율은?

세포가 빠르게 성장하면 그에 비례하여 전구체 대사물질도 빠르게 소비된다. 동시에 특정 대사 중간체의 농도가 밀리 몰 수준을 넘지 않아야 한다. 삼투압 불균형으로 인해 원치 않는 교차 반응이 일어나지 않도록 조심해야 하기 때문이다. 이런 두 가지 목적을 달성하기 위해, 다시 말해 출발 물질이 잔뜩 들어오지만 중간물질을 방치하지 않기 위해 대사 과정의 회전율은 충분히 빨라야 한다. 회전율 시간에 대한 개념은 **어림짐작 4-8**에 도식화했다. 최

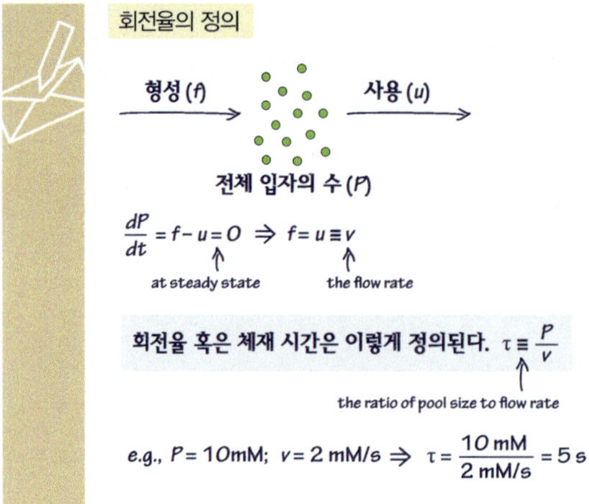

어림짐작 4-8

종 산물이 생기고 중간 대사산물이 소모되는(평형 상태에서 두 값은 같다) 시간의 중간 값을 회전율로 정의한다. 사실 중심 탄소 대사 과정의 핵심 중간 대사체 상당수의 회전율은 일 초 정도다(**그림 4-11**, BNID 107358, 애기 장대의 경우 **표 4-3**). 마찬가지로 대장균 세포 내부 대부분의 아미노산의 회전율은 일 분이 채 되지 않는다(BNID 101622). 애기 장대의 대사체 회전율이 1초 정도가 안 된다는 결과는 매우 놀랍다. 따라서 대사체의 농도를 재기 위한 메타볼로믹스 실험을 할 때 실험자가 식물을 액체 질소 통에 담느라 손으로 광원을 슬쩍 가리기만 해도 칼빈-벤슨 회로가 머뭇거리면서 대사체 농도가 달라질 수도 있는 것이다. 실험이 매우 세심하게 수행되어야 한다는 뜻이다.

단백질 합성도 매우 빠르게 일어난다. 아미노산이 중합체가 되면서 길이가 늘어나는 속도는 운반 RNA가 얼마나 빨리 도달하느냐에 달려 있다. 그렇지만 전체 운반 RNA의 숫자는 제한되어 있다. 40분에 한 번씩 분열하

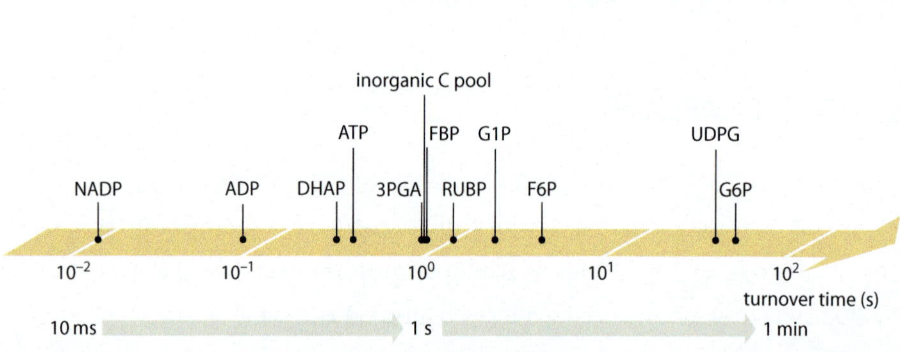

그림 4-11 전체에서 대사되는 물질의 비율을 회전율로 정의한다. 평형 상태에서 대사되는 물질의 양은 물질이 생성되거나 소모되는 양과 같다.

대사체	회전율 (s)		
	애기장대	효모	대장균
NADP	0.01	—	—
ADP	0.07	0.3	0.8
칼빈-벤슨 회로 중간 물질 (R5P, S6P, X5P, Ru5P, SBP, RuBP)	0.1–1	—	—
DHAP/G3P	0.2	—	—
ATP	0.3	1.4	2
3PGA	0.7	7	3
inorganic C	0.8	—	—
FBP	0.8	7	1.2
pyruvate	—	1.7	1.5
F6P	3	7	1.2
AMP	—	3	9
UDPG	40	—	—
G6P	40	17	4
무기 탄소	—	60	13
TCA 회로 중간 물질(Suc, Fum, Mal)	—	4–30	0.7–9

표 4-3 핵심 대사 물질의 회전율. 질량분석기를 써서 애기장대의 잎에서 가동되는 칼빈 회로의 대사체 회전율을 조사했다. 마찬가지로 485 ppm의 이산화탄소가 제공되고 빛을 쏘인 환경에서 전분 및 설탕의 합성도 측정했다(Arrivault S [2009] Plant J, 59, 826-839. 대장균과 효모의 데이터는 BNID 109701에서 가져왔다).

는 대장균 세포 안에는 약 200,000개의 운반 RNA가 존재한다고 알려졌다(BNID 100066). 만일 대장균에 3만개의 리보좀이 있다면(BNID 102015) 이들은 제각각 초당 20개의 아미노산을 중합할 것이다. 그렇다면 평균 회전율은 $200{,}000/(20\ s^{-1} \times 30{,}000) = 1/3$초다. 운반 RNA 합성 효소가 아미노산을 운반 RNA에 붙이고 운반 RNA가 아미노산을 끌고 리보좀으로 가서 펩티드에 부리고 다시 돌아가 아미노산을 붙이는데 소요되는 시간이다. 이렇게 빠른 과정을 쓰는 데는 한 문장도 필요하지 않지만 실험을 통해 정확히 단백질 합성 과정을 측정하는 일은 지극히 어렵다. 방사능 표지 물질을 붙이고 추적하는 방법을 통해 예측이 사실로 판명되었다. 운반 RNA의 회전율은 0.1~1초다(BNID 105275). 출아 효모에서 운반 RNA의 숫자는 2백만 개다(BNID 108197), 리보좀은 200,000개(BNID 100267, 108197)이며 초당 10개의 아미노산을 붙인다(BNID 107785, 107871). 운반 RNA의 회전율은 1초다. 운반 RNA와 리보좀의 비율은 보통 10:1이라는 사실을 첨언한다.

지금까지 살펴본 놀라운 빠르기의 회전율은 세포 안이 화학적으로 얼마나 분주한 곳인가를 상징적으로 가리킨다. 생물학을 구조적으로 묘사하면 세포 내 물질들이 다소 정적인 것처럼 보이지만 중심 대사 경로 혹은 중심 도그마의 핵심 분자들(예컨대 단백질을 합성하는 운반 RNA)은 문자 그대로 서로 다른 상태를 잽싸게 오가며 눈 깜빡할 새 세포 과정에 참여한다(0.1~0.4초, BNID 100706).

중심 도그마

어떤 것이 더 빠를까? 전사 혹은 번역

DNA로부터 전령 RNA를 합성하는 전사와 전령 RNA로부터 단백질을 만드는 번역 과정은 분사 생물학의 중심 도그마, 그 중에서도 대들보 격에 해당한다. 이 두 과정의 속도는 비교 가능할까? 전자 현미경으로 대장균을 관찰했을 때 "크리스마스 트리" 모양(**그림 4-12**)을 본 사람들은 위 질문을 떠올리기에 이르렀다. 전형적인 이런 구조물은 동일한 유전자의 전사와 번역이 동시에 일어난다는 사실을 암시하지만 동시에 두 과정이 상대적인 속도가 어떠한지, 별개의 두 과정이 동시에 일어나는 것이 가능한지에 대한 의문을 불러 일으켰다.

RNA의 전사를 통해 대장균은 전령 RNA와 리보좀 RNA 및 운반 RNA를 만든다. 이 과정은 1,000~10,000개에 이르는 RNA 중합효소에 의해 추진된다(BNID 101440). **표 4-4**에 제시한 것처럼 효소는 최대 초당 40~80개의 염기를 중합할 수 있다(BNID 104900, 104902). 대장균의 번역은 10,000~100,000개의 리보좀이 수행하고(BNID 101441) 일 초당 20개의 아미노산을 붙일 수 있다(BNID 100059, 105067, 108490). 세 개의 염기가 하나의 아미노산을 지정하기 때문에 전사와 번역 과정 속도는 실상 거의 비슷하다는 사실은 흥미롭다(**어림짐작 4-9**)(BNID 108487). 만약 번역이 전사보다 더 빠르다면 두 과정이 동시에 일어나는 원핵세포 내부에서 리보좀이 RNA 중합효소와 "충돌하는" 일이 벌어질 수도 있을 것이다. 이렇게 전사와 번역이 동시에 일어난다는 가정은 그림 4-12와 함께 교과서에서도 찾아볼 수 있다. 그렇지만 최근 분자 하나를 현미경으로 추적했던 연구자들은 전사와 번역이 한꺼번에

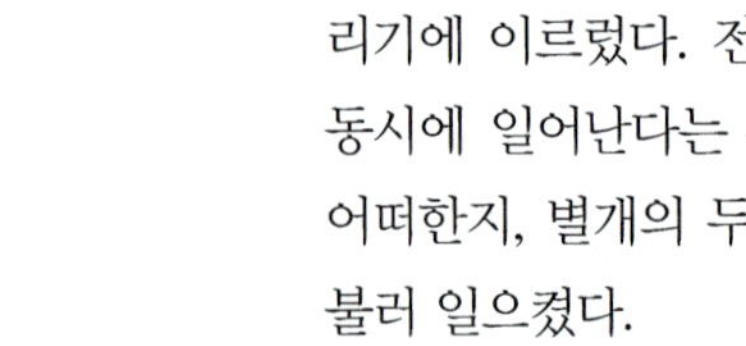

그림 4-12 전사와 번역이 동시에 진행되는 전자 현미경 이미지. 세균의 DNA와 전령 RNA 전사체가 리보좀을 차지하고 있다(Miller OL [1970] Science, 169, 392-395).

생명체	rate (nt/s)	BNID
대장균	10–100	104900, 104902, 101904, 108488, 108490, 108487, 100060
원숭이 세포주	100	105113
인간	6–70	105566 , 100661, 100662
초파리	25	111484

표 4-4 다양한 조건에서 생명체 내부의 전사 속도. 30℃에서 측정한 효모와 N. crassa를 제외하고 모두 37℃에서 얻은 값이다.

생명체	rate (aa/s)	BNID
대장균	10–20	100059 , 105067, 108490, 108487, 100233
초파리	3–10	107871
빵곰팡이	5–8	107872
생쥐	6	107952

표 4-5 다양한 조건에서 생명체 내부의 전사 속도. 30℃에서 측정한 효모와 N. crassa를 제외하고 모두 37℃에서 얻은 값이다.

일어나는 일은 드물다고 결론지었다. 대장균에서 대부분의 번역 과정은 전사 과정과 함께 일어나지 않았다. 번역 과정은 대개 DNA가 풍부한 지역에서 전령 RNA가 확산되어 나온 뒤 리보좀이 풍부한 세포질 근처에서 진행된다. 세포 내 리보좀의 분포는 "세포 안에는 몇 개의 리보좀이 존재하는가?"라는 항목에서(147쪽) 살펴보았다. 중심 도그마의 또 한 가지 일탈은 리보좀이 세균의 전사가 빠르게 진행되는 데 매우 중요한 역할을 한다는 점이다. 리보좀은 RNA 중합효소가 뒷걸음질 하는 것을 막아서 쉬지 못하게 한다. 만약 그렇지 않다면 RNA 중합효소는 더 일을 하지 않으려 들 것이다. 그렇기에 번역과 전사과정은 역방향 조절 기제가 가동하는 셈이다.

특정한 유전자의 전사가 시작되고 단백질을 합성할 때 전사 및 번역의 상대

전사와 번역, 어느 것이 빠른가?

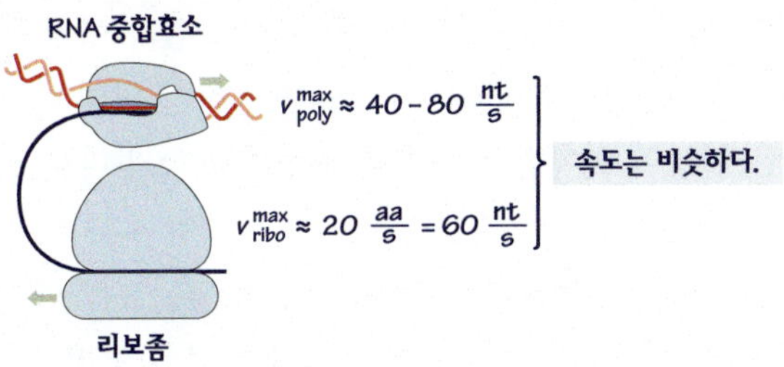

어림짐작 4-9

적인 속도가 전반적인 소요 시간에 미치는 결과는 어떤 것일까? 최대 속도일 때 세균에서 1 kb의 유전자가 전사되는데 걸리는 시간은 대략 10초이다(1,000 nt/80 nt/s). 번역이 개시되고 펩티드 길이가 길어지는 데도 대략 비슷한 시간이 걸린다. 그렇다면 단백질을 만드는데 걸리는 시간은 두 중합체가(전령 RNA, 펩티드) 길어지는 시간의 합이 될 것이다. 또 중합체를 만드는 과정보다 더 길수도 있는, 전사가 시작되는 시간도 고려해야 한다. 최근 우블 암호화 서열을 정확히 짝이 맞는 암호로 대체하여 번역 시간이 길어지면 단백질 접힘 과정에서 실수율이 늘어난다는 보고가 있었다. 따라서 신생 단백질이 올바르게 접히는 데 걸리는 시간과 번역 속도 사이에 일종의 타협이 있었음을 시사한다.

중심 도그마의 핵심과정 이라할 전사 혹은 번역 단계의 속도는 어떻게 측정하는 것일까? 오늘날처럼 첨단 기법이 동원되는 상황에서도 전사 혹은 번역의 속도를 측정하기는 만만치 않다. 이 문제를 어떻게 공략할지 생각해보자. 분명치는 않지만 녹색형광 단백질 분자를 발현한 후 녹색의 형광이 나타날 때까지 시간을 측정하는 것도 한 가지 방법이다. 이 방법의 단점은 "형광 단백질이 가장 밝게 빛나는데 걸리는 시간은?"이라는 항목에서(237쪽) 살펴볼 것이다(간단히 말하면 몇 분~1시간 정도 소요된다). 다시 말하면 실제 과정과 실험적으로 측정한 시간 사이에 괴리가 발생할 수 있다는 것이다. 초기에는 신빙성 있는 방법처럼 보였던 형광 표지법이 사용되기 시작한 것은 1970년대다. 그렇지만 여전히 한계를 노출하고 있다. 이후 몇 가지 기발한 실험들, 곧 전자 현미경, 방사능 표지를 동원한 방법이 사용되면서 전사와 번역의 속도는 비교적 정확하게 측정할 수 있게 되었다. 곧 이어 살펴볼 것처럼 이들 방법은 속도를 측정하기 위해 민감한 정량적 분석에 의존한다.

전사의 속도를 측정하는 방법은 리팜핀이란 약물을 사용해서 전사를 개시하지 못하게 틀어막는 편법을 동원한다. 전사가 시작되지는 않지만 이미 장도에 들어선 전사는 흔들림 없이 계속된다. 리팜핀은 전사가 시작되는 것을 막지만 RNA 전사체의 길이가 늘어나는 것을 막지는 못한다. 그 결과 이 약물을 처리하면 처리 직전의 전사 과정이 전개되는 시간을 측정하기 위해 마치 스톱워치를 누른 것과 같은 현상이 빚어진다. 세포를 고정하고 각기 다른 시간에 전사 과정을 꽁꽁 붙들어 맨 다음 전자현미경을 써서 **그림 4-13**과 같은 이미지를 확보할 수 있다. 이렇게 RNA 중합효소 활성이 없는 상태에서 RNA의 길이를 측정할 수 있다. 약물을 처리한 후 흘러간 시간을 고려하며 중합효소가 움직인 속도의 측정이 가능해진다.

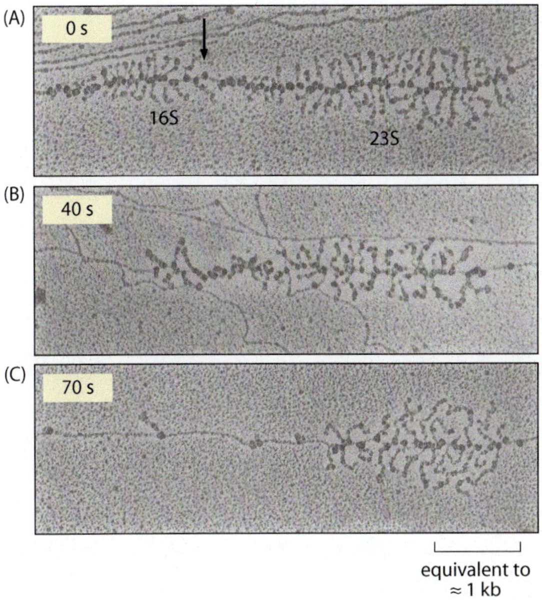

그림 4-13 전사가 시작될 때 리팜핀의 효과. 대장균 리보좀 RNA 오페론의 전자 현미경 사진. (A) 리팜핀을 처리하기 전, (B) 리팜핀 처리 40초 후, (C) 70초 후. 약물을 처리하면 더 이상의 새로운 전사체가 만들어지지 않는다. 그렇지만 이미 전사가 시작된 RNA는 길이를 늘여간다. (A) 화살표는 RNA 분해효소가 주변의 RNA 분자를 자르는 곳이다. 그 결과 16S, 23S 리보좀 단위가 만들어진다(Gotta SL [1991] J Bacteriol, 173, 6647-6649).

번역의 속도를 측정하는 방법도 전사 과정처럼 적당한 스톱워치를 찾는 데 의존한다. 그렇지만 여기서는 단백질이 합성되는 시간을 측정하게 된다. 간단히 살펴보자. 방사능이 표지된 아미노산을 집어넣으면서 시계를 누른다. 그 뒤(추적 단계다) 방사능 표지된 단백질의 질량m을 추적한다. 겔 상에서 단백질 띠를 확인함으로써 가능하다. 표지된 단백질을 도입하자마자 우리는 표지 아미노산이 편입된 단백질을 볼 수 있다. 시간이 흐를수록 표지된 아미노산의 비율이 커질 것이기에 단백질의 질량은 늘어날 것이다. 전사체의 길이에 따라 다르겠지만 일정 시간이 τ_m 지나면 전체 단백질이 표지될 것이다. 동위원소를 넣자마자 단백질의 번역이 시작되었기 때문이다. 따라서 특정 시간에 축적된 단백질의 양을 가늠할 수 있게 된다(세포 안에서 표지된 전체 단백질 중 차지하는 분획). 주어진 시간에 τ_m 생성된 펩티드(질량 m) 안에 표지된 아미노산이 몇 개나 들어 있는지 알면 단백질의 번역 속도를 계산할 수 있다. 이 방법을 충분히 이해하고픈 독자라면 영과 브레머에 의해 수행된 논문을 참고하면 도움을 받을 수 있다. 이런 식으로 얻은 대장균의 단백질 번역 속도는 오늘날에도 여전히 유효하며 이보다 더 좋은 결과를 낼 새로운 방법은 아직 등장하지 않았다.

그렇다면 진핵세포에서 전사와 번역이 속도는 어떨까? 표 4-4와 **표 4-5**에 제시한 것처럼 포유동물 세포의 전사 속도는 대장균의 그것과 비슷하다(초당 50~100개의 염기. BNID 105566, 105113, 100662). 빠르기는 하지만 중간에 멈칫거리기 때문에 전체적인 속도는 한결 느려서 초당 6개의 염기가 늘어난다고 본 연구 결과도 있었지만(BNID 105661) 그렇지 않다는 보고도 있다(BNID 100565). 초파리의 배아를 써서 세포가 아닌 생명체 전사 과정을 실시간으로 아름답게 보여준 연구도 최근 수행되었다. 형광 표지법을 써서 전령 RNA가 만들어지는 과정을 볼 수도 있다(**그림 4-14**). **그림 4-15**는 최근 서열 분석법을 이용해서 헬라세포의 전사 속도를 유추할 수 있는 실험도 수행

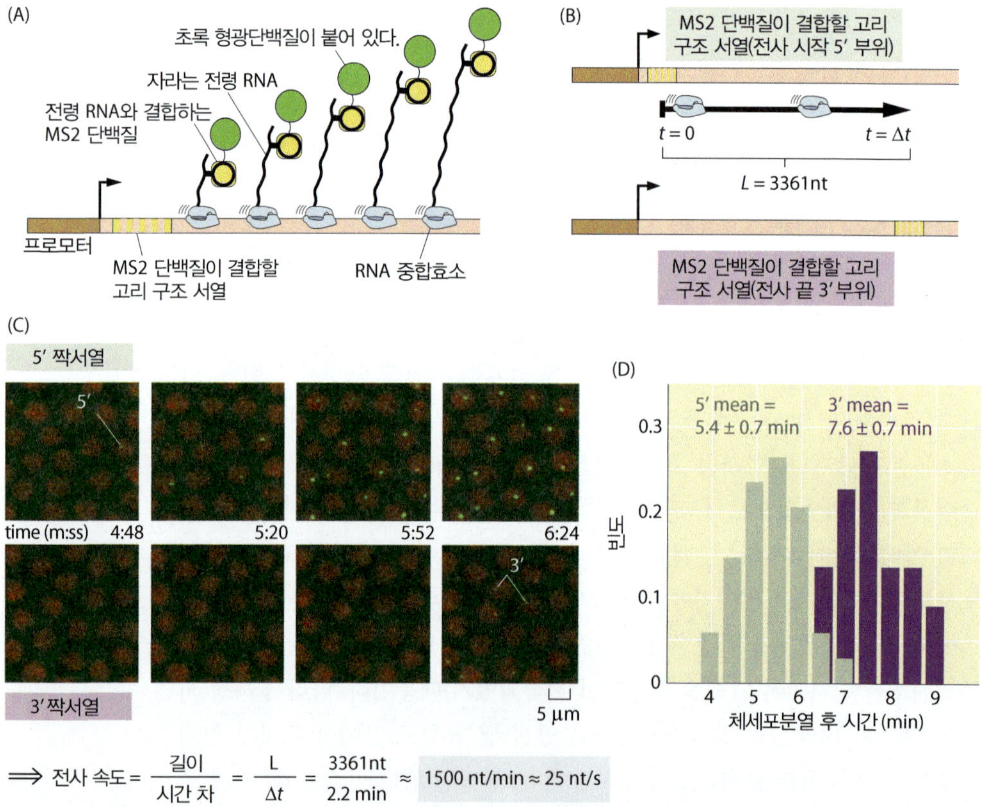

그림 4-14 초파리 배아에서 관찰할 수 있는 역동적인 전사 과정. (A) 초록 형광 단백질을 가진 바이러스 단백질이 결합할 장소를 제공하는 전령 RNA 분자 고리. (B) 전령 RNA 분자의 5′ 혹은 3′ 말단 중 어느 부분에 고리가 위치하는지에 따라 GFP가 형광을 발하는 시간이 달라진다. 지체되는 시간은 전사된 거리를 중합효소의 속도로 나눈 값이다. (C) (B)와 같은 방법으로 제작한 유전자의 전사 과정 결과 형광 반점이 출현하는 현미경 이미지. (D) 두 방법에 따라 형광이 나타나는 시간은 2.2분의 간격이 있다. 이로부터 전사 속도가 25 염기/초라는 유추가 가능하다. 실험은 상온인 22℃에서 수행되었다(Garcia HG [2013] Curr Biol, 23, 2140-2145).

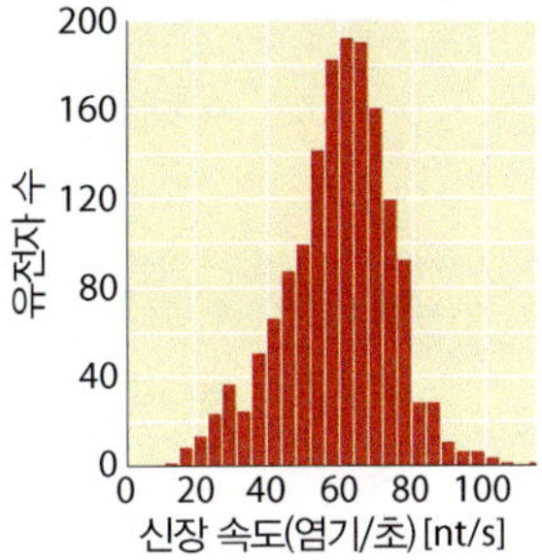

그림 4-15 전사의 속도 분포. 전사를 억제한 다음 모든 전사체의 서열을 시간별로 조사했다(Fuchs G [2014] Genome Biol, 15, R69-R78).

되었다. 그 결과 초당 30~100개의(평균 60개, BNID 111027) 염기가 전령 RNA의 길이를 늘려갔다. 진핵세포에서 전사와 번역은 공간적으로 격리되어 전사는 핵에서 번역은 세포질에서 진행된다. 번역하기 전 전사체의 인트론을 제거하는 전령 RNA '자르고 이어붙이기'splicing 과정에 5~10분이 소요된다(BNID 105568). 우리의 관심사가 전사체의 길이 확장이기는 하지만 어떤 경우 전체적인 속도를 결정하는 단계는 전사의 시작이다. 이는 RNA 중합효소 복합체가 조립되고 두 개의 DNA 나선을 분리하면서 전사를 가능하게 공간을 확보하는 데 소요되는 시간을 일컫는다.

진핵세포가 단백질은 번역할 때는 얼마의 시간이 필요할까? 출아 효모의 번역 속도는 대장균의 두 배이다(초당 3~10 아미노산, BNID 107871). 그러나 출아 효모의 경우 '생리적' 온도는 30°C에서 측정했고 대장균은 37°C에서 측정했다는 점을 잊자 말아야 한다. "온도가 어떻게 속도와 친화도에 영향을 주는가"(220쪽) 항목에서 살펴보았듯 온도가 10°C 변하면 반응 속도가 2~3배 차이가 난다는 사실 때문이다(Q10 값, BNID 100919). 고출력 서열 분석에 의해 확보된, 리보좀의 움직임을 포착하는 방법에(**그림 4-16**) 따라 마우스 배아 줄기세포의 몇 가지 전사체를 번역하는데 걸리는 시간을 추적할 수도 있다. 여기서 우리는 단백질의 종류가 다를지라도 전반적인 번역의 속도는 초당 여섯 개의 아미노산이 중합하는, 상당히 균일한 결과를 얻을 수 있었다(BNID 107952). 지난 수십 년 매우 지난한 연구를 계속해오는 동안 정교한

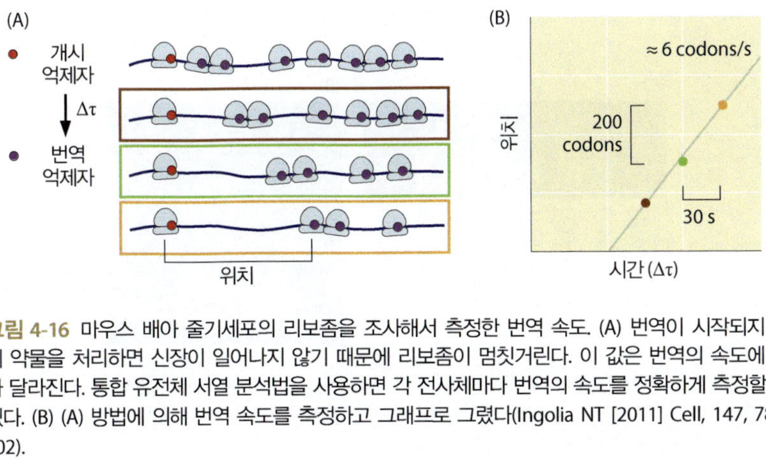

그림 4-16 마우스 배아 줄기세포의 리보좀을 조사해서 측정한 번역 속도. (A) 번역이 시작되지 않게 약물을 처리하면 신장이 일어나지 않기 때문에 리보좀이 멈칫거린다. 이 값은 번역의 속도에 따라 달라진다. 통합 유전체 서열 분석법을 사용하면 각 전사체마다 번역의 속도를 정확하게 측정할 수 있다. (B) (A) 방법에 의해 번역 속도를 측정하고 그래프로 그렸다(Ingolia NT [2011] Cell, 147, 789-802).

기법이 등장하였다. 따라서 중심 도그마의 핵심 과정을 정량적으로 정확하게 이해할 수 있는 상황에 이른 것이다. 각 단계 사이의 정교한 시간적 의존성을 파악할 수 있게 되었다는 뜻이다.

형광 단백질이 가장 밝게 빛나는 데 필요한 시간은?

형광 단백질은 살아 있는 세포 내부에서 거대 분자들의 위치 혹은 움직임을 탐색하는 아주 중요한 수단으로 자리매김하고 있다. 색상도 다양하고 성질도 제각각인 형광 단백질이 여럿 알려져 있지만(**그림 4-17**) 이런 수단이 본격적으로 개발되고 정착된 지는 불과 10여년 안팎이다. 사실 생물학에서 직간접적으로 형광 표지 단백질을 사용하지 않는 분야는 찾아볼 수 없게 되었다.

세포 동력학의 다양한 분야를 연구하기에 적합한 수단으로써 형광 단백질은 장점도 있지만 흠이 전혀 없지는 않다. 형광 단백질이 발현되었다 해도 그것이 기능하기 위해서는 여러 단계를 거쳐야 한다(**그림 4-18**). 이 과정을 합쳐 숙성maturation이라고 부른다. 합성이 끝났다 해도 숙성 과정이 완료될 때까지는 형광을 발하지 않는다. 동력학을 연구하기 위해서는 표지 단백질 숙성과("빠르게" 진행될수록 좋다) 추적하고자 하는 목표 단백질이 움직이는(숙성 시간보다 길어야 한다) 시간대가 분리될 수 있다면 가장 이상적일 것이다. 숙성 과정의 첫 번째는 가장 직관적이며 단백질이 접히는 단계이다. 단백질끼리 응집이 없다면 개별 단백질의 접힘 과정은 상대적으로 신속해서 1분이 채 걸리지 않는다. 다음은 발색단 부위가 비틀리면서 재배열 되는 단계다(그림 4-18B, C). 아미노산 내부의 전자가 비편재화되면서 형광을 발하는 장소가 된다. 다음은 환이(두 개의 아미노산 사이에 고리가 형성된다. 그림

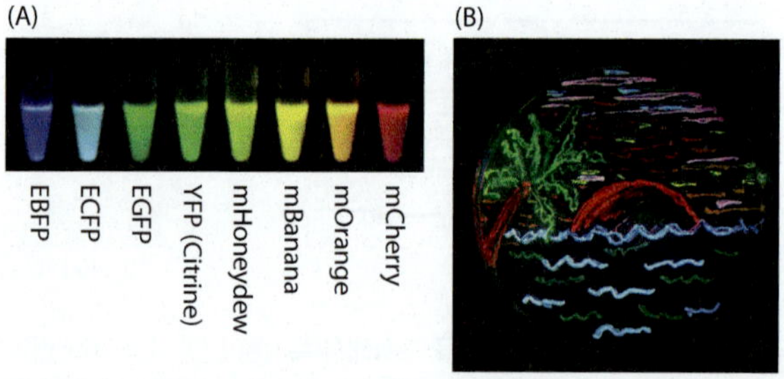

그림 4-17 세포 생물학이 혁명을 잉태한 형광 단백질의 다양한 색. (A) 다양한 입사, 방출 파장을 갖는 형광 단백질 (B) 색상이 다른 8종의 형광 단백질을 발현하는 세균의 배양 접시. 바닷가 휴양지의 풍경을 "그렸다"(Tsien RY [2010] Integr Biol, 2, 77-93).

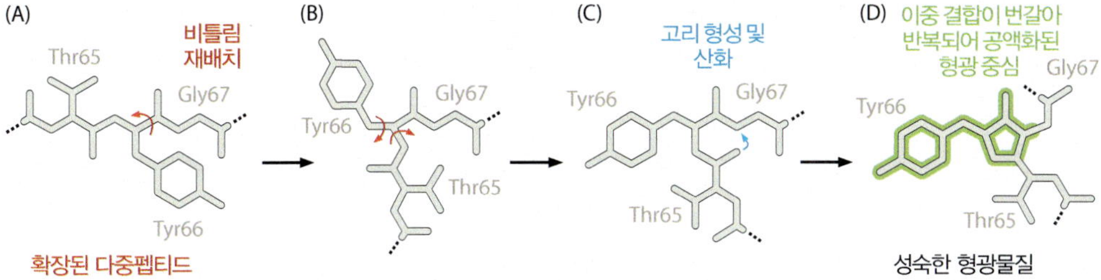

그림 4-18 녹색 형광이 증강된 단백질EGFP 내부에서 발색단 형성되는 과정. (A) 아직 형광을 발하지 않는 펩티드(Thr65-Tyr66-Gly67, 세 개의 아미노산으로 구성되었다). (B-C)우선 뒤틀리면서 조정하는 단계가 먼저 일어난다. 친핵체를 공격하는 반응에 의해 고리 모양의 분자로 변한다. (D) 산소 분자에 의해 티로신이 산화되면 형광이 나타난다. 전자구름이 고르게 분포한 발색단의 핵심 부위를 색칠했다(Olenych SG [2007] Curr Protoc Cell Biol, 36, 21.5.1-21.5.34).

4-18C, D) 형성되는 단계로 소요 시간이 긴 편이지만 마지막 속도 조절 단계인 산화 반응보다는 상대적으로 빠르다. 분자 내부의 산소가 발색단의 전자를 잡아채면서 새로운 결합을 형성한다. 모든 단계가 기능성 있는 형광 단백질을 만들기 위해 필요하다.

지금까지도 모든 형광 단백질의 숙성 시간이 알려지지는 않았고(**표 4-6**) 설

fluorophore	maturation time (min)	cell type	BNID
ECFP	50	*S. cerevisiae*	106883
GFP wildtype	50	*in vitro*	106892
sfGFP	6	*E. coli*	110546
GFPmut3	7	*E. coli*	102972
GFPmut3	7	*in vitro*	107004
EGFP	60	*E. coli*	107001
EGFP	14	*in vitro*	107000
Emerald	12	*in vitro*	106893
GFPem	5	*in vitro*	106887
EYFP	40	*S. cerevisiae*	102974
EYFP	20	*in vitro*	106891
Venus	40	*in vitro*	106890
mCherry	15	*E. coli*	106877
mCherry	40	*E. coli*	110551
mCherry	40–100	*E. coli*	111423
mCherry	17 + 30	*S. cerevisiae*	110552
mStrawberry	50	*E. coli*	106880
tdTomato	60	*E. coli*	106876
mPlum	100	*H. sapiens*, B-cell line	106878

표 4-6 일반적으로 사용되는 형광 단백질이 성숙하는데 걸리는 시간. 조건과 측정 방법에 따라 값이 달라지므로 결론을 내릴 때는 세심하게 주의를 기울여야 한다. mCherry의 경우 시간대가 다르고 첫 번째 것은 파장대도 다르다(BNID 110552). 의미 있는 하나의 자리수로 반올림했다(Iizuka R [2011] Anal Biochem, 414, 173-178; Shaner NC [2005] Nat Methods, 12, 905-909).

사 제시되었다고 해도 완벽하지도 않다. 형광의 숙성 시간을 측정하는 또 다른 방법은 세포를 산소가 없는 조건에서 산소가 있는 조건으로 바꾸어보는 일이다. 단백질이 발현되지만 산소가 없는 조건에서는 마지막 속도 조절 단계인 산화 과정이 진행되지 않기 때문이다. 그런 연후 산소가 있을 때 형광 신호가 잡히는 속도를 관찰한다. 보다 일상적으로 유도형 프로모터 혹은 시클로헥시미드를 이용하여 번역을 억제하기도 한다. 나가이와 동료들은 대장균에서 황색 형광 단백질이 숙성하는데 5분이 걸리지 않고 녹색 형광 단백질이 숙성하는데 7분 정도라고 발표했다(BNID 103780). 반면 고돈과 그의 연구진은 25°C에서 배양한 효모가 황색 형광 단백질을 숙성하는데 40분 그리고 붉은 색 형광 단백질은 더 늦어서 숙성하는데 50분이 넘게 걸린다고 보았다(BNID 102974). 단백질의 발현을 유도한 다음 30분 후 시클로헥시미드를 처리하여 측정한 값이다. 더 이상 새로운 단백질이 생기지 않는 조건에서 형광 광도의 세기를 측정하면 숙성 시간을 계산할 수 있다. 한편 이런 과정은 세포 주기와 함께 진행된다는 점을 잊지 말아야 한다. 따라서 환경의 변화가 어떤 식으로든 유전자 발현에 반영되기 때문에 형광 단백질 숙성하는 시간도 세포 주기의 영향을 받는다. 만일 마라톤 선수가 물을 마시기 위해 중간에 잠깐 쉰다고 해서 전체적인 주파 시간에는 커다란 영향을 끼치지 않을 것이다. 그러나 선수가 마사지를 받기 위해 정지한다면 물리적으로 마라톤을 완주하는 시간에 영향을 줄 것이다. 비유하면 마라톤 선수가 식당에 들러 음식을 먹는다면 숙성(완주시간) 시간은 상당히 변할 것이며 우리가 세포 과정의 역동성을 정확히 파악하는 행위의 의미가 크게 손상될 것이 분명하다.

대부분 실험에서 발색단의 숙성은 일차 반응식을 따른다. 그 결과 우리는 발색단이 숙성 상태에 도달하기 전에 소량이나마 형광을 관측할 수 있게 된다. 하지만 대부분의 발색단이 형광을 발하려면 숙성 시간까지 기다려야만 한다. 이 때문에 형광 표지법은 내재적으로 지체되는 경향이 있으며 결과를 해석할 때 자못 주의를 기울여야 한다. 마찬가지로 번역 단계를 멈출 수 있다 해도(리보좀 저해제인 시클로헥시미드를 써서) 저해 과정이 개시되기 전까지 지체되는 시간은 어쩔 수 없이 신호의 잡음으로 기록될 것이다. 단백질이 분해되는 시간을 측정할 때 더욱 주의를 기울여야 하는 까닭이다.

세포 동력학을 특징지을 역동적인 단백질의 또 다른 양상은 광표백효과로 표현한다. 표준 조명과 배율을 사용했을 때 이 과정은 대략 수십 초가 걸린다. 이 수치는 광원을 계속해서 수십 초 동안 쬐어주었을 때 형광의 세기가 원래 값의 1/e로 떨어진다는 의미이다. 단점임에 틀림없지만 최근에는 이런 불리함조차 FRAP기법에 활용된다. 이 방법은 초 분해능 현미경 아래에서 확산 속도끼리의 간섭을 허락한다. 다시 말하면 한 종류의 발색단이 희미해지면서 그 단백질의 위치를 나노미터 수준에서 구분할 수 있는 단서를 확보할 수 있다.

최근에는 발색단에 따른 숙성 시간의 차이를 이용해서 단백질 분해 시간을 측정하거나 아니면 시간과 무관한 단백질의 이동을 관찰하기도 한다. 관찰하고자 하는 단백질을 하나가 아니라 두 개의 형광 발색단, 즉 빨리 숙성하는 녹색 형광 단백질과 천천히 숙성하는 붉은 색 형광 단백질을 함께 결합시키기도 한다. 만일 단백질의 회전율이 빠르다면 천천히 숙성하는 형광 단백질은 미처 숙성할 시간을 가지지 못할 수도 있다. 이때 두 형광 세기의 비율은 값이 낮을 것이다. 그 반대 극단에서 단백질의 수명이 길어서 숙성하는데 충분한 시간을 부여한다면 형광 세기의 비율이 올라갈 것이다. 이 비율을 시간의 척도로 사용할 수 있다. 예를 들면 딸세포가 오래된 단백질 복합체를 갖는 경향이 있고 모세포가 새롭게 만들어진 단백질을 간직한다는 사실을 이 방법을 통해 보여줄 수 있다는 말이다.

프로테아좀은 얼마나 빠르게 단백질을 분해하는가?

세포 안의 단백질 양을 조절하는 또 다른 방법은 단백질을 분해하는 일이다. 단백질의 분해를 담당하는 기구는 프로테아좀이라고 부른다. 아령 모양의 프로테아좀 형태와 크기는 **그림 4-19**에 표시하였다. 이런 기구는 무엇으로 구성되는 것일까? 헬라세포의 경우 전체 단백질의 1 퍼센트가 프로테아좀 복합체를 이루는 단백질이라고 한다(BNID 108028, 108717). 그렇지만 리보좀을 구성하는데 투자하는 단백질 양보다는 훨씬 적다. 매우 빠르게 자라는 세균은 전체 단백질의 3분의 1을 리보좀에 투자한다. 다른 세포도 약 5~10 퍼센트를 리보좀에 투자하기 때문에(www.proteomaps.net/) 프로테아좀이 차지하는 지분보다 훨씬 크다. 혈구세포의 프로테아좀 분획은 세포에 따라 전체 단백질의 0.01~0.3 퍼센트 정도를 차지한다(BNID 108041). 프로테아좀의 반감기는 약 5일이다(BNID 108031). 프로테아좀이 매개하는 단백질의 분해 속도는 시험관 방법에 의해 구했다. 변동 폭이 커서 분당 0.05이거나 0.2 혹은 5개의 "전형적인" 펩티드 사슬을 분해할 수 있다(BNID 108032, 109854). 이렇게 값이 계단식으로 차이가 나는 점을 감안하면 특정한 값을 선호하는 어떤 이유가 있는지가 궁금해진다. 최소한 실험실에서 연구한 세포주에 대

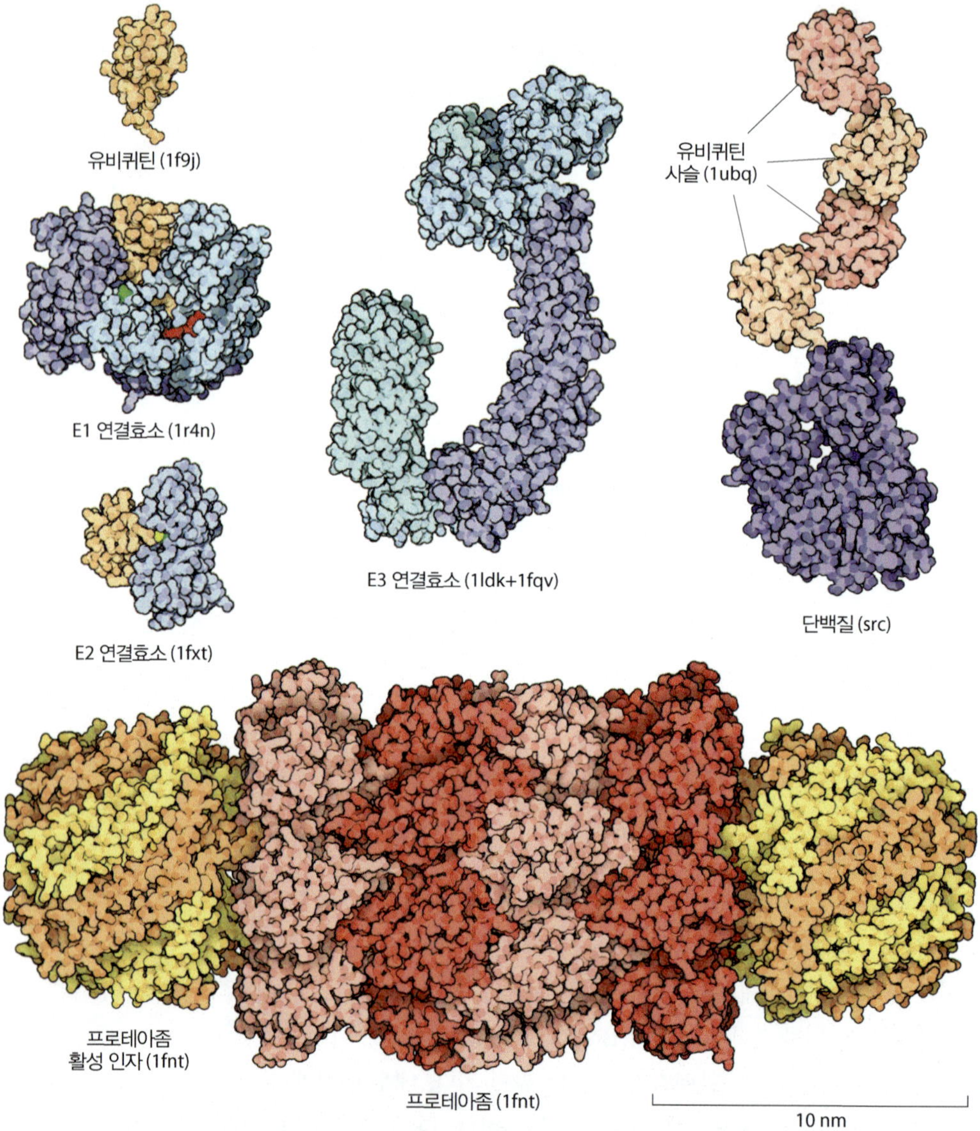

그림 4-19 단백질을 부수는 유비퀴틴-프로테아좀 경로에 참여하는 단백질. 분해 과정에서 핵심 분자는 유비퀴틴 딱지 단백질과 이 딱지 단백질을 분해하고자 하는 단백질에 붙이는 결합효소ligase이다. 부술 단백질을 발견하면 프로테아좀이 나서서 단백질을 분해한다. 출아하는 효모의 프로테아좀 구조를 그린 것이다(David Goodsell의 허락을 얻어서 실었다).

해서 그렇다는 말이다. 프로테아좀에 의한 단백질의 분해는 우선 기질 단백질에 의존성을 보인다. 따라서 이들 값의 신빙성에 다소 의심이 간다. 정보가 많지 않기 때문에 실험 결과를 면밀하게 살펴보아야 한다. 예를 들어 우리는 특정 속도로 단백질을 분해할 만큼 프로테아좀 기구가 충분히 존재하는지 알아야 할 것이다. 이제 살펴보겠지만 우리는 이 책 전반에 걸쳐 보다 설득력 있는 결과를 채택하여 왔다.

어림짐작 4-10처럼 일반적으로 단백질이 가진 아미노산의 수를 N_{aa}라고 하자. 예컨대 부피가 3,000 세제곱 마이크로미터인 헬라세포가 3백만 개의(세제곱 마이크로미터 당) 단백질을 갖고 단백질 당 평균 400개의 아미노산이 있다면 아미노산의 총 수 N_{aa}는 4×10^{12}이다. 물론 어림값이다. 전체 단백질의 1 퍼센트 정도가 프로테아좀이라면 $0.01N_{aa}$가 이 기구에 포함된다. 평균 무게가 2.4×10^{6} Da(BNID 104915)이므로 프로테아좀은 대략 20,000개의 아미노산으로 구성된다. 따라서

$$(0.01\times N_{aa}\text{ 아미노산})/(20{,}000\text{ 아미노산/프로테아좀}) = 0.5\times10^{-6}\,N_{aa}\text{ 프로테아좀} \quad (4.6)$$

헬라세포에 약 백만 개의 프로테아좀이 들어 있다는 의미이다. 프로테아좀의 분해 속도 최대값인 분 당 5 단백질, 즉 초당 0.1개의 단백질을 분해한다면 초당 40개의 아미노산이 부서지는 셈이다. 프로테아좀은 단백질 2~30개를 덩어리째로 부순다(BNID 108111). 나중에 이들 조각은 단백질 분해효소가 마저 분해한다. 따라서 초당 아미노산의 숫자를 계산하는 것은 유효값일 뿐 실제 생물 물리학적 수치는 아니다. 리보좀에 의한 단백질 합성 속도가 초당

활발하게 분해될 때 단백질 회전율은?

세포 내부 아미노산의 숫자는 N_{aa}

$$\left(\text{e.g., for HeLa cell, } N_{aa}\approx 3\times10^{6}\frac{\text{proteins}}{\mu m^{3}}\times 3000\frac{\mu m^{3}}{\text{cell}}\times 400\frac{\text{aa}}{\text{protein}}\approx 4\times10^{12}\frac{\text{aa}}{\text{cell}}\right)$$

≈전체 단백질의 1퍼센트는 프로테아좀

$$\text{프로테아좀 숫자}\approx\frac{0.01\times N_{aa}\text{ aa}}{20{,}000\text{ aa/proteasome}}\approx 0.5\times10^{-6}\,N_{aa}\text{ proteasomes/cell}$$

프로테아좀 분자량 ≈2.4 MDa ≈20,000 aa

프로테아좀 분해 속도 ≈ 5 proteins/min ≈ 0.1 protein/s ≈ 40 aa/s

$$\text{회전율}\approx 40\frac{\text{aa}}{\text{s}\times\text{proteasome}}\times 0.5\times10^{-6}\,N_{aa}\frac{\text{proteasomes}}{\text{cell}}\approx 20\times10^{-6}\,N_{aa}\frac{\text{aa}}{\text{s}\times\text{cell}}$$

$$\text{turnover time}\approx\frac{\text{number of aa per cell}}{\text{total deg rate}}\approx\frac{N_{aa}\text{ aa}}{N_{aa}\times 20\times10^{-6}\text{aa/s}}\approx 0.5\times10^{5}\text{s}\approx 1\text{ day}$$

모든 프로테아좀이 최대 속도로 일을 하면 하루만에 세포내 모든 단백질을 분해할 수 있다.

어림짐작 4-10

10개의 아미노산을 붙인다는 점을 상기하자. "전사가 빠른가 혹은 번역이 빠른가?" 항목에서(231쪽) 살펴본 값이다. 프로테아좀이 단백질을 분해하는 속도도 이 정도쯤 될까? 두 기구는 복잡하지만 분자량은 서로 비슷하다. 다시 한 번 더 살펴보자. 단백질의 전반적인 분해 속도는

$$(40\ \mathrm{s}^{-1}) \times (0.5 \times 10^{-6}\ N_{aa}\text{아미노산}) = 20 \times 10^{-6}\ N_{aa}\text{아미노산/초} \tag{4.7}$$

따라서 회전율은 전체적인 단백질 분해속도를 전체 아미노산의 개수로 나눈 값이다.

$$N_{aa}\text{아미노산}/(20 \times 10^{-6}\ N_{aa}\text{아미노산/초}) = 0.5 \times 10^{5}\text{초로} \tag{4.8}$$

약 하루이다. 이 정도 시간대라면 분열하는 세포의 평균 시간과 비슷하다. 어림짐작 4-10에서 보았듯이 여기서 전체 아미노산의 숫자는 그리 중요하지 않다. 다음에 살펴볼 "RNA와 단백질이 분해하는데 걸리는 시간은?"(244쪽)에서 우리가 살펴본 것처럼 세포내 단백질이 분해되는 평균 시간이 약 1~2일이라는 측정된 결과와(BNID 109937) 비슷하다는 사실이 확인된 셈이다. 가장 낮은 값의 프로테아좀의 분해 속도를 취하면 전체 단백질이 모두 분해되는데 한 달이 걸린다. 빨리 분열하는 세포에서 얻은 측정값과는 괴리를 보이지만 우리 신체 내부에서 천천히 분해되는 세포들에게는 적용이 가능할 것이다. 따라서 빨리 분열하는 세포가 분당 다섯 개의 펩티드를 분해한다는 얘기가 설득력 있게 들린다. 그렇지만 한편 이것도 단순한 계산에 의해 서로 대비되는 값의 의미를 명확히 판독할 수 있는 좋은 사례가 될 것이다.

RNA와 단백질이 분해되는데 걸리는 시간은?

중심 도그마는 생물학적 고분자인 핵산과 단백질의 생산에 초점을 맞춘다. 그러나 세포 기능의 유지와 조절은 새로운 물질의 합성에만 의존하지는 않는다. 세포 내부의 고분자 물질을 분해하는 일도 살아가는데 꼭 필요한 과정이고 매우 엄격하게 조절된다. 사실 전령 RNA를 만드는 단순한 모델에서 이 물질의 평균적인 양의 역동성은 다음과 같은 식으로 주어진다.

$$\frac{d\bar{m}}{dt} = r - \gamma \bar{m} \tag{4.9}$$

여기서 r은 전령 RNA 생산 속도이고 γ는 분해 속도 상수이다. 안정 상태에

서 전령 RNA의 값은

$$\bar{m} = \frac{r}{\gamma'} \tag{4.10}$$

이다. 따라서 바로 예측할 수 있는 것은 생산과 분해의 균형이 안정 상태에서 RNA 분자의 수량을 결정한다는 사실이다. 저 방정식이 세포 안에 있는 분자들의 숫자라면 그 값은 세포가 분열하는 순간 급격히 변하게 된다. 왜냐하면 전령 RNA와 단백질 모두가 두 개의 딸세포로 나뉠 것이기 때문이다. 만일 저 방정식이 농도에 관한 것이라면 이런 문제에 직면하지는 않을 것이다. 세포가 분열한대도 물질의 양이 늘어날 것이기 때문이다. 어떤 경우든 농도는 완만하게 변한다. 농도에 대한 세포 분열의 효과는 분해 속도 상수에 녹아들며 희석되는 것처럼 보일 것이다. 이것은 수학적인 접근법이지만 다소 의미가 모호하다. 뒤에 잠시 더 살펴보겠다. 그렇지만 우선 전령 RNA나 단백질이 분열되는 속도는 얼마나 되는지 알아보자.

전령 RNA의 반감기는 보통 세포가 분열하는 간극인 생물학적 시간대와 비교하면 짧은 편이다. **그림 4-20A**에서 보듯 대장균의 전령 RNA 반감기는 3~8분이다. RNA 중합효소에 결합하는 리팜피신이라는 약물을 써서 전사를 억제한 후 2분 간격으로 세포 내 전령 RNA의 수치를 측정해서 얻은 결과이다. 특히 RNA의 양은 그 서열과 상보적인 DNA와 잡종을 만들어 유전자 서열 분석법으로 측정한 것이다. 여기서는 각기 다른 시간에 상대적인 형광을 측정하게 된다. 분해에 소요되는 시간은 유전자의 전사 혹은 번역에 쓰이는 시간보다 몇 배 길 뿐이다. "전사와 번역, 어떤 것이 더 빠른가?"(231쪽) 항

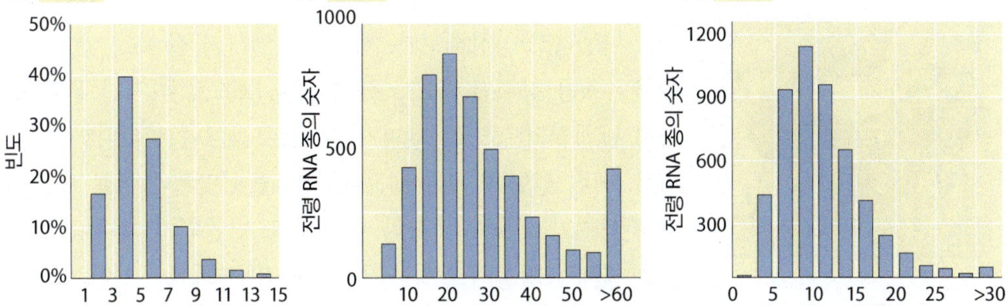

그림 4-20 대장균, 출아효모 및 마우스 NIH 3T3 섬유아세포에서 전령 RNA의 반감기(Bernstein JA [2002] Proc Natl Acad Sci, 99, 9697-9702; Wang Y [2002] Proc Natl Acad Sci, 99, 5860-5865; Schwanhausser B [2011] Nature, 473, 337-342).

목에서 살펴본 값들이다. 일시적으로만 RNA가 존재한다는 말은 RNA의 수명이 덧없다는 사실을 상징적으로 보여준다.

유전체에 기초한 데이터를 감안하면 전령 RNA의 짧은 수명에 관해 몇 가지를 생각해볼 수 있다. 예를 들어 특정한 전령 RNA가 많은 것과 그들의 분해 속도는 상관성이 있을까? 이차적인 구조를 결정하는 부위 혹은 특정 서열을 가지면 분해 속도가 영향을 받을 수도 있을까? 그림 4-20에서 도출할 수 있는 놀라운 사실 하나는 전령 RNA의 수명에 관해서는 어떤 보편적인 지식도 통용되지 않는다는 점이다. 다시 말하면 전령 RNA의 반감기는 이차적인 구조, 혹은 특정 RNA의 풍부함이나 성장 속도와 명백한 상관성을 보이지 않는다.

"대장균에서 옳은 것은 코끼리에서도 옳다"는(**그림 4-21**에 묘사된) 모노의 선언은 전령 RNA의 수명에도 적용될 수 있을까? 바로 답을 하면 "별로 그렇지 않다." 대장균의 전령 RNA의 평균 수명은 대략 5분이다. 효모는 약 20분이고(그림 4-20B) 인간 세포는 600분이다(BNID 106869). 흥미로운 점은 세포가 빠르게 분열할 때 이들의 세포 주기가 각각 30분(대장균), 90분(효모) 그리고 3,000분이라는(인간) 사실이다. 어림짐작하면 전령 RNA의 분해 속도는 빠르게 자라는 세포 주기의 5분의 1이다.

전령 RNA만 분해되는 것은 아니다. 단백질도 분해된다. 하지만 이들의 반감기는 전령 RNA보다는 긴 편이다. 합성에 비해 반감기가 길기 때문에 빠르게 증식할 때 세포 당 특정 단백질의 수가 줄어들 수 있다. 분해되기 때문이 아니라 단순히 세포가 다른 모든 성분을 둘로 나누고 두 개의 딸세포로 변화하면서 모세포에 있던 단백질을 반씩 나눠 갖기 때문이다. 이러한 희석 효과를 이해하기 위해 세포가 단백질 생산을 전면 중단한 채 부피를 키워 둘로 나뉜다고 상상해보자. 세포가 분열하기 전 특정 단백질의 절대 수N를 따지면 $N/2$가 될 것이다. 농도로 따지면 분열 후 특정 단백질의 농도는 부피가 두 배로 늘어난 셈이니까 $c/2$가 된다. 이런 셈법은 특히 세균에서 잘 들어맞는데 종종 단백질의 반감기가 세포 주기보다 긴 경우도 발견되기 때문이다. 그 결과 전체 단백질의 소실율 α는(전령 RNA의 α와 같은 맥락이다) 분해된 부분과 세포가 분열할 때 희석된 부분의 합으로 정의된다. 이를 방정식으로 표현하면

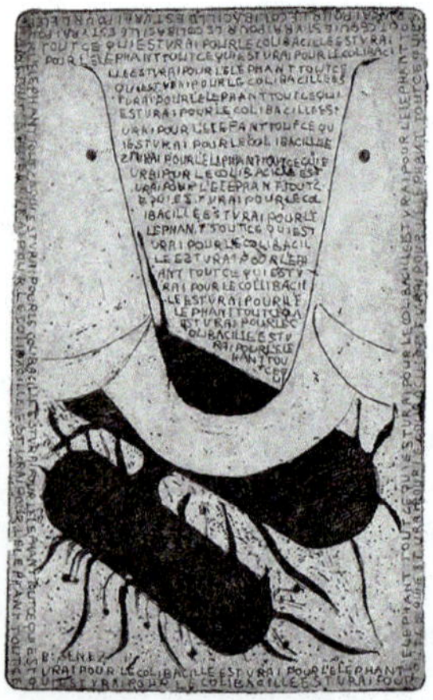

그림 4-21 자끄 모노. 대장균에서 옳은 것은 코끼리에서도 그렇다(파스퇴르 연구소 회보).

$$\alpha = \alpha_{분해} + \alpha_{희석} \quad (4.11).$$

이미 1960년대 측정된 실험 결과를 통해 매우 빠른 속도로 분열하는 세균의 단백질 반감기가 세포 주기 자체보다 길다는 사실은 잘 알려졌다. 방사능 표지 방법을 통해 얻은 실험 결과였다. 이 경우 자주 갈아주는 배양액으로 유출되는 방사능 아미노산의 양을 측정함으로써 단백질이 분해되는 속도를 계산했다. 전체 단백질의 2~7 퍼센트만이 활발하게 분해되는 결과를 보였으며 반감기는 대략 1시간으로 추정되었다(BNID 108404). 최근의 연구 결과 빠르게 분해되는 단백질이 몇 가지 알려졌다. 예를 들어 시그마 요소, 전사인자, 냉온 충격 단백질 등이 여기에 속한다. 그러나 일반적으로 말해 세균에서는 희석을 통해 단백질의 양이 줄어든다는 명제가 여전히 유효하다.

유전체 연구를 통해 전령 RNA의 반감기를 밝히는 것처럼 과학자들은 단백질의 반감기도 매우 엄밀하게 측정하려고 한다. 놀랍게도 우리는 유전체에 기초하여 대장균 단백질의 분해 속도를 알아내지 못한다. 그러나 출아 효모의 경우 번역을 억제하는 약물(시클로헥시미드)을 사용하여 단백질의 합성을 억제한 뒤 웨스턴 블라팅 방법을 써서 단백질의 양을 시간별로 측정한다. 웨스턴 블라팅은 원하는 단백질의 특정 부위에 달라붙는 항체를 이용하여 단백질 띠의 양을 측정하는 방법이다. 여기서 얻은 단백질 띠의 양을 표준 정량선에 대입함으로써 단백질의 양을 계산한다. 번역을 억제하는 과정에서 인공물이 등장할 수도 있다는 점을 감안하고 얻은 값을 **그림 4-22**에 제시

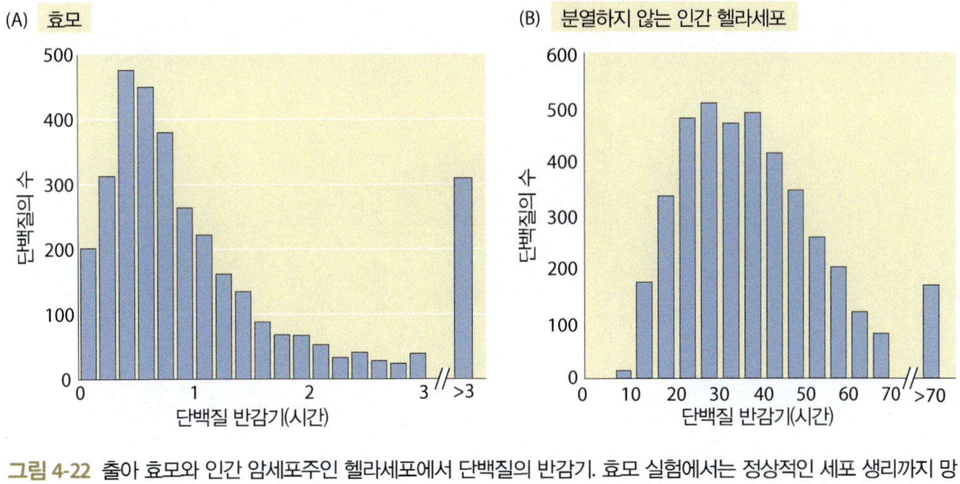

그림 4-22 출아 효모와 인간 암세포주인 헬라세포에서 단백질의 반감기. 효모 실험에서는 정상적인 세포 생리까지 망가뜨리는 번역 억제제인 시클로헥시미드를 사용했다. 분열하지 않는 헬라세포가 발현하는 4,100 종류의 단백질 반감기의 중간값은 36시간이다(Belle A [2006] Proc Natl Acad Sci, 103, 13004-13009; Cambridge S [2011] J Proteome Res, 10, 5275-5284).

하였다. 전령 RNA의 반감기인 평균 40분과(BNID 104151) 비교하면 단백질의 반감기가 훨씬 길다. 이러한 결과가 재현성이 있느냐는 문제는 여전히 논란거리이며 새로운 방법이 나타나기를 기대하고 있다.

세포를 깰 필요 없이 형광법을 이용하여 세포 안의 인간 단백질 분해 속도를 측정할 수 있는 방법이 개발되었다. 여기서도 인간 단백질이 분해되는데 상당한 시간이 걸린다는 사실을 확인할 수 있다(그림 4-22B). 측정하고자 하는 단백질과 형광 단백질을 합친 다음 측정을 한 것이다. 다음에 세포 집단을 둘로 나누고 하나는 광표백을 시키고 다른 하나는 그렇지 않게 조작한 후 광표백한 세포 집단에서 다시 형광이 나타나는 세포의 분포를 확인함으로써 직접적으로 단백질 분해 시간을 측정할 수 있다. **그림 4-23**에서처럼 인간 세포에서는 활발한 분해와 세포 분열에 의한 단백질의 희석 효과 사이에 재미있는 상호 관계를 관찰할 수 있다. 분해에 의한 반감기는 매우 폭넓게 분포한다(빠르게 분해되는 단백질은 반감기가 한 시간이 되지 않지만 실시간 현미경 아래에서 며칠 동안 분해가 거의 탐색되지 않을 정도인 단백질도 있다). 이런 결과는 N-말단 법칙에 의해 예측된 단백질의 분해 정도와 상반된다. N-말단의 아미노산이 무엇이냐에 따라 유비퀴틴 경로에 따른 단백질의 분해가 결정된다는 것이 N-말단 법칙의 내용이다. 예컨대 포유동물에서 알기닌, 글

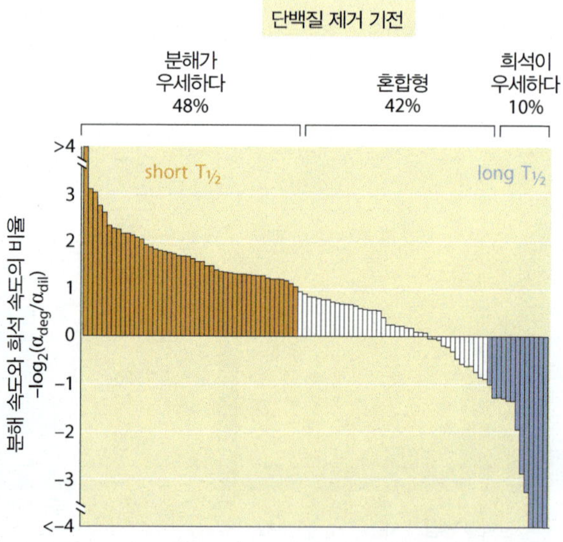

그림 4-23 인간 세포에서 단백질의 분해 속도. H1299 세포에서 선별한 100개 단백질의 분포도이다. 분해 속도와 희석을 비교해서 어떤 기제가 개별 단백질의 제거에 중요한지 찾을 수 있다. 전반적인 제거 속도 α는 시간당 0.03∼0.82 사이에 존재한다. 평균은 0.1±0.09/시간. 반감기 $T_{1/2}$는 ln(2)α이므로 반감기는 대략 7시간이라고 볼 수 있다(Eden E [2011] Science, 331, 764-768).

루탐산, 글루타민이 단백질의 N-말단에 존재하면 그 단백질은 수 시간 안에 분해된다. 그러나 발린, 메치오닌 및 글리신이라면 수십 시간동안 안정하다.

가장 안정한 단백질의 반감기를 측정하기 위해서는 어린 마우스에 직접 동위원소가 표지된 음식물을 제공한다. 그 다음 1년 후에 분석을 시행한다. 대부분의 단백질은 회전율이 며칠에 불과하다. 그러나 무척이나 안정된 단백질도 존재한다. 히스톤 단백질의 반감기는 약 200일 정도이다. 핵막을 구성하는 골격 단백질의 반감기는 1년도 더 된다. 그렇지만 골격 주변의 단백질들은 그보다 빠른 속도로 순환된다.

세포 동력학

세포 내에서 증폭하는 전기 신호는 얼마나 빠를까?

인간이 가진 가장 특징적인 세포 중 하나인 신경세포는 다른 세포에 비해 크기도 크거니와 생긴 모양도 구불구불하고 길쭉하니 독특하다. 현미경이 등장했던 초기부터 생물학의 선구자들은 이 세포가 매력적인 소재임을 단박에 알았다. 반 레이엔후크는 "때로 홍겹게 나는 날렵한 관과 뭔가 구분되지 않게 엉켜있는 미세한 구조물이 길쭉하게 늘어져 있는 신경을 보곤했다"고 읊조리듯 말했다. 초기 현미경을 아래에서 반 레이엔후크가 관찰하고 그린 몇 가지 신경세포를 보자(**그림 4-24**). 신경세포의 미스테리는 그들의 복잡한 구조에 그치지 않고 이웃하는 세포들과 연결되어 전기 신호를 보내고 근육을 움직이는 데서도 엿볼 수 있다. **그림 4-25**에 나타난 역사적으로 아주 유명한 실험에서 루이기 갈바니는 전기 충격을 가해 죽은 개구리 근육을 흥분시키고 경련을 일으킬 수 있음을 보여주었다. 이 작업은 이후 몇 세기동안 동물 전기 생리학 실험의 길을 닦았고 근대에 들어 세포 막전위와 증폭하는 활동전위라는 표현을 낳았다. 이런 생각들이 세포 수준에서 근대 신경과학의 토대가 되었다.

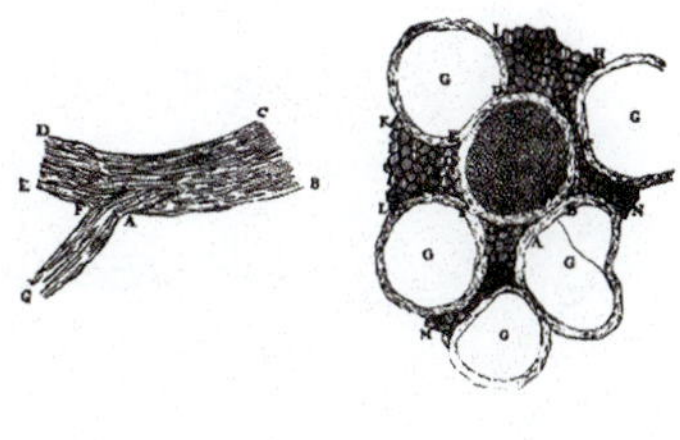

그림 4-24 1719년 안톤 반 레이엔후크가 친구에 보낸 편지에 그린 신경세포 그림. 왼편은 신경세포 횡단면, 오른편은 다섯 개의 다른 세포(G)에 둘러싸인 신경의 단면이다(Lopez-Munoz F [2006] Brain Res Bull, 70, 391-405).

19세기 중반까지도 혈액을 포함하는 체액의 움직임이 그러했듯 신경 전달이 어떻게 파동pulse 곡선으로 나타나

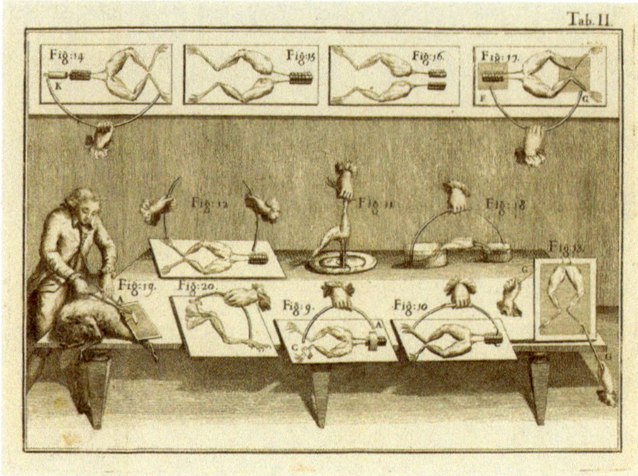

그림 4-25 전기 자극을 주어 근육을 경련시키는 루이기 갈바니 실험. 죽은 개구리를 써서갈바니는 전류로 근육을 움직일 수 있다는 사실을 발견했다. 신경의 전도가 전기적 성질을 지닌다는 가설이 이 실험으로부터 비롯되었다. 1792년 라틴어 판본을 케싱거 출판사에서 재출간, 2010년

는지에 대한 논란과 가설이 끊이지 않았다. 윌리엄 하비가 혈액의 흐름을 측정한 뒤에야 혈액 순환에 관한 이런 논란이 비로소 수그러들었듯이 신경 전달 연구 분야에서도 마찬가지 기념비적인 실험이 수행되었다. 신경 세포에서 전기적 신호가 어떤 식으로 전달되는지에 대한 이해는 **그림 4-26**에 보듯 헤르만 폰 헬름홀츠에 의해 시작되었다. 그는 신경세포의 전기적 신호가 증폭되는 속도를 계산했다. 헬름홀츠는 이렇게 말했다. "나는 개구리의 엉덩신경얼기iliac plexus에 순간적으로 적용한 전류 자극이 다리 신경crural nerve의 입구에 있는 장딴지 근육에 전달되는 동안 그것을 기록할 수 있다는 사실을 알게 되었다. 신경의 길이가 50~60 밀리미터인 큰 개구리의 경우 신경이 전달되는데 0.0014~0.0020초가 걸린다." 신경 전달 거리로서 우리가 신경의 길이를 50 밀리미터라고 간주하면 신경 전달 시간은 1.5 밀리 초이고 신경세포를 따라 전기 자극이 전달되는 속도는 초당 30미터다. 이 값은 축삭돌기의 직경에 의존적이지만 현대적 기법을 동원해 얻은 값인 초당 7~40 미터에 필적하는 수치이다(BNID 110597, 110594). 헬름홀츠가 측정한 신경 파동의 속도는 불가피하게 작용 기전과 결부된다. 특히 이 결과는 신경 파동의 전달이 동일한 세포의 다른 부분에서 순간적으로 신호 전달에 의해 생긴다는 사뭇 이해하기 힘든 특성이 관여할 것이라는 초기의 가설들을 불식시켰다. 신호 전달 속도의 세밀한 측정 없이는 가설은 그저 가설에 그칠 뿐이었다.

여러 차례 측정이 반복되면서 헬름홀츠의 발견은 확고해졌다. 신경 전달 속

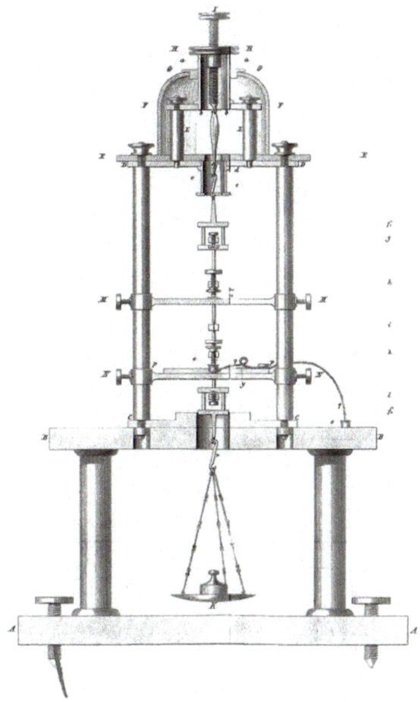

그림 4-26 헤르만 폰 헬름홀츠의 신경 자극 전달 실험. 헬름홀츠가 사용한 기구를 볼 수 있다. 흥분한 신경세포가 그림 아래쪽의 저울추를 들어 올린다. 1850년 실험. 막스 플랑크 연구소 과학역사관의 허락을 받아 실었다.

도는 초당 1 미터가 되지 않는 경우에서 100 미터가 넘는 경우도 발견되었다. 새우의 거대 섬유에서 신경 전달의 속도가 가장 빠른 것으로 관측되었다(BNID 110502, 110597). 무려 음속의 절반에 해당하는 속도다. **그림 4-27**은 고전적인 실험의 한 결과를 보여준다. 신경 파동의 속도가 들쭉날쭉 한 이유가 무엇이냐 하는 질문은 근대 신경생리학의 화두였다. 많은 사람들이 뛰어들어 연구한 결과 신경의 크기와 해부학이 활동 전위의 전달 속도를 결정한다는 사실을 알게 되었다. 신경계의 전기 전도에 대한 상세한 연구가 진척되면서 그 속도는 신경계의 세포해부학이 매우 중요한 변수라는 사실도 알려졌다. 가령 신경세포 축삭이 말이집myelin sheath을 가지면 증폭 속도가 몇 배나 빨라진다. 신경세포의 두께도 중요해서 말이집을 가진 신경계 직경에 비례하여 신경 전달의 속도가 증가한다. 다시 말하면 말이집으로 둘러싸이지 않은 신경계의 표면적에 반비례한다.

말초 신경 섬유를 따라 신경 파동이 전도되는 초기 연구를 주도했던 사람은 조셉 에를랑거와 허버트 개서였다. 1942년 노벨 생리 의학상을 공동 수상한 이들은 신경 세포의 유형과 그들이 운반하는 정보의 내용에 따라 축삭을 따라 움직이는 전도 속도가 다르다는 놀라운 결과를 발표했다. 골격근 방추외

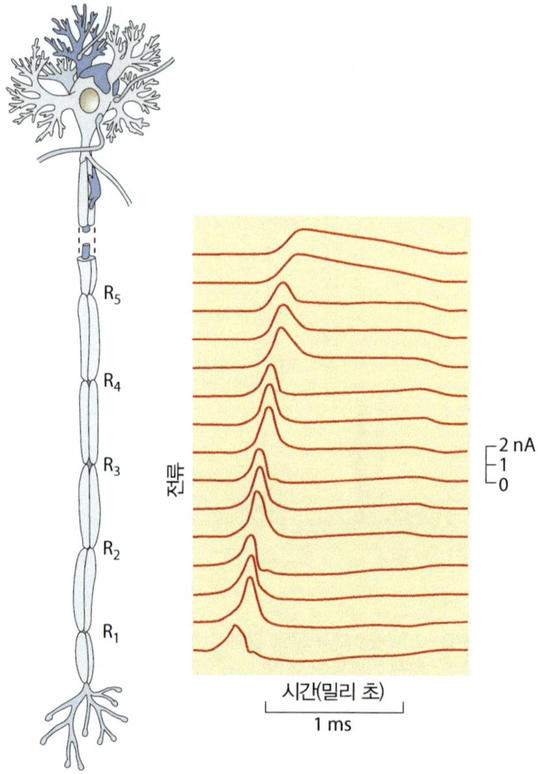

그림 4-27 신경 자극의 전달 측정. 랑비어Ranvier 마디 5개인(R1~R5) 축삭을 가진 세포가 왼편에 있다(Huxley AF and Stampfli R [1949] J Physiol, 108, 315-339).

근섬유로 파고든 운동 섬유(13~20 마이크로미터, 전도 속도는 초당 80~120 미터다)가 가장 길고 방추내근섬유에 연결된 운동 섬유는 짧다(5~8 마이크로미터, 전도 속도는 초당 4~24 미터). 근섬유 혹은 골지 인대 조직에 연결된 가장 긴 감각 섬유(13~20 마이크로미터)는 무의식적으로 자세 혹은 신체의 운동 정보를 전달한다. 다음으로 긴 감각 섬유는(6~12 마이크로미터) 피부에서 물리적 감각에 관한 정보를 전달한다. 말이집을 가진 가장 짧은 섬유는(1~5 마이크로미터) 피부에서 유래한 정보, 통증 및 차가움 수용체에서 시작된 정보를 전달한다.

최근 전압의 차이를 형광으로 볼 수 있게 유전적으로 조작된 발명품이 인기를 끌고 있다. 막의 전압에 따라 각기 다른 형광을 내는 분자 탐지기이다. 이 방법을 사용하면 신경의 파동을 실시간으로 추적할 수 있다. 특히 신경이 전달되는 동안 발생하는 미세한 차이를 파악할 수 있는 것이다. **그림 4-28**에 그 예가 나와 있다. 동일한 양을 측정하는 여러 가지 방법이 있을 수 있다는 의

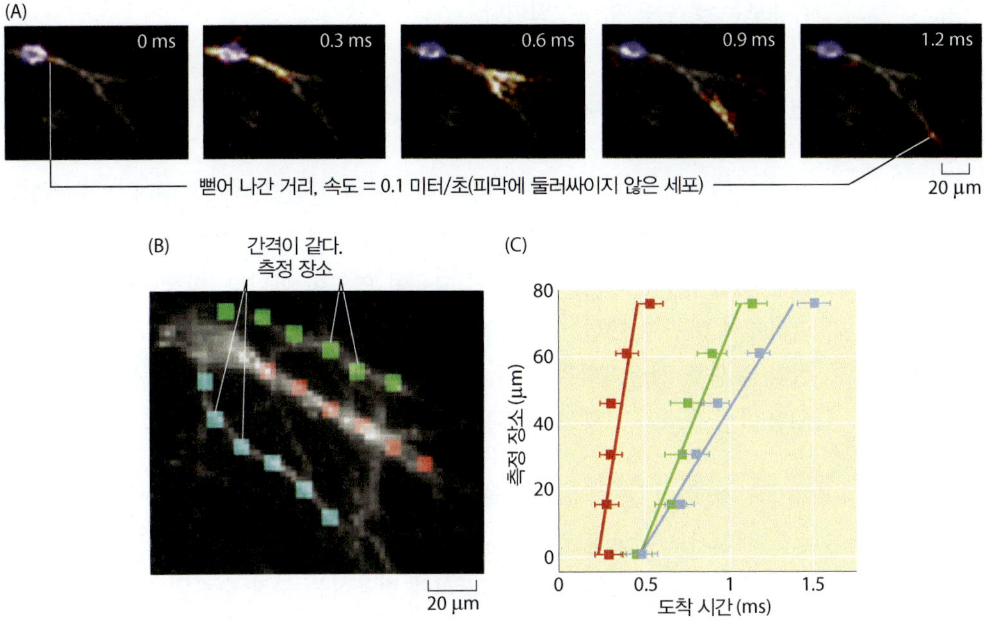

그림 4-28 현미경으로 활동 전위의 속도를 측정. (A) 시간의 경과에 따른 연속된 형광 이미지. (B) 15 마이크로미터 간격을 두고 세 가지에서 활동 전위의 전달을 연속적으로 측정한다. 예를 들어 붉은 색 박스로 표시한 경로에서 한 점을 지나는데 약 0.05 밀리초가 필요하다. (C) 움직인 거리를 경과한 시간으로 나누어 그래프를 그릴 수 있다. 기술적인 한계 때문에 수초껍질을 벗긴 세포를 사용하였다. 따라서 신경 전달의 속도는 실제 생리적인 것보다 훨씬 느리다(Daniel Hochbaum and Adam Cohen).

미에서 이 방법도 소개한다.

신경의 활동 전위 속도가 초당 10~100 미터라는(BNID 110594) 사실을 바탕으로 외부 자극에 반응하는 인간의 한계를 알 수 있을까? 100 미터 달리기에서 출발 신호 소리를 듣는 순간부터 우리는 근육을 활성화하여 내딛을 때까지 최소한 일 미터 거리의 신경계를 따라 신호를 전달해야 한다. 공기 중에서 들려오는 소리의 속도를 감각하고 뇌에서 그 정보를 처리하는 시간을 모두 고려하면 최소한 10~100 밀리 초의 간극이 발생한다. 실제 100 미터 경주에서 일류급 선수가 소리를 듣고 출발하는데 걸리는 시간은 120 밀리초라고 한다(BNID 111450). 국제 육상 연맹에 따르면 100 밀리 초보다 빨리 출발하는 것은 부정 출발로 간주된다고 한다. 신경 파동의 전달 속도가 느리다면 육상뿐만 아니라 축구 등 모든 운동 경기를 관람하는 것이 지금보다 훨씬 흥미가 덜했을 것이다. 보는 것도 마찬가지다. 표준적인 영상은 24 헤르츠로 분절되어 있지만 우리 뇌는 그것이 연속적이라고 해석한다. 신경의 활동 전위가 초당 1,000미터를 간다면 텔레비전 모니터 화면이 어떻게 보일지 생각해보는 것은 흥미로운 일이다.

분자 모터의 회전 속도는?

바퀴는 인간의 이동을 획기적으로 변화시킨 찬란한 발명품이다. "자연계는 바퀴를 발명하지 못했다"고 하면서 인간이 자연을 넘어섰다고 허풍 치듯 말하는 회전 운동은 기실 인간만의 고유한 영역이 아니다. 발생이나 해부학적 관점에서 바퀴에 대한 선택적인 이득이 없었다는 가설을 강조하기 위해 바퀴의 부재를 정당화하려 든다. 그러나 사실 세포는 회전 운동을 개발했다. ATP 합성 효소가 그렇고 세포를 앞으로 나아가게 하는 편모도 그렇다.

아마 분자 회전 운동의 가장 잘 알려진 사례는 대장균 혹은 여태 세균의 유영을 책임지는 편모일 것이다. 분자 운동은 또한 세포 신호 전달에도 관여한다. 세포가 화학 물질을 감지하고 그에 반응하는 분자 수준의 "행위"를 양적으로 설명할 수 있다. 1~10개의(**그림 4-29A**, BNID 100100) 편모가 회전 운동에 의해 추진력을 제공하면서 세균이 움직이는 것이다(**그림 4-29B**). 이 모터를 움직이는 자유 에너지는 막을 사이에 두고 형성되는 양성자의 전기 화학적 전위차에서 비롯된다. 정상적인 속도로 움직일 때 편모의 모터는 일초에 약 100번 회전하지만 최고 속도로 움직일 때는 초당 300번 회전한다(BNID 103813, 109337). 현대식 제트 엔진보다 빠른 속도다.

편모의 회전은 수용기로 알려진 세포막의 순환 요소에 의해 에너지를 충당한다. 세포 밖으로 펌프가 양성자를 계속 퍼내면서 막 주위로 전기 화학 전위의 불균형을 유지하기 때문에 에너지가 바닥나는 일은 생기지 않는다. 이

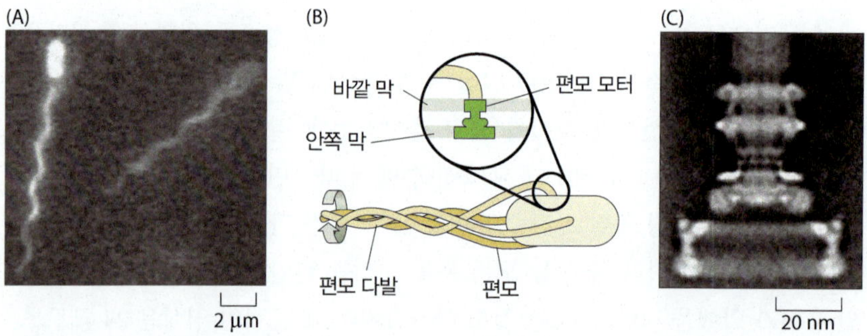

그림 4-29 편모로 움직이는 대장균. (A) 두 대장균 세포의 편모가 형광으로 표지되어 있다. (B) 세균의 움직임을 담당하는 편모 기계의 모식도. 삽입된 그림은 세포막에 움직이는 모터가 어떻게 끼어들어갔는지 보여준다. (C) 회전하는 모터의 전자 현미경 사진(Berg HC [2000] Phys Today, 53, 24-29).

편모가 회전할 때 필요한 에너지양은?

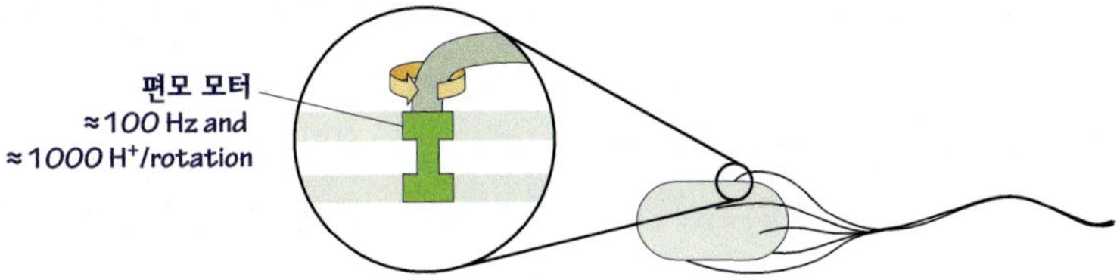

$$\text{필요한 양성자} \approx 1000 \frac{H^+}{\text{rotation} \times \text{flagella}} \times 100 \frac{\text{rotations}}{s} \times 4 \text{ flagella} \approx 4 \times 10^5 \frac{H^+}{s}$$

$$\text{양성자 동력} \approx 150\,\text{mV} \rightarrow \text{energy per proton} \approx 0.15\,\text{V} \times 1.6 \times 10^{-19}\,\text{J/V} \approx 0.2 \times 10^{-19}\,\text{J}$$

$$\text{소모된 힘} \approx 4 \times 10^5 \frac{H^+}{s} \times 0.2 \times 10^{-19} \frac{J}{H^+} \approx 10^{-14}\,\text{W} \approx 10\,\text{W/kg cells}$$

어림짐작 4-11

과정에서 떠오르는 질문은 움직이는데 필요한 에너지는 얼마이고 회전 모터의 효율은 어떤가 하는 점이다. **어림짐작 4-11**은 이 모터의 효율을 짐작할 수 있는 이론적 틀을 제공한다. 모터가 한번 회전할 때 약 1,200개의 양성자가 흐른다(BNID 109759). 이 수치는 각각의 모터가 11개의 고정자 복합체를 가지고 있다는(각각 4개의 MotA 단백질 및 2개의 MotB 단백질로 구성된다), 우리의 지식과 얼추 일치한다(BNID 119768). 또 모터가 한번 회전하는데 26단계가 필요하다고 한다(BNID 110614). 각 단계에서 한 개의 고정자 복합체가 필요로 하는 양성자는 2~4개다. 따라서 한번 회전할 때 1,200개의 양성자가 쓰이고 4개의 편모가 약 100 헤르츠의 속도로 회전한다면 초당 5×10^5개의 양성자가 필요하다. 하나의 양성자가 움직이면 0.15 또는 0.2×10^{-19} J의 에너지가 방출된다("막을 사이에 두고 생성되는 전기 전위차는 얼마인가?" 항목 참고, 196쪽). 따라서 5×10^5개의 양성자는 10^{-14} W의 에너지를 방출하는 셈이다. 이 정도 에너지면 점성 있는 매질에서 대장균 크기의 구체를 초당 30 마이크로미터의 속도로(BNID 109419) 움직일 수 있다. 아인슈타인-스트로크 방정식에 기초하여 계산한 값이다. 호워드 베르그가 쓴 [생물학 산책]을[19] 참고했다. 움직이기 위해 최소로 필요한 에너지는 10^{-17} W이다. 따라서 이 모터의 효율은 $10^{-17}/10^{-14} = 0.1$ 퍼센트이다. 에드워드 퍼셀은 나선 모양의 움직이는 편모의 효율은 1퍼센트를 넘지 않는다고 말했다. 따라서 이런 유형의 움직임은 에너지 면에서 효율이 좋다고 결코 말할 수 없을 것 같다. 하지만 모두 이런 방식으로 편모가 작동한다. "레이놀드 숫자가 적은 곳에서의

19) 베르크, 생물학산책, 프린스턴대학 출판부, 1993

생명"이라는, 생물학을 물리학으로 풀이한 유명한 논문을(미국 물리학회지, 45, 3-11, 1977) 보면 편모의 움직임은 결코 만만한 작업이 아니다. 심지어 세균은 자신의 움직임이 얼마나 효율적인지 아닌지 신경이나 쓸까? 세균이 소모하는 에너지라는 항목에서(199쪽) 보았듯 빠르게 증식하는 세균은 10^{-12} W의 에너지를 소모한다. 움직이는데 세균은 자신이 가진 에너지 예산의 1 퍼센트를 사용한다. 굶주릴 때 세포가 스스로를 유지하는데 필요한 에너지양이 10^{-14} W인 점을 감안하면 전체 에너지 예산 중 움직이는데 필요한 부분이 절대 적다고 볼 수 없다.

다양성은 생명의 특성이다. 회전 운동도 예외는 아니다. 대장균과 다른 유형의 회전 운동을 하는 흥미로운 예는 얼마든지 찾을 수 있다. 예를 들면 트레포네마 프리미티아라는 이름을 가진 스피로헤타의 세포질 주변에 포진한 편모를 보자. 세포 안에서 움직이면서 편모는 이 세균을 나사 모양으로 돌아가게 만든다(**그림 4-30**). 대장균의 편모처럼 스피로헤타의 편모도 300 헤르츠 정도로 움직일 수 있고(BNID 103813), 기본 구조도 외부로 뻗은 편모와 핵심적인 특성을 공유한다(그림 4-30).

많은 종류의 세포가 회전 운동 말고도 다른 목적으로 편모를 사용한다. 지구상에서 두 번째로 중요한 단백질인 ATP 합성 효소가 가동할 때도 회전 운

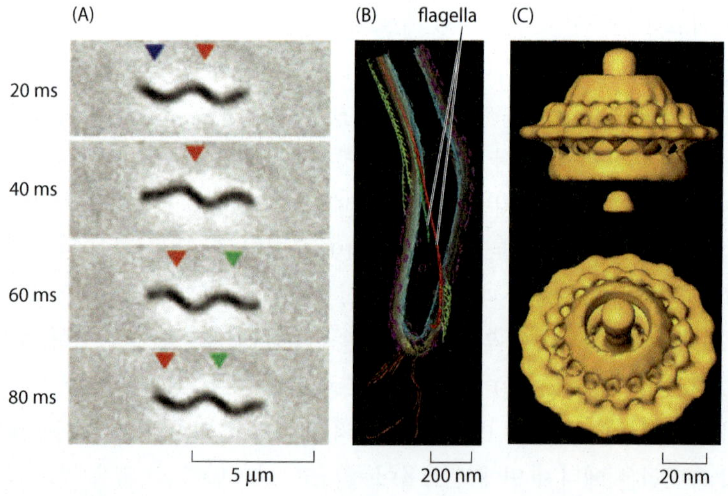

그림 4-30 세포질 편모로 움직이는 스피로헤타. (A) 유영하는 T. primitia 세포를 여러 시간대에서 촬영했다. (B) 급속 냉동 전자현미경 이미지에서 편모 내부를 재조명했다. (C) 편모가 회전하도록 동력을 전달하는 분자 모터(Murphy GE [2008] Mol Microbiol, 67, 1184-1195; Murphy GE [2006] Nature, 442, 1062-1064).

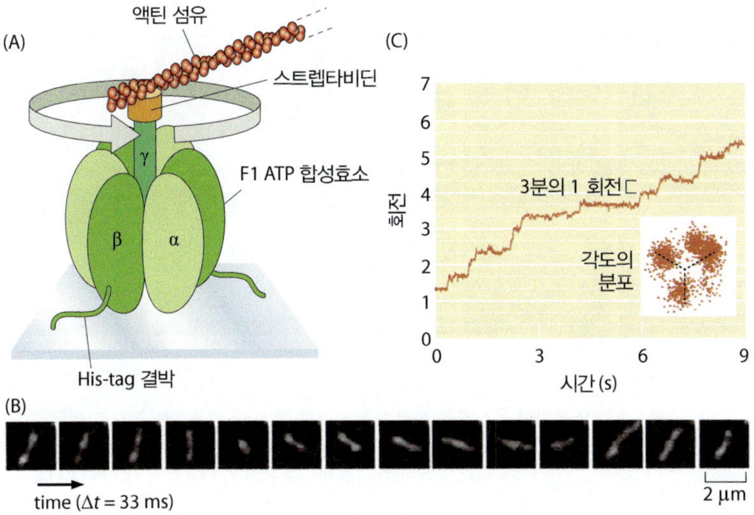

그림 4-31 액틴 섬유를 이용해서 회전 모터 기계의 한 분자만을 관찰함. (A) ATP 합성 효소의 F1 부위를 유리 슬라이드에 고정시킨다. 형광을 표지한 액틴 섬유로 모터 복합체의 움직임을 관찰한다. (B) F1 축이 움직일 때 형광 이미지를 얻는다. (C) ATP의 농도가 낮을 때 일정한 간격을 두고 회전하는 세 가지 양상을 볼 수 있다. 그래프에서 몇 초에 걸친 회전 양상을 파악할 수 있다. 삽입된 그림은 장시간에 걸쳐 액틴 섬유의 위치를 추적했다(Noji H [1997] Nature, 386, 299-202; Yasuda R [1998] Cell, 93, 11117-1124).

동을 관찰할 수 있다. 이 효소는 세균에서 인간에 이르기까지 에너지 대사의 중심에 있는 물질이다. 이 효소는 회전 모터의 동력학을 추적한 연구는 단일 물질을 연구한 것으로는 가장 아름다운 실험 중 하나에 속한다. 여기서는 모터의 꼭대기에 액틴 섬유를 결합시켜 단일 분자의 움직임을 실시간으로 추적했다(**그림 4-31**). 실제 세포에서 이 모터 복합체는 초당 300번 회전한다(37°C, BNID 104890).

흥미롭게도 ATP 합성 효소는 편모와 같은 에너지를 사용한다. 막을 사이에 두고 펌프가 만들어낸 전압에 의존한다. 필요할 때 펌프가 작동을 하지 않으면 ATP 합성 효소는 반응을 거꾸로 돌려 수용기 주변의 전하를 회복한다. 다시 말하면 ATP를 분해하고 화합물의 기울기에 역행하여 양성자를 운반하고 추동력을 다시 얻는다. 따라서 이 기계는 두 가지 목적을 갖는 로터이다.

세포 내 골격을 조립하고 분해하는데 걸리는 시간은?

우리가 입는 나일론 옷이나 상점에서 물건을 담는 플라스틱 가방을 만드는 중합체와 달리 세포 골격을 이루는 중합체를 구성하는 요소들은 무엇일까?

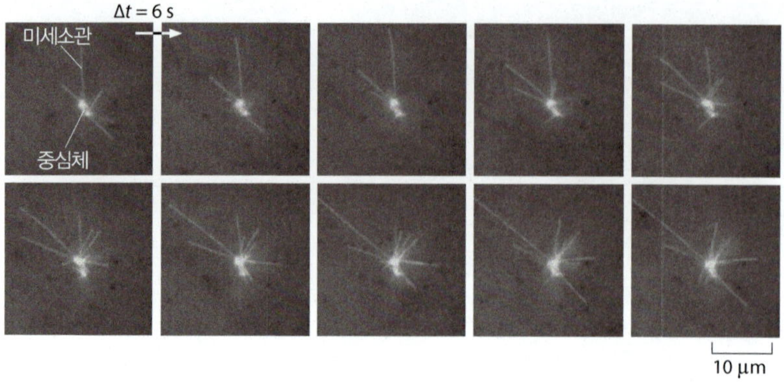

그림 4-32 미세소관의 역동적인 움직임을 빠르게 찍은 사진. 미세소관을 역동적으로 볼 수 있게 조작한 개구리 알 추출물 사진이다. 연속된 이미지 간격은 6초이며 개별 섬유는 자라다가 움츠러들기를 반복한다. 그 반감기는 1분이 채 되지 않는다(Tournebize R [1997] EMBO J, 16, 5537-5549).

무엇보다 공장제 시대의 고분자 화합물이 아닌 액틴 혹은 미세소관 세포 골격 섬유를 특징짓는 점은 매력적이고 자못 직관에 반하는 듯한 역동성에서 비롯된다. 복잡한 역동성이 어떤 것인지 이해하기 위해서는 하나의 세포가 분열하여 두 개로 되는 과정을 보는 것으로 충분하다. 분열하는 세포의 방추사를 구성하는 미세소관은 성장하고 움츠러들면서 일정한 춤을 추고 있다(**그림 4-32**). 마찬가지로 움직이는 세포의 선단에 있는 액틴도 뭉쳤다가 갈라지고 자라고 길이를 줄이는 행위를 쉴 새 없이 진행한다. 이 소제목에서 우리는 생물학적 고분자의 중합 혹은 탈중합의 속도를 알아보겠다. 세포 주기 중 분열 중기metaphase에 소요되는 시간으로부터 표면을 움직이는 세포의 속도에 이르기까지 두루 살펴볼 예정이다.

형광 물질을 붙인 미세소관을 현미경으로 내려다보면 우리는 이 섬유의 길이가 늘었다 줄었다 하면서 괴상한 행동을 한다는 사실을 알 수 있다. 그림 4-32처럼 연속적인 화면을 보면, 불안정하지만 매우 역동적인 미세소관의 모습을 볼 수 있다. 양적 측면에서 우리는 미세소관의 길이를 시간의 함수로 추적할 수 있다. 정지 화면에서 우리는 미세소관의 역동성을 특징짓는 네 가지 핵심 요소를 알아냈다. 성장 혹은 위축 속도 및 그 두 단계 사이 일시적인 전이 속도 네 가지다. **그림 4-33**의 데이터는 이들 고분자가 자라고 줄어드는 속도를 직접적으로 보여준다. 위 데이터로부터 확실하게 말할 수 있는 것은 4분이 흐르는 동안 미세소관이 8 마이크로미터 길어졌다는 사실이다. 따라서 분당 2 마이크로미터, 초당 30 나노미터의 속도로 길이 성장을 한다. 이런 수치를 통해 우리는 세포 주기의 시간을 떠올린다. 체세포 분열에는 수십 분

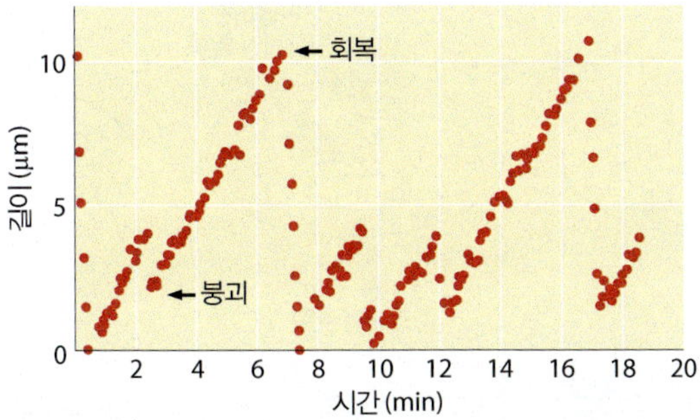

그림 4-33 시간에 따른 미세소관의 길이. 시간이 경과함에 따라 미세소관을 길어졌다 다시 급작스레 부서졌다를 반복한다(Fygenson DK [1994] Phys Rev E50, 1579-1588).

이 걸린다. 분당 2 마이크로미터 정도의 속도로 고분자가 중합되면 수십 분 동안 염색체가 수십 마이크로미터를 움직일 수 있는 것이다. 게다가 "세포 섬유는 얼마나 큰가?"하는(57쪽) 제목으로 살펴보았듯이 고분자 하나의 크기는 5 나노미터 정도다. 그러므로 초당 5~10개의 고분자 단위체가 중합한다고 볼 수 있다. 미세소관은 열 세 개의 원시 섬유로 구성되기 때문에 여기에 5~10을 곱하면 미세고관은 초당 약 100개 정도의 단위체가 모여서 길이 성장을 한다고 계산할 수 있다.

실제 세포 내부에서 미세소관의 움직임은 어떨까? 최근 아프리카발톱개구리 알 추출물을 사용, 방추사가 주도하는 염색체 분리의 동력학을 추적한 실험이 진행되었다. **그림 4-34**에서 보듯 레이저를 쏘아서 미세소관을 끊어버린 뒤 무슨 일이 벌어질지 살펴본 것이었다. 여기서 우리는 미세소관의 탈중합화가 진행되기 때문에 새롭게 자라나야할 미세소관의 길이가 짧아지는 것을 관찰할 수 있다. 그림 4-34를 통해 우리는 방추사가 끊어진 다음에 발생하는 역동성을 파악했다. 미세소관이 탈중합하는 속도는 분당 35±2 마이크로미터다. 초당 500 나노미터이다. 고분자 하나의 길이가 5 나노미터라는 점을 감안하면 초당 100개의 단위체가 떨어져 나간다고 볼 수 있다. 미세소관에 13개의 원시섬유가 있기 때문에 약 1,000개의 단위체가 뭉텅이로 떨어져 나가면서 미세소관의 길이가 줄어든다.

미세소관이 역동적으로 움직이면서 길이 성장과 수축을 반복하듯 활발하게 움직이는 액틴 섬유도 흥미로운 주제다. 액틴 섬유의 중합 혹은 탈중합 과정을 가장 간단하게 말하면 이 섬유의 양쪽 끝이 비대칭적으로 움직인다는 사실이다. 다시 말하면 양쪽 끝에서 단위체가 첨가되거나 혹은 빠져 나오는 속도가 각기 서로 다르다. 초기 연구는 전자현미경 관찰을 통해 수행되었다. 여

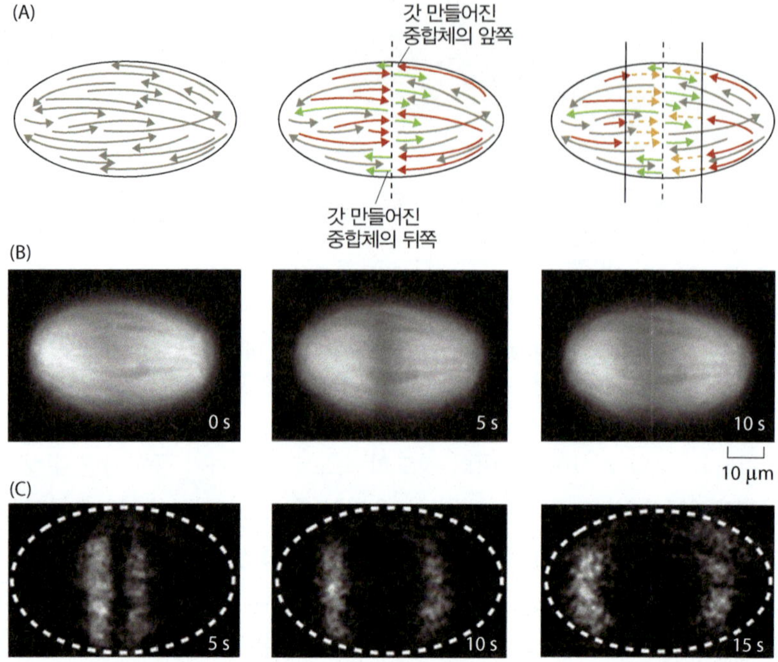

그림 4-34 염색사에서 미세소관이 탈중합화하는 속도의 측정. (A) 세포가 분열하기 전과 후의 미세소관의 움직임. 선단에 길이가 늘어나는 쪽에서 탈중합화가 일어나면 이를 형광으로 볼 수 있다. (B) 레이저로 자르기 전과 후의 형광 이미지. (C) 자른 뒤 형광 강도가 사라지는 시간을 추적하여 탈중합화의 역동성을 밝힐 수 있다(Brugues J [2012] Cell, 149, 554-564).

기서는 다양한 농도의 액틴을 첨가하면서 액틴 섬유를 시간의 함수로 표현했다. 그 결과는 **그림 4-35**에 제시하였다. 액틴 섬유 양쪽 끝에서 속도의 비대칭성이 완연하게 드러난다(늘어나는 B 말단과 줄어드는 P 말단). 또 이 속도는 액틴이 ADP와 결합했느냐 ATP와 결합했느냐에 따라 달라진다.

세포가 움직일 때 액틴이 핵심적인 역할을 한다는 점은 이 책 여기저기서 살펴본 바 있다. 시험관 실험 결과는 실제 세포에서 어떻게 재현될 수 있을까? 매우 정교한 이미지 실험을 통해 움직이는 세포 내부에서 여러 섬유소들의 역동적인 움직임을 살펴볼 수 있었다(**그림 4-36**). 형광 현미경을 사용하여 관찰한 세포 내부 섬유소들의 움직임은 그림 4-35에 제시한 시험관 실험의 결과와 놀랄 정도로 흡사하다. 특히 그림 4-35의 자라나고 있는 액틴 중합체 한쪽 끝의 성장 속도를 보면 분당 수십 마이크로미터이며 이는 형광 현미경이나 다른 방법을 사용하여 계산한 값과 유사하다.

세포 골격 섬유는 세균이 역동적으로 움직이는데도 한몫 거든다. 가장 흥미로운 사례는 ParM에서 찾아볼 수 있다. 이는 세포가 분열하기 전 세균의 플

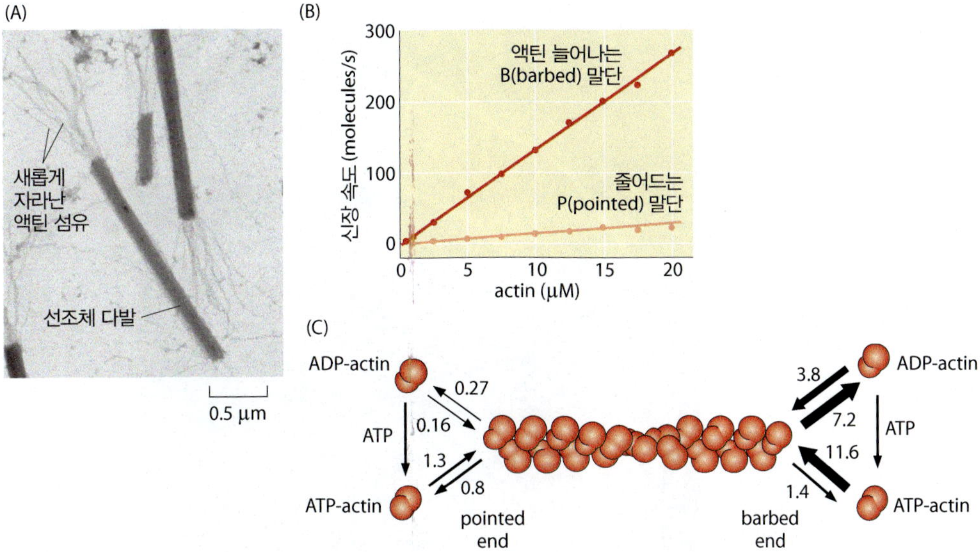

그림 4-35 액틴 섬유 중합화 속도 상수 측정. (A) 가지친 부위와 뭉툭한 부위에서 중합화 속도를 결정하기 위한 전자 현미경 이미지. (B) 액틴 농도별 섬유 양끝에서 고분자 신장의 속도. (C) ATP-액틴과 ADP-액틴의 속도 상수. 중합 단위는 초당 $\mu M^{-1}s^{-1}$, 탈중합 단위는 s^{-1}이다. 중합체 양쪽에서 속도가 크게 다르다는 점을 알 수 있다(Matt Footer B [1986] J Cell Biol, 103, 2747-2754).

라스미드가 나눠는 과정에 참여하는 세포 골격 단백질이다. 한쪽 끝에서 자라나는 중합체가 플라스미드에 붙고 그 중합체가 세포 전체로 자라나는 방식이다. 그렇게 두 개의 플라스미드를 밀어서 두 개의 딸세포에 하나씩 전달한다. **그림 4-37**에서 보는 것처럼 측정된 ParM의 중합체 형성 속도는 분당 몇 마이크로미터이고 성장 속도를 분당 몇 마이크로미터 수준으로 유지한다. 비록 역할은 DNA를 분리하는 것이지만 구조적으로 ParM은 액틴과 구분되지 않을 정도로 비슷하다. 그림 4-37B에서 보는 것처럼 역동적이고 또한 불안정하다. 따라서 개념적으로 ParM은 액틴과 미세소관의 중간 단계에 위치한다.

세포 골격 섬유를 따라 움직이는 분자 모터의 속도는?

분자 모터는 세포가 기어가거나 분열할 때, 염색체를 가를 때 또는 세포 내 운반 과정에 두루 관여하는 핵심 물질이다. 이런 역동적인 세포 과정은 액틴 혹은 미세소관을 따라 움직이는 여러 유형의 모터에 의해 수행된다. "세포 내부에서 확산의 속도는 얼마나 될까?"라는 항목에서(211쪽) 살펴보았듯(수십 마이크로미터보다 크다) 물질이 확산하는데 걸리는 시간이 엄청나기 때문에 세포는 ATP를 가수분해할 때 생기는 에너지를 써가며 모터가 주관하

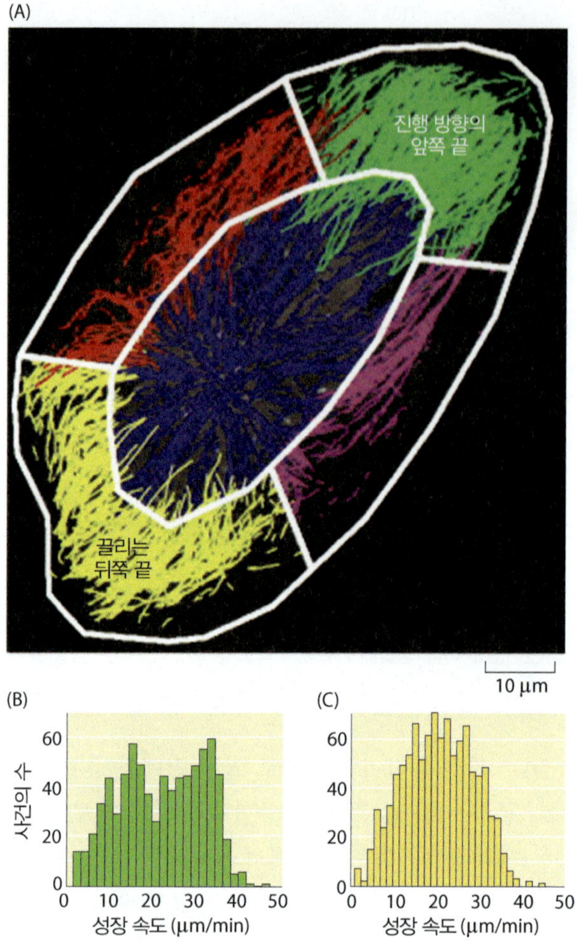

그림 4-36 세포 내 액틴 섬유의 성장 속도. (A) 인간 혈관 내피세포의 각기 다른 부위에서의 성장 속도. 속도를 측정하여 세포 성장 영역zone을 구분할 수 있다. (B) 세포 선단에서 성장 속도 (C) 뒤에서 끌려가는 부위의 성장 속도(Applegate KT [2011] J Struct Biol, 176, 168-184).

는 직접적인 수송체계에 의존하게 되었다. 이런 모터는 다양한 운송 수단을 가능하게 했으며 소체 혹은 심지어 세포 내부의 소기관을 움직일 수도 있다. 세포 여기저기를 다 다닐 수 있는 것이다.

세포 골격 섬유 위를 움직이는 모터는 세 가지로 분류된다. **그림 4-38**에서 보듯 미오신, 키네신kinesin 그리고 다이네인dynein이다. 이들의 다양함은 곧 생명체의 다양함을 의미하지만 우리는 모터가 액틴 섬유를 따라 움직이는지 미세소관을 이용하는지 방향성은 어떤지에 따라 구분을 해보려고 한다. 액틴과 미세소관은 섬유의 양쪽 끝이 비대칭적이다. 그에 따라 모터의 방향성이 결정된다(섬유가 자라나는 방향이거나 혹은 그 반대).

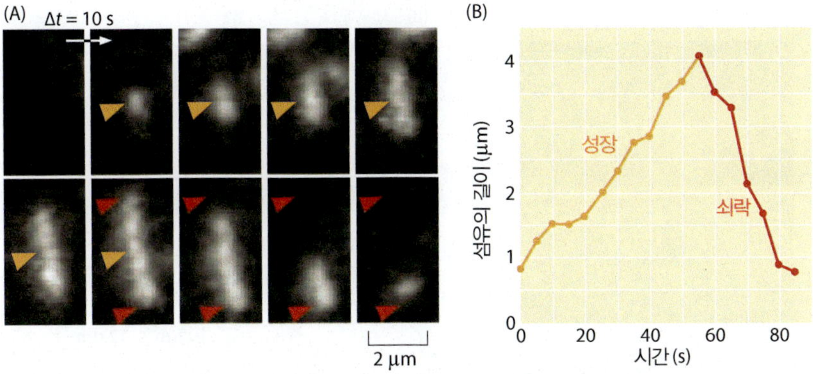

그림 4-37 ParM의 역동성. (A) ParM 섬유가 자라기 시작한다(노란색 화살). 붉은 색 화살은 섬유의 끝이다. 또 중합체가 위축될 때 기준점이 되기도 한다. (B) 시간에 따른 섬유의 길이를 그래프로 그렸다. (Garner EC [2004] Science, 306, 1021-1025)

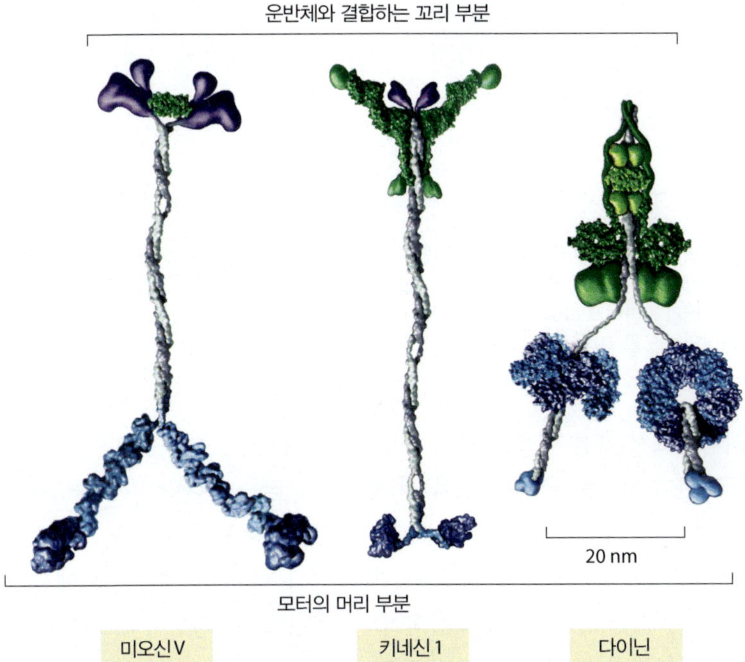

그림 4-38 옆으로 움직이는 모터들. 미오신 V 분자는 액틴 섬유를 타고 움직이는 20종이 넘는 미오신 중 하나이다. 키네신 I도 비슷한 모터 분자이지만 미세소관을 타고 돌아다닌다. 미오신과 키네신은 다른 기질을 사용하지만 상세한 모터의 구조는 매우 유사하다. 아마도 공통 선조 분자로부터 비롯되었을 것이다. 세포질의 다이네인도 미세소관을 타고 움직이는 분자이지만 키네신이나 미오신과 유연관계가 없다(Vale RD [2003] Cell, 112, 467-480).

짐을 실은 모터는 얼마나 빠르게 움직일 수 있을까? 한 개의 짐을 동시에 나르는 여러 개의 모터와 달리 홀로 작동하는 모터의 속도는 **그림 4-39**에서처

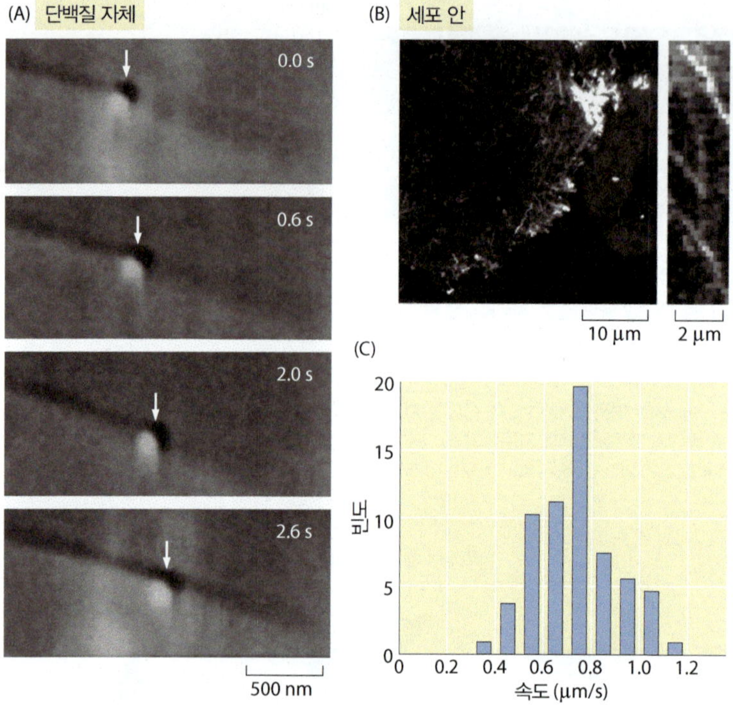

그림 4-39 키네신 모터의 속도 측정. (A) 광학 덫을 써서 키네신 분자를 감싼 미소 유리구체를 미세소관과 접촉하도록 한다. DIC 현미경에서 미소 유리구체와 미세소관의 관찰이 가능하다. 미소 유리구체 주변의 광학 덫은 반짝이는 점처럼 보인다. 덫을 놓아버리면 미소구체는 미세소관을 따라 내려간다. (B) 키네신 분자를 형광으로 표지하고 세포 안에서 관찰한다. 오른쪽 그림처럼 장비를 써서 관측하면 모터가 2 마이크로미터를 가는데 4초가 걸린다는 사실을 알 수 있다. (C) 10개의 세포를 관측하여 모터의 속도를 그래프로 그렸다(Block SM [2014] Cell, 159, 635-646).

럼 시험관에서 혹은 세포 내에서 현미경을 사용하면 직접 측정이 가능하다. 이제 고전이 된 광학 집게 방법을 써서 개별 모터를 커다란 분자 구슬bead에 결박한 다음 레이저 광선으로 포획한다. 이렇게 분자 구슬에 붙들린 저항력의 함수로 모터의 속도를 추정할 수 있다. 개념적으로는 세포 내부에서 모터의 속도를 측정하는 것이 더 직접적이다. 현미경으로 영상을 바로 기록한 뒤 분석이 가능하기 때문이다(그림 4-39B).

두루뭉술하게 말해서 운반 모터의 속도는 초 당 수십 혹은 수 마이크로미터 정도지만 극단적 예외가 있어서 속도의 범위가 상당히 커지기도 한다. 예를 들어 일반적인 시험관 실험에서 키네신들은 초당 800 나노미터를 움직인다 (BNID 101506). 그러나 세포 안에서는 초당 2,000 나노미터를 움직인다. 한 걸음을 떼는데 8 나노미터(BNID 101857) 움직인다면 초당 100걸음을 움직이는 셈이다. 비록 우리는 평균적인 반응에 대해 얘기하지만 확률적인 분포를 알아보는 것도 흥미로운 일이다. 특징적으로 100걸음을 뗀 후 모터는 미세소관으로부터 떨어져 나온다(BNID 103552). 모든 걸음에서 ATP 한 분자가 가수 분해되고 20 k_BT의 자유 에너지가 방출된다. 8 나노미터의 걸음을 옮기는데 5 pN의 힘이 필요하다(효율이 50 퍼센트라고 가정할 때, BNID 103008). 현미경적 크기인 모터들의 몇 가지 매개변수는 **표 4-7**에 수록하였다.

점도가 있는 환경을 초당 1 마이크로미터의 속도로 움직이려면 화물의 크기는 얼마나 되어야 할 것인가? 스톡스Stoke's 법칙은 점성이 있는 용액에서 속도(V)와 힘(F)의 관계를 다룬다.

$$F = 6\pi\eta RV \tag{4.12}$$

여기서 R은 용액을 움직이는 물체의 반지름이다. 수용액의 점도 n이 0.1 Pa 조건에서 물체의 직경은 2 마이크로미터이다. 이 정도면 세포 내 소기관의 최대 크기에 육박할 것이다. 다시 말하면 운송하는 대부분의 소체는 이보다

모터	기능	속도 (세포 나노미터/초)	필요한 ATPase, s^{-1}, 분자(초)	작동 방식
		미오신		
미오신 11	조류 세포질 이동	60,000	not determined	unknown
미오신 2	속근(골격근)	6000	20	대규모 집단을 이루어 작동한다 (10^4–10^9)
미오신 IB	아메바 이동, 유모 세포의 적응	200 (*in vitro*)	6	소규모 집단 (10–10^3)
미오신 2	평활근 수축	200	1.2	대규모 집단을 이루어 작동한다 (10^4–10^9)
미오신 5	소체 이동	200	5	홀로 혹은 몇 개의 분자가 모여 일한다 (10 분자 이하)
미오신 6	소체 이동?	–60 (*in vitro*)	0.8	unknown
		다이닌		
섬모기저체	정자 혹은 섬모의 운동	–7000	10	대규모 집단을 이루어 작동한다 (10^4–10^9)
세포질	축삭을 거슬러 거꾸로 가는 수송, 세포분열, 편모에서의 수송	–1000	2	홀로 혹은 몇 개의 분자가 모여 일한다(10분자 이하)
		kinesins		
Fia10/Kinii	편모에서의 수송, 축삭, 멜라닌세포	2000	not determined	소규모 집단 (10–10^3)
conventional	축삭을 거슬러 거꾸로 가는 수송	1800	40	홀로 혹은 몇 개의 분자가 모여 일한다 (10 분자 이하)
Nkin	세포 밖으로 나가는 소체를 운반	800	80	홀로 혹은 몇 개의 분자가 모여 일한다 (10 분자 이하)
Unc104/KIF	신경 연접부 소체 혹은 미토콘드리아 수송	700	110	홀로 혹은 몇 개의 분자가 모여 일한다 (10 분자 이하)
Bimc/Eg5	세포분열, 감수분열	18	2	소규모 집단 (10–10^3)
Ncd	세포분열, 감수분열	–90 (*in vitro*)	1	소규모 집단 (10–10^3)

표 4-7 섬유를 따라 움직이는 분자 모터의 실험값. BNID 106501, 101506의 데이터를 조사했다. 유효숫자는 자릿수 조정을 거쳤다. 값이 음수인 것은 섬유의 반대편 방향으로 움직였다는 뜻이다.

훨씬 작다. 우리가 사용한 점도는 물에 관한 것이다. 하지만 매우 복잡한 세포 내부 환경에서 점도는 그보다 2~3배 클 것이다(BNID 105903, 103392).

또한 세포 안에서 물질들이 움직이는 주요한 방식은 확산 및 모터에 기반을 둔 능동수송일 것이다. 능동 수송의 기제는 다양한 종류의 섬유를 타고 여러 방향으로 운반하며 갖가지 짐을 부리는 수단을 진화시켜왔다. 더구나 이런 모터들은 짐을 운반하는 일과 별개로 세포 내부의 역동적인 활동에 관여한다. 염색체를 분리하여 둘로 나누는 일도 그 중 하나이다.

분자 모터의 생체 물리학을 연구하면 직경이 1 나노미터도 되지 않는 인산 결합의 가수분해에 의해 생성된 에너지가 증폭되어 센티미터에 이르는 거리를 어떻게 움직일 수 있는지에 대한 수수께끼도 풀 수 있다. 미오신 모터는 1 나노미터 인산기의 가수분해를 통해 얻은 에너지를 36 나노미터 길이의 액틴 섬유 절반 정도를 움직이는 힘으로 전환할 수 있다. 같은 힘을 써서 10^4~10^5개의 근섬유 다발이 동시에 움직이면 밀리미터의 길이를 이동할 수 있다. 마지막으로 팔의 해부학과 이를 뒷받침하는 근육은 센티미터 정도의 지렛대가 받치는 힘을 줄 수 있다. 생물리학자들이 이런 과정을 상세하게 밝혀놓은 덕에 미세 혹은 거대 구조의 신비감이 상당 부분 해소되었다. 궁금한 독자들은 조나단 하워드가 쓴 책 [모터 단백질과 세포 골격의 메커니즘]을 읽어보기 바란다.

세포는 얼마나 빠르게 움직이는가?

세포의 이동은 살아 있는 세계의 표상이다. 한 방울의 물속에 있는 다양한 세균의 움직임을 볼 수 있다면 우리는 기어가는 딕티오스텔리움 아메바가 자실체 포자로 변하는 모습도 볼 수 있고 낭배가 발생하는 동안 세포가 일률적으로 움직이는 모습도 관찰 가능하다. 세포가 끊임없이 움직이고 있는 현장이다. 세포 움직임의 현란함은 현미경의 역사와 함께 한다. 1683년 레이엔후크는 원시적인 현미경을 통해 자신의 치석을 관찰한 결과를 편지로 써서 왕립학회에 보내면서(왕립학회에 보내는 편지, 1683년 9월 17일), "두 개의 작은 판이 붙은 것 같은 작고 허연 물체"라는 표현을 사용했다. 두 명의 여성(아마 부인과 딸이었을)과 평생 단 한 번도 이를 닦아본 적이 없는 노인 두 명의 이빨도 조사했다. 현미경으로 이런 시료를 조사하면서 그는 "놀랍게도 나는 시료에서 매번 같은 현상, 즉 아주 작지만 꼬물꼬물 움직이는 작은 동물을 관찰했다. 기중 큰 것들은 강하고 날렵하게 움직였고 물속으로 침과 같은 것을 쏘아대는 모습도 보았다. 머리를 빙빙 돌리고 있는 모습도 관찰했다....이런 생물의 숫자도 적지 않았다." 발췌한 이런 내용은 세포의 현미경적 모습을 아름답게 묘사한 일부이다.

반 레이엔후크가 관찰한 것처럼 세포는 매우 다양한 방식으로 움직인다. 커다란 생물도 그렇지만 세균들도 유영하면서 여기저기를 움직일 수 있다. 대장균과 짚신벌레를 상상해보라. 시간대별로 촬영한 생물학 역사상 가장 유명한 이미지에서 고전적인 세포의 움직임을 볼 수도 있다. 데이빗 로저는 세균을 쫓는 호중구neutrophil가 움직이는 연속 사진을 찍었다. 움직이는 기전은 아직도 잘 모르지만 미끄러지면서 세균이 이동하는 모습도 꽤 인상적이어서 뇌리에 깊이 박혀 있다.

이런 세포의 움직임은 단세포의 특권이 아니다. 발생 과정에서 다세포 생명체의 모습을 형상화할 때도 세포가 움직인다. 세포의 인상적인 움직임의 대표적인 예는 발생 중인 신경계에서 엿볼 수 있다. 여기서 신경은 자신의 경로를 찾아 특정 신경세포로부터 웃자라나서 가령 뇌에서 눈으로 움직여 간다.

서로 다르게 세포가 움직이는 모습을 일관성 있게 보는 가장 나은 방법은 초당 세포가 자신의 몸 길이의 얼마에 해당하는 거리를 움직이는지 비교하는 것이다. 수영선수인 마이클 펠프스는 여러 차례의 올림픽에서 평균 100 미터를 50 초에 주파했다. 초당 자신의 몸길이만큼 움직이는 셈이다. 돛새치인 이스티오포러스 플래티프테루스는 시간당 110 킬로미터를 유영한다. 초당 30 미터인 이 수치는 돛새치 몸통 길이의 15배에 해당한다. 화합물을 향해 움직이는 대장균은 초당 30 마이크로미터를 헤엄친다. 이들 몸통의 길이가 2 마이크로미터이기 때문에 이 속도는 돛새치와 맞먹는 빠르기이다. 딕티오스텔리움과 같은 아메바는 분당 10 마이크로미터를 움직인다. 매 분당 자신의 몸 길이만큼 움직이는 수치이다. 유명한 로저스의 비디오에서 호중구가 자신의 먹잇감을 쫓을 때의 속도와 비슷하다. 세포의 속도는 **표 4-8**에 정리했다.

올림픽 경주의 비유를 빌어 세포의 경주를 흉내 낸 실험이 마이크로 트랙에서 재현되었다. **그림 4-40**은 경쟁중인 세포의 경주를 볼 수 있다. 인간 배아 중간엽 줄기세포가 승자였으며 분당 5.2 마이크로미터를 주파했다. 이 역주를 표 4-8과 비교하면 기는 세포주들은 세균의 유영속도에 훨씬 미치지 못한다.

기어가는 세포의 속도를 제어하는 것은 무엇일까? 왜 기는 것은 유영하는 것

생명체	속도	단위시간당 움직이는 거리 (몸통 길이로 표현)	BNID and comments
		세균 혹은 고세균	
오보박터 프로펠렌스	1000 μm/s	200 bl/s	111235
티오불룸 마유스	600 μm/s	90 bl/s	107652, 111231, , cell length ≈7 μm
메탄생성 세균	400 μm/s	200 bl/s	107649, measured at ≈80°C
델로비브리오	160 μm/s	160 bl/s	101969, has to catch other bacteria it preys on
콜레라균	40–100 μm/s	20–50 bl/s	108083, sodium ion motor, one polar flagellum
카울로박터	40 μm/s	20 bl/s	108085, proton motor, one polar flagellum
스피로헤타	40 μm/s	8 bl/s	104904, assuming 5 μm cell length
대장균	16–30 μm/s	8–15 bl/s	101793, 106819, 108082, proton motor, 4–8 lateral flagella
살모넬라균	30 μm/s	15 bl/s	106818
시네코코쿠스	5–25 μm/s	2–10 bl/s	109314, mysterious propulsion by one third of wild isolates
믹소코쿠스	>20 μm/min	>10 bl/min	106811
믹소코쿠스	2–4 μm/min	1–2 bl/min	106811
리스테리아	6 μm/min	3 bl/min	106823 *in vitro* motility assays
할로박테리아	2–3 μm/min	1 bl/min	111147
		진핵세포	
짚신벌레	100–1000 μm/s	1–5 bl/s	108087, ciliated, assuming 200 μm cell length
테트라하이메나	200–400 μm/s	4–8 bl/s	111429, 111435, 111436, ciliated
무각와편포충류,	300 μm/s	10 bl/s	111432, flagellated
클래미도모나스	50–150 μm/s	5–15 bl/s	108086, 111430
어류 상피세포–각막 섬유아세포	10–50 μm/min	0.7–3 bl/min	106807, 106817
아메바	10 μm/min	≈1 bl/min	106825
인간 호중구	9 μm/min	≈1 bl/min	106809
신경교종암 세포	50 μm/h	4 bl/h	106810
생쥐 섬유아세포 L929	30 μm/h	2 bl/h	106808
인간 H69 폐암세포	16 μm/h	1 bl/h	106815

표 4-8 서로 다른 세포의 속도를 시간 당 마이크로미터 및 세포의 길이와 시간 단위로 표시했다. 세균의 길이를 2 마이크로미터, 진핵세포를 15 마이크로미터라고 설정했다. 속도는 온도, 실험 조건에 따라 다르다. 여기에 제시한 값은 논문에 발표된 것들이다. 대부분의 실험은 실시간 현미경을 이용해서 수행되었다.

보다 느릴까? 기고 유영하는 두 가지 움직임의 분자 기제는 사뭇 다르다. 기는 동작은 액틴의 중합화에 의존하지만 세균이 헤엄칠 때는 편모가 회전한다. 액틴의 중합에 기초를 둔 움직임은 극성이 있는 진핵세포가 앞으로 나갈 때 취하는 핵심적인 동작이다. 세균(리스테리아)도 숙주 세포의 세포 골격을 따라 움직일 때는 이런 방식을 취한다.

이렇게 세포가 움직이는 속도가 천차만별인데 대해 뭐라 할 말이 있을까? 일부 세균은 대사 과정이 빠르게 진행되듯 고온에서 매우 빠르게 움직인다. 또

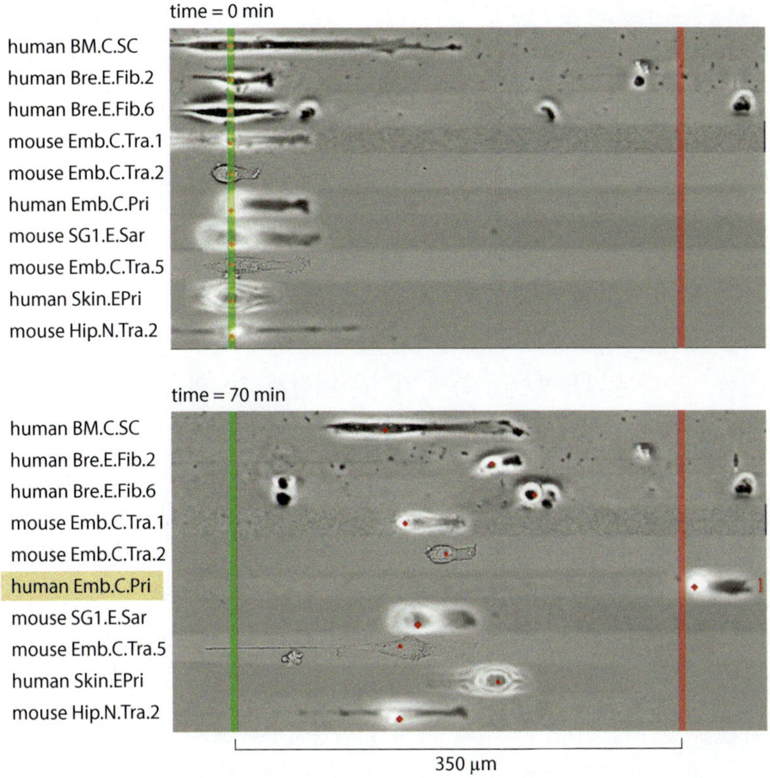

그림 4-40 세포 달리기 세계 선수권 대회. 가장 빠르다는 10 종류의 세포가 350 마이크로미터 레인을 달린다. 유형별 세포 중 가장 빠르다고 정평이 난 것들이 참여했다. 자신의 트랙을 달리는 세포를 영상에 담는다. 1시간이 지난 후 이미지를 아래쪽에 실었다. 승자는 갈색으로 표시했다. 메튜 피엘의 허락을 얻어 싣는다.

어떤 생물은 먹고 살기 위해 빠르게 움직인다. 예컨대 브델로비브리오 박테리오보러스는 자신들의 먹잇감보다 빠르게 움직인다. 기록 보유자는 단연 오보박터 프로펠렌스이다. 이들은 5 마이크로미터 세포에 달린 400 개의 편모를 써서 초당 1 밀리미터를 질주한다(BNID 111233, 111232, 111235). 이들이 이렇게 빨리 움직여야 하는 이유는 잘 모른다. 세균의 속도는 보통 화합물에 반응하여 움직이기 위한 행위의 일환이라고 이해한다. 아마도 음식물의 농도가 높은 장소에 빨리 도착하는 일이 중요할 것이다. 세균의 숫자가 많을 때 속도가 생존에 더욱 필수적 요소라는 증거도 있다. 구성원 간의 소통, 협조, 상대적인 위치 모두 세균의 움직임에 영향을 끼친다.

세포의 생활사

세포가 자신의 유전체를 복제하는데 걸리는 시간은?

유전체와 엄청난 분량의 정보를 관리하는 일은 생명체가 무생물과 구분되는 매우 독특한 특성이다. DNA의 구조에 관한 근대적 개념이 생겨날 당시부터 왓슨과 크릭은 DNA의 이중나선 구조 안에 스스로를 복제하는 기제를 품고 있다는 생각을 하고 있었다. 그렇지만 복제 과정 자체에 소요되는 시간은 얼마일까? 또 다른 생명체에서 복제 기전은 어떻게 속도와 관련이 될까? 복제 시간은 생명체가 성장하는 속도를 제한하는 것일까?

복제의 속도를 측정하는 우아한 방법은 하나의 분자를 사용하는 기법으로 **그림 4-41**처럼 DNA 주형에 달라붙은 자그마한 분자 구슬의 움직임을 현미경으로 추적하는 것이다. 연속적으로 DNA가 합성되는 한쪽 나선만 제한하면 복제 과정의 결과는 한 개의 이중 나선, 그리고 복제되지 않은 단일 나선이 된다. 이 방법은 이중 나선과 단일 나선이 엔트로피 가소성의 차이를 보인다는 점을 차용한다. 그 결과 복제가 진행될수록 보다 많은 주형이 단일 가닥 조각들 형태로 남게 되고 그림 4-41에서처럼 조직화된 이중 나선에 비해 무질서도가 증가하는 결과로 나타난다. 복제되지 않고 엉킨 단일 가닥도

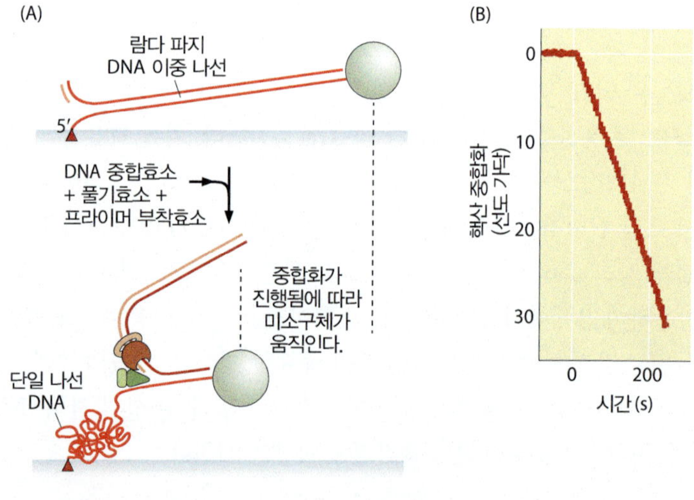

그림 4-41 복제의 속도를 측정하기 위해 한 분자 실험을 하는 모습. (A) 복제가 진행되면 핵심 주형은 다시 두 가닥이 된다. (B) 단일 가닥이 두 가닥보다 꼬이려고 하는 특성이 크기 때문에 복제가 진행되지 않으면 실타래처럼 꼬인다. 분자구슬까지 복제되는 시간을 측정하여 그래프를 그린다(Lee JB [2006] Nature, 439, 621-624).

중합효소와 같은 속도로 분자구슬을 따라 움직인다. 그 결과가 복제의 속도로 기록되는 것이다. 이렇게 얻은 시험관 복제의 속도는 T7 세균성 바이러스 복제 기구로 초당 220±80 염기가 보태진다(BNID 103995). 유전체의 크기가 40,000 염기이므로 복제의 개시와 같이 세포 내에서 생길 수 있는 여타 과정을 논외로 한다면 바이러스의 유전체를 복제하는데 걸리는 시간은 200초, 혹은 3분 정도이다(40,000/220).

복제 속도가 이렇게 주어진다면 각기 다른 세포의 분열 시간은 어떻게 생각해야 할까? 대략 5백만 개의 염기를 갖는(BNID 100269) 대장균은 초당 수백 개의 염기를 첨가하는 속도로 복제를 진행한다(BNID 104120, 109251). 게다가 세균의 복제는 두 곳의 시작점에서 원형 염색체의 반대 방향으로 진행된다. **어림짐작 4-12**에서 볼 수 있듯이 두 개의 복합체가 나서서 유전체를 복제하는데 2,500초가 걸린다(40분). 이는 최대 분열 속도인 20분을 훌쩍 넘는다(BNID 103514). 이러한 역설은 이상적인 성장 조건에서 분열하는 대장균을 관찰함으로써 해결되었다. 어림짐작 4-12에서 보듯 복제가 진행되는 동안 새롭게 복제된 딸염색체에서 다시 복제가 시작되는 것이었다. 빠른 속도로 분열할 때 한 세포의 복제가 여섯 군데에서 새롭게 시작되거나 시작점이 무려 열 개도 넘는 경우가 관찰되었다(BNID 102356). 복제 속도, 복제 시작점 및 복제 기원의 수가 분열 속도와 긴밀하게 연결되어 있다는 매우 우아한 연구 결과였다. 최근 단일 분자를 추적하는 현미경 기법을 쓴 연구에 따르면 가장 일반적인 복제 복합체는 두 개가 아니라 세 개의 DNA 중합효소를 동원한다는 사실이 밝혀졌다(BNID 107686). 아마도 세 번째 중합효소는 단속적으로 진행되는 DNA 주형의 복제에 동원될 것이다. 아니면 필요할 때 복제

유전체 복제의 역설

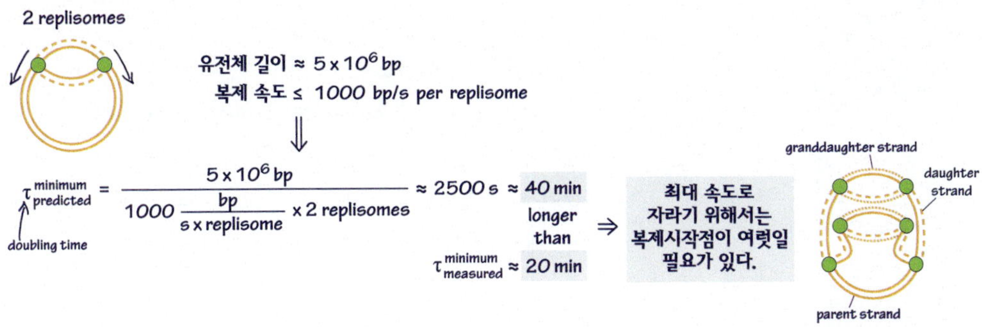

어림짐작 4-12

과정에 참여하기 위한 예비 중합효소일 수도 있다.

진핵세포의 유전체는 원핵세포보다 훨씬 크기 때문에 복제의 기원이 하나가 아닐 것은 충분히 짐작 간다. 복제가 몇 군데에서 진행되느냐에 대한 연구는 활발하다. 최근에는 직접적인 유전체 서열 분석을 통해 S기에서 DNA의 양이 가장 많은 순간을 추적한다. 이 방법으로 잠재적인 복제의 기원을 짐작할 수 있다. 그렇지만 여전히 몇 군데서 복제가 시작되는지에 대해서는 결과가 들쭉날쭉하다. 예를 들어 마우스의 경우 그 수는 1,000에서 100,000회에 이른다. 초파리는 10,000회로 추정하고 있다(BNID 107654, 109283). DNA의 복제는 복제 복합체가 담당하고 이들은 초당 4~40개의 염기를 붙여 나간다. 1분이면 약 1 kb의 크기로 신장한다(BNID 104930, 104935, 104936, 104937). **그림 4-42**는 전자 현미경을 통해 관찰한 고전적인 복제 과정을 보여준다. 여기서 우리는 초파리 유전체의 복제가 시작되는 자리를 확인할 수 있다. 복제 시작점으로부터의 거리와 복제 속도로부터 우리는 한 곳에서 복제가 진행되는 것보다 훨씬 빠른 속도로 유전체의 복제가 완료된다는 사실을 확인한다. 발생 중인 초파리가 8분 안에 1억 2천만 개의 염기를 복제해야 한다는 점을 감안하면 복제는 여러 곳에서 동시다발적으로 진행되어야만 한다. S기에서 인간(**그림 4-43**)의 세포는 10시간을 소모한다(BNID 103742, 103741, 102204). 전체적으로 세포 주기가 매우 긴 세포에서조차 짧은 DNA 복제 속도를 갖도록 강제한 선택압은 무엇이었을까? 빠르게 분열하는 세포들은 왜 여러 곳에서 동시에 복제를 시작함으로써 시간을 더 단축하려들지 않는 것일까?

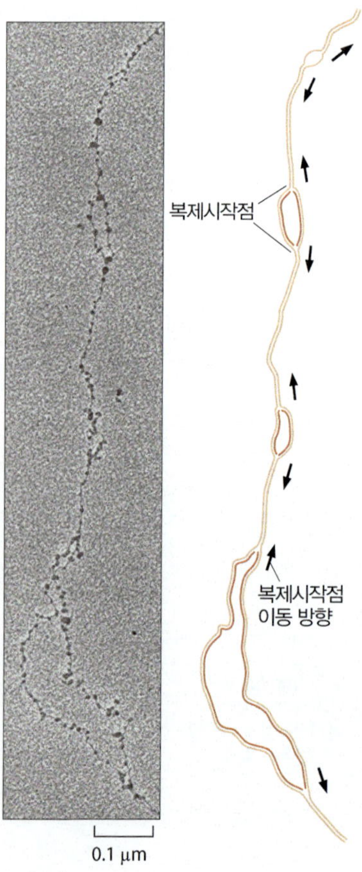

각 세포 주기를 진행하는데 걸리는 시간은?

복제 과정도 살아있는 생명체의 특성이다. 세포 하나가 둘로 나뉘는 세포 주기로 알려진 이 과정은 분자 생물학 시대의 고전적 주제이다. 연구가 진행되면서 세포 주기는 암과 같은 질병을 연구하는 분야까지 확대되었다. 세포 주기의 변화가 암을 특징짓기 때문이다. 세포

그림 4-42 초파리 DNA에 있는 복제 시작. 복제가 진행되면서 복제 시작점은 양 방향으로 이동한다. 빅토리아 포에의 허락을 얻어서 싣는다.

마다 다른 부분도 있지만 동일한 부분도 있기 때문에 세포 주기는 흥미로운 연구 주제이다. 이제부터 우리는 다양한 생명체이 세포 주기 예컨대 원핵세포, 배양 중인 포유류 세포 및 발생 중인 초파리의 세포 주기를 살펴볼 것이다. 특히 세포 하나가 둘로 나뉘는 각 단계에 걸리는 시간에 주목해서 얘기하겠다.

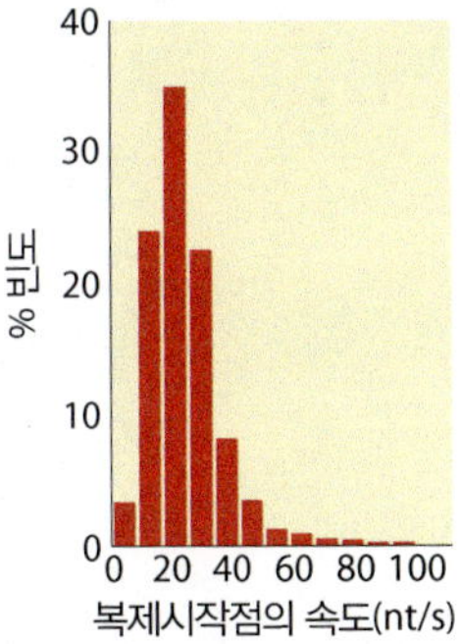

그림 4-43 인간 피부세포에서 복제 시작점이 움직이는 속도. 분당 1,500 개 염기가 새로 달라붙는다(N = 5460). (Conti C [2007] Mol Biol Cell, 18, 3059-3067)

말할 것도 없이 가장 잘 알려진 세균의 세포 주기는 카울로박터 크레센투스의 것이다. 이 세균은 비균등 분할을 하는 것으로 알려졌다. 따라서 연구자들은 현미경 아래에서 하나의 딸세포를 버리고 나머지 세포로 연구를 계속할 수 있다. 이렇게 밝혀진 이 세균의 세포 주기는 150분이다(BNID 104921, **그림 4-44**). 주된 세포 주기는 G1 단계이다(최초의 성장 단계, 30분 정도 소요된다, BNID 104922). 그렇지만 세포의 크기가 커지지는 않는다. 다음은 S 단계이고 80분 정도가 소요된다(BNID 104923). 이때 DNA가 복제된다. 두 번째 성장 단계인 G2는 대략 25분이 걸린다(BNID 104924). 염색체가 풀려 나뉘고 세포가 분열한다(마지막 단계는 약 15분 정도 지속된다). 카울로박터 크레센투스는 세포 주기에 관한 매우 흥미로운 주제에 대한 답변을 제공하기 때문에 전형적인 세균의 모델이 될 수 있었다. 세포 주기가 진행되면서 눈으로 식별이 가능하기 때문에 세포 주기를 연구하는 생물학자들은 대장균보다

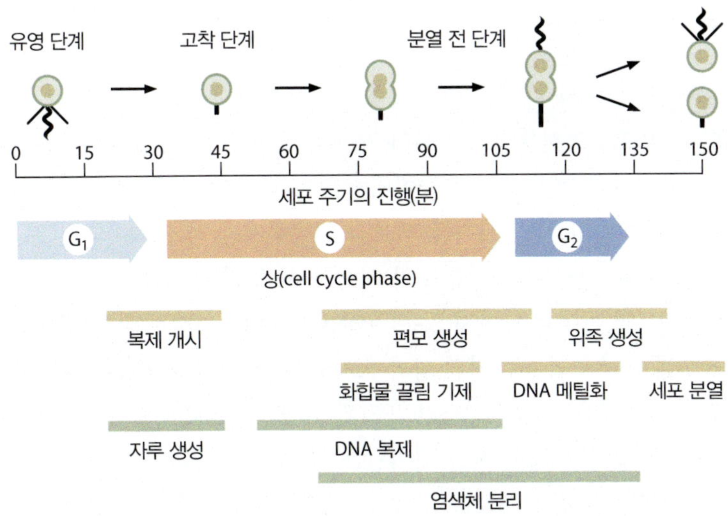

그림 4-44 카울로박터의 150분 주기 세포 분열을 도식화했다. 단계마다 특징적인 형태 변화를 보이며 그에 상응하는 대사 과정도 표시했다. M기는 표시하지 않았다. 이 세포에서는 진정한 분열 기구라 할 만한 것이 없기 때문이다. 염색체 분리는 DNA 복제와 동시에 진행된다. 염색체의 분리는(두 개의 원형 염색체) G2기에 일어난다(Laub MT [2000] Science, 290, 2144-2148).

이 세균을 훨씬 선호한다.

세포 배양기에서 자라는 포유동물의 세포는 우리가 가진 진핵세포의 주기에 관한 지식을 형성하는데 기여한 생명체이다. 진핵세포의 주기는 크게 두 부분으로 나뉜다. 세포의 물질을 두벌 복제하는 단계인 간기interphase와 염색체가 나뉘고 물리적으로 세포가 둘로 분리되는 체세포 분열 단계이다. 세포 주기의 속도는 여러 가지 분자가 관여하는 사건을 다룰 때 이미 상당부분 살펴보았다. DNA 혹은 세포 골격 섬유가 중합체를 형성하는 속도가 그런 것들이다. 헬라세포의 전형적인 세포 주기는 20시간이다. 이중 반은 G1 단계(BNID 108483)에 할애되고 S단계에도 그만한 시간이 소요된다(BNID 108485). G2와 M 단계는 신속히 진행되어서 각각 2~3시간, 1시간이 걸린다(BNID 109225, 109226). 가장 변동이 심한 단계는 G1이다. 성장하기에 조건이 좋지 않으면 세포 주기가 전반적으로 늘어나며 이때 가장 큰 타격을 받는 단계가 바로 G1이다. 성장하기에 조건이 좋지 않으면 세포 주기가 전반적으로 늘어나며 이때 가장 큰 타격을 받는 단계가 바로 G1이다. 세포 분열에 필요한 모든 것들이 충족될 때까지 기다려야만 하기 때문이다. 세포 분열의 시작을 판단할 일종의 점검표가 있으리라는 증거는 많지만 그것에 대해 알려진 것은 무척 적다. 역사적으로 세포 주기의 각 단계는 고정된 세포를 통해 연구했지만 지금은 유전적으로 생체 센서를 장착해서 각 단계에서 이들의 움직임을 포착하는 방향으로 바뀌었다. 살아 있는 세포에서 세포 주기가 진행되고 있는지 정지했는지 알 수 있다.

세포 주기의 길이와 새로운 유전체를 합성하는데 소요되는 시간을 어떻게 연결할 수 있을까? 진핵세포는 여러 곳에서 복제를 시작함으로써 유전체 길이와 복제 시간의 연결 고리를 끊어버릴 수 있다. 포유동물 세포에서 유전체를 복제하는 S기의 지속 시간은 비교적 일정하지만 각 조직마다 세포 분열의 시간은 무척 다양하다. 마우스의 대장과 혀 조직 세포의 S기는 각각 6.9, 7.5시간으로 별 차이를 보이지 않는다(BNID 111491). 서로 다른 종, 예를 들어 인간, 쥐, 마우스와 햄스터의 상피세포 S기는 6~8시간에 걸쳐 있다(BNID 107375). 이들 수치는 동위원소가 표지된 티미딘thymidine을 이용해서 1960년대 측정된 값이다. 짧은 시간 티미딘을 처리하면 이 염기는 S기에 있는 유전체에만 끼어들어간다. M기에서 동위원소가 표지된 세포가 등장하고 사라지는 시간을 측정함으로써 우리는 S기가 얼마나 지속되는지 알 수 있다. 여러 세포에서 S기가 비교적 일정하다는 사실로부터 주어진 시간에 S기에 있는 세포가 얼마나 되는지 파악하면 세포 주기를 예측할 수 있게 된다. 예를

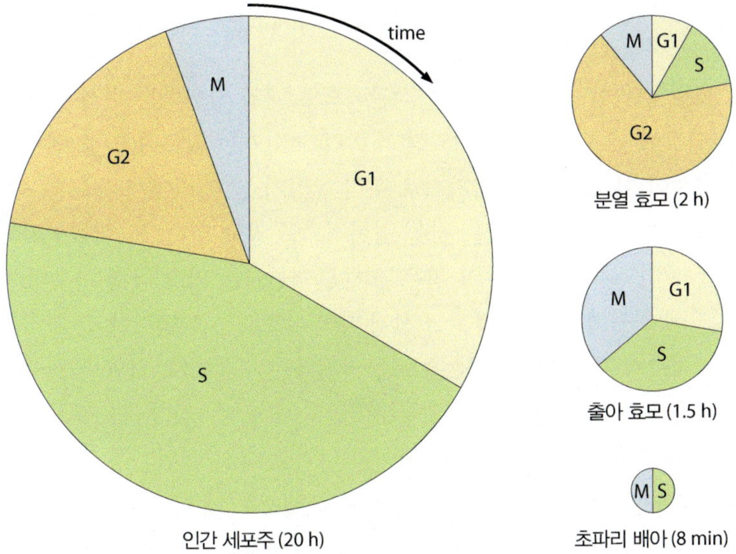

그림 4-45 세포 유형에 따른 세포 주기(시간). 파이 차트에서 각 단계에 부과되는 시간을 유추할 수 있다. 이상적인 조건에서 세포가 분열하는 시간도 짐작할 수 있다(Morgan D [2007] The Cell Cycle: Principles of Control. Sinauer Associates).

들면 세포의 3분의 1이 S기에 있고 그 단계가 7시간 지속된다면 그 세포의 주기는 7/1/3 = 20시간이라 계산하는 것이다. 오늘날에는 BrdU를 써서 S기를 측정함으로써 세포 주기를 계산한다. 하지만 오늘날까지도 우리는 왜 복제 시간이 일정한지 또 그것이 어떻게 DNA 중합효소의 속도와 복제 시작점의 숫자와 관련이 되는지 잘 알지 못한다.

세포 주기의 가변성은 **그림 4-45**에서 볼 수 있다. 전형적인 실험 생물에서 각 단계의 지속 시간 및 세포 주기에서 단계가 차지하는 위상을 볼 수 있다. 발생하는 초파리는 한 극단에 속한다. 여기서는 일상적인 세포 분열의 상황이 재현되지 않는다. 유전 물질은 복제하지만 세포질 물질은 새롭게 합성되지 않아 절대량이 보존되기 때문이다. 이런 현상은 열 번 분열할 때까지 유지가 된다. 따라서 10~11회 정도 분열을 마친 수천 개의 세포로 구성된 초파리 배아가 만들어질 때까지 약 8분이 걸린다(그림 4-45, BNID 103004, 103005, 110370). 1억 2천만 개의 염기로(BNID 100199) 구성된 유전체를 가졌지만 이 정도면 세균의 분열 속도보다 훨씬 빠르다. 따라서 이 결과는 세포가 역동적인 세포 주기에 극적으로 적응할 수 있는지에 대한 놀라운 사례라 할 수 있다.

신체 내부에서 세포가 새로운 것으로 대체되는 데 걸리는 시간은?

세포 재생에 관한 질문은 우리가 직관적으로 매일 경험하는 현상 중 하나이다. 머리칼이 규칙적으로 빠지지만 대머리가 되지는 않는다(일정 연령에 도달한 남성이 아니라면). 마찬가지로 우리는 상처 난 자리에서 새로운 세포가 상처 입은 세포를 대체한다는 것을 경험적으로 알고 있다. 또 헌혈하기도 하고 혈액을 취하기도 하지만 그 양은 크게 줄어들지는 않고 금세 회복된다. 이런 모든 예가 말하고 있는 것은 조건에 따라 다르기는 하겠지만 각 조직을 구성하는 세포가 각기 다른 재생 속도를 가진다는 사실이다. 다양한 세포가 재생된다는 점은 그들 생활사의 일부분이라고 말할 수 있다. 더 정확히 말하면 우리의 피부 세포는 끊임없이 떨어져 나가고 다시 채워진다. 끊임없이 혈관을 여행하는 적혈구는 네 달 후면 새로운 세포로 대치된다(BNID 107875, 102526). 이런 내용은 "신체의 각 기관을 구성하는 세포의 숫자는 얼마일까?" 라는(314쪽) 제하에 소개된 내용과 관련해서 생각할 수 있다. 적혈구의 숫자는 3×10^{13}이기[20] 때문에 우리 몸에서는 매 분마다 1억 개의 적혈구가 새롭게 생겨난다는 계산이 가능하다. 우리 세포의 재생은 신체 대부분의 조직에서 일어난다. 눈에 있는 렌즈 세포와 중추신경계 대부분의 신경 세포는 특별한 예외이다. 서로 다른 세포이 재생 속도가 **표 4-9**에 나타나 있다.

우리 신체 각종 조직에서 세포의 재생 속도는 어떻게 측정하는 것일까? 빨리 재생하는 조직은 일반적으로 핵산 유도체인 BrdU 표지 방법을 사용할 수 있다. 그렇지만 수년 혹은 오랜 시간에 걸쳐 천천히 교체되는 조직은 어떨까? 우연히 발견된 매우 매혹적인 방법이 이런 조직 연구에 동원된다. 냉전 기간 동안 치러진 핵실험은 전 지구적으로 대기의 탄소-14번 동위원소의 비율을 변화시켰다. 결국 전 지구적 차원에서 동위원소를 집어넣고 이를 추적하는 실험이 행해진 셈이다. 탄소-14번 동위원소의 반감기는 5,730년이다. 방사능이 있지만 개인의 일생에 걸쳐 분해되는 탄소-14의 양은 무시할만하다. 그 정도의 시간은 걱정거리도 못된다. 대기 중에 "표지된" 동위원소는 이산화탄소의 형태로 바뀐다. 식물은 이산화탄소를 고정한다. 우리 몸에서 모든 세포의 DNA에 끼어든 탄소, 그 중에서도 탄소-14번의 상대적인 비율은 매우 안정적으로 유지된다. 왜냐하면 분열하지 않는 세포 내부에서 DNA가 그대로 존치될 것이기 때문이다. 조직에서 탄소-14번의 상대적인 비율을 측정함으로써 DNA가 교체되는데 걸리는 시간을 추정할 수 있다. 그 결과를 **그림**

20) 네 달은 2×10^5분 정도다.

세포 유형	회전율(반감기)	BNID
소장 상피세포	2–4 days	107812, 109231
위	2–9 days	101940
호중구	1–5 days	101940
호산성 과립구(백혈구)	2–5 days	109901, 109902
대장 음와세포	3–4 days	107812
자궁경부	6 days	110321
폐포	8 days	101940
혀 미뢰(쥐)	10 days	111427
혈소판	10 days	111407,111408
파골세포	2 weeks	109906
장 파네스 세포	20 days	107812
피부 상피세포	10–30 days	109214, 109215
췌장 베타세포(쥐)	20–50 days	109228
B 임파구	1 month	111516
기도	1–2 months	101940
조혈모세포	2 months	109232
정자(남성 성세포)	2 months	110319, 110320
조골세포	3 months	109907
적혈구	4 months	101706, 107875
간세포	0.5–1 year	109233
지방세포	8 years	103455
심근세포	0.5–10% per year	107076, 107077, 107078
중추신경계 세포	life-time	101940
골격근	10% per year	109908
수정체 세포	life-time	109840
난세포(여성 성세포)	life-time	111451

표 4-9 각기 다른 인간 조직에서 세포의 재생 속도. 유효숫자를 한 자릿수로 조정했다. 일 단위로 세포가 바뀐다는 점을 감안하면 머리카락이 1달에 1 센티미터 정도 자란다는 사실을 수긍할 수 있다(BNID 109909). 손톱은 매달 0.3 센티미터씩 자란다(BNID 109990). 이는 북미와 유럽 지각판이 멀어지는 속도와 거의 비슷한 값이다(BNID 110286).

4-46에서 확인할 수 있다. 탄소-14의 양은 핵실험이 한창일 때 최고조에 올랐다가 생명체 혹은 대양의 무기물에 흡수되면서 점차 그 양이 줄어들었다. 그림 4-46에서 보듯 10년이 지나 대기 중 탄소-14의 양은 대폭 줄어들었다. 대기 중 탄소-14의 양을 측정함으로써 우리는 인간의 신체 조직이 재생되는 데 걸리는 시간을 추적할 뿐만 아니라 다른 문제들, 가령 성게는 얼마나 오래 사는가 혹은 산호초의 기원은 어떤가에 대한 답을 구할 수도 있다.

이러한 시간 추적법을 사용해서 지방 세포는 매년 8±6퍼센트가 대체됨을 확인할 수 있었다(BNID 103455). 8년이면 우리 몸의 지방 세포 절반이 교체된다는 의미이다. 심장의 근육세포 결과도 놀라웠다. 심장 생물학의 오랜 도그마 중 한 가지는 심장 근육세포가 재생되지 않는다는 사실이었다. 이런 생

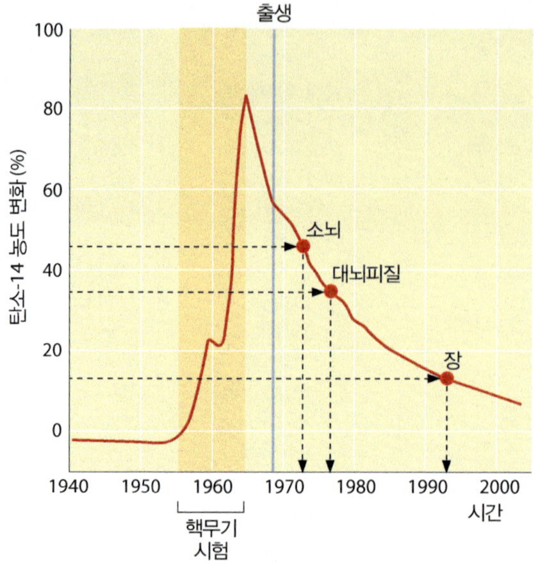

그림 4-46 조직의 회전율. 자연계에서 발견되는 동위원소를 이용한 것이다. 지구적 수준에서 ^{14}C의 양을 붉은 선으로 표시했다. 1955~1963년 사이 핵폭탄 실험이 광범위하게 진행되면서 그 양이 급격히 늘어났다. 성인의 조직에 분포하는 세포가 늙어가면서 자신의 유전체에 ^{14}C의 흔적을 남긴다. 2003~2004년 인간의 소뇌, 후두부 피질, 소장에서 동위원소의 양을 측정했다. 실험 개체의 나이는 푸른 선으로 표시했다. 다른 조직에서 세포의 회전율이 다르다는 점을 확인할 수 있다(Spalding KL [2005] Cell, 12, 133-143).

각은 심장이 손상을 받아 상처가 생겼을 때 흉터가 사라지지 않고 남아 있다는 사실과 궤를 같이하는 것이다. 그러나 빠르지는 않지만 심장 근육 세포에서도 재생이 일어나고 있었다. 매년 0.5 퍼센트의 심장 근육 세포가 새것으로 대체되었다(BNID 107076). 그러나 나이와 성에 따라 최고 30 퍼센트에(BNID 107077) 육박하기도 했다. 대체 속도가 너무 다르기 때문에 논란이 있기는 하지만 냉전 중에 발생한 별로 바람직하지 않은 과학적 부작용이 다세포 생명체 세포의 생활사에 관한 매우 흥미로운 질문에 대한 답을 제공했다는 사실은 자못 놀랍다.

정보

CHAPTER 5 정보와 시행착오

살아 있는 유기체를 그렇지 않은 대상물과 구분 짓는 근거는 무엇일까? 단순히 말하면 살아 있는 생명체는 자신을 재건하기 위한 청사진을 가지고 있다. 정보의 저장소에는 유전체가 있고 단백질이 번역된 후 가공하는 공정이 포함되어 있어서 정보를 후대에 상당히 정확하게 전달할 수 있다. 유전체는 화합물이 활성을 잃은 채 반응에 참여하지 않도록 세포 내부 물질을 총괄한다. 진화적인 시간대에서 이들 정보가 적응과 유전자 부동을[21] 통해 그 내용을 변화시켜왔다는 점을 상기하면 매우 인상적이라 아니할 수 없다.

이 장에 소개할 소주제들 모두는 직접 간접적으로 세포 내부에 있는 정보를 관리하는 양상을 정량적으로 표현할 것이다. 생물학적 요소로서 정보 저장의 규모를 **그림 5-1**에 나타냈다. 그리고 그것을 인간이 고안한 정보 저장 장치와 비교했다. 생물학적 정보저장과 인간의 기술을 나란히 비교하면 놀랍기도 하고 뭔가 예감이 떠오르기도 한다. 생물학적 정보 저장의 밀도에 대한 감을 얻기 위해서 우리 학생 중 하나가 "숫자로 보는 생물학"이라는 주제로 어림

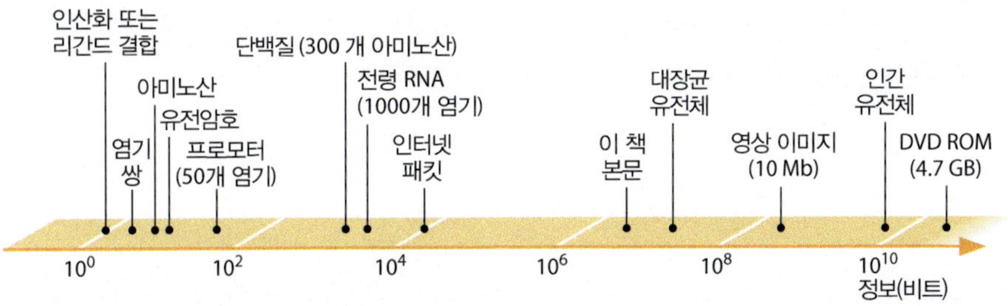

정보, $I = \log_2$ (# 가능한 미세구조)

예: 염기쌍은 4가지 가능성을 갖는다. 따라서 ⇒ $I = \log_2(4) = 2$

그림 5-1 생물학적 실재가 지닌 정보의 양과 인간이 고안한 정보 저장 장치. 정보는 이진수 비트로 정량화했다. 예컨대 4가지 가능성을 가진 염기쌍은 2비트다.

21) 특정 환경에서 꿋꿋이 살아남아 자손을 통해 자신의 유전자를 퍼뜨리는 적응도가 높은 개체가 있을 것이다. 그러나 어떤 유전자는 우연히 집단 내에 퍼지기도 한다. 가령 다람쥐 열 마리 중 다섯 마리가 바위에 깔려 죽었다 치자. 살아남은 다람쥐가 모두 꼬리가 길었다면 그 형질은 후대에 퍼진다, 그게 유전자 부동이다.

짐작한 사례를 들어보겠다. 어떤 사람이 인플루엔자 바이러스가 지닌 정보의 밀도를 현대적인 USB 장치와 비교하면 그것은 10^{18} 바이트가 될 것이며 며칠 동안 인터넷을 여행한 용량에 버금간다는 내용이었다.

이번 장에서 우리는 유전체 자체로부터 시작할 것이다. 유전체는 얼마나 크고 몇 개의 유전자를 포함하고 있을까? 가장 큰 유전체와 가장 작은 유전체는 그 크기가 10^8배 혹은 그 이상 차이가 난다. 그렇지만 그들이 가진 유전자 수의 차이는 훨씬 적다. 그 다음 질문은 생물학적 정합성에 근거해 세포 안에서 정보를 관리하는 방식에 관한 것들이다. 중세에는 베껴 쓰는 혹독한 필사 작업을 통해 성서의 내용이 보존되었다. 모든 필사 과정이 그렇듯이 복제는 어쩔 수 없는 실수가 끼어들게 마련이다. 우리는 생물학적 실수에 대해서도 살펴볼 것이다. 주로 중심 도그마 과정과 결부된 오류의 비율을 추적하겠다. 유전체가 복제되는 동안 실수는 몇 번이나 일어날까? 새로운 단백질이 합성될 때 원치 않는 아미노산이 끼어들 확률은 얼마나 될까?

앞으로 진행되어야 할 작업은 기질의 인식이 어떤 방식으로 진행되느냐 일 것이다. 세포는 여러 단백질에 전기를 띤 소분자들을(인산화 효소를 통해 인산을 더한다) 더하거나 뺌으로써 활성을 조절한다. 그렇지만 인산기를 잘못된 펩티드에 붙이려는 인산화 효소를 막는 장치는 무엇일까? 이런 실수는 자주 일어날까? 적재적소에 인산기를 찾아 붙이는 과정을 살펴보는 것도 매우 흥미로운 일이다.

생물학에서 정보의 관리가 중요하다고 이구동성으로 말한다. 여기서 그런 주제에 관해 정량적인 시각을 제공하도록 하겠다.

유전체

유전체는 얼마나 클까?

현재 유전체의 서열을 매우 빠른 속도로 분석하는 작업은 일상적으로 수행된다. 그 결과 유전체 정보가 저장한 암호의 의미를 이해하고 유전체의 차이를 인식하며 그 차이가 지구상에 존재하는 생명체의 진화에 어떤 차별성을 부여했는지 관심이 집중되고 있다. 나아가 이제는 서로 다른 인간의 유전체를 분석하는 단계에 도달했다. 쉽게 관찰할 수 있는 개인의 표현형을 개별 유전체가 완벽히 설명할 수 있을까? 예를 들어 유전자에 바탕을 둔 인간 연구에서 과학자들은 당뇨병이나 암과 같은 질병의 감수성을 결정하는 유전체적 요소를 찾으려 노력한다.

정보 내용의 저장소에 대해 우리가 던질 첫 번째 질문은 "유전체는 얼마나 클까?"이다. 예전에는 생명의 계통수 전반에 걸쳐 유전체의 크기는 그것이 가진 유전자의 크기에 비례할 것이라고 간주되었다. 그렇지만 매우 다양한 크기의 유전체를 가진 생명체가 서로 비슷한 숫자의 유전자를 갖는다는 사실이 알려지면서 이런 가정은 폐기처분되었다. 예상치 못했던 결과를 보이는 유전체는 도처에 넘쳐난다. **표 5-1**을 보면 꼬마선충은 인간 혹은 마우스와 비슷한 수의 유전자를(20,000) 갖지만 유전체는 20배 차이가 난다. **그림 5-2**를 보자. 유전체 크기는 매우 다양하다. 0.16 Mbp인 공생체 캔디다투스 루디에서 150 Gbp 크기의 어마어마한 파리스 자포니카[22] 식물에 이르기까지 유전체는 수백만 배의 차이가 난다(BNID 110278). 가끔 회자되지만 가장 큰 유전체를 가진 생명체는 아메바인 폴리케이오스 두비움이다. 유전체의 크기가 무려 670 Gbp이지만 1960년대 방법으로 분석했고 핵이 아니라 세포 전체를 사용했기 때문에 다소 믿기 힘든 값이다. 이 방법은 불가피하게 미토콘드리아 유전체가 포함되고 최근 아메바가 먹은 생명체에서 유래한 핵도 여러 개일 것이어서 그렇다(BNID 104470). 유전체가 작은 쪽으로 한 극단은 바이러스 유전체가 차지한다. 이들의 유전체는 가장 작은 세균보다 더 적다. 두렵기 그지없는 RNA 바이러스는 유전체가 10 kb보다 적은 것들도 드물지 않다.

DNA 분자의 물리적 크기는 얼마일까? 염기 서열 단위를 실제 물리적인 길이로 변환시킬 때는 염기 사이의 길이인 0.3 나노미터를 기준으로 계산한다(BNID 100667). 인간의 유전체는 크기가 3 Gbp이기 때문에 우리 몸을 구성하는 10^{13}개 세포 각각은 1 미터 가 넘는 DNA를 가지는 셈이다. 개별 세포는 직경이 몇 마이크로미터에 불과한 핵 안에 일 미터에 육박하는 유전체를 눌러서 채워 넣어야 한다. 게다가 두 벌이기 때문에 유전체 전체 길이가 2 미터인, 가관인 상황에 처하게 된다. 극단적으로 압축되어야 한다. 그러기 위해 히스톤과 같은 구조단백질이 필요하지만 정보를 읽어서 유전자를 전사하기 위해 엄청난 기교를 부려야 한다. 세균에서는 모든 오페론(가령 락Lac 오페론)을 죽 펼치면 실제 세균의 길이를 훌쩍 넘어선다.

22) 일본에 서식하는 희귀종 삿갓나물류 식물이다.

생명체	genome size (base pairs)	protein-coding genes	number of chromosomes
모델 생명체			
대장균(세균)	4.6 Mbp	4300	1
출아 효모	12 Mbp	6600	16
분열 효모	13 Mbp	4800	3
아메바	34 Mbp	13,000	6
꼬마선충	100 Mbp	20,000	12 (2n)
초파리	140 Mbp	14,000	8 (2n)
애기장대(식물)	140 Mbp	27,000	10 (2n)
피스코미트렐라 파텐스(이끼)	510 Mbp	28,000	27
생쥐	2.8 Gbp	20,000	40 (2n)
인간	3.2 Gbp	21,000	46 (2n)
바이러스			
D형 간염 바이러스(동물에 침입하는 가장 작은 RNA 바이러스)	1.7 Kb	1	ssRNA
인간 면역결핍성 바이러스	9.7 kbp	9	2 ssRNA (2n)
인플루엔자A	14 kbp	11	8 ssRNA
박테리오파지	49 kbp	66	1 dsDNA
판도라바이러스(가장 큰 유전체를 갖는 바이러스)	2.8 Mbp	2500	1 dsDNA
세포 소기관			
미토콘드리아(인간)	16.8 kbp	13 (+22 tRNA +2 rRNA)	1
미토콘드리아(효모)	86 kbp	8	1
엽록체(애기장대)	150 kbp	100	1
세균			
카르소넬라 루디(공생세균으로서 가장 작은 유전체를 갖는다)	160 kbp	182	1
마이코플라스마 제니탈리움(자유 세균 중 가장 작은 유전체를 갖는다)	580 kbp	470	1
헬리코박터 파일로리	1.7 Mbp	1600	1
남세균	2.7 Mbp	3000	1
메치실린 내성 황색포도상구균	2.9 Mbp	2700	1
바실러스	4.3 Mbp	4100	1
소란귬 켈룰로숨(가장 큰 세균 유전체를 갖는다)	13 Mbp	9400	1
고세균			
나노아케움 에퀴탄스(유전체가 가장 작은 기생성 고세균)	490 kbp	550	1
테르모플라스마 액시도필룸(pH가 1보다 작은 곳에서 산다)	1.6 Mbp	1500	1
메탄생성고세균(압력이 200기압이 넘는 열수분출공 근처에 서식)	1.7 Mbp	1700	1
피로코커스 퓨리오서스(100°C가 최적 온도)	1.9 Mbp	2000	1
진핵세포			
복어(유전체가 가장 작은 척추동물)	400 Mbp	19,000	22
블랙 북미 사시나무(최초로 유전체 서열이 밝혀진 나무)	500 Mbp	46,000	19
옥수수	2.3 Gbp	33,000	20 (2*n*)
개	2.4 Gbp	19,000	40
침팬지	3.3 Gbp	19,000	48 (2*n*)
밀(6배수체)	16.8 Gbp	95,000	42 (2*n* = 6x)
폐어(가장 큰 유전체를 가진 동물)	130 Gbp	unknown	34 (2*n*)
삿갓나물류 파리스 자포니카(가장 큰 유전체를 갖는다)	150 Gbp	unknown	40 (2*n*)

표 5-1 생명체의 유전체 전수조사. 유전체 크기, 단백질을 암호화하는 유전자(가장 최근의 예측값), 염색체의 수가 기재되어 있다. 유전체 외에도 플라스미드와 같은 여분의 염색체 요소가 있지만 유전체의 크기나 염색체의 수자에는 포함되지 않았다. 유전자의 수는 끊임없이 개정된다. 표에 제시된 값은 단백질을 암호화하는 숫자이다. 운반 RNA를 포함하는 비암호화 RNA는 지금도 발견되기 때문에 표에 포함되지 않았다. 세균종은 유전체와 유전자 크기의 변화가 무쌍하다. 유효숫자는 2 자릿수이다. BNID 111493

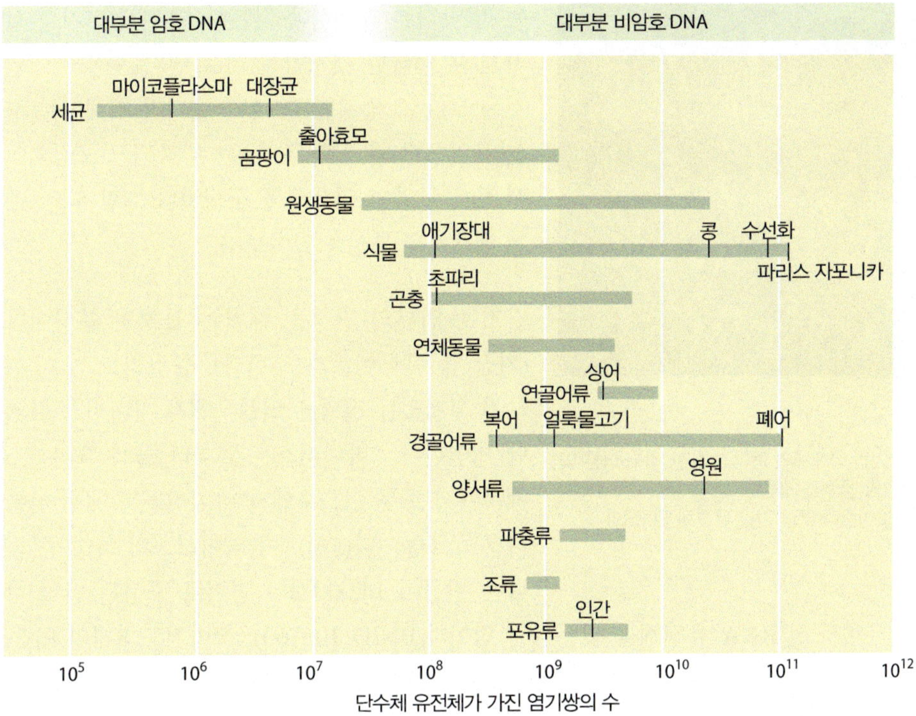

그림 5-2 서로 다른 생명체의 유전체 크기

그림 5-2와 표 5-1은 잘 알려졌고 실험적으로 유용한 모델 생명체마다 제각각인 유전체 크기를 보여준다. 극단적으로 크거나 적은 유전체를 가진 국외자 생명체들도 있고 괴상망측한 것도 있다. 동물계에서 가장 큰 유전체를 가진 생명체는 대리석 빛의 폐어lung fish이지만 아직 유전체 서열 분석이 완료되지 않았다. C-값을 통해 전체 DNA를 측정해서 유전체 크기를 유추하는 오래된 방법은 유전체 서열이 아니라 DNA의 양을 표현한다. 따라서 서열이 빠진 유전체의 크기이다. 다음 소주제는 염색체는 몇 개이고 유전자는 어디에 있는가이다. 유전체의 크기에 기초해서 유전자의 수를 예측하는 어림짐작법도 소개하겠다.

생명체는 몇 개의 염색체를 가지고 있을까?

살아있는 생명체는 자신의 유전체에 프로그램 되어 있다. 유전체의 상징이랄 DNA 분자는 많은 수의 RNA와 단백질을 만들어 매일의 삶을 영위할 수 있도록 새로운 복사본을 만들기 위한 지침을 제공할 뿐 아니라 생명체의 진화적 역사에 대한 생생한 기록물이기도 하다. 서로 다른 생명체의 DNA 분자

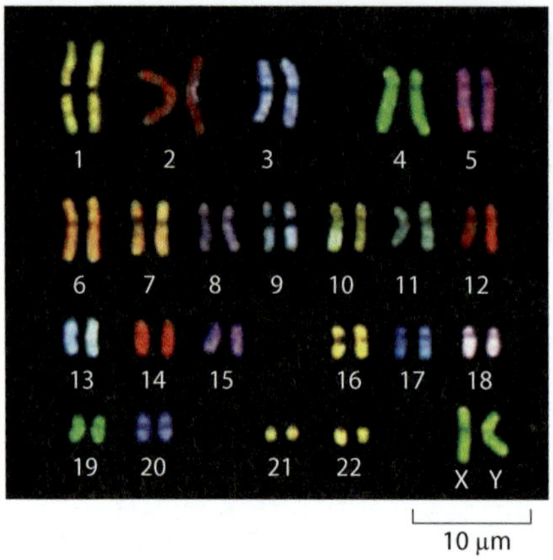

그림 5-3 인간 염색체의 현미경 사진. 각기 다른 빛을 내는 형광 물질을 결합한 염색체를 시각화해서 염색체를 보여준다(국립 인간 유전체 연구소).

는 각기 다른 개체성을 갖는다. 유전체 크기를 살펴볼 때 언급한 것처럼 어떤 유전체는 작고 어떤 것은 크다. 그렇지만 DNA가 물리적 객체라는 사실을 잊으면 안 된다. DNA는 압축되고 포장되어서 X자 모양의 염색체를 구성한다(**그림 5-3**). 이제 염색체의 특성을 알아보자.

감기는 인류의 건강을 해치는 불행의 표상이다(가끔 죽음에 이르기도 한다). 즐겁지도 않고 귀찮기 그지없는 질병은 인플루엔자 바이러스 감염에 기인한다. "바이러스는 얼마나 클까?"라는 소제목에서 보듯 인플루엔자 바이러스는 매우 아름다운 구조물이다(5쪽). 이 바이러스의 특징 중 하나는 이들이 14,000개의 염기로 구성된 단일 나선 RNA 유전체를 갖는다는 점이다(BNID 106760). 그마저도 8개의 RNA 조각으로 나뉘어져 있다(BNID 110337). 바이러스라 할지라도 유전체가 마치 개별 염색체처럼 나뉠 수 있다는 증거이다. 양배추 잎마름병 바이러스(CCMV)는 더 괴상하다. 이들은 염기 8,000개의 유전체를 갖는데 세 가지 뚜렷한 RNA 분자들로 구분된다(BID 106457). 각각은 별개의 캡시드에 채워져 보관된다. 양배추가 감염되려면 이들 세 종류의 RNA 집단이 모두 다 필요하다.

인간이 선호하는 세균인 대장균은 오직 한 개의 원형 염색체를 갖지만 다수의 원핵세포는 여러 개의 원형 염색체를 갖는다. 예를 들어 콜레라를 일으키는 원인균인 비브리오 콜레라는 두 개의 원형 염색체를 가진다. 하나는 길이가 2.9 Mb이고 다른 하나는 1.1 Mb이다. 더 이상한 사례는 보렐리아에 감염된 진드기를 삼킬 때 동물에게 라임병을 선사하는 보렐리아 버그도페리라는 세균에서 발견된다. 이 세균은 430개의 유전자를 포함하는 11개의 플라스미드 외에도 선형의 염색체를 갖는다(BNID 111258). 고세균 미시계는 세균과 유사한 염색체 분포를 갖는다. 그러나 M. 자나쉬는 세 개의 원형 DNA 분자를 갖는다. 각각의 길이는 1.6 Mbp, 58.5 kbp, 16.5 kbp이다. 이런 것도 미생물의 염색체가 매우 다양하다는 점을 부각한다. 그러나 Mb 크기의 염색체만으로는 매우 불완전하다. 작은 플라스미드를 오가는 유전자를 무시할 수 없기 때문이다(약 5 kb 남짓이다).

우리들 대부분은 그림 5-3에서 보는 것처럼 진핵세포의 염색체 모습에 익숙하다. 표 5-1에 나열된 것처럼 각 생명체는 염색체 쌍의 수가 제각기 다르다. 두 종류의 곰팡이, 즉 출아 효모 그리고 분열하는 효모가 비슷한 수의 염색체를 가지고 있다고 생각할지 모르겠다. 그러나 놀랍게도 출아 효모는S. cervisiae 16개의 염색체를, 분열하는 효모는S. pombe 오직 세 개의 염색체를 가진다. 이와 비슷하게 다른 모델 생명체도 일관성 있는 유형을 보이지 않는다. 꼬마선충은 6개의 염색체, 과일파리인 초파리는 4개, 마우스는 20개의 염색체를 갖는다. 출아 효모와 초파리를 비교하면 초파리가 10배 이상 긴 유전체를 가지고 있지만 염색체 숫자는 16개의 염색체를 가진 효모의 4분의 1에 불과하다. 동물 군에서는 비스카차 들쥐가 가장 많은 염색체를 가지고 있으며 전부 10^2개이다(BNID 110010). 이런 예에서 확인할 수 있듯이 염색체의 숫자는 동물의 물리적인 크기에 비례하지 않는다. 또 이들은 동물이 다배수체가 아니라는 통념을 여지없이 깨뜨린다. 비스카차 들쥐가 4배수체이기 때문이다. 4배수체란 각각의 염색체를 네 벌(인간이나 다른 동물처럼 2배수체가 아니라) 가졌다는 뜻이다.

우리들 대부분이 고등학교 때 배웠듯이 인간은 염색체 23쌍을 가진다. 반수체 유전체 안에 3×10^9염기쌍을 가졌다는 말은 염색체 한 개당 약 130 Mbp의 DNA를 소유한다는 의미이다. 가장 작은 염색체는 21번으로 약 50 Mbp, 그리고 가장 큰 염색체는 1번이며 250 Mbp의 DNA를 보유한다. 가장 악독한 유전병 중의 하나인 다운증후군은 염색체 하나가 더 있기 때문에 발생한다. 21번 염색체가 두 벌이 아니라 세 벌trisomies존재하는 유전적 현상이다. 21번이 아닌 다른 염색체에서 이런 일이 발생하면 보통 태어나지 못하고 죽는다.

모든 생물학의 주제 중 가장 매혹적인 관심을 불러일으키는 것은 역시 인간의 진화와 염색체 사이의 관계이다. **그림 5-4**에서 보듯 인간은 23쌍의 염색체를 갖는다. 침팬지, 고릴라 및 오랑우탄은 24쌍이다. 인간의 2번 염색체와 그와

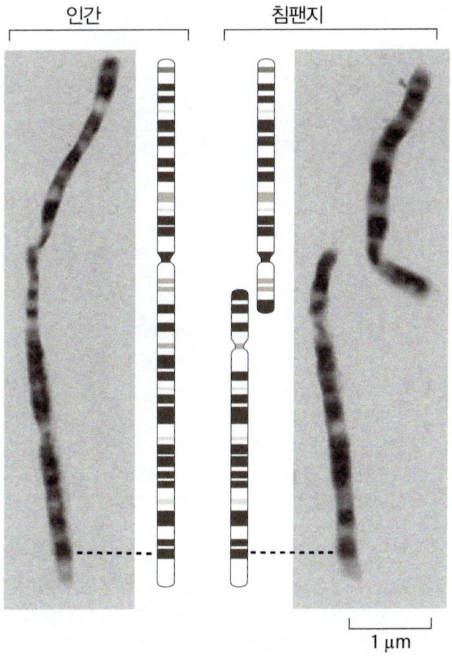

그림 5-4 세포 분열 전기의 막판에 볼 수 있는 염색체 띠 (Yunis JJ [1982] Science, 215, 1525-1530).

유연관계가 있는, 인간 영장류 사촌인 침팬지가 보유하는 두 개의 염색체(2p, 2q)를 보라. 체세포 분열 전기 후반에 관찰되는 염색체 띠의 유형을 비교하면 이 둘이 공통 기원을 갖는다는 점이 명확해진다(염색체의 전형적인 양상을 더 보고 싶은 독자는 그림 5-4의 논문을 참고하시라). 침팬지 두 염색체의 머리-머리 부분 융합에 의해 인간 염색체 2번이 생겼다. 최근에 시행된 DNA 서열 분석도 이 결론이 믿을만하다는 사실을 뒷받침한다. 인간 염색체 2번 중심체 서열 안에 기능을 하지 않는 부위가 침팬지 염색체 하나의 중심체 서열과 비슷하다는 결과였다. 텔로미어 부위에서도 그 흔적을 찾을 수 있었다. 이런 이야기는 인터넷을 뜨겁게 달구었으며 논란이 심하고 증명도 되지 않았던 염색체 역사 및 진화의 뒷이야기가 위 사실과 함께 일반인들의 관심을 끌었다.

유전체 조직화에 대해 최근에 밝혀진 또 다른 흥미로운 실험 결과는 서로 다른 염색체가 차지하는 상대적 위치에 관한 것이었다. 진핵세포와 원핵세포 내부에서 잘 배치된 염색체 영역이 발견된 것이었다. **그림 5-5**는 인간 섬유

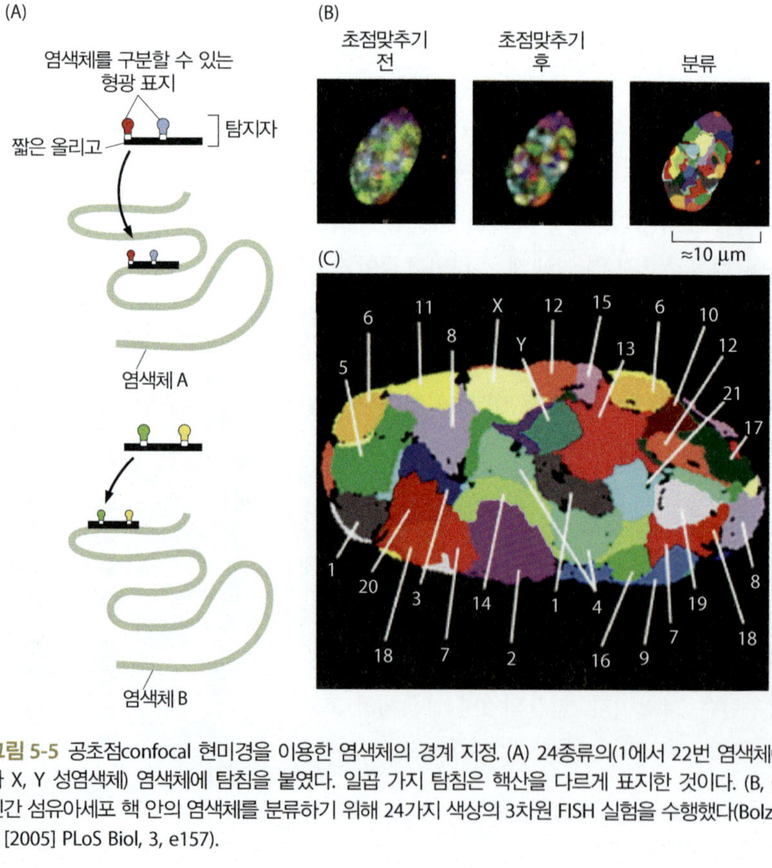

그림 5-5 공초점confocal 현미경을 이용한 염색체의 경계 지정. (A) 24종류의(1에서 22번 염색체에다 X, Y 성염색체) 염색체에 탐침을 붙였다. 일곱 가지 탐침은 핵산을 다르게 표지한 것이다. (B, C) 인간 섬유아세포 핵 안의 염색체를 분류하기 위해 24가지 색상의 3차원 FISH 실험을 수행했다(Bolzer A [2005] PLoS Biol, 3, e157).

아세포 핵의 모습이다. 형광 표지자를 달아 핵의 중간 단면에서 각기 다른 색상의 염색체를 볼 수 있게 이미지를 얻은 것이다. "염색체 포획"이라 불리는 좀 더 최신의 기법을 쓰면 인간 유전체에서 염색체의 영역을 확인할 수도 있다. 염색체 포획 기법은 유전체 안에서 서로 가까이 있는 부위를 물리적으로 연결하여 근거리 지도를 만든다. 이렇게 그려진 지도는 둥그렇게 구겨진 종이뭉치처럼 보인다. 이것은 염색체가 평형 상태의 선형 중합체처럼 행동하지 않으며 대신 핵 안에서 활발한 조직화가 일어나고 있음을 암시한다. 이렇게 염색체는 자신의 영역을 확보한다. 흥미롭게도 이런 영역이 흐트러지면 조로 현상이 생긴다고 알려졌다. 핵 내부의 구조단백질인 라민lamin이 돌연변이를 일으키면 일부 비활동성 유전자가 자리를 바꾸면서 활성이 증가한다. 효모에서는 염색체의 이런 조직화 양상이 증명되지 않았다. 그러나 평형 중합체에 관한 중합체 물리 이론을 사용하면 설명이 가능하리라 생각된다. 정교한 위치 부여가 가능해지면서 이제 염색체는 "도메인"으로 세분화된다. 특정 염색체의 어떤 부위는 여타의 부위와 공간적으로 멀리 떨어질 수도 있다. 유전체의 공간적 조절에 영향을 끼치지 않으면서 염색체의 숫자가 변화될 수도 있음을 뜻한다. 마지막으로 염색체의 위치가 매우 이질적이라는 사실도 지적해야 한다. 염색체가 나뉘어 있다곤 하지만 이런 특정 "지리학"은 세포마다 혹은 세포 주기마다 달라질 수 있다.

그럼에도 불구하고 염색체의 숫자, 공간적 배치가 기능적으로 어떤 의미를 띠는지 아직 잘 모른다. 더 깊은 연구가 필요하다.

유전체 안에는 몇 개의 유전자가 있을까?

앞에서 우리는 생명체가 보유한 유전체의 크기가 무척이나 다양함을 확인했다(표 5-1). 유전체가 가진 정보의 내용을 이해하기 위한 첫 단계로 우리는 유전체가 가진 유전자의 숫자에 대한 감각을 가질 필요가 있다. 유전자를 말할 때 우리는 단백질을 암호화하는 유전자를 생각한다. 그렇지만 흔히 RNA를 암호화하는 유전체 부위는 망각하는 경향이 있다. 생명체 계통수를 통틀어 유전체 크기의 차이는 10^8배에 걸쳐있다. 2 kb보다 작은 유전체를 가진 D형 간염 바이러스가 있는 반면(BNID 105570) 100 Gbp가 넘는 폐어와 식물인 패모도 있다(BNID 100597). 그렇지만 유전자 수의 차이는 10^5배 영역에 분포한다. MS2 바이러스와 QB 박테리오파지는 오직 4개의 유전자를 가지지만 밀은 그 수가 100,000개나 된다. 세균은 대개 수천 개의 유전자를 보유한다. 여기서 유전자의 수는 유전체의 크기 혹은 단백질의 숫자와 비례한다. 흥미로운 것은 진핵세포 유전체는 원핵세포의 그것보다 수천수만 배 길지만 유전자의 수는 열배 내외 정도로 그리 많지 않다. 원핵세포와는 달리 진핵세포에서 유전자의 수를 짐작하는 썩 훌륭한 방법이 없다는 것도 현재 생물학의 예기치 못한 난제이다.

유전체 안의 유전자 수를 짐작하는 가장 단순한 방법은 유전체가 모두 단백질을 암호화하고 있다고 가정하는 것이다. 더 나아가 우리는 전형적인 단백질이 몇 개의 아미노산을 가지고 있는지 알아야 한다. 얼추 우리는 300개 정도라고 알고 있지만 유전체처럼 단백질의 숫자도 천차만별이다. 앞에서 "'평균적인' 단백질의 크기는 얼마인가?"라는(45쪽) 소주제에서 살펴본 내용이다. 이런 무미건조한 가정 하에 우리는 인간의 전형적인 단백질을 암호화하기 위한 염기의 숫자가 대략 1,000개(염기 세 개당 아마노산 하나) 정도라고 간주할 수 있다. 이를 염두에 두고 유전체 안에 포함된 유전자의 수를 짐작

	생명체	# of protein-coding genes	# of genes naïve estimate: (genome size /1000)	BNID
바이러스	인간 면역결핍성 바이러스	9	10	105769
	인플루엔자A 바이러스	10–11	14	105767
	박테리오파지	66	49	105770
	엡스타인–바르 바이러스	80	170	103246
세균	부흐네라	610	640	105757
	호열균	1900	1900	105766
	황색포도상구균	2700	2900	105500
	콜레라균	3900	4000	105760
	바실러스	4400	4200	111448
	대장균	4300	4600	105443
진핵세포	효모	6600	12,000	105444
	꼬마선충	20,000	100,000	101364
	애기장대	27,000	140,000	111380
	초파리	14,000	140,000	111379
	복어	19,000	400,000	111375
	옥수수	33,000	2,300,000	110565
	생쥐	20,000	2,800,000	100308
	인간	21,000	3,200,000	100399, 111378
	밀	95,000	16,800,000	105448, 102713

표 5-2 유전자의 수와 유전체 크기에 근거한 예측값을 비교하였다. 유전체의 크기를 단순히 1,000(개 염기)으로 나눈 것이다. 유전체 크기/1,000. 이런 어림짐작은 세균과 고세균에서는 잘 들어맞지만 다세포 생물체에서는 거의 통용되지 않는다.

하면 유전체의 크기/1,000이 될 것이다. **표 5-2**와 **그림 5-6**에서 볼 수 있는 것처럼 원핵세포에서 이 전략은 훌륭하게 맞아 떨어진다. 예를 들어 대장균 K-12의 유전체는 4.6×10^6 bp이며 앞의 어림짐작법에 따르면 유전자의 수는 4,600개 정도다. 이 값은 현재 알려진 가장 정확한 수치인 4,225에 필적한다. 표에 제시한 십 수개의 세균과 고세균 유전체를 살펴보면 오차범위 10 퍼센트 내외로 이 예측력이 매우 빼어남을 알 수 있다. 그러나 우리가 이 전략을 진핵세포 생명체에 적용하면 어김없이 실패한다. 예를 들어 인간의 유전체에 적용하면 유전자의 수는 3,000,000정도가 되어야 한다. 엄청나게 과대 포장된 수치이다. 예측의 신빙성이 떨어진다는 사실은 2000년대 초반에 있었던 '인간 유전자 수 알아맞히기'의 부정확성과 궤를 함께 한다. 사람들의 답은 최대 10배 이상의 차이가 났다.

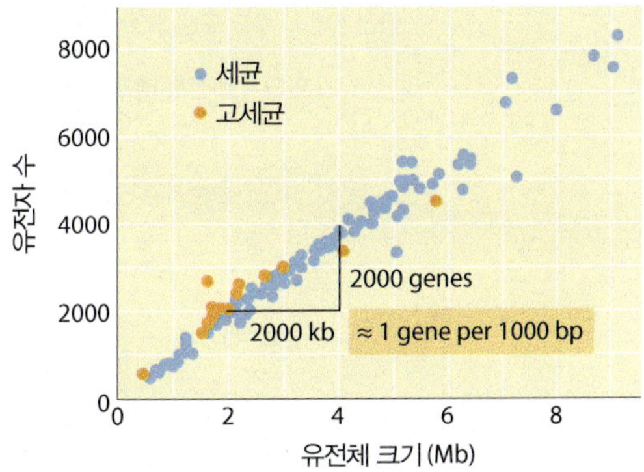

그림 5-6 유전체 크기에 따른 유전자의 수. 다양한 세균과 고세균의 사례이다. 기울기는 유전자 1개당 1000개의 염기이다. (Lynch M [2007] The Origins of Genome Architecture. Sinauer Associates)

이런 단순한 어림짐작이 실패하는 이유는 무엇일까? 이 사실로부터 우리가 유전체에 조직화된 정보에 대해 배울만한 뭔가가 있을까? 진핵세포의 유전체, 특히 다세포 생명체의 그것은 간단한 어림짐작을 허락하지 않는 어떤 흥미로운 특징이 있다. 진핵세포가 유전체를 어떻게 이용하는지는 **그림 5-7**에 도식화하였다. 단백질을 암호화하는 부위 말고도 유전체의 다른 부위가 차지하는 비율이 잘 나타나 있다 그림 5-6에서 보는 것처럼 원핵세포는 단백질을 암호화하는 연속적인 서열을 효율적으로 압착하여 보관한다. 단백질을 암호화하지 않는 부위는 10 퍼센트 내외이다(대장균은 12 퍼센트, 인간은 98 퍼센트 이상이 단백질을 암호화하지 않는다).

단백질을 암호화하는 일 외에도 유전체의 쓰임새가 있다는 발견을 함으로써 우리는 지난 60년 동안 DNA에 대한 통찰을 키워왔다. 유전체 부동산을 다르게 사용하는 방식 중 하나는 조절 유전체라는 이름에서 엿볼 수 있다. 유전체의 상당 부분에 조절 단백질이 결합하여 조절 수위가 정교해질 수 있다. 이런 현상은 다세포 진핵생명체 유전체에서 전형적으로 나타난다. 진핵세포 유전체의 또 다른 특징은 이들 유전자가 인트론과 엑손으로 구성되어 있다는 사실이다. 엑손은 보통 그들 사이에 끼어 있는 인트론보다 크기가 작

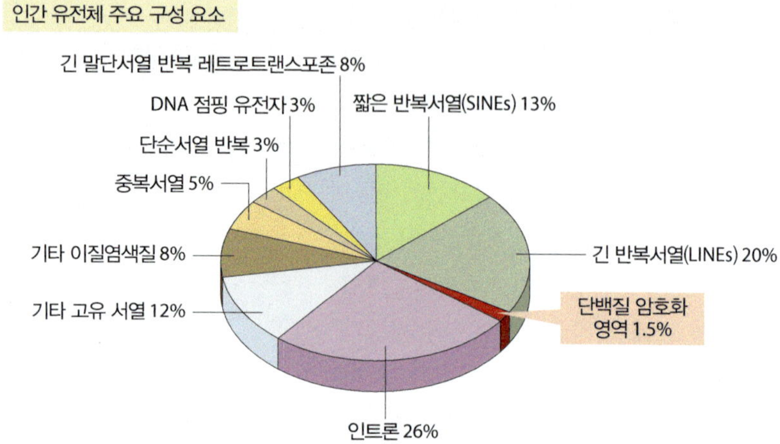

그림 5-7 인간 유전체의 구조. 유전체의 약 1.5 퍼센트가 20,000개의 단백질을 암호화한다. 유전자 서열 사이사이에는 26퍼센트에 달하는 인트론이 끼어든다. LINEs과 SINEs 등, 자리바꿈 유전자 요소가 가장 많아서 유전체 전체의 40~50 퍼센트에 육박한다. 대부분의 자리바꿈 유전자는 기능이 없는, 유전체의 유적이다.

다. 이런 특성들 외에도 진핵세포 유전체에는 내인성 역전사 바이러스가 많다. 이들은 과거에 바이러스에 감염되었던 흔적을 드러내는 화석이지만 놀랍게도 유전체의 50 퍼센트를 차지한다. 여기에는 반복되는 요소들과 자리바꿈 유전자 등이 존재하며 이른바 이기적 유전자로서 숙주의 유전체 내부에 자신을 증폭시키는 기제를 갖고 있다. 반복 서열 중 일부와 자리바꿈 유전자 일부는 오늘날에도 여전히 활개를 치고 다닌다. 그렇지만 대부분은 유전체에서 더 이상 증식하지 못하고 과거의 유물로 남아 있을 뿐이다.

정리하면 유전체는 두 가지 종류로 구분된다. 하나는 압축형이고 다른 하나는 팽창형이다. 압축형 유전체는 유전자 밀도가 높아서 액 10 퍼센트 정도만이 단백질을 암호화하지 않는다. 따라서 대체로 유전자의 숫자는 유전체의 크기에 비례한다. 이들은 유전체의 크기를 최대 10 Mbp까지 늘렸다. 바이러스, 세균, 고세균 그리고 단세포 진핵세포 생명체가 압축형 유전체를 갖는다. 반면 유전체를 확장시킨 생명체들은 유전체 크기와 유전자 숫자 사이에 뚜렷한 상관성이 없다. 그들은 단백질을 암호화하지 않는 부위가 대부분이고 다세포 생명체들이 흔히 이 집단에 속한다.

임의로 선택된 두 사람은 유전적으로 얼마나 비슷할까?

사람들 사이의 유사성과 차이점을 이해하고자 심리학자, 인류학자, 예술가,

의사 그리고 다수의 생물학자들이 덤벼든다. 사람들 사이의 유전적 차이점을 눈여겨보아도 이야기할 거리는 무척이나 많다. 범죄수사를 위해 추출한 DNA 정보가 바로 범죄자의 얼굴로 치환되는 시대가 도래 하는 듯 최소한의 DNA 정보로부터 얼굴을 3차원으로 형상화하는 작업이 (최근의 논문) 가능해졌다. 숫자로 보는 생물학이라는 취지에 맞게 인간의 다양성이라는 질문에 걸맞은 몇 종류의 핵심적인 숫자를 추려내고 그것의 의미를 파악할 수 있는지 살펴보자.

먼저 단 하나의 염기쌍의 차이 또는 단일염기 다형성SNP이라고 하는 데서 이야기를 시작해보자. 다른 것들로는 삽입 혹은 삭제를 동반한 변이, 유전자 복사본 수의 차이(복사본 숫자의 변이 CNV), 자리바꿈 유전자 등등이 있으며 곧 바로 설명하겠다. 당신과 임의로 선택된 다른 사람과 차이가 나는 단일염기 다형성은 몇 개나 될 것이라고 추측하는가? 1,000 유전체 프로젝트와 같은 서열 분석을 통해 우리는 한 가지 어림짐작을 할 수 있게 되었다. 1,000개의 염기 당 하나의 단일염기 다형성이 있다는 사실이다. 다른 요소들을 논외로 하면 인간 집단에서 사람들의 유전체는 99.9 퍼센트가 같다는 계산이 나온다(999/1000×100). 그렇지만 이런 유전적 유사성은 다음과 같은 질문으로 이어진다. 길거리를 지나는 사람들이 나와 크게 다르다는 느낌은 어디서 오는 것일까? 글쎄. 그렇담, 다른 유전적 요소의 차이를 좀 더 살펴보자. 그렇지만 또한 우리는 인간의 뇌가 차이를 부각하면서 동질적인 요소들, 예컨대 손은 두 개고 코는 하나이며 커다란 뇌를 가지고 있다는 등등 애써 무시하려 든다는 사실도 잊지 말아야 한다. 외계인들은 우리를 모두 쌍둥이로 볼지도 모른다. 우리가 마우스를 볼 때를 생각해보라. 그들의 털색이 같다면 아마 우리는 마우스 개체 간의 차이를 전혀 식별하지 못할 것이다. 그들은 단일한 클론처럼 보인다. 리처드 파인만의 가족이나 윈스턴 처질의 가족 모두 다를 바 없다고 여긴다는 말이다.

숫자로 돌아가자. 1,000개의 염기 당 하나의 단일염기 다형성이 있다는 어림짐작의 의미와 정확성을 따져보자. 인간의 유전체 길이는 3 Gbp이다. 무작위로 선별된 두 사람 사이에 3백만 개의 단일염기 다형성이 있다는 말이다. 어림짐작의 기본 법칙이 허용하는 10 퍼센트 범주 안에 들어가는 값이다(BNID 110117). 이 숫자에 대해 달리 생각할 여지는 없을까? 20,000개의 유전자는 엑손의 길이가 평균 1.5 kb(단백질당 500개의 아미노산을 가졌다는 뜻이다)이므로 단백질을 암호화하는 인간의 전체 유전자는 30 Mbp이다. 유전체 전체의 약 1 퍼센트에 해당한다. 만일 단일염기 다형성이 무작위로 분포한다면 유전자 서열 전체에 30,000개의 단일염기 다형성이 존재하는 셈이다. 유전자 하나당 대략 1개가 조금 넘는 단일염기 다형성이 있다는 뜻이다. 실제 측정한 단일염기 다형성의 수는 20,000개다. 우리가 단일염기 다형성이 무작위로 분포한다고 가정했을 때의 어림값과 별다른 차이가 나지 않는다. 통계적으로 말하면 우연히 일어났다고 보기에 이 차이가 너무 적기 때문에 뭔가 잘못되었다고 할지도 모르겠다. 그러나 이런 차이는 아마도 유전자 암호 부위에 정화 선택이 일어났다는 증거일 것이다. 그와 동시에 실제적인 의미에서 두 배가 채 안 되는 변이는 곧 편차가 크지 않았다는 뜻이며 곧 유전자 한 개당 평균 하나의 단일염기 다형성이 있다는 결론이 타당성을 갖는다는 말이다.

그렇다면 단일염기 다형성의 분포는 단백질의 아미노산 구성에 어떤 영향을 미칠까? 아미노산을 변화시키는 (비상동적) 돌연변이와 그렇지 않은 상동적 돌연변이가 균등하게 섞여 있다고 가정하자. 편향도 없고 선택적 압력도 없다고 할 때 유전자 암호로부터 아미노산이 변하는 변이의 숫자는 상동적 돌연변이의 4배이다(아미노산이 변화하지 않는 돌연변이가 전체의 20 퍼센트라는 뜻이다)(BNID 111167). 따라서 DNA 염기가 다른 것으로 치환되면 같은 아미노산이 아니라 다른 아미노산으로 번역될 가능성이 크다. 실제는 어떨까? 각 유형별로 약 10,000개의 돌연변이가 발견된다(BNID 110117). 다시 말해 비상동적 돌연변이가 저평가되는 편향을 보인다. 그렇지만 거시적인 관점에서 볼 때 그리 큰 문제는 아니다.

비록 비상동적이기는 하지만 한 유형의 돌연변이는 특별히 중요하다. 바로 정지 암호로 돌연변이가 일어나는 경우다. 이 돌연변이는 예정보다 일찍 번역을 중지하도록 유도한다. 앞에서 제시한 단일염기 다형성을 고려할 때 그런 일은 얼마나 자주 일어날까? 64개의 암호 중 3개가 번역을 정지하라는 신호를 전달한다. 따라서 아래와 같이 계산할 수 있다.

$$20{,}000 \times (3/64) = 1{,}000\text{개의 정지 돌연변이}$$

실제 관찰한 정지 돌연변이는 100개다. 정지 신호를 보내는 돌연변이에 강력한 선택압이 작동했다는 말이다. 바로 옆에 있는 사람과 내가 토막 난 서로 다른 100개의 단백질을 가지고 있다는 상상을 하면 무척 흥미롭다. 그러나 우리 인간의 유전체가 두 벌이기 때문에 복사본이 멀쩡하게 기능한다면 문제될 것은 없다(이형 접합체라고 한다). 일종의 유전적 보험이라고backup 볼 수 있다.

그렇다면 나의 유전형은 부모와 얼마나 다를까? 두 부모가 제각각 관련성이 아주 적은 유전형을 가졌다고 치면 위의 값을 반 토막 내면 된다. 내가 부계와 모계 유전체를 반씩 공유하기 때문이다. 따라서 어쨌든 나는 토막 난 유전자와 치환된 아미노산을 어느 정도 지니고 있다. 나의 형제자매도 상황은 양적으로 비슷할 것이다. 그들과도 평균적으로 유전체의 절반을 공유할 것이기 때문이다(일란성 쌍둥이가 아니라는 가정 하에). 사실 유전체의 약 4분의 1은 형제들과 마치 일란성 쌍둥이처럼 똑 같다. 다시 말하면 모든 인간은 부모 유전자와 똑같은 두 개의 DNA 복사본을 가진다.

100개 정도의 염기 서열이 삽입 혹은 삭제(인델이라고도 부른다)되는 돌연변이의 수를 계산하기는 무척 어렵다. 그렇지만 유전체 당 100만 개에 이른다는 결과가 있다. 그 중 3,000개는 유전자 부위에 분포한다(예상보다 대략 반 정도 적은 값이다). 복사본 수의 변화를 동반하는 유전체 광범위한 부분에서의 돌연변이 유전체당 수 만개가 발견된다. 길이로만 따진다면 단일염기 다형성보다 더 빈도가 높다.

이런 돌연변이를 개괄적으로 나마 알게 된 것은 최신 과학적 개가라 할 수 있다. 2000년대 들어 인간 유전체 프로젝트 위원회와 크랙 벤터가 이끄는 연구진이 경쟁적으로 이 프로젝트에 매달린 덕이 크다. 삽입 삭제 돌연변이 및 복사본 수를 고려하면서 두 팀 간의 결과를 비교할 때 우리는 양 팀 간의 유전체 서열 변이가 1.2 퍼센트라는 사실을 알게 된다. 단일염기 다형성을 고려하면 0.1 퍼센트 그리고 염기 서열이 뒤집힌 것은 0.3 퍼센트였다. 전부 1.6 퍼센트다(BNID 110248). 인간 유전체 분석을 마친 지난 10여 년 동안 관련 기술은 엄청나게 발전했다. 1000 유전체 프로젝트가 진행 중이고 이 책이 나올 즈음이면 완료될 지도 모르겠다. 조만간 내 유전체와 병원 진료 기록을 비교한다거나 내 친구의 유전체와 내 것을 비교할 수 있으리라 그 누가 상상이나 했겠는가?

돌연변이와 실수

유전체를 통째로 복제할 때 돌연변이율은?

진화가 개체를 조각할 때 돌연변이 끌을 쓴다. 재조합, 중복(유전자, 염색체 혹은 유전체 전체) 그리고 유전자 수평 이동과 함께 돌연변이는 세대 간 변이의 원천이며 찰스 다윈과 알프레드 월레스가 주창한 진화 과정의 핵심 요소이다. 생물학에서 자주 발견되는 일이지만 DNA가 복제되면서 돌연변이가 생기고 그것의 생물학적 의미가 무엇인가를 발견하는 일은 그 과정을 정량적으로 파악하는 능력과는 본질적으로 다르다. 평균 돌연변이율을 정량화하기 위해서 우리는 한 번 복제하는 동안 돌연변이가 발생하는 염기의 숫자를 알아야 한다. 유전체가 변화하는 전형적인 속도는 얼마나 될까? 또 그것은 어떻게 측정하는가?

유전체 시대가 도래하면서 돌연변이 속도를 측정하는 능력이 배가 되었다. 그것은 진화적 비교를 통해 추론하거나 눈으로 확인 가능하고 직접적인 돌연변이를 연구하는 과거의 방식을 대체했다. 가령 생명체의 색이 변한다거나 병원균에 대한 감수성의 변화를 통해 돌연변이를 확인하는 것이 그런 예이다. 오랜 시간에 걸친 진화적 시간대에서 세균의 돌연변이를 추적하려는 기념비적인 노력을 기울인 리처드 렌스키의 실험이 알려진지도 벌써 20년이 지났다. 진화 과정에서 서로 다른 시간대에 회수한 세균의 유전체를 직접 조사하면 어디에서 언제 돌연변이가 일어났는지에 대한 답을 구할 수 있다(**그림 5-8**). 또 시간에 따라 축적되는 돌연변이 양상도 **그림 5-9**에서 확인할 수 있다. 40,000 세대를 지나는 동안 19회에 걸친 유전체 서열 분석을 통해 똑같은 자리 25개에서 상동성 돌연변이(선택적인 변화가 아니라 중립적인)가 발견되었다. 이 측정을 통해 주어진 조건에서 한 번 복제하는 동안 돌연변이의 속도는 10^{-10}임이 확인되었다(BNID 111229).

한번 복제하는 동안 대장균의 돌연변이 속도가 10^{-10}/염기/복제라는 말의 의미는 무엇일까? 유전체의 크기가 5×10^6이고 이 정도의 돌연변이 속도라면 1,000세대를 지나야 유전체 전체에서 한 번의 돌연변이가 생긴다고 볼 수 있다. 한편 밀리리터 당 통상 10^9개의 세포를 하룻밤 배양하는 실험이라면 가능한 모든 단일염기쌍 돌연변이를 관찰할 수 있으리라 생각할 수 있다(**어림짐작 5-1**). 돌연변이율은 환경에 따라 변하고 스트레스가 자심하면 분열을 하지 않을 때stationary조차도 변이율은 더 높아진다. 개별 유기체의 돌연변이율은 **표 5-3**에 제시했다.

인간의 돌연변이율은 10^{-8}/염기/세대이고(BNID 105813) 부모와 자식의 유전체를 충분할 정도로 분석한 결과로부터 추론된 값이다. 인간의 돌연변이율은 세대에 기초한 값이며 따라서 난자가 수정되기 까지 수십 번의 복제가 진행된 성세포가 다음 세대의 성세포에 이르는 동안 축적된 값이라고 볼 수 있

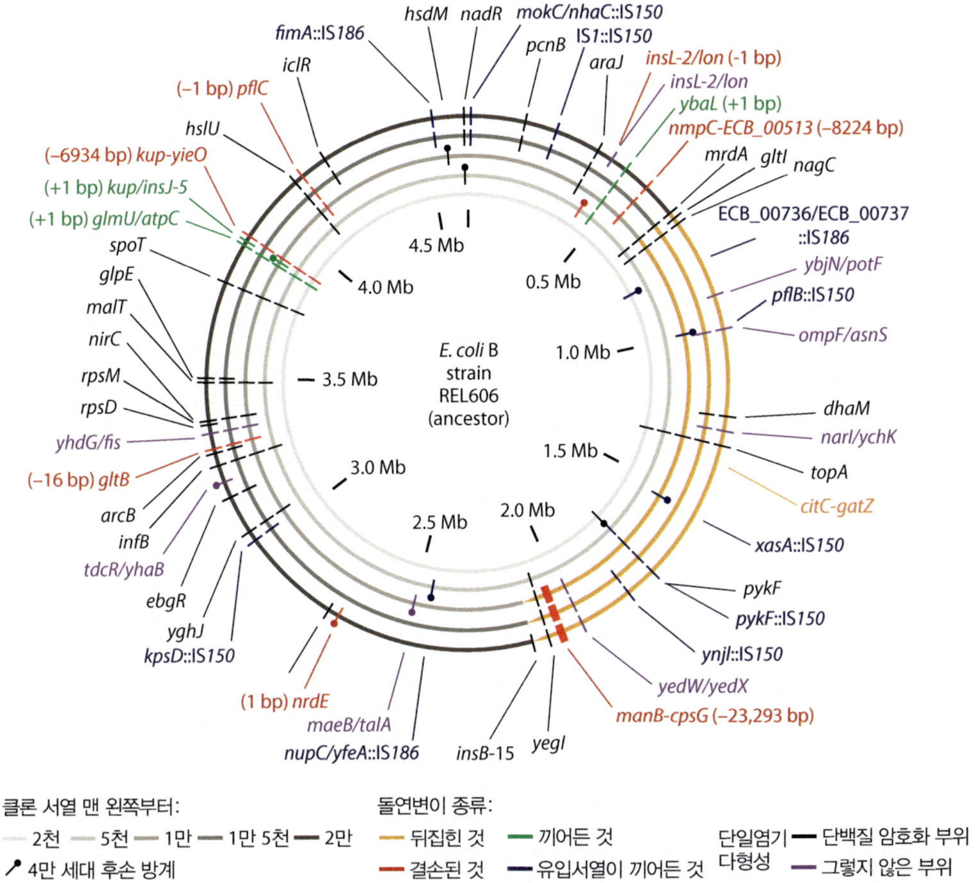

그림 5-8 2만 세대에 걸쳐 진행되어 고정된 대장균 돌연변이 서열 분석. 긴 세대에 걸친 실험이기 때문에 유전체 전체의 서열을 비교하는 것이 가능했다. 실험을 시작했을 때 그리고 일정한 시간대에 대장균의 유전체를 서로 비교할 수 있었기 때문이다. 바깥쪽 원에서 2만 세대에 걸친 돌연변이를 확인할 수 있다(Barrick JE [2009] Nature, 461, 1243-1247).

다. 인간 유전체 복제수는 "한 세대가 지나는 동안 염색체는 몇 번이나 복제되는가?" 항목에서(319쪽) 자세히 다루겠다. 인간의 염색체 복제수는 여성의 수정란에서 다음 세대 여성의 성세포에 이르는 동안 20~30회이다. 남성은 수십 회이지만[23] 나이에 따른 편차가 심하다(BNID 105574). 인간 유전체를 3×10^9 염기라고 하면 다음과 같이 돌연변이율을 계산할 수 있다.

$$10^{-8}\ \text{돌연변이/염기/세대} \times 3 \times 10^9\ \text{염기/유전체}$$
$$= 10 \sim 100\ \text{돌연변이/유전체/세대} \qquad (5.2)(\text{BNID } 110293)$$

23) 번역본 170쪽 참고(15세 소년이 경우 35회, 50세 남성은 800회라고 한다).

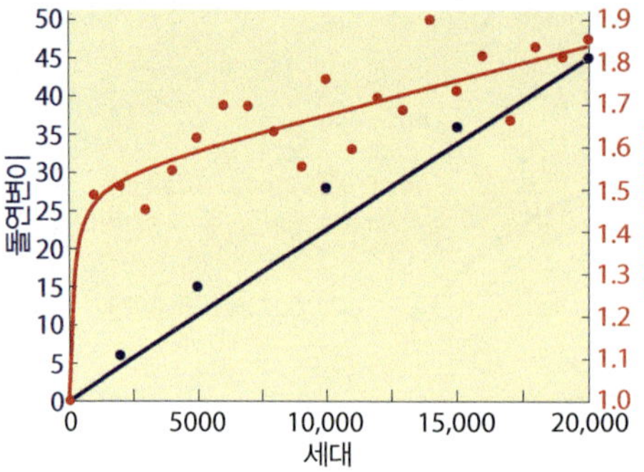

그림 5-9 시간 경과에 따른 돌연변이의 축적과 적응도. 염기 서열 분석 덕분에 돌연변이의 속도 및 그에 상응하는 적응도 파악이 가능해졌다(Barrick JE [2009] Nature, 461, 1243-1247).

세대 당 100번의 복제를 한다면 우리는 0.1~1 돌연변이/유전체/복제 값을 얻는다. 지금까지 복제 1회당 혹은 세대 당 돌연변이율에 대해 얘기해왔지만 분열하지 않는 세포도 유전체가 손상될 수 있다. 방사선을 쬐거나 반응성이 좋은 활성 산소에 노출되었을 때다. 손상이 치유 된다 해도 시간이 흐름에 따라 돌연변이가 축적되겠지만 실험적으로 그 속도를 결정하기는 결코 쉽지 않다. 유전체 서열 기법이 발전함에 따라 조만간에 우리는 돌연변이율에 대해 좀 더 정확한 정보를 얻게 될 것이다.

인간의 돌연변이율을 모델 식물인 애기 장대의 돌연변이율과도 비교할 수 있을까? 실제 이와 비슷한 실험이 수행되었다. 한 개의 씨를 심어 30 세대를 거친 다섯 종류의 식물 유전체를 조사하고 분석한 것이었다. 돌연변이 속도에 관한 결과는 **그림 5-10A**에 제시하였다. 자연히 일어나는 세대 당 단일염기쌍 돌연변이율은 7×10^{9}/염기의 값을 나타냈다. 세대 당 30회의 복제를 거쳤다면("세대 당 염색체 복제는 몇 번이나 진행되는가?" 항목에서 살펴보았다. 319쪽) 한번 복제하는 동안 돌연변이율은 2×10^{-10} 돌연변이/염기이다. 유전체 서열 분석을 통해 다양한 종류의 점 돌연변이를 구분할 수 있게 되었다. 돌연변이가 아미노산의 변화를 수반하는지 그렇지 않는지에 대한 그림을 그릴 수 있었고 변이 형태가 전위인지 전환인지[24] 확인할 수도 있었다. 이런 종류의 돌연변이는 균등하게 분포하지 않았지만(**그림 5-10B**) G–C 염기쌍이 A–T 염기쌍으로의 변화가 우세하게 나타났다. 아마 G–C 염기쌍이 생화학적으로 변이되기 쉽기 때문일 것이다. 쉽게 발생하는 또 다른 돌연변이는 유전자 서열이 삽입 혹은 삭제되는 것이었다. 위에서 요약한 방식으로 접근하면 1~3개 염기의 삽입 혹은 삭제 비율은 단일염기쌍 치환보다 열 배 정도 적어서 약 0.6×10^{-9}이고 세대 당 0.3×10^{-9}/염기의 값을 갖는다. 염기 세 개 이상 삭제된 빈도수는 세대 당 $0.5 \pm 0.2 \times 10^{-9}$였다. 삭제된 염기는 800±1,900개 범위에 들었다(BNID 110372). 그 분포는 광범위해서 평균보다 표준편차

24) 네 개의 핵산은 퓨린계와(G, A) 피리미딘계로(C, T) 분류된다. 같은 분류군 내의 핵산으로 돌연변이가 일어나면 전이transition, 분류군을 뛰어 넘어 돌연변이가 일어나면 전환transversion라고 한다. G가 C 혹은 T로 변하는 돌연변이가 전좌이다.

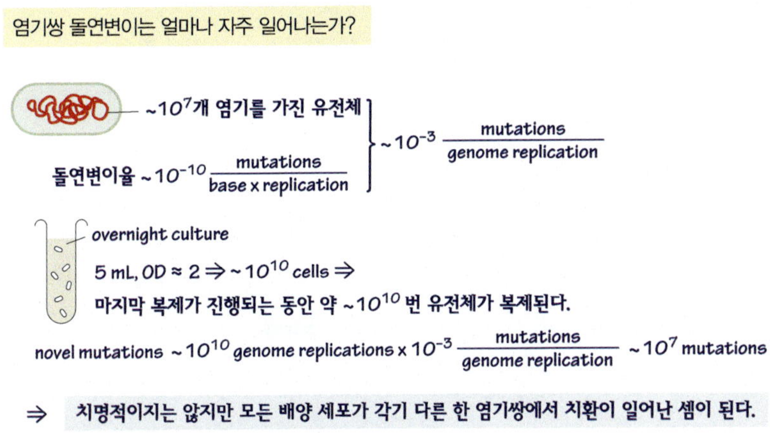

어림짐작 5-1 단일 염기쌍 돌연변이 연구가 쉬워졌다.

생명체	돌연변이/염기쌍/복제	돌연변이/염기쌍/세대	돌연변이/유전체/복제	BNID
다세포 생명체				
인간	10^{-10}	$1–4 \times 10^{-8}$ (mitochondria: 3×10^{-5})	0.2–1	105813, 100417, 105095, 108040, 109959, 105813, 110292, 111227, 111228
생쥐	2×10^{-10}	10^{-8}	0.5	100315, 106792, 100320
초파리	3×10^{-10}	10^{-8}	0.06	100365, 106793, 100370
꼬마선충	$10^{-10}–10^{-9}$	10^{-8}	0.02–0.2	100290, 100287, 109959, 103520, 107886
단세포 생명체				
은빵곰팡이속	10^{-10}		0.003	100355, 100359, 106747
출아효모	$10^{-10}–10^{-9}$		0.003	100458, 100457, 109959, 110018
대장균	$10^{-10}–10^{-9}$		0.0005–0.005	106748, 100269, 100263
DNA 바이러스				
박테리오파지T2와 T4	2×10^{-8}		0.004	103918, 103918
박테리오파지 람다	10^{-7}		0.004	100222, 105770, 100220
박테리오파지M13	10^{-6}		0.005	106788
RNA 바이러스				
박테리오파지Qβ	10^{-3}		7	106762
소아마비 바이러스	10^{-4}		1	106760
수포성구내염바이러스	3×10^{-4}		4	106760
인플루엔자 A	10^{-5}		1	106760
RNA 역전사 바이러스				
비장 괴사 바이러스	2×10^{-5}		0.2	106762
마우스 백혈병 바이러스	4×10^{-6}		0.03	106760
라우스 육종 바이러스	5×10^{-5}		0.4	106762

표 5-3 번역누락

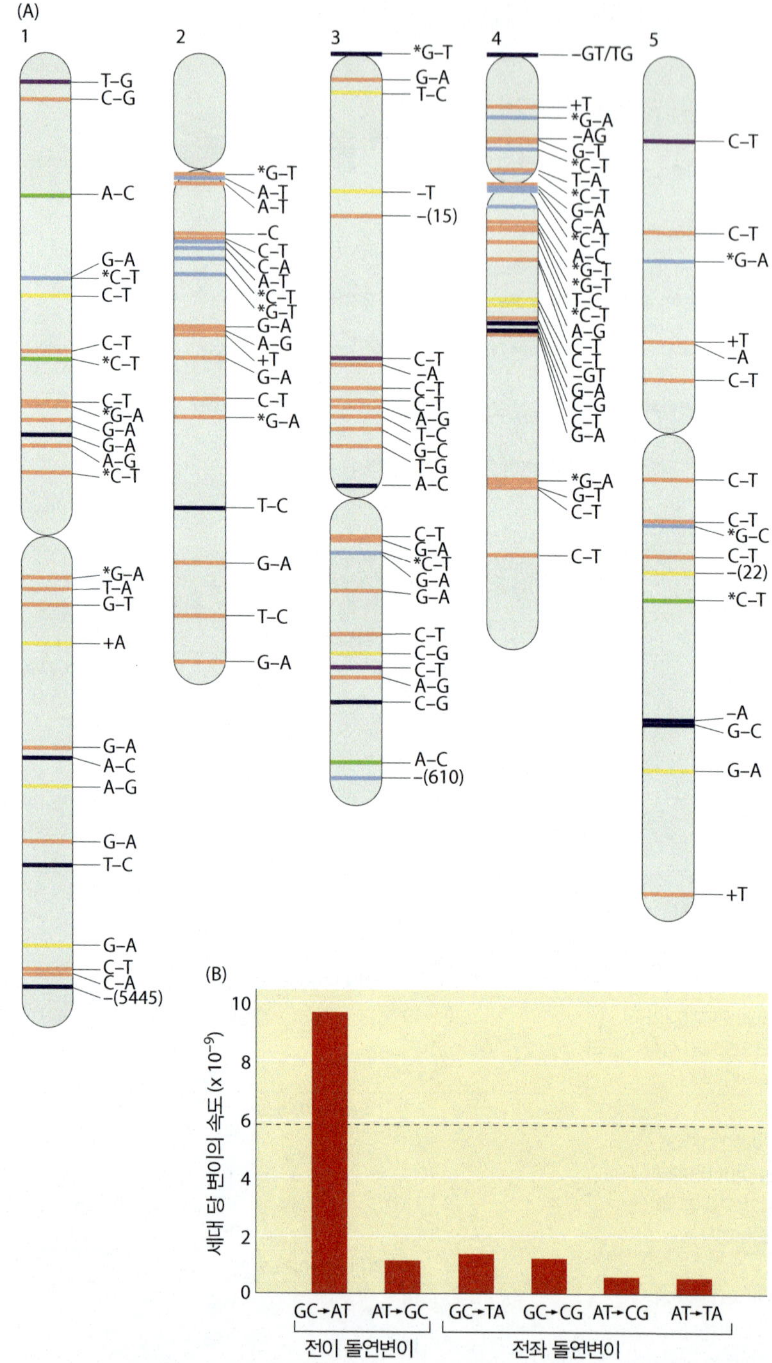

그림 5-10 (A) 한 개의 씨로부터 30세대가 지난 애기장대의 자발적 돌연변이. 분홍: 유전자와 유전자 사이, 노랑: 인트론, 짙은 청색: 아미노산이 변하지 않는 치환, 짧은 서열 삽입 또는 탈락을 통한 해독서열의 이동, 유전자 결손, 녹색: 아미노산이 변하는 치환, 자주: 비암호화 부위, 밝은 청색: 점핑 유전자. +와 –는 삽입 혹은 탈락을 의미한다. 별표는 시토신에 메칠기가 붙은 것을 의미한다. (B) 돌연변이의 속도는 염기쌍마다 다르다. 세대별 염기쌍의 돌연변이 속도를 살펴볼 수 있다. 전반적인 돌연변이 속도는 A:T, G:C위치에서 발견되는 전체 돌연변이의 평균이다. 전체 돌연변이는 예컨대 A:T가 C:G, G:C가 T:A로 바뀌는 것이다(Ossowskii S [2010] Science, 327, 92-94).

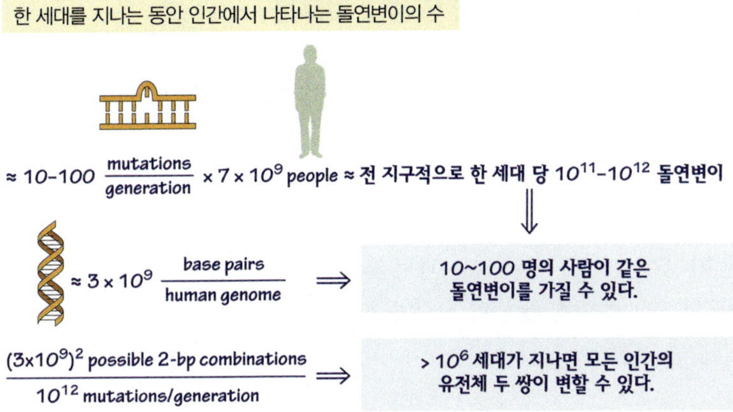

어림짐작 5-2

가 훨씬 더 컸다(적은 수의 염기가 삭제된 부위가 많고 커다란 염기가 삭제된 것이 드문드문 끼어 있는 형상이었다). 지금까지 살펴본 돌연변이가 아닐지라도 유전체는 매우 역동적으로 변화한다. 가령 "자리바꿈 유전자"가 가세하면서 유전체 서열이 바뀌기도 한다. 널뛰기 유전자라고도 불리는 자리바꿈 유전자는 바버라 매클린톡에 의해 처음 발견되었지만 이들에 의한 돌연변이율은 기본적인 수준일망정 양적으로 추적하기 힘들다.

유전자 재배열의 다양한 방식이 있다는 점을 고려하면 유전체 돌연변이를 허용할 여지는 어느 만큼인지가 궁금해진다. 다양한 관점에서, 예컨대 유명짜한 레빈탈 역설에 빗대 어림짐작을 해보면 이렇게 질문할 수 있다. 생화학적 시스템은 모든 가능한 결과물을 어떻게 "검사하는" 것일까? 다양한 예들(단백질 접힘, 유전체가 차지하는 가능한 공간 등)을 고려하면 가능한 결과는 엄청나게 많아서 단순히 뭐라 말하기 힘들다. 그 결과 인간 집단 내에서 가능한 돌연변이의 영역을 철저하게 "파헤친다"는 일이 가능한지 의문이다. 그렇지만 어림짐작을 할 수는 있다(**어림짐작 5-2**). 지구상에 70억 명의 인구가 있다고 할 때 한 세대 당 돌연변이의 수는 10개 정도이므로 $7\times10^9\times10=10^{11}$개의 새로운 돌연변이가 다음 세대에 등장할 것이다. 만일 우리가 인간 유전체 30억 개의 염기쌍을 염두에 둔다면 모든 인류 개개인이 특정한 위치에 수십 개의 돌연변이를 갖고 있다는 뜻이 된다. 반면 우리가 특정한 염기 두 쌍의 돌연변이를 고려하면 우연히 두 쌍이 동시에 돌연변이 하려면 10^7 세대가 필요하다는 계산이 나온다.

전사와 번역 과정에서 실수가 발생할 확률은?

중심 도그마는 전사와 번역을 통해 DNA에서 단백질로 이어지는 일련의 과정이며 유전 정보가 일정한 경로를 거쳐 흘러간다. 전사는 전령 RNA를 만드는 과정이고 그 RNA는 번역 과정을 거쳐 단백질을 구성하는 아미노산을 배열한다. 이런 일련의 과정은 교과서에 정적이고 결정론적으로 기술되어 있지만 실제 RNA에 염기를 끼워 넣는 과정 혹은 단백질에 잘못된 아미노산을 배치한다든지 하는 다양한 형태의 실수가 흔히 발생한다. "이러한 실수는 얼마나 흔하게 일어날까?"

실수가 일어나는 확률을 측정하기 위한 한 방법은 LacZ(정지 암호가 일찍 나타나기 때문에 기능을 잃어버린 유전자) 부위에 돌연변이를 갖는 대장균을 이용하는 것이다. 이 균주를 이용해서 젖당을 에너지원으로 사용할 수 있는지 단백질의 "활성"을 측정하는 것이다. 전사 과정에서 염기가 잘못 끼어 들어가는 매우 드문(돌연변이는 아니다) 사건으로 인해 LacZ가 활성을 회복하는지 알아보자는 것이 이 실험의 취지다. "부정확한" 전사체 때문에 일부 살아 있는 활성이 전사의 오류 비율로 표현된다. 그 결과 전사 과정의 실수율은 염기 당 10^{-4}이었다(BNID 103453, **표 5-4**). 이는 매우 잘 고안된 실험이었으며 고장 난 정지 신호가 정상적인 형태로 바뀌면서 아미노산은 다르

생명체	염기 혹은 암호 당 실수율	BNID and measurement methods
	전사	
대장균	10^{-4}	111146, transition mutations based on sequencing at very high (10^6) coverage (2013)
대장균	10^{-5}	105212, *in vitro* selection for rifampicin resistance and increased leakiness of an early, strongly polar nonsense mutation of lacZ (1983, 1986)
대장균	10^{-4}	103453, activity in strains carrying lacZ mutations (1981)
효모	2×10^{-6}	110019, RNA pol II, determined *in vitro* (2008)
효모	2×10^{-4}	105213, RNA pol III, determined based on selectivity (2007)
꼬마선충	4×10^{-6}	111144, determined using bar coded sequencing (2013)
	번역	
대장균	3×10^{-4}	105069, Lys-tRNA, reporter system for frequency of each type of misreading error (2007)
대장균	$1\text{–}4 \times 10^{-3}$	105215, identify cases that do not contain the amino acid cysteine responsible for the missense substitution (1983)
대장균	$10^{-4}\text{–}10^{-3}$	103454, identify cases that do not contain the amino acid cysteine responsible for the missense substitution (1977, 1983)
바실러스	4×10^{-3}	105466, GFP with nonsense mutation, also find 2.4% for frameshift (!) (2010)
효모	$0.5\text{–}2 \times 10^{-5}$	105216, measurement of rescue rate of inactivating mutations of type III chloramphenicol acetyl transferase (1998)

표 5-4 전사 혹은 번역 단계에서 실패율. 전사 단계에서 실패율은 염기로 번역 단계에서는 암호 하나(곧 아미노산 하나) 단위로 계산했다.

지만 활성이 있는 단백질을 만들어 내기도 하였다. 죽었던 LacZ가 서서히 부활한 것이다. 좀 뒤에 측정해보니 전사 과정의 실수 비율은 10^{-5}보다 나아졌다(BNID 105212). 재키 니니오의 분석을 바탕으로 실수를 바로잡는 교정 능력이 존 호프필드에 의해 수행된 단백질 합성에서와 비슷할 것이라는 가설이 제기되었다. 최근 들어 기술적으로 GFP가 유전체에 삽입될 때 열린 번역 틀에open reading frame 들어가도록 유도하면 염기 서열이 이동할 것이기 때문에 바실러스 세균의 실수율을 측정할 수 있는 방법도 등장했다. 전사 과정이거나 번역 단계거나 관계없이 가장 높은 실수율은 2 퍼센트까지도 관찰되었다(BNID 105465). 둘 다 삽입 돌연변이를 피할 수 있기 때문이다. 틀 이동에 따른 실수율은 SNP 같은 대체 돌연변이보다 훨씬 높다. 실수가 얼마나 보편적인지 그 의미가 무엇인지 아직도 잘 모른다는 사실을 증언하는 꼴이다. 이 책을 통틀어 서술한 많은 측정법과 마찬가지로 초창기 매우 독창적인 접근법은 유전자 서열 분석법으로 대부분 대체되었다. 전사 과정에서의 실수율도 예외는 아니다. 최근 RNA-서열 분석이 가능해지자 이제 사람들은 직접 RNA의 서열을 읽기만 하면 되었다. 그렇지만 서열 분석하는 과정에서의 실수율도 전사 과정의 그것과(10^{-4}~10^{-5}) 맞먹기 때문에 아직까지 완벽한 결론에 도달하지는 못했다.

효모에서 운반 RNA의 전사를 수행하는 RNA 중합효소 3의 실수율도 측정되었다. 연구자들은 정합성에 관여하는 전사 과정의 여러 단계를 따로 떼 내어 관측할 수 있었다. 첫째, 최초의 선택성 그 자체이다. 다음은 두 번째로 실수를 교정하는 작업이 뒤따른다. 이 두 가지를 종합한 실수율은 10^{-7}으로 추정된다. 처음 선택 과정에서 10^{-4}, 교정단계에서 10^{-3}을 곱하면 된다(BNID 105213, 105214). 비유를 통해 이 실수율에 대한 직관을 얻기도 한다. 실수율이 10^{-4}란 말은 이 책의 각 소 항목에서 철자 하나가 틀리는 것과 유사하다. 실수율 10^{-7}은 인상적이어서 1000쪽 짜리 책에 하나의 철자가 잘못된 것이다(대부분의 저자에게 불가능한 일이다).

번역 과정에서의 실수율(10^{-4}~10^{-3})은 전사 단계의 실수율보다 열 배 정도 높은(10^{-5}~10^{-4}) 것으로 알려졌다(표 5-4). 평균적으로 1,000염기/300 아미노산을 암호화하는 유전자인 경우 30개의 전사체 당 하나의 실수, 그리고 10개의 단백질 당 하나의 실수가 있는 셈이다. 전사 단계에서 실수를 측정하는 것과 마찬가지로 번역 단계의 실수도 정상적인 단백질과 아미노산의 서열이 다른지 아닌지 조사한다. 예를 들어 일부 단백질은 시스테인 아미노산이 없다. 다음에는 동위원소가 표지된 황을 사용하여 새롭게 합성된 단백질의 방사능을 측정한다. 이런 방법으로 측정한 대장균에서의 번역 실수율은 1~4× 10^{-3}이다(BNID 105215). 전사 단계가 번역 단계보다 실수율이 적은 데 대한 진화적인 설명은 이렇다. 전사 단계에서 실수가 생기면 많은 수의 단백질이 잘못될 것이다. 그러나 번역 단계에서 문제는 그 단백질 하나에 그치고 만다. 게다가 세 개의 염기 문자가 하나의 아미노산과 대응하기 때문에 전체적으로 비슷한 정도의 실수율을 가지려면 전령 RNA의 문자가 보다 높은 정합성을 가져야 한다는 점도 생각해야 한다. 전령 RNA를 잘못 번역하는 것뿐만 아니라 단백질 합성 과정은 운반 RNA가 잘못된 아미노산을 끌고 올 가능성도 상존한다. 운반 RNA가 오작동할 확률은 10^{-6}이다.

중심 도그마가 진행되는 과정에서 실수를 줄이기 위한 가능성에 발목을 잡는 요인이 무엇인지 밝혀야 한다. DNA 중합 효소가 작동하는 방식도 좀 더 알아야 한다. 생물 물리학적인 요인은 없을까? 혹시 관측된 실수율이 생명체에게 어떤 선택적인 이득을 줄 수 있을까?

재조합의 비율은?

자서전에서 다윈은 수학을 더 공부하지 않은 게 한이 된다고 말했다. “수학의 위대한 원칙은....원칙 이상의 의미를 갖는다”는 사실을 감잡았다는 뜻일 것이다. 원칙 이상의 의미가 다윈의 심장을 두근거리게 했을 것이다. 바로 대물림의 기원이 그러했다. 여기서부터 근대적인 유전학의 맹아가 싹튼다. 그레고리 멘델도 같은 질문을 했다. 자연사학자들을 당혹하게 했던 문제, 셀 수 없는 세대를 거치는 동안 부모들 다시 말해 부모와 자식 사이의 유사성 혹은 차이는 어디에서 비롯되는 것일까? 멘델은 힘들지만 세심하게 교배종 강낭콩의 모양이 드러내는 형질의 빈도를 알아내기 위한 작업을 수행했다. 멘델은 정원에서 수확한 7,324개의 강낭콩 중 5,474개가 둥글고 1,850개가 쭈글쭈글하다는 것을 발견했다. 제 2세대에서 확보한 데이터를 분석한 결과 두 형질의 비는 2.96:1이었다. 지금 우리가 유전자라고 부르는 특정한 유전 물질이 존재한다고 멘델이 추론한 결정적 단서가 된 실험이었다.

현상적인 관찰을 넘어서는 유전자 조작과 기능에 대한 보다 상세한 예측이 가능해지면서 생물학 연구는 변화의 급물살을 탔다. 토머스 헌트 모건은 실험실에서 학생들과 함께 비둘기, 불가사리를 다루면서 가장 좁은 공간을 차지하면서도 가장 빨리 새끼를 낳는 동물을 찾아다녔다. 그런 노력을 통해 그는 현대 유전학의 위대한 주인공인 초파리 실험으로 돌아섰다. 모건의 실험

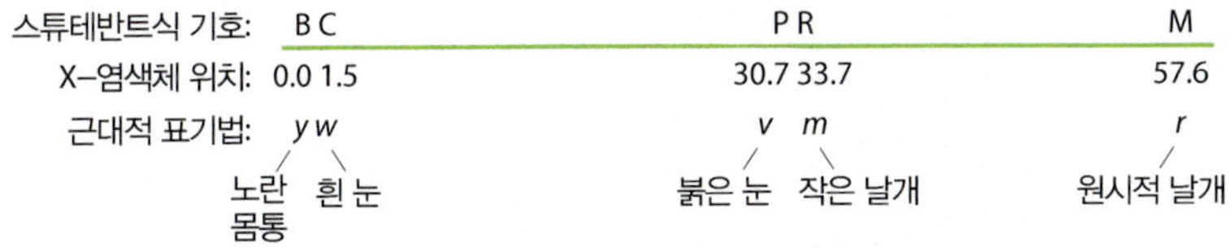

그림 5-11 초파리 X 염색체에서 얻은 첫 번째 지도를 현대적 기호를 사용해 그렸다. 스튜터반트의 초파리 X 염색체 지도에는 다섯 개의 유전자가 있었다(Pierce BA [2006] Genetics: A conceptual Approach, 2nd, W. H. Freeman).

실이 이른바 "파리 방"으로 바뀌면서(처음에는 컬럼비아 대학 나중에는 캘리포니아 공과대학) 파리의 몇몇 형질이 멘델의 알록달록하고 색이 다른 강낭콩과 흡사한 양상을 드러낸다는 사실이 명확해졌다. 돌연변이 초파리를 계통적으로 교배하면서 조상에 따라 멘델의 예측에서 조금씩 벗어나는 편차가 발견되었다. 호기심이 많던 컬럼비아 대학, 모건 실험실 대학원생 하나는 연관 형질의 연관 빈도수를 분석하기로 결심했다. 연관 형질이란 함께 대물림 되는 형질 집단을 의미한다. 며칠 밤을 끙끙대며 숙제를 풀던 젊은 알프레드 스터티번트는 마침내 개념적인 비약을 이뤄냈고 지금 그 내용은 교과서에 실려 있다. 과학 역사의 한 획을 그은 것이다. 모건의 실험실에서 함께 대물림 된다고 알려진 형질이(예를 들면 빨간 눈이 아니라 흰 눈은 보다 노란 피부색과 함께 주로 유전된다) 드러나는 빈도는 이 형질을 드러내는 유전자가 유전체의 특정 부위에(염색체) 이웃하고 있다고 가정할 때 비로소 설명이 가능했다. 마찬가지로 함께 유전되지 않는 형질을 드러내는 유전자는 선형에서 멀리 떨어져 위치한다는 예측이 가능해졌다. 이런 논리에 따라 어느 날 밤 스터티번트는 최초의 유전자 지도를 그려냈다. **그림 5-11**에서 확인할 수 있다.

함께 대물림 되는 형질의 빈도를 설명하는 기제는 바로 재조합이다. 염기가 비슷한 구성을 한 두 염색체가 가까이 마주한 다음 분자끼리 교차가 일어나 유전 물질을 교환하는 현상이다. 염색체 상에 있는 두 개의 유전자가 한 세대를 거치는 동안 교차가 일어날 확률이 1 퍼센트라면 우리는 그 거리가 1 센티 모건이라고cM 부른다. 인간의 평균 교차 비율은 1 cM/1Mbp(BNID 107023)이다. 매 백만 개 염기마다 세대 당 100회에 1번꼴로 교차가 일어난다는 의미이다. 재조합 확률을 **표 5-5**에 표시했다. 재조합의 가능성은 유전체 길이에 역비례 하는 경향을 보인다. 대부분의 종에서 복제하는 동안 하나의 염색체에서 한 번 혹은 두 번의 재조합이 일어난다는 사실은 무척 흥미롭다. 다양한 생명체에서 염색체 하나당 한 번의 재조합이 발생한다는 결론은 어림짐작 법칙으로 쓸 만하다. 그림 5.5의 맨 오른편 행을 보라. 같은 말이지

종	유전체 크기 (Mb)	염색체 수 (*n*)	유전자 지도 길이 (cM)	재조합 비율 (cM/Mb)	염색체 당 재조합 사건의 수
개	2500	39	3900	1.6	1.0
인간	3000	23	3600	1.2	1.6
양	3000	27	3600	1.2	1.3
고양이	3000	19	3300	1.1	1.7
소	3000	30	3200	1.1	1.1
말	2700	32	2800	1.0	0.9
돼지	3000	19	2300	0.8	1.2
짧은 꼬리원숭이	3100	21	2300	0.7	1.1
비비원숭이	3100	21	2000	0.6	1.0
쥐	2800	21	1500	0.6	0.7
생쥐	2600	20	1400	0.5	0.7
호주 유대류 왈라비	3700	8	830	0.2	1.0
주머니쥐	3500	11	640	0.2	0.6

표 5-5 비슷한 크기의 유전체를 가진 다양한 포유동물과 유대류 유전체의 재조합. 유전체 지도의 길이는 모든 염색체의 길이를 합친 것을 cM으로 표시한 것이다. 맨 오른쪽의 염색체당 재조합 사건은 유전체 지도의 길이를(cM/100) 염색체 수로 나눈 것이다. 생명체 간 그 값이 유사함을 알 수 있다(Dumont BL [2008] Evolution, 62, 276-294).

만 한 번 복제하는 동안 염색체 당 100 cM(1 모건 혹은 한 번의 교차)가 일어난다. 이러한 일반적인 법칙 외에도 우리는 이제 염색체 상의 특정 장소에서 교차가 흔하게 일어난다는 사실을 알고 있다. 마지막으로 짚고 넘어갈 내용은 여성이 남성에 비해 재조합 비율이 50 퍼센트 더 높다는 점이다(최신 연구에 의하면 42 대 28, BNID 109268). 따라서 "세대 당 염색체 복제는 몇 번이나 일어나는가?" 항목에서(319쪽) 살펴보았듯 내가 부계로부터 단일염기 돌연변이를 더 많이 받아도 교차된 유전자는 모계로부터 왔을 가능성이 더 크다.

유전형의 최신 기법이 새로운 국면을 맞이하면서 한 세포 안에서 일어나는 재조합 과정을 분석할 수 있는 단계에 이르렀다. 단일염기 다형성은 사람과 사람 사이 유전체의 차이가 있는 장소이다. 전체 집단의 유전체 특정한 장소에서 단일 염기가 다른 인구수가 1 퍼센트 이상인 경우를 지칭한다. 인간의 유전체에서 그러한 장소는 10^6개 정도다. 여기서는 어떻게 재조합 사건이 일어나는 장소와 횟수를 알게 되었는지 살펴보자. 우선 남성의 염색체를 미소유체 장치에 집어넣고 각각의 염색체에서 나타나는 유전적 변이를(22쌍의 염색체를 임의로 번호를 붙였다) 마이크로 분석법에 의해 살펴보았다. 같은 과정을 정자 세포에서도 반복하였다(**그림 5-12**). 유전체에서 다형성이 있다고 알려진 장소에 변이가 한쪽 염색체에서만 발견되는 경우 파란 선으로 표시했다. 재조합이 일어난 장소는 다형성의 부위를 염색체끼리 하나

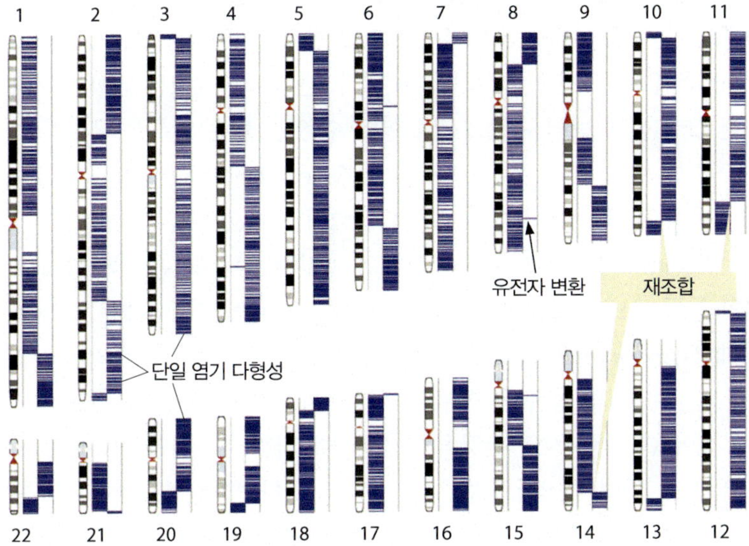

그림 5-12 정자 세포에서 염기의 다형성 지도에 근거한 재조합 사건의 탐색. 각 염색체 당 두 개의 막대는 상동 염색체이다. 인간 집단에서 알려진 단일염기 다형성과 비교하기 위해 두 개의 상동 염색체를 따로 분석했다. 정자의 단일 염색체 복사본은 그것이 가진 단일염기 다형성을 근거로 서로 비교하였다. 모든 경우 다형성이 한쪽 염색체에 나타났지만 다른 쪽에서는 발견되지 않았다. 이런 교환(단수체 차단)은 재조합이 일어났음을 의미한다. 모든 단일염기 다형성이 다 표시된 것은 아니다 (Wang J [2012] Cell, 150, 402-412).

하나 비교함으로써 확인이 가능하다. 평균 23번의 재조합이 인간의 정자 세포에서 일어났다(BNID 108035). 염색체 8번에 단일염기 다형성을 나타내는 하나의 선은 유전자 전환conversion이라고 불리는 경우에 해당한다. 하나의 대립형질(유전자 복사본)이 동종 재조합을 한 것이고 다른 복사본(이형접합자 대립형질)으로 대체된 것이다. 세포 한 개의 수준에서 이런 분석이 진행되기 때문에 집단 수준 혹은 가족의 계통도 분석과는 달리 어떤 사건의 빈도, 예컨대 성세포 안에서 일어나는 재조합과 돌연변이를 확인할 수 있고 더 나아가 임신의 성공 여부도 예측할 수 있다. 인간의 월별 생식력, 다시 말해 생리 주기가 임신으로 연결될 가능성은 25 퍼센트밖에 되지 않는다(BNID 1080800). 생식력이 좋다고 하는 2, 30대에도 마찬가지다. 자연 상태에서 유전체의 내용이 변하는 것은 임신하고 몇 주가 지나지 않은 발생 초기에도 감지된다. 그러면 여성이 임신했다는 사실을 미처 인식하지 못한다 해도 자연적으로 유산된다.

오늘날 재조합 과정은 유전 공학의 수단으로 사용되며 새로운 유전체를 제작할 때도 사용된다. 동종 재조합을 이용해 유전체의 특정 부위에 원하는

DNA 서열을 끼워 넣을 수 있기 때문이다. 재조합 방식으로 원하는 유전자를 유전체 안에 끼워넣게 되면서 유전체 전체의 목록이 만들어지고 그 결과 한꺼번에 많은 유전자를 처리할 수 있다. 단백질의 위치뿐만 아니라 세포별 발현 양상 및 단백질 수준에서 일어날 수 있는 많은 내용을 유전체 가변성과 연결할 수도 있다. 유전자재조합 공정recombineering이라는 새로운 용어를 사용할 정도로 이 방법은 매우 파급력이 크지만 불행히도 특정한 생명체에서만 사용이 가능하다. 운이 좋은(?) 이러한 생명체들은 실험실에서 매력적인 동물 모델로 강력한 선택압을 받는다. 대표적인 생명체는 발아 효모와 이끼(*Physacomitrella patens*)이다. 동종 재조합 방법을 적용하려면 삽입하고자 하는 유전자의 양쪽 측면 부위 서열이 재조합하고자 하는 장소의 서열과 일치해야 한다. 이 서열의 길이는 생명체에 따라 다르지만 집어넣으려는 목표 유전자, 기법과 실험 방법은 잘 알려져 있다. 발아 효모에서 재조합하는 DNA의 길이는 30~50개 염기를 갖는다(BNID 101986). 반면 마우스는 그 크기가 보통 3~5 kb이다. 길이가 길수록 동종 재조합의 효율이 떨어지기 때문에 분자 생물학자들을 곤혹스럽게 한다. 최근 크리스퍼(CRISPR, clustered regularly interspaced short palindrome repeats) 기법이 등장하면서 유전체 편집의 혁명기를 예견하고 있으며 기존의 방법을 점차 대체하고 있다.

다양성

CHAPTER 6 숫자에 관한 이런 저런 것들

이 책을 시작하면서 우리는 친한 외계인에게 인간의 사회와 인간의 일상생활이 어떤 것인지 알 수 있도록 하나의 논문을 준다는 얘기를 했다. 거기서 우리는 수입이나 결혼 시기와 같은 모든 정보를 포함하는 통계청 자료를 주는 게 좋겠다는 말도 잊지 않았다. 이전 다섯 장에서 우리는 세포의 통계청이 제공하는 주요한 구성 요소가 내포하는 핵심적인 여러 질문에 답하기 위해 계통적인 분석을 수행했다. 예컨대 그 구성 요소가 얼마나 크고 얼마나 많은지, 얼마나 강력하고 빠른지 등을 답하려고 노력했다. 인간의 사회를 다루는 통계의 상당 부분은 모호한 측면이 있지만 흥미로운 것도 사실이다. 가령 추락해서(지붕 같은 곳에서) 죽는 사람들의 숫자가 음식물 중독이나 뱀에 물려서 혹은 비행기 추돌로 죽은 사람을 전부 합친 숫자보다 많다는 사실은 가히 놀랍다. 마찬가지로 간단하게 분류되기를 거부하는 생물학적 수량도 우리의 흥미를 끌기 충분하기에 숫자의 신전에 한 장을 할애하여 소개한다. 그것이 마지막 장의 내용이다. 여기에는 세포의 세상을 이해하는데 도움이 될 만한 숫자들이지만 앞에서 제시한 분류체계에 속하지 않는 것들이 포함된다.

이 장에서 제시하는 숫자들은 막의 투과성에서 감염된 세포를 뚫고 나갈 때 바이러스 집단의 크기까지 다양한 범위에 속한다. 막이 터진 세포를 뚫고 유유히 나가는 바이러스의 크기를 알면 얼마나 많은 바이러스가 재생산되었는지 알 수 있을 것이다. 각각의 소제목 하에서 우리는 이 책이 지금까지 지켜왔던 논의 방식을 고수할 것이다. 보다 중요한 점은 흥미로운 생물학적 숫자를 상상하면서 독자들이 이들의 정량적인 독자성에 도달할 수 있을 것이라는 사실이다.

우리가 운영하는 웹사이트인 BioNumbers에서 일어나는 일들을 독자들이 알 수 있다면 이 장의 내용이 구미를 자극할 수도 있을 것 같다. 세계 곳곳에서 우리 웹사이트를 방문하는 연구자는 매일 200명이 넘는다. 그들은 우리가 제공하는 정보를 통해 생명의 세계가 얼마나 광범위한 양적인 토대위에 구축되어 있는지 놀란다. 가장 흥미로운 주제에 관해서는 한 해 수백 건에 이르는 독립적인 연구 결과들이 쏟아져 나올 정도다. 그 답의 일부는 앞 장에 제시하였다. 예를 들면 담배 모자이크 바이러스의 무게는 얼마이며 인간 유전자의 전사는 얼마나 빠르게 진행되는가? 등이 그런 것이다. 미생물학자들이 좋아할 만한 것으로는 광학 밀도를 세포의 숫자로 변환하는 방법에 관한 것들도 있다. 그렇지만 상당수의 숫자는 앞에서 제시한 범주를 넘어선다. 우리가 좋아하는 것으로 예를 들면 인간 염색체에서 복제를 시작하는 곳 사이의 평균 간격은 얼마나 되는지 하는 질문도 있다. 집락 안에 들어 있는 세포의 수는 얼마나 될까? 마지막으로 우리 머리카락의 숫자는 얼마일까? 눈 깜박할 사이란 얼마나 되나 하는 문제는 인터넷을 사용하는 사람들이 늘 궁금해하는 질문들이다. 생명을 관장하는 숫자를 알 필요성이 늘고 있다는 점을 우리 데이터베이스는 증언한다. 그리고 그 수는 다양한 모습으로 우리에게 다가온다. 우리는 독자들이 이런 종류의 숫자를 두루 살펴보고 예상치 못한 통찰과 놀람을 얻기를 기대한다.

생명체를 구성하는 세포의 숫자는?

모든 생명체가 이른바 세포라는 기본 단위로 구성되어 있다는 사실은 생물학의 놀라움 그 자체이다. 간혹 이러한 사실을 대수롭지 않게 여기는 경향이 없지는 않지만 그것은 생물학의 역사에 깊은 통찰을 부여하고 생명의 다양성이 예외가 아니라 법칙이라는 일관된 원칙을 보여준다. 생명체 안에는 몇 개의 세포가 있을까? 세포의 크기와 숫자를 규정하는 것은 무엇일까? 답은 종 내부에서도 개체에 따라 다르고 생명체의 생활사 단계에 민감하게 반응한다는 것이다. 측정을 했거나 아니면 어림계산을 통해 확보한 서로 다른 개체가 가진 세포의 숫자를 **표 6-1**에서 볼 수 있다. 이를 통해 우리는 고전적인 수수께끼에 접근할 수 있다. 고래와 마우스 몸의 크기가 왕청되게 다른 이유가 이들 생명체가 가진 세포의 숫자일까 아니면 세포의 크기일까?

생명체	생명체 혹은 기관의 생활사 단계	세포 수 예측값	BNID
인간	성체	$3.7 \pm 0.8 \times 10^{13}$	109716
초파리	배아 14일째	6000 (nuclei)	106463
꼬마선충	성체 암수동체(체세포)	1031	100582
꼬마선충	성체 암수동체(체세포)	959	100581
꼬마선충	부화한 유충	558	101366

표 6-1 선택된 개체에서 세포의 숫자. 광학 혹은 전자현미경을 동원해서 계산한 숫자들이다.

세포 수와 관련해서 아마도 가장 흥미를 끄는 생명체는 예쁜 꼬마선충일 것이다. 동일한 생활사 단계에 있는 개별 수컷 꼬마선충의 세포는 정확히 1,031개이다(BNID 100582). 자웅동체 성체는 959개의(BNID 100581) 세포를 갖는다(암컷도 자가 수정이 가능하다). 조직별로 그 안에 포함된 세포 목록도 속속들이 다 알려졌고 신경계의 연결망도 지도로 그려졌다(벌레의 뇌지도). 꼬마선충은 정확히 302개의 신경세포를 가진다. 이런 놀라운 규칙성 때문에 예쁜 꼬마선충이 발생 생물학과 신경 과학의 주인공이 되었다 해도 놀랄 일은 아니다. 배아 발달 단계에서 예정된 대로 스스로 자살하는apoptosis 131개의 세포도 일일이 추적할 수 있다(BNID 101367). 이렇게 자세히 연구되지는 않았지만 동일한 세포 수를 갖는 다른 생명체들도 연구된 바 있다. 꼬마선충처럼 이들 생명체도 판에 박은 듯 매우 특이적이고 결정된 계통을 따라 모든 세포가 일관되게 행동한다는 사실을 보여주었다. 고정된 세포 수를 갖는 생명체를 동일세포수 생명체eutely라고 부른다. 전부는 아니겠지만 상당수의 선충류들이 동일세포수 생명체이다. 완보동물tardigree(물곰water bear이라고도 부른다), 윤형동물rotifer도 마찬가지다. 우리와 친숙한 무척추동물인 유령멍게Ciona도 배아 상태에서 세포의 수가 동일하다. 그러나 세포수가 거의 일정한 유충에서 탈바꿈한 성체는 그렇지 않다. 따라서 개체의 세포수가 동일한 생명체는 특별한 진화적 기원을 갖는 것처럼 보이지 않는다. 반면 적은 수의 세포를(수천 개 정도) 갖고 빠르게 자라는 생명체의 일반적인 특징처럼 보인다.

몸집이 큰 생명체의 세포를 호구 조사하는 일은 만만치 않다. 세포 수를 어림짐작하는(**어림짐작 6-1**) 방법 중 하나는 부피를 계산하는 것이다. 가령 체중이 100 킬로그램인 사람의 부피는 대략 10^{-1} m^3이다. 포유동물 세포의 평균 크기는 $10^3 \sim 10^4$ $\mu m^3 = 10^{-15} \sim 10^{-14}$ m^3이며 이를 세포 수로 환산하면

인체의 세포 수

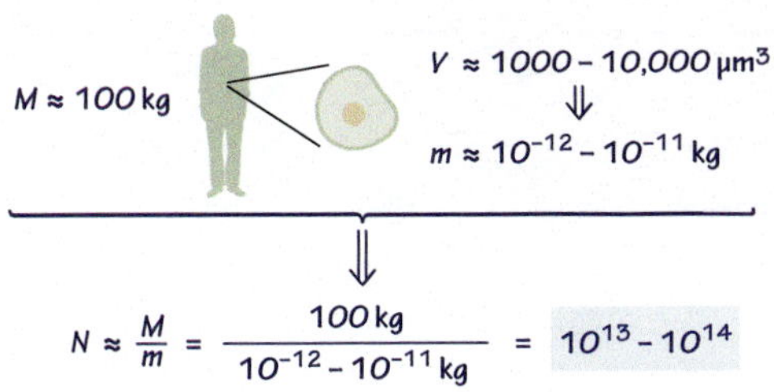

어림짐작 6-1

10^{13}~10^{14}개이다. 여러 논문에 제시된 인간 세포의 숫자가 이 범위에 들어온다(BNID 102390). 비록 진핵세포 생명체의 세포 수는 대개 10^{10}이 넘지만 개별 세포의 크기는 가장 큰 것이 가장 작은 것의 10배 내외이다. 물론 신경세포와 난자 세포는 예외이다. 그러나 이렇게 어림짐작한 세포 수는 가장 최근에 시행한 혈액형 검사처럼 의심의 눈초리로 살펴보아야 한다. 우리 혈액 1 마이크로미터 당 적혈구의 숫자는 4~6백만 개다. 성인의 혈액량은 5 리터 정도이고 세포 수로 환산하면 적혈구는 약 3×10^{13}개이다. 벌써 적혈구 숫자만으로도 앞에서 부피를 빌어 어림한 인간 세포수의 범위에 들어간다. 이런 찮는 적혈구 세포가 매우 작기 때문에 생겨난다. 적혈구의 부피는 10^2 μm^3에 불과하다. 따라서 위에서 어림짐작한 숫자는 사실성 더 커져야 한다(몇몇 교과서는 이 값을 보정했다). 신체 내부의 세포 구성은 방법론적으로 조직과 서로 다른 세포를 분석함으로써 수행되고 그 결과 인간 성인은 $3.7 \pm 0.8 \times 10^{13}$개의 세포를 가지고 있다는 사실이 최근 밝혀졌다(BNID 109716). 세포 유형에 따른 인간 세포의 분석은 **그림 6-1**을 참고하면 된다. 적혈구가 압도적으로 많다는 점이 도드라진다. 우리는 몸 안에 기식하는 세균이나 다른 생명체를 염두에 두지는 않았다. 하지만 이들 상주세균의 숫자는 정확히 잘 모른다. 흔히 인간 세포 수의 10배 정도라고 말하지만 아마도 100배쯤 될 것이다.

유기체의 크기와 세포의 크기 그리고 세포 숫자 사이에는 무슨 관계가 있을까? 약간 드라마적 요소를 가미한다면, 고래의 세포는 마우스의 세포보다 클까 아니면 많을까? **그림 6-2**처럼 과일의 크기가 다양하다는 연구를 하면서

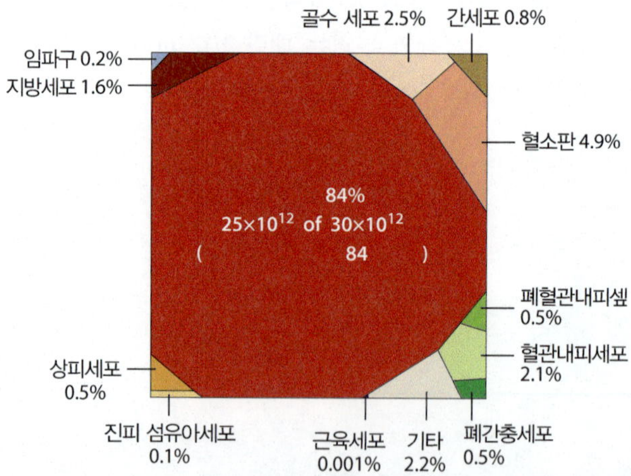

그림 6-1 성인의 세포 수를 세포 유형으로 분류했다. 각 유형의 세포를 다각형으로 표시했고 그것이 차지하는 면적이 세포의 수에 비례한다. 적혈구가 가장 많다(Sender R [2015] 출판 준비중).

그림 6-2 재배, 이종교배 및 형질 전환을 통해 야생 식물과 조직의 크기는 변했다. 대개 세포의 숫자가 변화한 것이다. 야생종과 재배종의 과일 크기. (A) 고추와 피망. (B) 토마토(Guo M [2011] Plant Sci, 181, 1-7).

알려진 사실은 세포의 숫자가 과일의 크기를 좌우하는 주요한 요소라는 점이었다. 모델 식물인 애기장대의 잎은 어릴 때와 늙었을 때 잎의 표면적이 서로 달라 30~200 mm^2이다(BNID 107043). 2만개에서 13만개로 세포 숫자가 늘기 때문이다. 그렇지만 세포 자체의 표면적은 1600 μm^2로 거의 같다. 1970년대 녹색혁명을 통해 쌀과 밀의 생산량이 3배 늘었을 적엔 떨어지지 않고 이삭에 낟알이 많이 매달려 있도록 키가 작은 품종이 선택되었다. 재배종이 작을수록 성장호르몬인 지베렐린에 대한 반응성이 떨어진다. 따라서 줄기가 제대로 길이 성장을 못하게 되는 것이다. 이 경우에는 세포의 수가 아니라 크기가 줄어드는 것이 관건이다. 이러한 생물학적 변화가 수십억명이 넘는 인구의 식량 보급에 도움을 주었다.

유전체의 배수가 증가함에 따라 세포의 크기가 덩달아 변화하는 경향을 보이기도 한다. 예를 들어 4배수체 염색체를 가진 샐러맨더는 이배수체인 샐러맨더보다 세포가 두 배 더 크다. 그러나 샐러맨더 기관의 크기는 차이가 없다. 다시 말하면 사배수체 염색체를 가진 샐러맨더의 세포 수는 이배수체 샐러맨더의 절반이다(BNID 111481).

두 사람의 덩치가 다르면 세포의 수가 다를까 아니면 평균 세포의 크기가 다

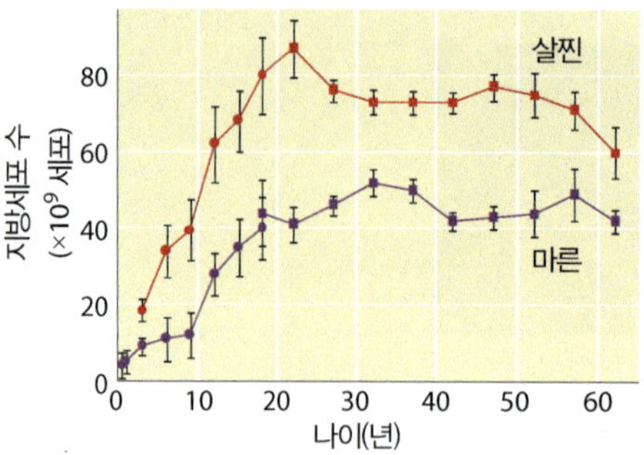

그림 6-3 지방세포의 숫자는 성인이 되어서도 일정하게 유지된다. 그러나 체중이 심각하게 줄면 지방세포의 부피가 줄어들기도 한다. 성인 전체 지방세포는(사각형) 아동기와 청소년기의(동그라미) 것을 합한 수이다. 아동기 및 청소년기에 지방세포의 숫자가 늘어난다. 체질량 지수 BMI가 25보다 적으면 말랐다 하고 30이상이면 살쪘다 판정했다(Spalding KL [2008] Nature, 453, 783-787).

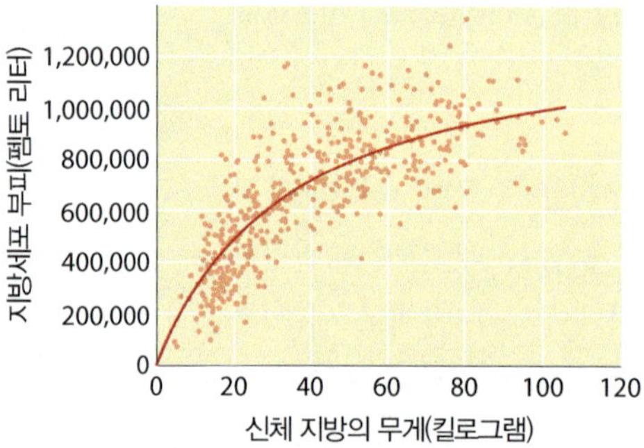

그림 6-4 지방 세포의 평균 크기를 체질량 지수와 비교했다. 지방의 양이 증가하면 지방세포의 평균 부피는 초기에는 일직선으로 증가하지만 나중에는 포화된다. 따라서 지방의 총 함량이 증가하면 지방세포의 수가 느는 대신 부피가 커진다고 볼 수 있다. 극단의 경우 지방이 세포가 늘어날 수도 있다(Spalding KL [2008] Nature, 453, 783-787).

를까? 우리는 마른 사람과 살이 찐 사람의 비교 데이터로부터 이 질문에 답하려 한다. 살찐 성인은 평균적으로 거의 두 배나 되는 지방세포를 갖는다. **그림 6-3**에서 보듯 마르거나 살이 찐 사람은 어릴 때 결정된다. 그렇다면 세포의 평균 크기는 어떨까? **그림 6-4**는 체지방의 무게와 지방 세포의 함수를 그래프로 나타낸 것이다. 체지방의 무게가 적을 때 체지방의 무게는 세포 부피와 선형에 가까운 상관성을 보인다. 원점을 지나는 직선이 의미하는 바는 체지방의 차이를 결정하는 것은 주로 지방 세포의 부피라는 사실이다. 다시 말하면 지방 세포 수는 거의 변하지 않는다. 그러나 체지방의 무게가 높은 경우 그래프는 비선형이다. 이때는 세포의 숫자가 중요해진다. 살이 찐 사람의 체지방의 무게가 100 킬로그램을 넘기도 한다. 지방 세포의 수도 늘지만 10^{11}개를(그림 6-3) 넘지는 않는다. 위에서 언급한 지방세포의 수는 전체 세포 수의 1 퍼센트도 되지 않는다. 따라서 뚱뚱한 사람과 마른 사람의 차이는 세포 수보다는 세포의 부피 차이에서 비롯된다고 결론을 내릴 수 있다. 몸집의 크기 차이가 큰, 사람과 마우스를 비교할 때와는 사뭇 다른 결론이다. 이들 두 생명체의 세포 크기는 비슷하지만 무게는 1,000배도 넘게 다르다. 체중이 수십, 수백 배 다른 다세포 생명체의 차이는 세포의 숫자에 기인하는 것이다. 적혈구(BNID 109091) 및 다른 종류의 세포를 가진 코끼리의 세포가 우리의 것과 크기가 다를 것이라고 얘기할 근거는 어디에도 없다(BNID 109094). 그 반대도 마찬가지다.

한 세대 당 염색체는 몇 번이나 복제되는가?

거울에 비친 모습을 보면 우리는 참 다양한 종류의 세포로 구성되었다고 느끼게 된다. 유전학 혹은 진화의 관점에서 보면 새로운 자손의 탄생을 가능케 하는 성세포와 신체의 나머지 부분을 구성하지만 후대에는 전해지지 않는 체세포의 구분이 확연하다. 식물에서는 이러한 이분법이 다소 흐트러지지만 원칙은 동일하다. 세대를 거쳐 대물림되는 유전 정보를 정확히 전달하는데 중요한 요소는 성세포가 실제 수정에 이를 때까지 몇 번이나 세포 분열을 했는가 하는 점이다.

"생명체를 구성하는 세포의 숫자는?"이라는 소제목에서(302쪽) 우리는 어림잡아 인간의 세포가 3×10^{13}개 정도라는 사실을 확인했다(BNID 109716). 그렇지만 세포는 끊임없이 태어나고 죽는다. 이렇게 순환된다는 점을 감안하면 일생 동안 사람은 도대체 몇 개의 세포를 만들어 내는 것일까? 비록 이 질문이 우리 자신과 결부된 것이라고 해도 우리는 한평생 10^{16}번 세포 분열을 한다는 오직 하나의 단서만을 발견할 수 있을 뿐이다(BNID 100379). 이 수치의 신빙성은 세포의 대부분을 차지하는 적혈구의 수명이 100일 정도임을 감안하는데서 출발한다. 만약 100년을 산다면 이들 적혈구 세포는 얼추 300번은 교체되어야 할 것이다. 앞에서 인용한 수치는 실제로 10^{16} 범위에 접근한다(2×10^{13} 적혈구/사람×300회). 다음 세대의 탄생을 짊어질 도구인 체세포를 얻기 위해 염색체 복제가 몇 번이나 해야 하는지 알아보기 위해 우리는 간단하고 극단적인 두 모델을 통해 알아보겠다. 첫 번째 간단한 모델은 **어림짐작 6-2**에서 살펴본다. 여기서는 이분법에 의해 균등하게 갈라지는 방식으로 세포 분열이 일어난다고 가정한다. 세포의 숫자는 지수 함수적으로 늘어나며 세포가 분열을 거듭할 때마다 1에서 2, 4, 8, 16개의 세포로 나뉠 것이다. 그렇다면 n번 복제를 하면 2^n개의 세포가 생길 것이기에 10^{13}개의 세포가 만들어지려면 n은 $\log2(10^{13})=40$이고 10^{16}이 되려면 대략 50번 복제를 거듭해야 한다.

두 번째 모델에서 우리는 이상적인 과정을 상상했다. 이를 어림짐작 6-2에 계통적으로 그렸듯이 우리 몸에 있는 모든 세포가 단 하나의 "줄기세포"에서 직접 비롯되었다고 가정한다. 이 경우 위에서 언급한 평생 필요로 하는 세포 수를 충당하려면 10^{16}번 복제를 해야만 할 것이다(정확히 말하면 1을 빼야한다). 이러한 세포 계통 모델이 작동하려면 매우 정교한 복제 과정이 필수적이다. "유전체 복제 과정에서 돌연변이율"이라는(297쪽) 소제목에서 설명했

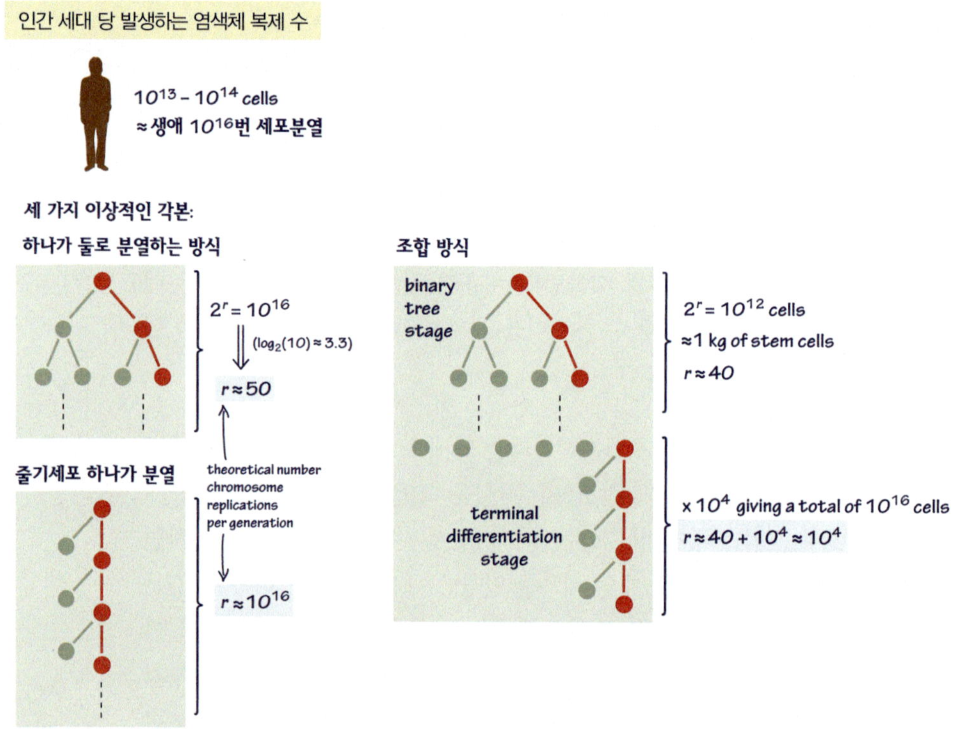

어림짐작 6-2

듯 돌연변이가 축적될 것이기 때문이다.

수정란에서 성체로 가는 동안 세포 계열은 첫 번째 모델처럼 이분법으로 분열하는 방식에 가까울 것이다. 지금까지 예쁜 꼬마선충처럼 극적으로 모든 세포의 역사와 운명을 아름답게 묘사한 실험을 없었다. 1970년대 기울인 엄청난 노력의 결실이다. 존 설스턴 경과 그의 동료들은 **그림 6-5**에 표시된 것처럼 꼬마선충의 세포 계통수를 완벽하게 그려냈다. 몸속이 훤히 들여다보이는 이 선충의 발생을 현미경으로 세밀히 관찰한 결과다. 경이로운 꼬마선충을 통해 우리는 극단적으로 잘 보존된 발생 전략을 확인할 수 있다. 이 계통수를 싶이 들여다보면 선충 난자에서 다음세대 난자로 가는 동안 9번 복제가 일어났다(BNID 105572).

선충보다 훨씬 큰 다세포 생명체에서 세포 계통수 그림은 매우 복잡할 것이고 위에서 제시한 모델 두 개를 합친 복합 형태로 복제가 진행될 것이라고 볼 수 있다. 어림짐작 6-2에서 보듯 이분법에 의해 늘어난 세포는 최종적으로 분화해간다. 이런 복잡한 방식으로 분열하는 세포 계통은 대장의 움푹

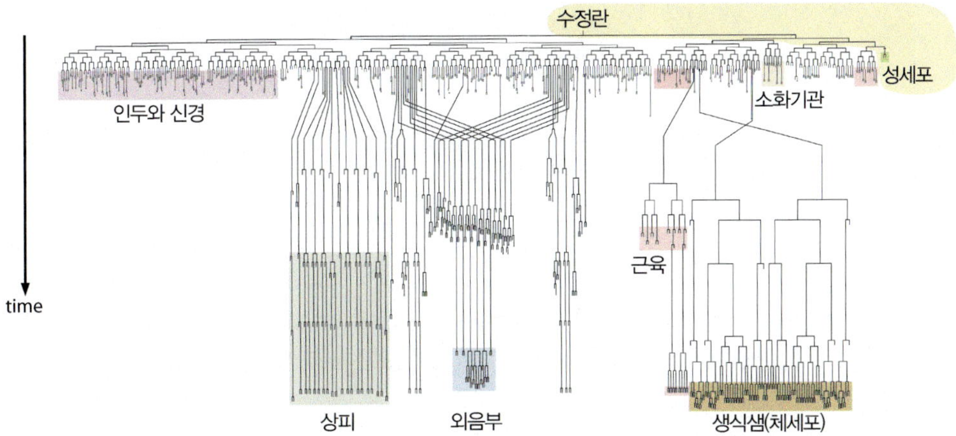

그림 6-5 광학현미경을 통해 추적한 예쁜 꼬마선충의 계보. 생식계통의(분열과정과 성세포는 따로 표시하지 않았다) 경로는 노란 색으로 강조했다(WormAtlas Database).

팬 곳인 음와crypt와 식물의 분열조직에서 관찰할 수 있다. 식물을 예로 들면 몇 종류의 줄기세포, 예컨대 분열 조직에 약 10개의 줄기세포가 생장 정지부quiescent center에서 아주 천천히 분열한다고 치자. 이 줄기세포가 빠르게 분열하여 100개의 주요한 세포 집단이 된다고 하자. 빠르게 분열하는 세포의 돌연변이가 축적되어 위험할 지경이 되면 이들은 천천히 분열하는 줄기세포에 의해 대체되어야 한다.

성체 세포로 발생하는 동안 평균 복제 수를 어림한 것을 **표 6-2**에 실었다. 줄기세포 혹은 암세포가 아닌 평균적인 포유동물의 세포는 40~60번의 주기를 마치면 더 이상 분열하지 않는다(BNID 105586). 인간의 난자는 정자보다 훨씬 먼저 나타나지만 훨씬 적게 분열한다. 사실 난자에서 난자로 가는 동안 염색체가 복제되는 횟수는(23회, BNID 105585) 정자에 비해(15세에 35차례, 50세 800회 이상, BNID 105574) 훨씬 적다. 복제 수가 늘면 동시에 돌연변

생명체	염색체 복제 수		BNID
	수컷 정자	암컷 난자	
꼬마선충	8	10	105572
초파리	34–39	36	103523
애기장대			106749
생쥐	62	25	105576
인간	40–1000 [age range 15–50]	23	105574, 105585

표 6-2 수컷 정자 및 암컷 난자에 이르는 동안 염색체 복제수

이도 축적된다. 대부분의 돌연변이는 남성에서 발생한다. 사실 여성에 비해 늙은 남성이 돌연변이를 대물림할 확률은 4배나 더 높다(BNID 110290).

나이와 상관없이 여성이 물려주는 돌연변이는 평균 15개라고 한다(BNID 110295). 20세 남성은 25개의 돌연변이를, 40세 남성은 65개의 돌연변이를 후손에게 물려준다. 남성이 나이를 한 살씩 더 먹을수록 돌연변이는 두 개씩 늘어나는 셈이다(BNID 110291). 어떤 사람들은 늙은 남성들이 한정된 집단 내부에 돌연변이를 물려주었기 때문에 영국 왕실에 혈우병이 만연하게 되었다고 주장했다. 왕이 나이가 들어서도 계속해서 아이를 낳았기 때문이라는 것이다.

세포 분열의 횟수가 암과 무슨 관련이 있을까? 암은 돌연변이가 있으며 그 정수에 복제가 있다. 연령대에 따라 암의 종류가 수백, 수천 배 다르다는 사실은 잘 알려져 있다. 최근 줄기세포의 숫자와 그들이 분열하는 속도가 점차 드러나고 있다. 어떤 연구자는 31개의 조직에서 일생동안 줄기세포가 분열하는 횟수를 조사하고 그것과 생애 주기와 관련성을 추적했다.[25] 상관 계수는 놀라워서 0.8에 육박했다. 지금까지 수십 년 넘게 연구의 중심이 되어 왔던 환경적 요소 혹은 유전적 소이만으로 이렇게 높은 상관성을 설명하기 힘들다. 우리가 보기에 숫자에 주의를 집중하는 것이 여전히 오늘날에도 통찰력 깊은 식견을 제공하는 것 같다.

유전체 안에 리보좀 RNA의 복제수는?

리보좀 RNA는 리보좀의 주요한 구성 성분으로 이 소기관 질량의 3분의 2를 차지한다(BNID 100119). 앞에서 “하나의 세포 안에는 몇 개의 리보좀이 있는가”라는 소제목에서(147쪽) 우리는 지속적으로 단백질을 생산할 때 필요한 리보좀의 숫자에 대해 얘기했다. 많은 양의 단백질 생산이 필요할 때 리보좀 RNA 복사본 하나로는 세포 성장을 담보할 수 없다. 심지어 빠른 속도로 리보좀 RNA 복사본이 만들어지는 경우에도 그러하다. 출아하는 효모(**어림짐작 6-3**)를 생각해보자. 지수 함수적으로 빠르게 성장할 때 효모는 약 20만개의 리보좀을 갖는다(BNID 100267). 세포가 분열하는데 걸리는 시간

25) 토마세티와 보겔스타인, Science, 347, 78 (2015)

리보좀 RNA 유전자는 얼마나 필요할까?

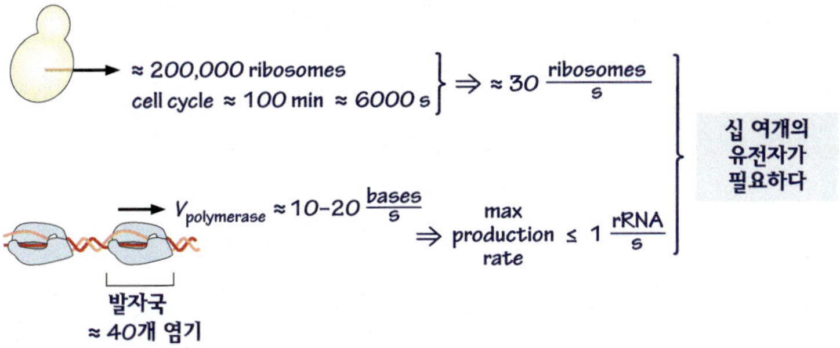

어림짐작 6-3

이 100분이라면 이 세포는 초당 30개의 리보좀 RNA를 만들어야 새로운 리보좀의 수요를 충당할 수 있다. 세포는 유전자 복사본 하나로 이러한 생산 속도를 따라갈 수 있을까? 효모에서 전사 과정은 초당 10~20개의 염기를 (BNID 103012, 103657) 처리하는 RNA 중합효소가 담당한다. 중합효소의 크기 또는 단백질이 차지하는 DNA 서열은 40개 정도이다(BNID 107873). 교통 정체에 막힌 것처럼 이 효소가 유전자 서열을 가득 채우고 있다고 해도 모든 것이 최대 속도로 움직여야 할 것이다. 그래도 그 정도 전사 속도로는 초당 1개의 리보좀 RNA를 만들지 못한다. 따라서 리보좀 RNA 유전자 수십 벌이 있어야 전사에 필요한 리보좀을 공급할 수 있을 것이라 추측할 수 있다. 출아하는 효모는 실제 150개의 리보좀 RNA 유전자 복사본을 가지고 있다(BNID 101733, 100243). 또 리보좀 RNA 유전자가 출아하는 효모의 노화를 촉진시키는 역할을 한다는 말을 덧붙인다.

심지어 염색체 상에 하나 이상의 복사본을 가진 유전자가 드문 대장균에서도 **그림 6-6**에서 보듯 리보좀 RNA 유전자의 복사본이 일곱 개나 된다(BNID 102219). 왜 여러 개의 리보좀 RNA 유전자 복사본이 있어야 하는지 정성적으로 생각해보면 리보좀 RNA가 단백질로 번역되지 않고 그렇기 때문에 번역 단계를 통해 증폭할 기회 자체가 없어서 일듯하다. 따라서 필요한 만큼의 리보좀을 구성하기 위한 유일한 방법은 여러 개의 복사본을 갖는 것이다. 세포 안의 리보좀 숫자는 오페론의 복사본 수의 제한을 받고 또 리보좀 단백질의 숫자도 리보좀 RNA의 합성 속도와 보조를 맞추어야 한다. 리보좀 RNA 유전자의 중요성은 이 유전자 오페론를 없애버린 대장균을 통해 드러났다. 리보좀 RNA 유전자가 각각 1~7개일 때 성장 속도가 어떻게 변하는지 조사한 실험이었다. 복사본이 6개 미만일 때 대장균의 성장속도는 급격히 떨어졌

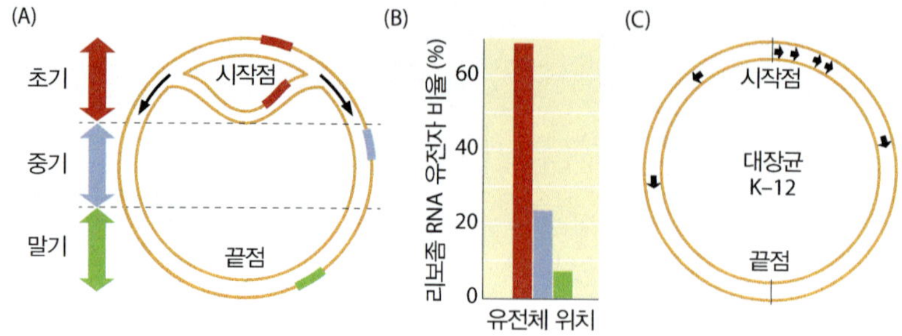

그림 6-6 세균 유전체에서 리보좀 RNA 유전자. (A, B) 68개의 리보좀 DNA 오페론에서 세 부위에 존재하는 유전자의 빈도. (C) 대장균의 고리형 유전체 안의 리보좀 RNA의 위치. 리보좀 RNA는 지연lagging 나선이 아니라 모두 선도leading 가닥에서 발견된다(Rocha EPC [2004] Microbiology, 150, 1609-1627; Nomura M [1999] Proc Natl Acad Sci, 96, 1820-1822).

다. 7개보다 더 많은 복사본을 갖는 경우에도 대장균의 성장은 억제되었다. 아마 세포질이 리보좀으로 채워지면서 확산의 속도가 줄어들었기 때문일 것이다.

일곱 개의 리보좀 RNA 유전자 복제본의 수는 1억 5천만 년 전 대장균이 살모넬라균으로부터 분기되어 나온 이래 변하지 않았다(BNID 107087, 197867). 대장균은 몇 개의 전사 갈래를 가지기 때문에 빨리 성장해야 할 경우 전사 시작점에 가까운 여러 부위에서 전사가 일어날 수 있다. 사실 리보좀 RNA 유전자들은 전사 시작점 근처에 위치하는 경향이 있기 때문에 복사본이 7개보다 훨씬 많아질 수 있다. 매우 빠르게 자랄 때 이 숫자는 36개에 이른다(BNID 102359). 유전체 연구가 진척을 보이면서 수백 종의 생명체가 가진 리보좀 RNA 유전자의 복사본 숫자가 알려졌고 이는 데이터베이스에 정리되어 있다(BNID 104390). 데이터를 보면 어떤 종이 빠르게 성장할수록 리보좀 RNA 유전자의 복사본 수는 늘어나는 경향이 있다는 사실을 확인할 수 있다. 예를 들어 유전체 지도를 유심히 들여다보면 리보좀 RNA 유전자는 전사 시작점 근처에 몰려 있는 경향이 크다(그림 6-6). 또 리보좀 RNA 유전자는 중합효소가 거침없이 앞으로 나가면서 RNA를 전사하는 선도leading 가닥에 포함된다(전사가 토막토막 끊어지는 지연lagging 가닥이 아니라. 그림 6-6A). 이 현상은 '충돌 회피' 모델을 빌어 이해할 수 있다. 이중 가닥이 풀리는 자리가 같은 방향으로 전사 중인 RNA 중합효소를 앞질러 가는 경우 전사가 끝나가면서 복제 속도가 줄어든다. DNA 이중 나선이 열리는 방향과 반대로 RNA 중합효소가 움직이는 경우 효소 정면에서 충돌이 발생한다. 복제가 멈추거나 전사가 안 되는 곤란한 상황에 처하는 것이다. 이런 상황을 타개하

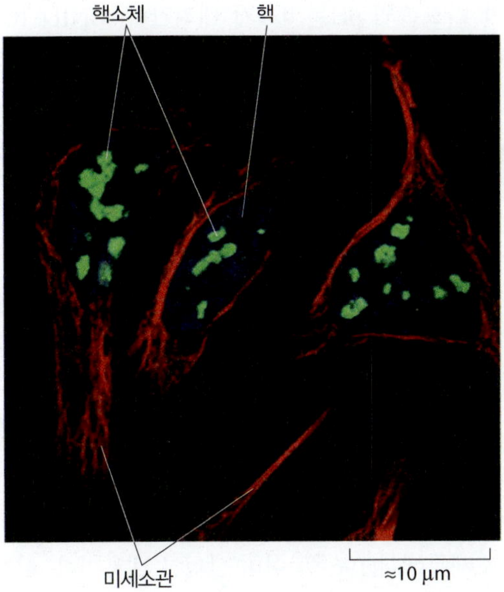

그림 6-7 핵인과 리보좀 RNA 전사체의 위치. 인간 세포주 U-2 OS. 면역 형광 현미경 염색으로 RRP 15의 위치를 추적했다. 이 단백질은 핵인에 들어 있고 리보좀 소단위체를 성숙시키는 역할을 한다. 녹색은 RRP, 파랑색은 핵 그리고 미세소관은 붉은 색이다(Human Protein Atlas Project).

기 위해 진행 방향에 프라이머primer 서열을 집어넣어야 하는 선택이 불가피해진다.

인간의 리보좀 RNA 유전자의 수는 어떨까? 인간 유전체에는 약 200개 리보좀 RNA 유전자 복사본이 있고(BNID 107865) 핵소체라 불리는 다섯 개의 유전자 집단에 나뉘어 분포한다. 인간 세포를 광학현미경으로 관찰하면 핵 안에서 검은 점을 생생하게 볼 수 있다(**그림 6-7**). 세균에서 인간에 이르기까지 리보좀 숫자는 매우 중요한 세포의 핵심 변수이며 따라서 그것을 구성하는 유전자 복사본의 숫자도 마찬가지로 세밀하게 조절되어야 한다.

세포막의 투과율은?

살아있는 생명체의 독특한 특성 중 하나는 이들이 매우 독특한 구성의 이온과 작은 분자를 가지고 있다는 점이다. 환경에 따라서도 다르지만 세포에 따라서도 이온이나 분자의 구성 비율이 다르다. 예를 들어 구획에 따라 세포 내부의 양성자의 농도가 10,000배 차이가 나기도 한다(미토콘드리아의 pH는

8 정도로 높지만 리소좀의 pH는 4까지 내려간다; BNID 107521, 106074). 막을 사이에 두고 세포 내부와 세포 밖의 칼슘 농도도 큰 차이가 나서 세포 내부가 10,000배 높다(BNID 104083). 따라서 막을 가로질러 세포 밖으로 칼슘을 운반하려면 양성자 하나 혹은 나트륨 이온 하나가 양성자 밀도 구배에 따라 움직이는 것보다 더 많은 에너지를 공급해 주어야 한다. 이를 이해하기 위해 독자들은 어림짐작 법칙의 항목들을 다시 살펴보아야 할 것이다. 10배의 전위차를 유지하기 위해서는 얼추 6 kJ/mol(~2 kBT)의 에너지가 필요하다. –60 밀리볼트의 전위차가 있는 공간을 한 개의 전기 전하가 움직일 때 얻을 수 있는 에너지 양이다. 10,000배의 농도차이를 거스르는 힘은 전하가 240 밀리볼트의 전기장을 움직여야 얻어진다(칼슘은 2가의 하전을 띠기 때문에 실제로 이보다 많은 에너지가 필요하다). 이 정도면 막의 전압이 바닥까지 떨어지는 것을 감수해야 할 상황이 된다. "막을 가로지르는 전기 전위의 차이는 얼마인가"라는 소제목에서(196쪽) 이미 살펴본 내용이다. 사실 높은 칼슘 농도비의 차이는 세 분자의 나트륨 이온의 수송 또는 ATP의 가수분해에 의해 가능해진다. 여기서 얻은 에너지를 바탕으로 막 손상 없이 농도의 차이를 유지한다.

일반적으로 농도의 차이가 클 때 열역학 제2법칙은 농도가 낮은 쪽으로 물질이 움직여 궁극적으로 평형 상태에 도달할 것이라고 말한다. 열역학 제2법칙은 최종적인 상태의 본성에 대해 얘기하고 있지만(균일한 농도) 평형 상태에 도달하기 까지 얼마만큼의 시간이 걸리는지에 대해서는 입을 다문다. 많은 종류의 이온이나 분자 종들이 자발적으로 막을 투과할 수 없는 효과적인 장벽의 형태로 세포막은 진화해왔다. 막 양편으로 농도의 평형을 이루는데 걸리는 시간을 예측하기 위해 우리는 물질의 운반 속도를 알아야 한다. 물질의 운반은 확산 상수와 투과도 같은 물질의 물리적 특성에 의존한다.

평형 상태에서 약간의 균열이 생겼을 때 계가 어떤 행동을 보이는지를 기술하는 썩 적당한 법칙은 선형 운반 법칙이다. 특정 양의 물질을 운반하는 속도와 그것을 추동하는 힘 사이에 선형적인 관계가 있다는 것이 이 법칙이다. 물질을 운반할 때 유출(단위 시간 당 단위 면적을 통과하는 분자의 수)과 농도 차이(그 차이가 추동력이다)가 비례한다는 것이다. 막을 거슬러 운반하는 물질의 행동은 다음과 같은 간단한 방정식으로 표기할 수 있다.

$$j = -p(c_{in} - c_{out}) \tag{6.1}$$

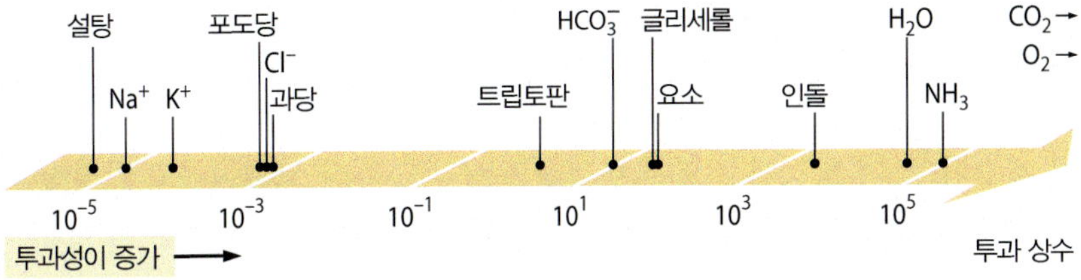

그림 6-8 다양한 화합물의 막 투과도 범위. 막은 전기를 띠지 않은 물질을 잘 통과시키지만 하전을 띤 물질은 그렇지 않다. 이온 채널이 열려 있을 때 특정 이온은 매우 쉽게 막을 통과할 수 있다. 단위는 nm/s이다. 세포막의 너비는 몇 나노미터이다(Robertson RN [1983] The Lively membranes. Cambridge University Press. 포도당의 값은 로버트슨이 제시한 값보다 작다. 다음을 참고했다. BNID 110830, 110807. 다른 물질들은 BNID 110729, 110731, 110816, 110824, 119806).

여기서 j는 유출양이고 c_{in}과 c_{out}은 막을 사이에 두고 내부와 외부 공간에서 물질의 농도를 가리킨다. p는 물질의 상수, 즉 투과성이다. 유출양이 수/(표면적×시간)의 단위이고 농도는 수/부피 단위로 표현되는 데서 p의 단위가 길이/시간이라는 사실을 유추할 수 있다. 다양한 물질의 운송양(예컨대 물질의 전기 전도도는 10^{30} 범위에 걸쳐 있다)처럼 물질의 투과성도 매우 다양한 범위에 걸쳐 있다(**그림 6-8**). 그림에서 보듯 지질 이중막은 투과도가 거의 10^{10}배 범위에 들어간다.

어떤 물리화학적 특성이 물질의 투과성(의 크기)을 결정하는 것일까? 크기가 작은 물질은 큰 물질에 비해 높은 투과성을 가질 것이라 짐작할 수 있다. 또 하전을 띠지 않은 물질이 하전된 물질들보다 빠르게 움직일 것이라고 짐작할 수 있다. 하전된 물질 중에서도 음으로 하전된(음이온)이 양이온들보다 높은 투과성을 갖는다. 이른바 오버톤Overton 법칙은 소수성이 증가함에 따라 물질의 막 투과성이 증가한다는 것이다. 여기서 소수성은 어떤 물질이 극성이 있는 용매가(수용액) 아니라 비극성 용매에 친화력이 높다는 의미이다. 오버톤의 법칙에 따르면 이온처럼 하전된 물질(친수성인) 막을 투과하기 위해 에너지가 필요하기 때문에 투과성이 낮다. 그러나 산소나 이산화탄소처럼 용해된 가스 분자는 소수성이고(하전되지 않은데다 좌우대칭이므로) 투과성이 높다. 이중지질막에서 이산화탄소의 투과성은 0.01~1 센티미터/초(투과성의 측정은 실험실마다 제각각이며 불확실성을 내포하고 있다. BNID 110004, 110617, 102624). 심지어 그림 6-8에 나타난 범위보다 더 크다. 이 수치가 의미하는 바는 세포 밖에 존재하는 물 층이 형성하는 장벽에 비해 세포막은 커다란 장애물이 아니라는 뜻이다. 장벽의 투과성 계수 방정식으로부터 이런 추론이 가능하다.

$$p = K \times D/l \tag{6.2}$$

여기서 l은 폭이고 D는 확산 상수, 그리고 K는 매질과 장벽 물질 사이의 분배 계수이다. 이 방정식은 또한 투과성의 용해도-확산 모델이라고 알려졌다. K, D는 두 단계에 걸쳐 투과도에 영향을 끼친다. 휘젓지 않은 정적인 상태에서 물 층의 $K=1$이다. 그것이 매질과 매우 흡사하기 때문이다. 그렇지만 막은 대부분 소수성 물질이기 때문에 1보다 수천수만 배 적다. 분배 계수 의존성은 바로 오버톤 법칙의 핵심이다. 또한 이산화탄소가 높은 투과도를 갖는 이유는 세포 안으로 가스 물질의 운반을 돕는 아쿠아포린과 같은 채널의 도움이 필요없을 정도로 막을 쉽게 통과하기 때문이다. 막의 특성이 어떻게 대사체의 면면에 영향을 미치는지 살펴보기 위해 우리는 서로 다른 화합물이 유실되는 시간을 계산해 보려고 한다.

글리세롤을 예로 들자. **어림짐작 6-4**에 나타난 분석에서 보듯 인산기가 결합했거나 또는 친수성 형태로 변환된 글리세롤이 세포 밖으로 나가는데 걸리는 시간을 계산했다. 글리세롤이 세포막을 투과하는데 걸리는 시간 $p=10\sim100$ nm/s (BNID 110824)이다. 글리세롤이 세포 안에서 매질로 나가는 데 소요된 시간은 세포 유실이 얼추 $p \times A \times c_{in}$이라는 가정에 바탕을 두었다(세포 안으로 역류하는 양은 무시했다, $c_{out}=0$). 여기서 A는 세포막의 표면적이다. 세포 안에 들어 있는 총량 $V \times c_{in}$(V는 부피, 보다 정확히 말하면 세포

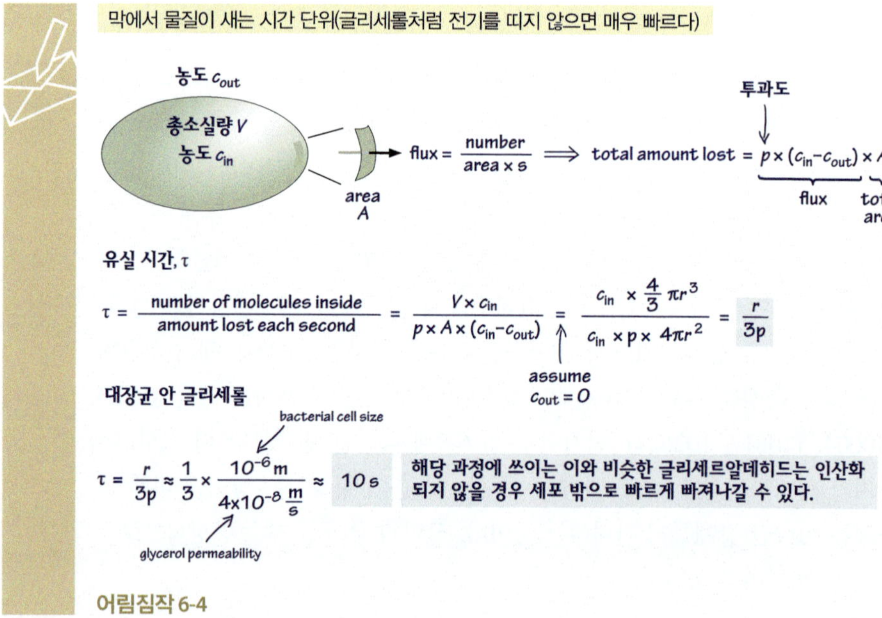

어림짐작 6-4

내 물의 부피)을 유실된 양으로 나누어 시간을 구했다. 반지름이 1 마이크로미터인 세균은 다음과 같은 시간대를 갖는다.

$$\tau = V \times c_{in}/p \times A \times c_{in} = (4r\pi^3/3)/4r\pi^2 \times 30 \text{ nm/s}) = 10 \text{ s} \qquad (6.3)$$

시간의 경과에 따른 농도의 c_{in} 감소를 고려하지 않았기 때문에 위 결과는 개략적인 수치이다. 1/ln(2)를 곱해서 교정하면 두 배 좀 안되게 증가한 셈이다. 이러한 어림짐작에서 우리는 글리세롤과 아주 비슷한, 해당 과정의 중간 물질인 글리세르 알데히드 또는 이수산 아세톤에 인산기를 붙여 하전을 부여하지 않는다면 이들 물질이 확산에 의해 세포막을 빠져나갈 것이라고 간주할 수 있다. 실험 배지에는 탄소가 충분히 공급될 것이기에 큰 문제가 되지 않겠지만 운 좋게 영양소가 폭주할 때까지 침잠해야 하는 자연적인 환경이라면(몸 밖으로 배설된 후 새로운 숙주를 발견할 때까지 대장균은 성장하지 않은 채로 몇 달을 견딜 수 있다고 알려져 있다) 세포는 대사 중간체 물질에 하전을 부여하고 이들이 지질 이중막을 허투루 통과할 수 없게 붙들어 매야 한다.

남조세균을 구성하기 위한 광자의 수는?

독립영양 생명체는 살기 위해 이미 존재하고 있는 유기 물질을 필요로 하지 않는다. 대신 이들은 지구라는 행성에 유기 물질을 공급하는 일차적인 생산자이다. 독립영양 생명체가 가진 놀라운 생활 방식은 이들이 이산화탄소 형태로 제공되는 무기 탄소에 빛 에너지를 집어넣고 유기물질을 만드는 광합성을 한다는 사실이다. 화학 독립영양 생명체도 비슷한 일을 하지만 에너지원이 태양에서 도달하는 빛이 아니라 지구 내부의 에너지원, 곧 심해저의 열수분출공 또는 환원된 무기 화합물인 분자 수소 혹은 2가 철 이온이다.

광 독립영양 생명체는 햇볕에서 에너지를 얻고 이를 산화될 수 있는 유기화합물로 전환한다. 가장 익숙한 예는 숲과 정원을 수놓는 식물에서 찾아볼 수 있다. 그러나 식물이 합성하는 유기물질보다 조류나 다양한 단세포 진핵세포(원생생물) 및 남세균이(청녹조류로 알려져 있었다) 합성하는 생물량이 더 많다.

지구의 표면을 덮고 있는 것은 대부분 물이고 그 공간에서 일어나는 광합성은 지구 전체로 보아 상당한 양을 차지한다. 수면에서의 광합성을 치루는 생명체는 너무 작아서 육안으로는 보이지 않는다. 그렇기는 해도 이들은 매년 약 50 기가 톤의 탄소를 고정한다(BNID 102936; 이산화탄소 10^{39} 분자). 지구상에서 고정되는 탄소의 절반에 해당하는 양이다(BNID 102937). 그러나 바이러스 침공, 플랑크톤의 먹이 혹은 호흡에(BNID 102947) 의해 상당히 많은 양의 고정된 탄소가 환경으로 돌아가 버린다. 무기 탄소를 유기탄소 빌딩블록으로 전환하는 탄소 고정 과정에서는 약 10개의 광자에서 오는 에너지가 한 분자의 탄수화물을$(CH_2O)_n$ 고정하는데 소모된다. 수소의 형태로 공급되는 전자는 물에서 비롯된다. 그 부산물로 나오는 것이 산소다. 탄수화물에 고정된 탄소를 연소하면서 나오는 에너지와 광합성에 필요한 10개의 광자 에너지를 비교하면 광합성의 이론적인 효율은 10 퍼센트 정도라고 계산할 수 있다. 탄수화물이 아니라 전기로 산출량을 비교했을 때 시판중인 광전지의 효율과 비슷하다. 그러나 실제 생물학적 효율은 호흡이나 빛의 포화 혹은 다른 과정 때문에 그보다 10~100배 정도 낮다고 보아야 할 것이다. 반면 광합성 기계는 재생산이 가능하고 스스로 치유할 수 있기에 실리콘 전지에 비할 바가 아니다.

지구상에서 산소 발생 광합성 기제가 발명된 것은 약 30억 년 전이고 산소가

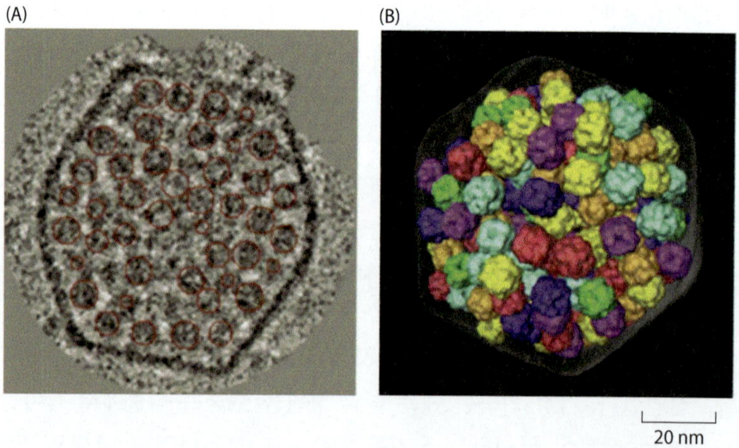

그림 6-9 카복시좀을 구성하는 루비스코 여덟 개의 단위체(옥타머, octamer)를 급속냉동 전자현미경으로 관찰하였다. 효모가 가진 개별 카복시좀의 크기는 114에서 137 나노미터이고 거의 정이십면체이다. 카복시좀 하나에 평균 250개의 루비스코 옥타머가 있고 세 개 혹은 네 개의 동심원을 이루는 층으로 구성된다. 남조류 세포에는 대략 5~10개의 카복시좀이 있다(Iancu CV [2007] J Mol Biol, 372, 764-773).

거의 없던 지구 대기를 산소로 채워 넣으면서 우리와 같은 동물이 존재할 수 있게 되었다. 탄소 고정의 대부분은 **그림 6-9**에 보이는 카복시좀과 같이 매우 작은 소기관에서 일어난다. 카복시좀은 일부 광합성 세균에 존재하고 일군의 분자들이 몰려들어 탄소를 고정하는 장소이다. 여기에는 지구상에서 가장 풍부한 단백질이라고 여기는 카르복실화 효소, 루비스코Rubisco가 핵심 분자이다. 의인화하면 지구에 존재하는 인간 한 명당 5 킬로그램의 루비스코를 할당할 수 있다는 점으로 미루어 이 단백질이 얼마나 풍부한지 짐작할 수 있다(BNID 103827).

크기 면에서 남세균은 일반적인 세균과 화학적 조성이 비슷할 것으로 생각할 수 있다. "세포를 구성하는 기본 요소는 무엇일까?" 항목에서 설명한 것처럼 부피가 1 μm^3인 남세균을 새롭게 만드는 빌딩블록을 설계하기 위해 10^{10}개의 탄소(68쪽)가 필요하다고 볼 수 있다는 말이다(**어림짐작 6-5**).

탄소 원자 하나를 고정하는데 10개의 광자가 필요하다면 10^{10}개의 탄소를 고정하기 위해서는 10^{11}개의 광자가 있어야 할 것이다. 또 남세균에서는 약 10^4개의 루비스코 단백질이 탄소를 고정하는데 관여한다. 아미노산의 중합하여 단백질을 만들거나 막 전위를 유지하여 여러 가지 짝 반응을 진행하는 등 세포 과정에 필요한 에너지는 얼마일까? 세균의 에너지 비용은 약 10^{10} ATP로 추산된다. "하나의 세포가 소비하는 에너지는 얼마일까?" 항목에서 살펴본 수치이다(199쪽). 광자 하나가 하나 이상의 ATP 대체제로(양성자를 빼내거나 전자를 운반하는 NADPH) 치환된다면 탄소고정에 투자하는 예산이 다른 생합성 과정이나 보수 유지 과정에 소모되는 것보다 훨씬 크다는 사실을 짐작할 수 있다.

남조세균은 만들 때 필요한 광자의 수

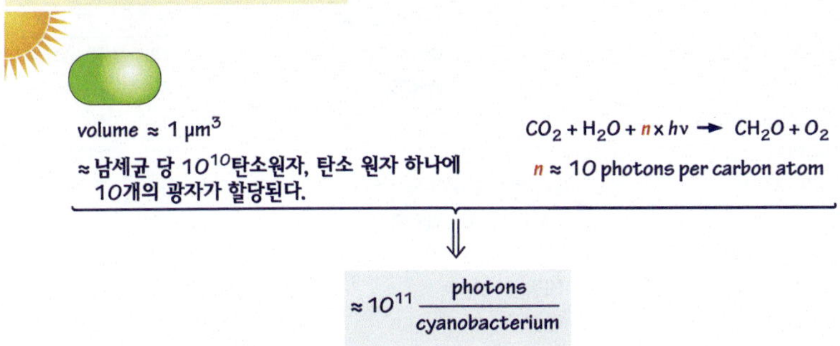

어림짐작 6-5

하나의 바이러스가 침범했을 때 비리온의 숫자는?

자연적인 환경에서 바이러스는 세포를 침범한 뒤 숙주의 복제 및 단백질 합성 시스템에 편승하여 증식한다. 새로운 바이러스 단백질을 합성하고 조립하면 이제 바이러스가 감염된 세포(곧 죽을 운명이다) 밖으로 터져나갈 준비를 마친 상태다. 밖으로 나간 바이러스는 새 숙주를 감염시키고 이런 과정을 되풀이한다. 감염된 세포 밖으로 빠져 나가는 바이러스는 몇 개나 될까? 이러한 매개 변수를 바이러스 분사 크기(burst size, **표 6-3**)라고 부른다. 이 말에는 바이러스가 밖으로 나갈 때 세포가 깨지거나(박테리오파지) 혹은 죽는다는(HIV에 감염된 T 임파구) 의미도 포함된다. 따라서 감염된 세포에서 새롭게 만들어진 일정한 숫자의 바이러스는 세포를 터뜨리고 수분 혹은 수일에 걸쳐 방출된다. 시간은 바이러스와 숙주에 따라 천차만별이다. 바이러스 분사 크기는 또한 감염된 숙주의 크기와도 관련이 있다. 예를 들면 에이즈 바이러스의 사촌쯤 되는 원숭이면역결핍 바이러스는 감염된 T 임파구에서 5만 개의(BNID 102377) 바이러스가 터져 나오는 반면 남세균을 감염시키는 바이러스는 고작 40~40개가 새롭게 만들어진다(BNIDs 103247, 104841, 104842). 세균을 침범하는 람다파지 혹은 파지들의 분사 크기는 100~300 정도이다(BNID 105025, 105870). 바이러스가 숙주를 나가기 전의 그림은 **그림 6-10**에서 볼 수 있다.

바이러스가 감염되어 숙주의 대사가 어떤 영향을 받는지 알아보는 흥미로

바이러스	숙주	파열 크기	BNID
	다세포 생명체(숙주)		
인플루엔자 A & B	닭의 난자세포	500–1000	101590
인플루엔자 A	MDCK 세포	1000–10,000	101605
인간 면역결핍성 바이러스	인간 T 임파구	1000–3000	105872
원숭이 면역결핍성 바이러스	짧은 꼬리원숭이 T 임파구	40,000–60,000	102377
	원핵세포 생명체(숙주)		
시아노미오바이러스 S-PM2	시네코코커스 *WH7803*	40	104841
포도바이러스	시네코코커스 *WH7803*	80	104842
시아노미오바이러스 MA-LMM01	마이크로시스티스 애루기노사	50–120	103247
박테리오파지 S1	스트렙토포모나스	80	104855
박테리오파지 S3	스트렙토포모나스	100	104852
파이 EF24C	엔테로코쿠스 페칼리스	100	104857
박테리오파지 람다	대장균	150	105025
박테리오파지 T1 to T7	대장균	100–300	105870
박테리오파지 MS2	대장균	5000–10,000	109050

표 6-3 다양한 숙주에서 비리온의 분사 크기. 원핵세포와 포유동물 세포를 대조하려했다.

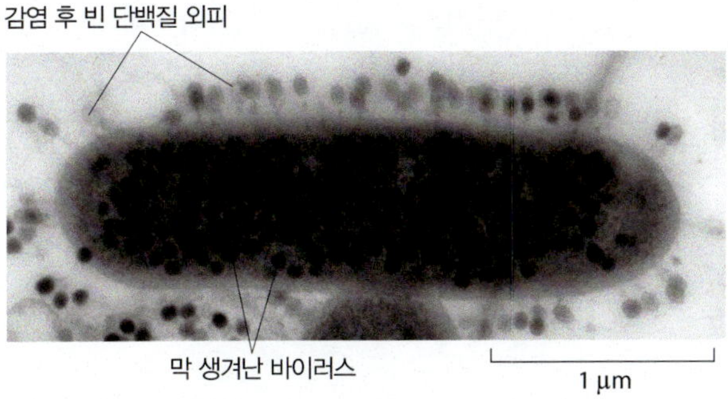

그림 6-10 박테리오 파지 T4에 감염된 대장균의 투과 전자현미경 사진. 세포 바깥의 검은 색 바이러스는 자신의 유전체를 세균 숙주에 집어넣지 못한 개체들이다(John Wertz).

운 방법은 새롭게 만들어진 바이러스와 숙주의 부피를 생각해보는 것이다. 특히 우리는 새롭게 만들어진 바이러스가 터져나가기 위해 숙주 세포 부피를 얼마나 차지해야 하는지가 궁금했다. 이 부피는 생체량에 근접할 것이고 결국 바이러스가 탈취할 수 있는 숙주 세포의 자원에 달려 있을 것이다. 원숭이면역결핍 바이러스의 직경은 100 나노미터 정도이고 숙주의 직경은 얼추 10 마이크로미터다. 이 숫자를 감안하면 5만개의 바이러스는 숙주 부피의 5 퍼센트에 불과하다(**어림짐작 6-6**). 세균을 예로 들자. 직경이 50 나노미터(BNID 105870)이고 분사의 크기가 500인 T 파지는 숙주인 대장균 부피의 2 퍼센트를 차지한다. 따라서 서로 상이한 숙주 세포를 침범하는 각각의 바이러스가 차지하는 부피 차이는(3배보다 적다) 분사 크기의 차이에(100배 이상이다) 비해 그리 크지 않다. 아마도 이는 숙주 내부에서 증식할 수 있는 바이러스 생물량의 한계가 있음을 말해주는 것 같다. 인산기가(핵산을 만들 때 필요하다) 부족한 해양 환경에서는 숙주와 바이러스의 DNA 크기가 중요한 요소가 된다. 숙주가 사용할 DNA의 빌딩 블록을 세균이 가로채 사용해야 하

분열하는 바이러스가 세포 안에서 차지하는 부피의 비율

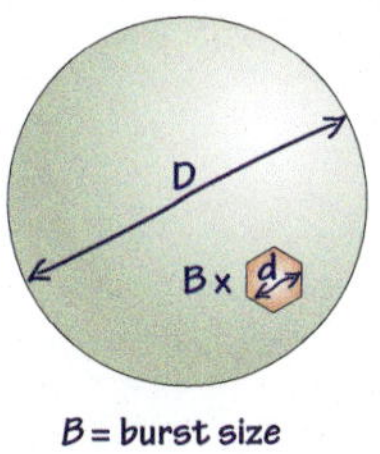

숙주 전체 부피에서 바이러스가 차지하는 비율 $= \frac{d^3 \times B}{D^3}$

e.g.:	≈ D (μm)	≈ d (μm)	≈ B	fraction
SIV in T cell	10	0.1	50,000	5%
T phage in *E. coli*	1	0.05	200	2%

어림짐작 6-6

기 때문이다. 전체적으로 바이러스의 분사 크기를 측정하거나 예측하는 과정에서 무엇이 분사 크기를 결정하느냐는 흥미로운 질문이 제기되었다. 또한 새롭게 합성된 바이러스 DNA와 단백질의 얼마가 숙주 세포 자원의 얼마를 잠식해 들어가는지도 역시 궁금하다.

나가면서

약 100 가지 서로 다른 소주제를 통해 우리는 몇 가지 아이디어를 생동감 있게 표현하려 했다. 첫째 이 책을 아우르는 기조는 생물학적 숫자를 통해 생명체를 새로운 각도에서 바라보고 잘 드러나지 않을 수도 있는 그것이 어떻게 작동하는지에 대해, 다시 말하면 살아있는 세계에 대한 우리의 식견을 넓힐 수 있다는 사실이다. 아마도 그것은 여섯 번째 감각이어서 이미 확립된 근대 생물학을 든든히 뒷받침하는 바지랑대가 될 것이다. 생물학적 숫자가 생생한 의미를 띠려면 생물학의 핵심적인 매개변수가 정형화되어 있어서 뭔가 실체가 있는 형상을 가져야 한다. 그러기 위해 우리는 각 소주제에 등장하는 숫자를 면밀하게 조사했고 우아한 실험 방법과 거기서 도출된 숫자가 생물계의 행동을 규정하는지 확인했다. 그렇지만 그 숫자를 단순히 나열하는 것만으로는 부족하다. 그 숫자는 우리가 이해하는 생물학적 체계와 공명해야만 한다. 따라서 우리 소주제들의 두 번째 목표는 자릿수 조정을 통해 단순하게 예측하고 그것으로 생물학적 문제를 해결하는 것이었다. 결국 이 과정은 이 숫자가 가지는 의미가 무엇인가를 끊임없이 고민하는 과정에 다름 아니었다.

발표된 논문을 읽으며 생물학적 숫자를 찾는 작업은 상상했던 것보다 힘들었다. 교과서 혹은 인터넷에서 찾을 수 있는 숫자라 해도 일차적인 논문에 관한 정보가 없어서 역시 난항을 거듭하기도 했다. BioNumbers 데이터베이스 혹은 이 책을 통해 그런 어려움 없이 유용한 정보를 얻을 수 있었으면 좋겠다. 본문에서도 여러 번 언급했지만 세포가 자라는 조건에 대한 언급 없이 "세포"의 특성 혹은 세포의 구성에 대해 말하는 것은 오해의 소지가 크다는 사실도 늘 잊지 말아야 할 주의사항이었다. 성장 조건에 따라 세포의 크기 혹은 성장 속도가 몇 배씩 차이가 난다는 점도 생물학적 수치의 신빙성을 떨어뜨리는 요인이다. 따라서 논문에서 세포의 특성을 정량적으로 제시하려 할 때는 최소한 세포의 성장 속도를 언급해주어야 한다고 생각한다. 오늘날 분열한 세포의 수 혹은 세포 크기는 쿨터 계수기 혹은 유세포 분석기를 통해 정확한 분석이 가능해졌다. 또한 우리는 심사자 혹은 편집자들이 어떤 "원칙"을 제시하고 연구자들이 그 표준에 따라 정량적인 실험을 진행했으면 좋겠다는 생각도 많이 했다.

이 책에서 다룬 것 말고도 매우 흥미로운 질문들이 더 있을 것이다. 그 중 일부는 우리가 어떻게 답해야 할지 알지 못한 것들도 있다. 숫자에 대한 감조차 잡지 못한 것들도 물론 있었다. 우리 독자들도 아래에 제시한 이런 질문에 답을 해보면서 어떤 식견을 얻었으면 좋겠다. 거리낌 없이 한번 도전해보시라. 우리는 새로운 아이디어를 더 듣고 싶고 데이터를 공고화하면서 거기서 삶에 대한 통찰을 얻고 싶다.

흙, 바닷물 혹은 대변 1그램에 들어 있는 서로 다른 유전체는 얼마나 될까?
액포는 얼마나 큰가?
축삭돌기는 얼마나 길까(예컨대, 고래 신경)?
인간 항체의 다양성은?
세포막이 열릴 때 그 크기는 얼마나 될까?
비암호화 RNA의 농도는(비율) 얼마일까?
세포 내 소기관의 유형은 몇 가지나 될까?
막이 재배치될 때 필요한 에너지는 얼마나 될까?
세포를 만들거나 에너지를 생산할 때 필요한 탄수화물의 양은?
탄소와 질소 동화작용에 필요한 에너지 양은?
분자 모터가 사용하는 에너지는 얼마일까?
삼투압, 팽창압의 크기는 얼마일까?
단백질 접힘 속도는?
중심 도그마 기제가 중합체를 형성할 때 질량 의존도는?
번역 후 단백질 가공 과정의(예를 들어, 당을 붙일 때) 속도는?
수용체에서 핵까지 전달되는 신호의 빠르기는?
각종 생명체의 최대 성장 속도는?
세포가 자살하는데 걸리는 시간은?
세포 내부에서 신호 전달의 시간대는?
분자시계는 어떻게 똑딱거릴까?
자연계에서 탄소를 고정하는 방법은 몇 가지일까?
전령 RNA가 번역될 때 만들어지는 단백질의 수는?
비암호화 RNA는 얼마나 긴가?
상동재조합에 필요한 DNA 서열의 길이는 얼마일까?
체세포 재조합의 속도는? 염색체 위치는 얼마나 자주 바뀔까?

항체가 항원을 잘못 인식할 확률은 얼마일까?
뇌에 있는 신경세포의 수는?
리보좀 RNA에서 리보좀의 비율은?
인체를 구성하는 세포는 몇 종류나 될까?

우리는 독자들이 위에서 제시한 혹은 또 다른 질문을 던질 수 있게 영감을 얻었기를 기대한다. 그렇게 생물학적 숫자는 자신만의 길을 걷게 될 것이다.

찾아보기

[영문색인]

ATP to ADP ratio 176
BrdU 265
BRENDA 데이터베이스 209
C3 식물 141
C4 식물 75
FACS 유세포분석기 323
DNA 풀기효소 49
FISH 118, 314
FRAP 242
G-단백질 짝지음 단백질 137
LB 배지 78, 117
MAP 인산화효소 132, 135
NAD(NADH), NADP(NADPH) 32, 41, 93, 183
ParM 250
PCR 155
pH 84, 85, 92
pKa 86, 151,
Ste5 135, 178
X-선 현미경 30

[ㄱ]

간상세포 18, 137
간세포 28, 31, 54, 72
간염 279
간충 용액 90
갈라파고스민고삐 수염벌레Riftia 84
갈바니, 루이기 239
감각계 169
개미 82, 201, 211
거핵세포 15
계면 에너지 157
결합 반응 150, 164
결합각 156
결합효소ligase 232
계량화 xxiii, 4
계통수 51, 273, 308
고리형 구아노신일인산 140
골드버그 기계 140
골지 28, 54
공기 화학자pneumochemist 63
공생체 77, 82, 273
과당이인산 94, 96
광 독립영양 생명체 317
광수용체 17, 130, 137,172
광자 104, 137, 159, 317
광표백 140, 206, 230
광학밀도 82,
광합성 33, 63, 104, 162, 318
교차, 염색체 165
구연산, TCA 회로, 시트르산 회로 94, 179
구획compartment 23
그로투스Grotthuss 기전 88
근신경접합부 35
근육세포 91, 267
글루타치온 85, 94, 186
글루탐산 37, 85, 92

글리세롤 316
급속냉동 전자 현미경 25, 318
길이 단위 150
깁스 표준 자유에너지 179
꼬마선충 273, 277, 303, 308

[ㄴ]

나트륨 39, 89, 140
난자 15, 309
남세균 77, 319
내부공생 4, 34
네른스트 방정식 185
녹색 형광 단백질 230
농도 63, 73, 89, 111
능동수송 256

[ㄷ]

다른자리입체성allosteric 조절
다윈, 찰스 17, 286, 294
단백질 복합체 45
단일염기형성 261
당뇨병 273
대기압 168
대사 32, 46, 197
대사체 38, 85, 92
대장균 9, 50, 85, 124, 236
독립영양 생물autotroph 73, 317
돌연변이 285, 297
동위원소 표지 72, 105
동일세포수eutelic 생명체 303
동화반응 186
두 요소 신호전달 132
두족류의 눈 19
딕티오스텔리움 60, 256
딜과 브롬버그 163

[ㄹ]

락 오페론 64, 273
레빈탈 역설 291
레이레이, 로드(존 스트루트)
레이엔후크, 안토니오 반 239
로돕신 20, 137
로디엑 140
루비스코 33, 43, 209, 319
루시페라제 177
리보좀 48, 141
리보좀 RNA 70, 124, 126, 221, 310
리오메토푸마피큘라툼 212
리팜피신 235
리팜핀 224

[ㅁ]

마그네슘 이온 39, 89, 175
마하잔, 산조이
말이집 혹은 수초 myelination 241
망막 17
맥클린톡, 바버라 134
메탄 생성 258(표)
멘델 294
모건(단위) 295
모건, 토마스 294
모노, 자크 181
미미바이러스 9
미세소관 15, 55, 115, 248
미오글로빈 41
미오신 115, 166, 252
미켈리스-멘텐 207
미토콘드리아 24, 30, 189

밀 33, 274(표), 279~280(표), 305

[ㅂ]

바실러스 11, 293
바이러스 5, 320
박테리오파지 6, 320
반복 서열 282
반수체 13, 24
반응속도 208
반쪽 반응 183
발색단 형성 229
발생 과정 257
발생 촉진 인자morphogen 173
발톱개구리 58
발효 94
배아 130, 174
배지 32, 78
번역 271, 292
베륨 길이 150
베르그, 하워드 245
베타 병풍 48, 153
베타-갈락토시다아제 123
벤터, 크랙 285
보렐리아 276
보로노이 106, 124
보어 효과 xx
복제 시작점 261
볼츠만(상수, 분포) 147, 149, 155, 170
분사 크기(바이러스) 320
분열 효모 101
분열조직meristem 26, 309
분자 모터 181, 205, 244, 251
브델로비브리오 259
브라운 운동 148, 171, 203
비브리오 276
비소 69, 156
비암호화 290

[ㅅ]

산소 66, 318
산화환원 94, 182
살모넬라 142
살찐, 뚱뚱한 사람obesity 306
삼투압 72, 90
색소체탈취kleptoplasty 34
생물량 6, 108
샤에흐터 xv
샤플리, 하를로우 211
선도leading 나선 312
섬유아세포 23, 235, 278
세포 분열 26, 55, 124, 263
세포 유형, 핵의 크기 24, 265
세포 전수조사 63, 274
세포 주기 110, 236
세포골격 섬유 113
세포내 소기관 252, 255
세포막 28, 51
세포자살(세포예정사) 187, 303, 324
소리 168
소수성 효과 148, 156, 194
소체 252
소포체 27
속도상수 209
수소 67
수소결합 39
수축 고리 112
수화 및 이온의 반경 39
스톡스Stoke's 255

스튜테반트, 알프레드 295
스핑고지질 97
시각계 137, 172
시스테인 186
시클로헥시미드 230
신경 14
신경계 19
신경세포 14, 22
신경연접부 35
신장인자 106

[ㅇ]

아데노신 94, 175
아레니우스 에너지 방정식 212
아르테미아 새우, brine shrimp 72
아미노산 45, 233
아보가드로 숫자 xxiii, 5
아실 운반 단백질, ACP 107
아인슈타인(단위) 104, 162
아인슈타인-스톡스 245
아쿠아포린 316
알파 나선 153
암호-짝암호 155
애기장대 33, 290
액틴 55, 112
액틴-관련 단백질 112
액포 34, 86
양성자 86, 313
에너지 예산 178, 194, 246
에너지 전환 5
에너지소비 162, 191
에너지학 182
엑손exon 281
엔트로피 147, 163
역전사효소 51
열에너지 149
열역학 147
열역학적 요동 149~150
염기쌍, 핵산 25, 42, 288
염색체 307
엽록소 161
엽록체 32
오버톤 법칙 315
오보박터 295
오스트왈드, 빌헬름 213
옥시트리챠 22
와인스타인, 로렌스와 존 아담 xii
완보동물tardigrade 303
외피단백질, 바이러스 9
용해-확산 316
운반 단백질 65, 215
운반 RNA 92, 124, 221
원생생물protist 22
원심분리 70
원자 현미경 170
원추세포 18
원핵세포 22
웨버-페흐너 법칙 168
웨스턴 블로팅 237
위상차 현미경 86
위족(사상위족, 층상위족) 60
윈트 136
유모세포 168
유비퀴틴 232
유세포 분석기Coulter counter 12
유전상수 191
유전자 서열 분석 293
유전체 272

이글, 해리 81
이산화탄소 73
이스티오포러스 257
이온 채널 36
이형세포 77
이화반응 187
인/산소 비율 195
인간 면역결핍성 바이러스 320
인간 유전체 279
인간의 눈 17, 279
인델 285
인지질 52, 100
인체 66, 73
인트론 41, 227
인플루엔자 8, 272
일리엄 톰슨 ix

[ㅈ]

자리바꿈jumping 유전자genes 282
자릿수(크기) xxvi
자유 에너지 147, 175
재조합 294
재현성 xxvii
적외선 162
적혈구 14, 23, 304
전기영동 105
전기장 190, 314
전기화학 91, 131
전령 RNA 41, 63, 116
전류 139, 172
전사 222, 292
전사인자 127
전자 전달 184, 188
전하 밀도 91
전하의 흐름 218
점도 255
정밀도 xxvii
정보의 양 271
정이십면체 4,
정자 297
정지 암호 284
정화 선택 284
정확도 xii, xxix, 12
제한 효소 208
조절 단백질 115
줄기세포 227, 307
중탄산 73
지각 67
지구표면 318
지방산 40
지방 세포 14~15, 267, 306
지방의 질량 28, 306
지속길이 57
지아디아 23
지질 40, 96
지질이중막 8, 52
지질체 97
지체lagging 나선 312
진핵세포 4, 22, 50, 112
질소 73

[ㅊ]

철 81
체세포분열 110
초산소 디스뮤타제 208
출아 효모 221, 277
침강속도 70~71
침팬지 염색체 278

[ㅋ]

카르복시좀 319
카울로박터 263
카프노포린 215
칸디다투스 273
칼로리 181
칼륨 채널 89
칼빈-벤슨 회로 220
칼슘 27, 37, 80, 89, 138, 314
켈빈 ix
코끼리 236
콜라겐 66
콜레스테롤 100
쿨롱 150
크리스퍼CRSISPR 298
크릭, 프랜시스 48
클라이버 법칙 198
클래미도모나스 33
키네신 252
키시너, 마르크 xiv
키일링, 데이비드 xix

[ㅌ]

탄성도elasticity 169
탄소 동위원소 266
탄소고정 319
탄수화물 318
탈질산 반응 77
탈탄산효소 79
튜불린 31, 56
트레포네마 246
틸라코이드 33

[ㅍ]

파리스 자포니카 273
파장 86, 161
판도라바이러스 9
퍼셀, 에드워드 245
펌프 54, 89, 244
페르미 x
편모 245
폐어 275
포도당 41, 181
포르민 113
포베아 19
포유동물 세포 29, 81, 100
프랭클린, 벤자민 xiv
프로테아좀 40, 84, 231
프리틸라리아 26
플라스미드 251
플랑크 상수 161
피부 상피 세포 24, 55, 99, 193~194, 264

[ㅎ]

하이드로늄 85
하전 분리 151~152
해당작용 181
해리 상수 164~165
핵자기공명 176
헤모글로빈 64
헬라세포 226
헬름홀츠 17, 240
형광 단백질 47~48, 86, 108, 112, 121, 187, 205~206, 224, 228~231, 238
호워드, 조나단 256
호중구 257
호흡 318

홀데인 3
화학 삼투 184, 219
화학쏠림성 131
화학양론 34, 188
활동전위 239
활성산소 288
회전율 207, 215
희석효과 235
흰개미 83
히스톤 25, 239, 273
히스티딘 132

김홍표

서울대학교 약학대학 약학과를 졸업하고 동 대학원에서 석사학위와 박사학위를 받았다.

현재 아주대학교 약학대학 교수이다.

국립보건원 박사 후 연구원과 인하대 의과대학 연구교수를 지냈으며 피츠버그 의과대학, 하버드 의과대학에서 연구했다. 천연물 화학, 헴 생물학, 바이오 활성 가스 생물학, 자기소화, 면역학과 관련된 여러 편의 논문을 썼다.

한국 연구재단이 톰슨로이터 DB의 피인용 상위 10% 논문을 대상으로 분석한 조사에서 '2009~2014년 한국인 기초과학 상위 연구자'로 의학(4위), 약학(3위) 두 분야에 이름을 올렸다. 연구 분야와 관심분야는 기초생물학과 진화생물학, 진화의학이다.

지은 책으로는 [김홍표의 크리스퍼 혁명], [먹고 사는 것의 생물학](2017년 우수학술도서), [산소와 그 경쟁자들](2014년 우수학술도서)이 있고, 옮긴 책으로 [진화하는 물](2017년 우수학술도서), [내 안의 바다, 콩팥], [우리는 어떻게 태어나는가], [진화와 의학], [인간과 동물의 감정표현], [신기관], [제2의 뇌]가 있다.

정가 29,000원

숫자로 풀어가는 생물학이야기

2018년 1월 3일 초판 인쇄
2018년 1월 10일 초판 발행
저 자 : Ron Milo · Rob Phillips
역 자 : 김홍표
발행자 : 송 준
발행처 : 홍릉과학출판사
주 소 : 서울시 강북구 인수봉로 50길 10
01093
등 록 : 1976년 10월 21일 제5-66호
전 화 : (02) 999-2274~5, 903-7037
팩 스 : (02) 905-6729
e-mail: hongpub@hongpub.co.kr
http://www.hongpub.co.kr
ISBN: 979-11-5600-554-4

역자와의
협의하에
인지생략